嵌入式人工智能

李斌　编著

清華大學出版社
北京

内 容 简 介

本书针对嵌入式人工智能这一崭新的课题，系统地总结了嵌入式人工智能的原理、平台和实现。在原理部分，分析了嵌入式人工智能实现的三大途径——云计算模式、本地模式和本地-云协同模式，提炼出实现嵌入式人工智能的五大组件——嵌入式神经网络芯片、轻量级神经网络算法、模型压缩技术、编译优化技术和多层级联的应用程序框架。在平台部分，介绍了业界主流的嵌入式神经网络芯片和软件框架。在实现部分，概括了嵌入式人工智能的开发流程，并结合代码展示了嵌入式人工智能的实际应用案例。

本书作为国内首部全面介绍嵌入式人工智能这一新兴领域的著作，内容丰富翔实、结构清晰合理、兼顾原理分析和实践应用，具有较高的参考价值，可作为有志于研究和实现嵌入式人工智能的学生、工程技术人员及其他相关人员的入门读物和参考书。

图书在版编目(CIP)数据

嵌入式人工智能/李斌编著. —北京：清华大学出版社，2023.3（2025.3重印）
ISBN 978-7-302-62796-8

Ⅰ.①嵌… Ⅱ.①李… Ⅲ.①人工智能－微处理器 Ⅳ.①TP18 ②TP332

中国国家版本馆 CIP 数据核字(2023)第 032163 号

责任编辑：龙启铭　常建丽
封面设计：刘　键
责任校对：韩天竹
责任印制：宋　林

出版发行：清华大学出版社
网　　址：https://www.tup.com.cn，https://www.wqxuetang.com
地　　址：北京清华大学学研大厦 A 座　　**邮　　编**：100084
社 总 机：010-83470000　　**邮　　购**：010-62786544
投稿与读者服务：010-62776969，c-service@tup.tsinghua.edu.cn
质量反馈：010-62772015，zhiliang@tup.tsinghua.edu.cn
课件下载：https://www.tup.com.cn，010-83470236
印 装 者：三河市铭诚印务有限公司
经　　销：全国新华书店
开　　本：185mm×260mm　　**印　　张**：22.75　　**字　　数**：526 千字
版　　次：2023 年 5 月第 1 版　　**印　　次**：2025 年 3 月第 3 次印刷
定　　价：69.00 元

产品编号：080396-01

序言

人工智能概念在20世纪50年代首次确立时，就被界定为：让机器能像人那样认真思考和学习，即用计算机模拟人的智能。回顾过去几十年来人工智能的发展和演变，其发展一波三折，几起几落，屡遭挫折和低估，很大问题是没有和产品技术系统有效地结合。说到底就是落地问题。从研究的角度看，人工智能这几年一直在进步，而且进步还不小，大家都期待奇点早点来临。但是，从应用的角度再想一想，事情就没这么乐观了。

当前，嵌入式系统已经应用于人们生活的各个方面，无处不在，其前景不可估量。AI正逐渐被嵌入到嵌入式系统中，而嵌入式系统的增长越来越多地取决于AI的增长。如作者所言"嵌入式神经网络将赋予万物智能"。嵌入式人工智能市场在零售、交通运输和自动化、制造业及农业等各行业垂直领域具有巨大的潜力。而驱动市场的主要因素，是嵌入式人工智能技术在各种终端用户垂直领域的应用数量不断增加，尤其是改善对终端消费者服务。当然，嵌入式人工智能市场也受到IT基础设施完善、智能手机及智能穿戴式设备普及的限制。

传统的嵌入式系统主要用于控制，而智能嵌入式系统则提升了感知、交互和决策这三方面的智能化水平。人工智能和嵌入式技术的深度融合已经成为"物联网+"产业体系前行的迫切需求。嵌入式人工智能是先进的计算机技术、半导体技术、新一代人工智能技术等与各个行业的具体应用相结合的产物，正在成为各种智能体系的基础，具有技术密集、资金密集、高度分散、不断创新的特点。嵌入式人工智能"大脑"变聪明是分阶段进行，从机器学习进化到深度学习，再进化至自主学习。针对嵌入式人工智能的研究仍然处于起步阶段，存在很多需要解决的问题。目前，仍处于机器学习及深度学习的阶段，嵌入式人工智能自主学习是终极目标。

嵌入式人工智能领域日益得到学术界和工业界的普遍关注，其基础科学理论、关键技术方法与系统，以及嵌入式系统在人工智能等领域的扩展和应用期待深入地探索与思考。嵌入式系统技术的无孔不入带来社会对该领域研发人才的大量需求，而嵌入式系统的研发门槛却要高于基于通用PC和操作系统的应用开发。进而成为一名成熟的嵌入式人工智能研发人员，更加需要大量基于实际系统的开发经验和相关的理论知识。

本书根据当今最新的研究成果，从系统的角度，在原理、平台、实现三方面深入浅出地进行了描述和分析。在嵌入式系统中实现人工智能，主要面临的问题和难点是运算量、存储量和功耗。人工智能如何适应嵌入式环境，是目前主要需要解决的问题。本书内容侧重从嵌入式系统自身需求的角度构建理论体系，详细地介绍了人工智能网络与人工神经网络、嵌入式人工智能、嵌入式AI芯片原理、轻量级神经网络、深度神经网络压缩、嵌入式神经网络应用程序框架和终生深度学习，使得读者能够比较系统和详细地理解相关理论。嵌入式的平台很多，开发环境各不相同。本书对平台做了一些介绍，包括嵌入式神经网络硬件加速器和嵌入式神经网络软件架构，便于读者掌握相关的硬件平台和软件平台。为了帮助读者熟悉系统实现，作者根据多年的实战经验，介绍了如何搭建嵌入式神经网络开发环境、优化嵌入式神经网络模型、在嵌入式设备上执行推理。本书最后还介绍了嵌入式神经网络应用示例。本书力求帮助读者在理解算法的基础上，从系统的角度，通过应用示例和大量代码掌握嵌入式人工智能系统的开发。

本书作为一本 AI 应用普及深化的专著，会使您收获从系统出发结合人工神经网络算法开发嵌入式系统的方法和理论，您将获得很大收益和启发。

曹重英 博士

中国嵌入式系统产业联盟执行秘书长

2023 年 3 月

前　言

2018年，一位老朋友鼓励我写一本关于人工智能的书。这让我很惶恐，因为我既不是一位科学家，也不是一位未来学家，对于这个热门话题，怕是不能随心所欲地驾驭。然而，内心却又跃跃欲试，毕竟在多年以前，这个冷门的领域也曾是我钟情的方向。信息科技的浪潮一波又一波地翻涌，让我这个“前浪”万幸没被拍死，反而被推到了风口浪尖。

具体选题的时候，又为难了。人工智能这个课题太大了，有不少前辈、专家已经就此做出或高屋建瓴、或博大精深、或深入浅出的阐述，要想说些能让读者有那么一点点兴趣的新话题，不是一件容易的事。思来想去，这些年的职业生涯，无非就是让各种硬件变得更智能一些，即将人工智能赋予各种各样的事物，那么，就以“万物智能”为题吧。老朋友插话了，“咳咳，像是科普作品”。我本人是非常喜欢科普作品的，然而由于一直缺乏想象力，写科普作品实在不擅长。那么，换做“嵌入式人工智能”倒有些恰如其分。各种科学，冠以“嵌入式”，就变成了实践性的科技，或者说工程，算不得那么高精尖，由我这个非正式科研人员来写，就算不得僭越了。何况，嵌入式人工智能，好像还没有人深入研究过，就算才疏学浅，写得糟糕，读者看在新鲜的份上，多少也会给予原谅的。对于严谨的老先生们，就当是后学所做的探索性预研，有不妥当、不深入的地方，一样也会给予原谅吧。

动笔之后，有时候感叹这个题目写得太早，有时候又感叹写得太晚。本想把以前工作的成果加以总结，但翻箱倒柜，发现料不够，仅仅将以前的工程实践罗列出来，而没有原理分析，作为一本书是过不了关的。但要将嵌入式人工智能作为一门学问来研究，需要下大力气才行。自知才疏学浅，偷懒的办法就是总结他人的研究成果，加以整理、分析和提炼。孔夫子也说过，“述而不作”，就这么办了。

2018年，学术界对嵌入式人工智能的研究只是刚刚开了一个头，关于嵌入式人工智能的研究成果零零散散，尚未经过大规模实践检验。对于一个新生事物，总要先将它做大做强，然后做小做精。嵌入式人工智能作为一般人工智能的缩微版本，下手是不是有些太早？再加上俗务繁忙，因此搁笔了近两年。当2020年疫情来袭，隔离在家的时候，再捡起这个题目，欣喜地看到，这方面的研究已经如雨后春笋，不光是各种轻量级算法推陈出新，模型压缩的技术也有了显著进展，甚至专为嵌入式系统而生的AI加速芯片也已光鲜上市。就这样边探索、边总结，大致完成了本书的第一篇：“原理”部分。拿出来给一些朋友看，得到稍许鼓励。这样就开始第二篇：“平台”部分和第三篇：“实现”部分的编写。正如很多读者容易发现的一样，这两篇可能写得太迟，当这本书终于成稿并交付出版的时候，各种嵌入式人工智能平台的发展已经一日千里，嵌入式人工智能的实践也已遍地开花，书中对它们的阐述不免有些过时。好在这两篇的篇幅不大，又独立成篇，性急的读者可仅作为参考。

最后，要感谢为这本书做出指导和帮助的师长、朋友。正如前面所说，这本书更多的是对前人成果的整理。因此，首先要感谢那些在嵌入式人工智能领域做出前瞻性研究的学者们，包括 Xipeng Shen（慎熙鹏）、Song Han（韩松）、Shaoshan Liu（刘少山）、Mingxing Tan（谭明星）、Menglong Zhu（朱梦龙）、Vivienne Sze、Forrest Iandola、Franois Chollet、Andrew Howard、Bert Moons、Daniel Bankman、Marian Verhelst 等，这个名单一定有所遗漏，因为这个领域的发展实在太迅速，难免漏过某位大家，请谅解。其次要感谢在本书编写过程中提出意见和建议的多位朋友、同事，正是你们不厌其烦地鼓励和帮助，才让我能坚持写完这本书。最后，不能免俗，感谢我的家人们，尤其是湛然，在训练你的生物神经网络的过程中，产生了本书的一些灵感。

编　者

2023 年 3 月

目 录

第一篇 原 理

第二篇 平 台

第三篇 实 现

第 一 篇

原　　理

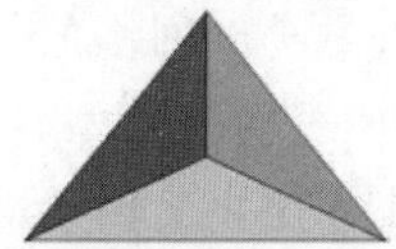

第 1 章 人工智能与人工神经网络

近几个世纪，人类在自然科学领域获得了长足的进步。我们发明了微积分，发现了万有引力，拍摄到了黑洞的照片，甚至提出了大爆炸假设，初步回答了"宇宙从哪里来"的问题；我们也对自己的生命体有了深入的了解，发现了细胞，提取了核酸，解开了基因的秘密，初步回答了"生命从哪里来"的问题。然而，有一个问题，我们苦苦探索，仍然没有得到满意的答案，那就是"智能从哪里来"。

尽管我们已经解剖并了解了大脑的构造，尽管我们已经发明了每秒数亿亿次运算的超级计算机，我们仍然无法完成一些生物大脑能够轻松完成的任务，例如在高低起伏的地面上灵活地行走。更加难以企及的是，我们可以为计算机编写程序，让它完成特定的工作，但无法让计算机自己编写出一个程序来完成新的任务。人们一直梦想着能发明一种真正具有智能的机器，使得它能够像人一样思考、学习甚至发明新的东西。这种机器就是人工智能。

1.1 什么是人工智能

"创造智能机器，特别是智能的计算机程序的科学和技术"—— John McCarthy，1956 年。

目前，一般认为人工智能的概念始自 1956 年 8 月的达特茅斯会议。在会议上，约翰·麦卡锡(John McCarthy)、马文·闵斯基(Marvin Minsky，人工智能与认知学专家)、克劳德·香农(Claude Shannon，信息论的创始人)、艾伦·纽厄尔(Allen Newell，计算机科学家)、赫伯特·西蒙(Herbert Simon，诺贝尔经济学奖得主)等科学家聚在一起，讨论如何用机器模仿人类的智能。会议没有达成普遍的共识，但第一次形成了 Artificial Intelligence(人工智能)这一概念。

正如一开始就发生的，人工智能这个概念太大了，如同盲人摸象，不同的人从不同的侧面对它进行了阐释和研究，逐步形成三大学派——符号学派、连接学派和行为学派。

符号学派把焦点集中在人类智能的高级行为，如基于符号的推理、规划、知识表示等方面。它基于如下的假说：任何能够将物理的某些模式或符号进行运算并转化成另外一些模式或符号的系统，都有可能产生智能的行为。符号学派在一些领域获得了空前的成功，如数学公式推导、国际象棋博弈等。符号学派有深厚的理论基础，但其局限性在于需要给机器输入先验的知识，目前的发展遇到了瓶颈。

连接学派受到人类大脑工作机制的启发，认为高级的智能行为是从大量神经网络的连接中自发“涌现”的。在模拟人类大脑和神经元的基础上，提出了人工神经网络模型。近年来，随着深度神经网络的成功，这一学派大放异彩，成为人工智能的主流学派。但其缺乏深厚的理论基础，知其然而不知其所以然，人工神经网络虽然能够正确地预测结果，但人们很难解释它是如何工作的。在这一点上，人工神经网络与人脑非常相似！

行为学派则另辟蹊径，没有把目光聚焦在人类的高级智能上面，而是从简单的生物，如昆虫，开始研究智能是如何产生的。昆虫没有高级的智能，但它们能够自如地走动和飞行，还能避开障碍物，甚至捕捉猎物。它们的智能看起来并不是来自自上而下的设计，而是源于自下而上与环境的互动，也就是说，智能是从行为中逐步进化和“涌现”的。行为学派在机器人领域取得了令人瞩目的成就。

虽然出发点不同，但三个学派的目标是一致的，就是最终创造出像人一样、甚至超越人类的智能机器，让智能从生物的躯壳中释放出来，完成人类甚至生命的另一次飞跃！

1.2 什么是人工神经网络

人工神经网络是连接主义的产物，是尝试用计算机模拟人类大脑的神经元及其组成的庞大网络，从而产生像人一样的智能。

从人工神经网络研究伊始，人们就认识到大脑与传统数字计算机的工作方式完全不同。大脑是一个高度复杂的非线性并行计算机（信息处理系统）。它具有将其结构单元（也就是神经元）组织为复杂网络的能力，从而可以用远超当今最快的数字计算机的速度执行某些计算任务（例如模式识别，感知和运动控制）。以人类视觉为例，其功能是提供我们周围环境的表示，更重要的是，提供我们与环境交互所需的信息。大脑通常能够在100～200ms完成感知识别任务（例如，用手接住同伴抛出的飞盘），而在功能强大的传统计算机上，这样的工作通常要花费很长的时间，并且难以达到。

再举一个例子，考虑蝙蝠的声呐。声呐是一个交互式的回声定位系统。蝙蝠声呐除提供有关目标（例如飞行昆虫）的距离信息之外，还输出有关目标的相对速度、目标的大小、目标的各种特征，以及目标方位角和高度的信息。所有这些从回声中提取目标信息的复杂神经计算，都发生在一个仅仅像核桃大小的大脑中。并且，蝙蝠可以以很高的成功率实时追踪并捕获目标，这种能力让雷达工程师羡慕不已。

那么，人的大脑或蝙蝠的大脑是如何做到的呢？

出生时，大脑已经具有思维的物质结构，但同时也具有通过“经验”建立自己的行为规则的能力。事实上，经验是随着时间的推移而积累的，而人脑的大部分发育发生在出生后的头两年，但在此之后仍然会延续很长一段时间。

“发育中的”神经系统意味着大脑具有可塑性，它允许发育中的神经系统适应周围环境。可塑性是人脑神经元作为信息处理单元的关键特性，在人工神经元组成的人工神经网络中，可塑性也必不可少。

人工神经网络最一般的形式是一种机器，旨在模拟大脑执行特定任务或功能的方法。通常在数字计算机中用软件对其进行仿真，或使用电子元件来实现。为了获得良好的性

能，人工神经网络采用了称为“神经元”的简单计算单元，并进行大规模的互联。因此，我们可以对人工神经网络做出以下定义。

人工神经网络是由简单处理单元组成的大规模并行分布式处理系统，具有从经验中学习知识、存储知识并运用知识的固有特性。

它在如下三方面类似于大脑。

(1) 人工神经网络是通过学习过程从其环境中获取知识。

(2) 人工神经网络能够通过内部神经元的连接强度(称为突触权重)存储所获得的知识。

(3) 人工神经网络能够运用获得的知识进行推理。

1.3　人类大脑

在进一步了解人工神经网络之前，需要先了解作为被模仿对象的人类大脑。人的神经系统可以看作一个三层系统，如图1-1所示。系统的中心是由神经网络代表的大脑，大脑不断接收信息，感知信息并作出适当的决策。大脑的前端是受体(receptors)，它将来自人体或外部环境的刺激转化为电脉冲，将信息传递到神经网络(大脑)。大脑的后端是效应器(effectors)，它将神经网络产生的电脉冲转化为可识别的响应，作为系统输出。

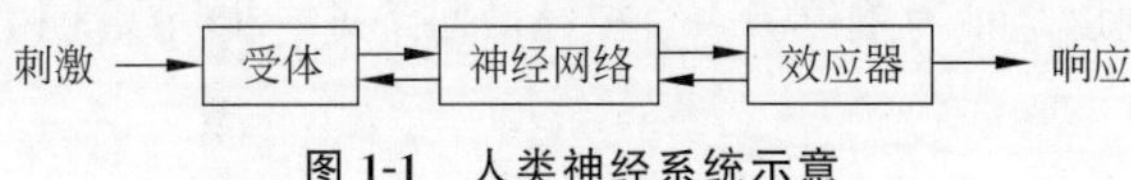

图1-1　人类神经系统示意

图1-1中，从左向右指向的箭头表示系统中信息的正向传输。从右向左指向的箭头表示在系统中存在反馈。

拉蒙·卡哈尔(Ramón y Cajál)于1911年的开创性工作使人们更容易理解大脑，他提出了将神经元作为大脑的结构单元的思想。通常，神经元要比硅逻辑门慢五到六个数量级。硅芯片中的事件发生在纳秒范围内，而神经事件发生在毫秒范围内。但是，大脑拥有数量惊人的神经元(神经细胞)，它们之间有大量的相互连接，弥补了神经元相对较慢的运行速度。据估计，人类大脑皮层中大约有1000亿个神经元，以及500万亿个突触。最终的结果是大脑是一个极其有效的结构。具体而言，大脑的能量效率约为每秒每运算10^{-16}焦耳，相比而言，最好的计算机的能量效率要大好几个数量级。

突触(synapses，也称为神经末梢)是传递神经元之间相互作用的基本结构和功能单元。最常见的突触是化学突触，其工作方式如下：突触前(pre-synaptic)过程释放出一种递质，它在神经元之间的突触连接处扩散，然后作用于突触后(post-synaptic)过程。

因此，突触将突触前的电信号转换为化学信号，然后转换为突触后的电信号。在传统的神经组织描述中，假定突触是一种简单的连接，可以对接受的神经元施加兴奋或抑制，但不能同时施加兴奋和抑制。

前面我们提到过，可塑性使发育中的神经系统适应周围环境。在成年大脑中，可塑性可能由两种机制解释：神经元之间新的突触连接的产生，以及现有突触的修改。以形态学为依据，突触分为轴突（传输线）和树突（接受区）两种类型；轴突（axons）的表面更光滑，分支更少，长度更大，而树突（dendrite）的形态与树相似，具有不规则的表面和更多的分支。图 1-2 说明了大脑皮层中最常见的神经元之一——锥体神经元细胞（pyramidal cell）的形状。像许多其他类型的神经元一样，它通过树突棘接收大部分输入。锥体神经元细胞可以接受 10 000 个或更多的突触接触，并发散连接到成千上万个靶细胞上。

大多数神经元将它们的输出编码为一系列短暂的电压脉冲。这些脉冲通常称为动作电位或尖峰，它们起源于神经元的细胞体或附近，然后以恒定的速度和幅度在各个神经元中传播。在神经元之间使用动作电位进行交流的原因是基于轴突的物理原理。神经元的轴突很长很细，其特征是高电阻和非常大的电容。因此，轴突可以被建模为电阻电容传输线。对这种传播机制的分析表明，当在轴突的一端施加电压时，它随距离呈指数衰减，当到达另一端时下降到微不足道的水平。动作电位提供了一种规避这一问题而进行有效传输的方法。

在大脑中，既有小型的解剖组织，又有大型的解剖组织，并且不同的功能分别发生在较低和较高的层次。图 1-3 显示了这种堆叠的层次结构。突触是最基本的层次，基于分子和离子产生功能。之后的层次有神经微回路（neural microcircuit）、树突树（dendritic tree）和神经元。神经微回路是指突触的组装，它们被有组织地连接起来以产生功能性运算。神经微回路可以比作由晶体管组件构成的硅芯片。神经微回路的最小尺寸以微米为单位，最快的运行时间以毫秒为单位。多个神经微回路进一步组织为树突状亚基（dendritic

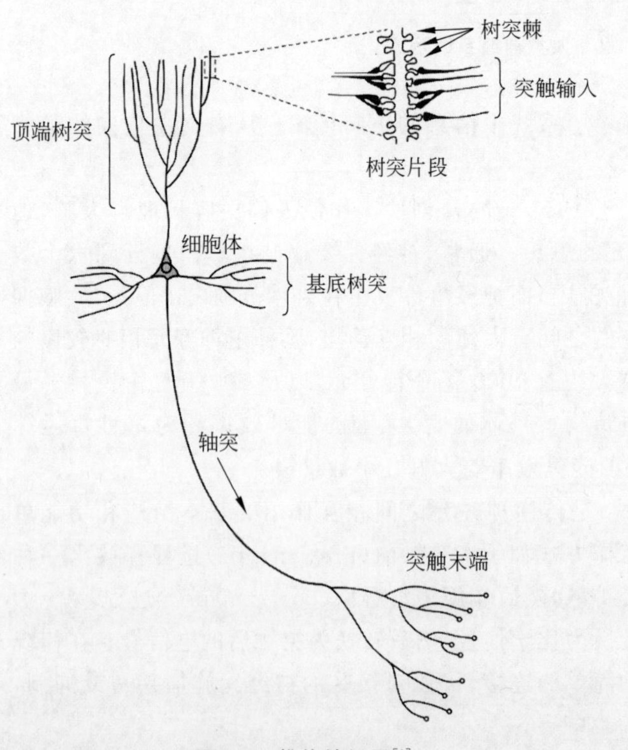

图 1-2　椎体神经元[1]

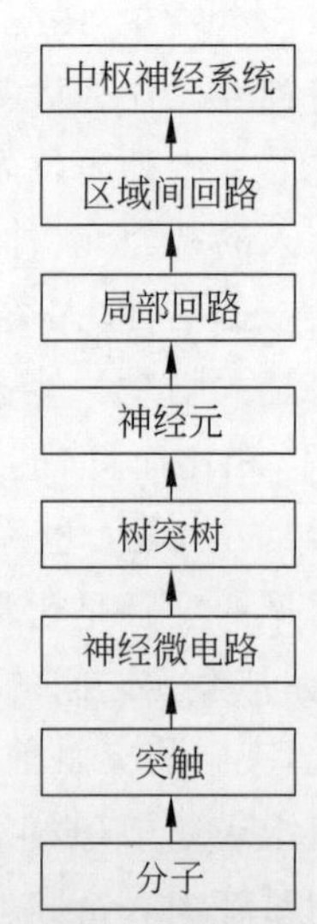

图 1-3　大脑中各个层次的结构组织

subunit),位于单个神经元的树状树中。整个神经元包含几个树突状亚基,其尺寸大约为 $100\mu m$。在更复杂的层次上,局部回路(local circuit)由多个具有相似或不同特性的神经元组成,其尺寸约 1mm,它执行大脑局部区域的特有运算。随后的层次是由路径、列和地形图(topographic map)组成的区域间回路(interregional circuit),它们涉及大脑不同部位的多个区域。

多个地形图被组织起来以响应传入的感官信息,这些地形图通常以薄片的形式排列,例如,在上丘脑中,视觉、听觉或体感地形图被堆叠在相邻的层中,以使来自空间中相邻点的刺激在神经系统中也相邻。图 1-4 显示了由 Brodmann 于 1981 年得出的大脑皮层的细胞结构图。该图清楚地表明,不同的感觉输入(如运动、体感、视觉、听觉等)以有序的方式映射到大脑皮层的相应区域。在最复杂的层次上,地形图和其他区域间回路组成中枢神经系统,实现各种类型的行为。

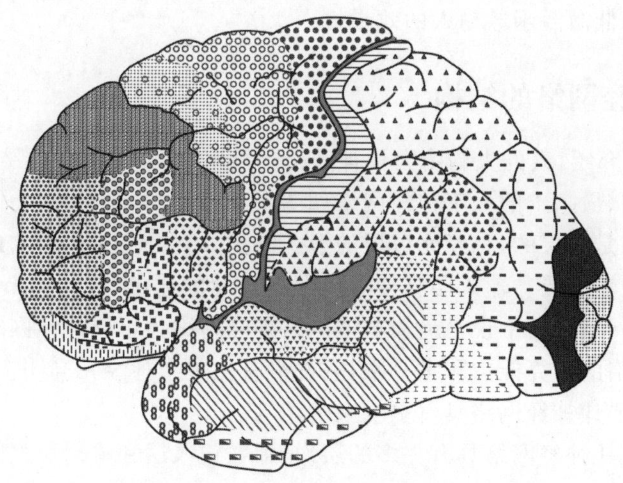

图 1-4 大脑皮层的细胞结构图

1.4 人工神经网络的基本构成

1.4.1 人工神经元

人工神经元是模仿大脑神经元的信息处理单元,它是神经网络的基本组件,在此基础上构成大规模神经网络。如图 1-5 所示,人工神经元模型具有 3 个基本要素。

(1) 一组突触,或者说连接环节,每一个突触都有自己的权重或强度。具体来说,假设突触 j 连接到神经元 k,突触的输入信号为 x_j,乘以自身的权重 w_{kj},然后传递到神经元 k。与大脑中的突触权重不同,人工神经元的突触权重可以取正值,也可以取负值。

(2) 一个加法器,用于对各个突触的输入信号进行求和,其输出是各个突触输入的加权线性组合。

(3) 一个激活函数,用于限制神经元输出的振幅,并可以使输出具有非线性特征。激活函数也被称为压缩函数,因为它将输出信号的幅度范围压缩(限制)到某个有限值以内。

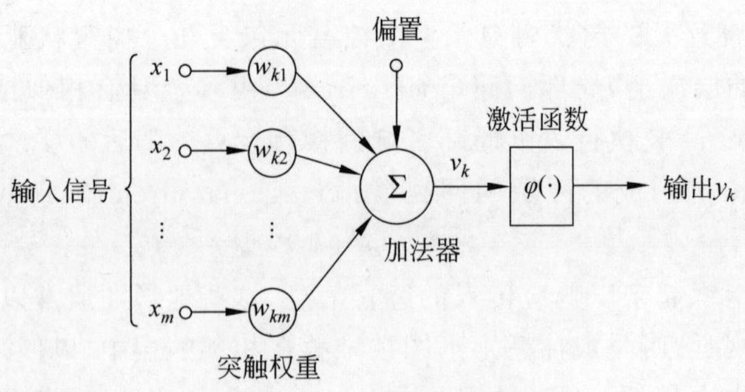

图 1-5　人工神经元模型

通常,神经元输出的幅度范围标准化为闭区间[0,1]或[−1,1]。

图 1-5 的神经元模型还包括外部施加的偏置,用 b_k 表示。根据其是正值还是负值,偏置具有增加或降低激活函数输入的效果。

1.4.2　人工神经网络的结构

正如 1.3 节的介绍,人的大脑由大量神经元连接组成,并具有层次结构。人工神经网络模拟了这一结构,最基本的人工神经网络如图 1-6 所示。

这个神经网络是分层的,神经元以层的形式组织。它是分层网络的最简单形式,只有一个输入层和一个输出层。输入层直接连接到神经元的输出层(计算节点)上,反之则不然。换句话说,此网络严格上说是前馈类型。这种网络称为单层前馈网络。

显然,单层网络的计算能力非常有限,它并没有比单个神经元高明多少。为了让神经网络更"智能",需要让神经网络具有更复杂的结构。

第一种尝试是让神经网络具有更多的层次,即在输入层和输出层之间引入隐藏层,如图 1-7 所示。

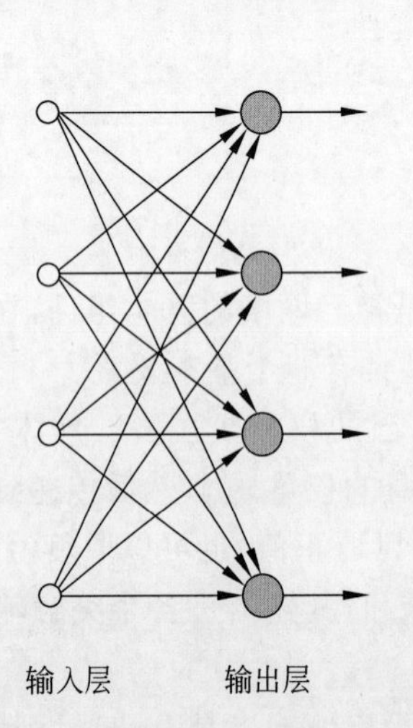

图 1-6　最基本的人工神经网络

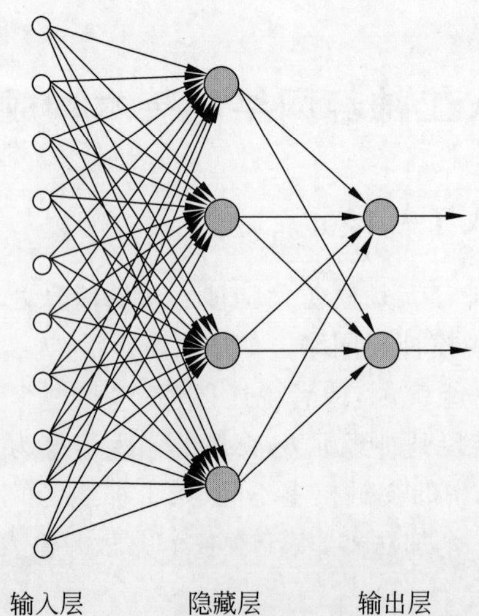

图 1-7　具有隐藏层的神经网络

“隐藏”是指从网络的输入或输出中都无法直接看到神经网络的这一部分。隐藏层的计算节点相应地称为隐藏神经元。输入层神经元处理输入信号，其输出是隐藏层神经元的输入，如果有多个隐藏层，以此类推。通常，网络每一层中的神经元仅将前一层的输出信号作为输入。最终，输出层神经元的输出信号的集合构成了整个网络对源输入的总体响应。

引入隐藏层后，输入层与输出层之间失去了直接连接，但由于相邻层次的神经元之间具有全连接，并逐层传递，因此网络仍能获得全局视野。隐藏层使网络能够在输入层提取的基本特征的基础之上进行逐级的“抽象”，最终获得对输入的深层次理解，提取出更高阶的特征。

另外一种尝试是改变神经元之间的连接方式，如引入反馈回路。采用这种方式的最简单网络是单层循环神经网络。

循环神经网络与前馈神经网络的区别在于，它具有至少一个反馈回路。例如，一个循环网络可能由一个神经元的单层组成，每个神经元将其输出信号反馈回所有其他神经元的输入，如图 1-8 所示。图中，网络中没有自反馈环路。自反馈是指神经元的输出被反馈回自己的输入的情况。

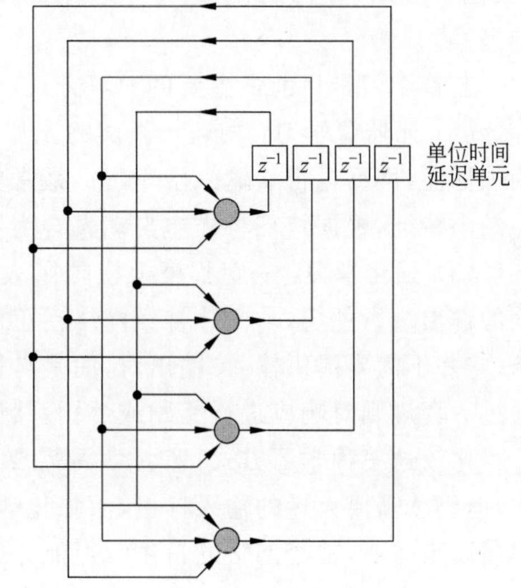

图 1-8　循环神经网络

反馈回路使用由单位时间延迟单元（用 z^{-1} 表示）组成的特定分支，这会导致非线性动态行为（假设神经网络包含非线性单元）。反馈回路的存在对神经网络的学习能力及其性能产生了深远的影响，是时间序列处理的基础。

在上述两种最基本变体的基础上，神经网络发展出多种复杂的结构，从而实现了复杂的智能。这些网络将在 1.6 节中展开叙述。

1.5　人工神经网络的学习机制

神经网络的结构相当于人工智能的硬件，要让神经网络工作起来，还需要“软件”。人们再次从生物学受到启发：婴儿在其成长过程中，除一些动物本能外，其他能力都是后天学习而来的。深入到婴儿的脑部，人们发现，自出生起，大脑的神经元就已经具备了，但神经元之间的突触则在成长过程中逐步生长和加强，也就是说，大脑经过一个学习过程，逐步获得了智能。因此，将学习过程引入人工神经网络，是否也能让它产生智能呢？答案是肯定的。在人工神经网络中，用于执行学习过程的程序称为**学习算法**，其功能是以有序的方式修改神经网络的突触权重以学习到某种知识。修改突触权重是神经网络学习的传统方法。但是，神经网络也有可能在学习过程中修改其自身的拓扑，就像人脑中的神经元可以死亡并且可以长出新的突触连接一样。

人工神经网络主要有以下 3 种学习类型。

(1) **监督学习**：相当于人类从经验中归纳总结的学习方式。将标注过的数据(正确的输入-输出对)提供给网络，网络通过学习大量的样例，总结出规律，并对新的输入做出正确的输出。具体说，监督学习通过应用一组标注的训练样例修改神经网络的突触权重。每个样例由唯一的输入和相应的输出组成。网络从这个训练集中随机选择一个样例，并修改网络的权重，以最大程度地减少输入信号的期望输出与网络的实际输出之间的误差。用集合中的样例对网络反复进行训练，直到网络达到稳定状态，也就是权重没有进一步显著变化为止。先前应用过的样例可以在训练期间重复应用，但一般以不同的顺序进行。这样，网络通过构建输入/输出映射学习到了当前问题的答案。

监督学习是目前最主要的学习方式，其典型应用如图像分类。

(2) **无监督学习**：相当于人类的无师自通，但仍然需要提供大量的输入样例，只是不附加标注，网络自行从输入中学习。最常见的无监督学习任务是聚类，它从大量的输入中总结出特征，根据特征将样本自动聚合为不同的类别。

(3) **强化学习**：一定程度上模拟了人类教育的方式。对正确的输出进行奖励，对错误的输出进行惩罚，从而让神经网络在正确的方向上得到“强化”。与监督学习的区别在于，它并不需要提供输入/输出对，而是自行对环境进行探索，对环境中的输入作出响应，通过一套规则对响应进行奖励或惩罚，然后改进网络。

比较这三种学习方式，监督学习需要大量的标注过的输入样例，无监督学习无须标注，但仍然需要大量的输入样例，而强化学习则无须输入样例。人类在学习过程中的指导作用逐步减弱，神经网络的自主学习能力逐步提升，对数据的依赖性逐步减弱。人们当然希望自身参与越少越好，但目前无监督学习和强化学习仍然只局限在特定的领域中发挥作用，在大多数情况下，神经网络仍然需要人类的“教导”，就如一个婴儿期的大脑一样。

1.6 人工神经网络的类型

在人工神经网络发展历程中，涌现出多种多样的神经网络，凝聚了人类在探索终极智能道路上的智慧结晶[2]。它们有些用于解决不同领域的问题，有些从不同的侧面解决同一领域的问题，这里对具有代表性的神经网络做了一个较为全面的总结，它们在产生时都是新颖和独特的，不少网络后来被发扬光大。神经网络图谱如图 1-9 所示。

由于新的网络架构仍然不断涌现，因此这个清单难免挂一漏万，但它有助于快速和全面地了解 AI 世界。

由于这里只能显示网络的拓扑结构，因此有些网络看起来是一样的，如可变自动编码器(VAE)看起来就像自动编码器(AE)，但算法实际上却大不相同。

1. 前馈神经网络

前馈神经网络(feed forward neural networks，FF 或 FFNN)，也称为感知器，如图 1-10 所示。它是最基本的神经网络，非常简单，从前向后(分别是输入和输出)反馈信息。这种神经网络通常由输入、隐藏或输出单元组成。层内没有连接，相邻两个层之间是完全连接

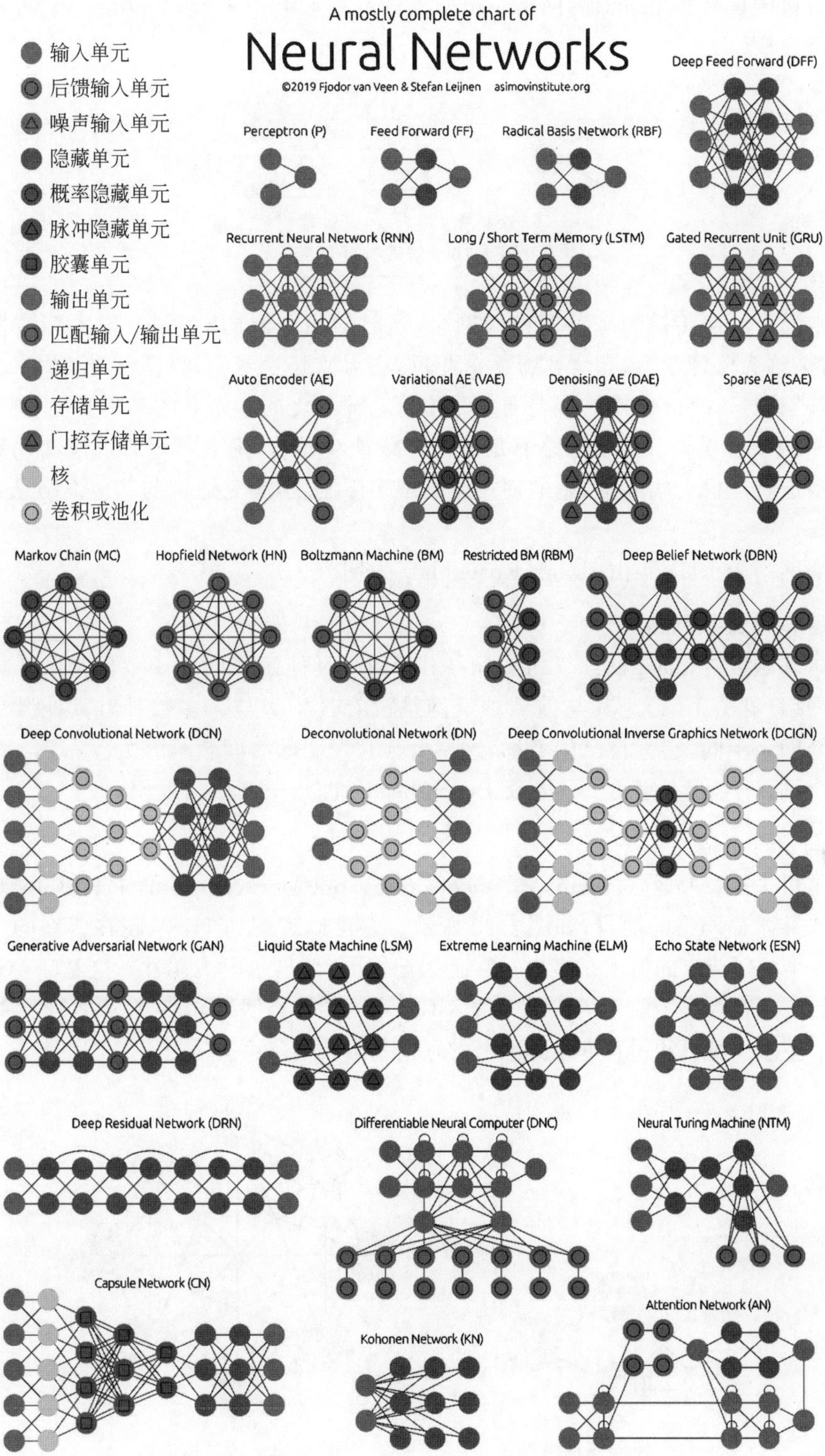

A mostly complete chart of

Neural Networks

©2019 Fjodor van Veen & Stefan Leijnen　asimovinstitute.org

输入单元
后馈输入单元
噪声输入单元
隐藏单元
概率隐藏单元
脉冲隐藏单元
胶囊单元
输出单元
匹配输入/输出单元
递归单元
存储单元
门控存储单元
核
卷积或池化

Perceptron (P)
Feed Forward (FF)
Radical Basis Network (RBF)
Deep Feed Forward (DFF)
Recurrent Neural Network (RNN)
Long / Short Term Memory (LSTM)
Gated Recurrent Unit (GRU)
Auto Encoder (AE)
Variational AE (VAE)
Denoising AE (DAE)
Sparse AE (SAE)
Markov Chain (MC)
Hopfield Network (HN)
Boltzmann Machine (BM)
Restricted BM (RBM)
Deep Belief Network (DBN)
Deep Convolutional Network (DCN)
Deconvolutional Network (DN)
Deep Convolutional Inverse Graphics Network (DCIGN)
Generative Adversarial Network (GAN)
Liquid State Machine (LSM)
Extreme Learning Machine (ELM)
Echo State Network (ESN)
Deep Residual Network (DRN)
Differentiable Neural Computer (DNC)
Neural Turing Machine (NTM)
Capsule Network (CN)
Kohonen Network (KN)
Attention Network (AN)

图 1-9　神经网络图谱（来源：阿西莫夫研究所）

的。最简单的具有实用价值的网络仅由两个输入单元和一个输出单元组成，可用于对逻辑门进行建模。

图 1-10　前馈神经网络

通常通过反向传播训练前馈神经网络，这时给出配对的数据集“输入”和“期望的输出”。这被称为监督学习(与无监督学习相反，在无监督学习中，我们仅向其提供输入并让网络填补空白)。反向传播的误差通常是输入和输出之间的差异的某些变化，例如均方误差(MSE)或线性误差。假设网络有足够的隐藏神经元，理论上可以对任何输入和输出之间的关系进行建模。实际上，它的使用受到很多限制，但是它通常与其他网络结合以形成新的网络。

这个网络于 1958 年由 Frank Rosenblatt 发明[3]。

2. 径向基函数网络

径向基函数(radical basis function，RBF)网络是使用径向基函数作为激活函数的前馈神经网络(见图 1-11)。其与前馈神经网络没有区别。与大多数具有其他激活功能的前馈神经网络不同，它有自己的名称，这主要与它发明的时间较早有关。

这个网络于 1988 年由 David S. Broomhead 和 David Lowe 发明[4]。

3. 马尔可夫链

马尔可夫链(Markov chain，MC 或 discrete time Markov chain，DTMC)是玻尔兹曼机和霍普菲尔德网络的前身，如图 1-12 所示。它可以理解如下：从现在所在的这个节点去任何一个相邻节点的概率是多少？它是无记忆的(即马尔可夫属性)，这意味着最终进入的每个状态完全取决于前一个状态。虽然不是真正的神经网络，但它确实类似于神经网络，并构成了玻尔兹曼机和霍普菲尔德网络的理论基础。马尔可夫链也不总是完全连接的。

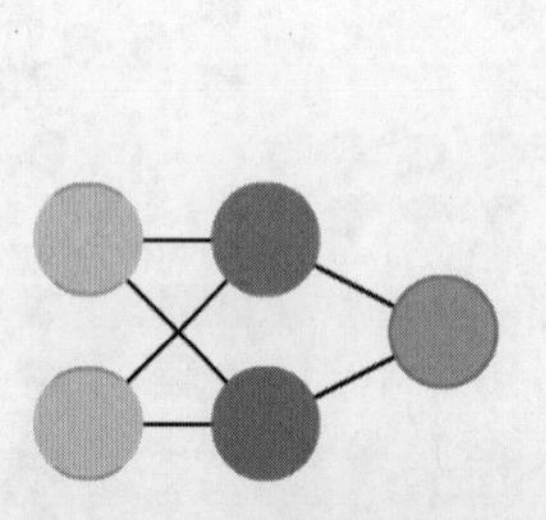

图 1-11　径向基函数网络

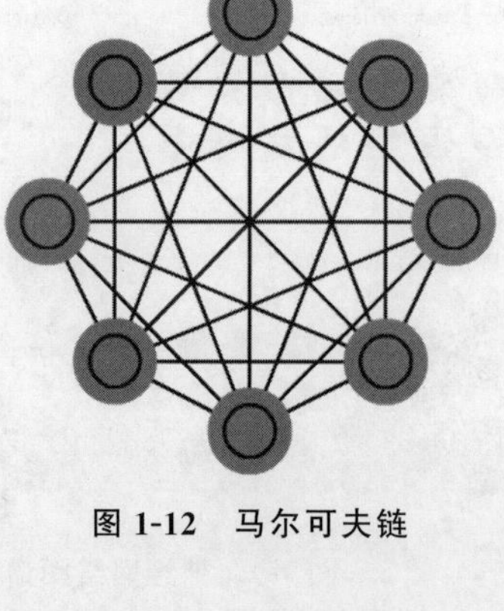

图 1-12　马尔可夫链

关于马尔可夫链的深入介绍见 Brian Hayes 于 2013 年发表的文章[5]。

4. 霍普菲尔德网络

霍普菲尔德网络(Hopfield networks,HN)是一个全连接网络,每个神经元都与所有的其他神经元相连,如图1-13所示。它就像一个纠缠在一起的面团,所有节点都起着同样的作用。每个节点在训练之前输入,然后在训练期间隐藏,最后输出。通过将神经元的值设置为所需的模式训练网络,可以计算权重。此后权重保持不变。如果网络针对一种或多种模式进行了训练,它将始终收敛到其中一个模式,因为网络仅在此状态下稳定。注意:它并不总能符合所需的状态。它的稳定是因为训练期间网络的总“能量”或“温度”逐渐降低。每个神经元都有一个激活阈值,可以随温度变化。如果输入总和超过阈值,神经元将进入两种状态之一,通常为−1或1,有时为0或1。网络更新可以同步进行,但通常是一一进行。如果一个接一个地更新,则将创建一个公平的随机序列来组织哪些单元以什么顺序进行更新,公平的随机顺序是所有 n 个单元在每 n 次更新中被更新一次。这样,一旦所有单元都已更新且没有任何更改,就可以判断网络已经稳定(完成收敛),或称为“退火”。这个网络通常称为关联存储器,因为它收敛到与输入最相似的状态。就像人类看到一张桌子的一半,就可以想象另一半,给这个网络输入一半的桌子和一半的噪声,它将收敛到一张桌子。

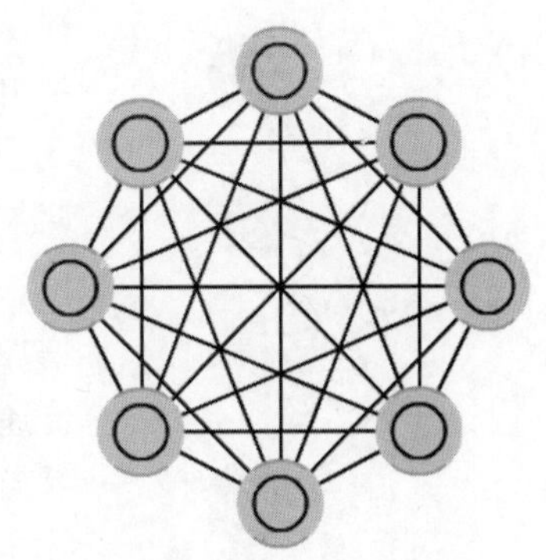

图1-13 霍普菲尔德网络

这个网络由John Hopfield于1982年发明[6]。

5. 玻尔兹曼机

玻尔兹曼机(Boltzmann machines,BM)与霍普菲尔德网络非常相似,不同之处是:有些神经元被标记为输入神经元,而另一些则保持“隐藏”状态(图1-14右侧颜色较深的神经元为隐藏单元)。完整的网络更新结束时,输入神经元变为输出神经元。它从随机权重开始,通过反向传播学习,或者通过对比散度(contrastive divergence)学习(使用马尔可夫链确定两个信息增益之间的梯度)。与霍普菲尔德网络相比,玻尔兹曼机中的神经元大多具有二进制激活模式。由于基于马尔可夫链,因此玻尔兹曼机是随机网络。它的训练和运行过程与霍普菲尔德网络十分相似:首先将输入神经元设置为特定的固定值,然后开始训练网络。训练时,计算在输入神经元和隐藏神经元之间反复迭代,神经元的值不断更新直到不再变化。激活受全局温度值控制,温度值下降意味着神经元能量降低,而较低的能量使神经元的激活模式稳定。给定正确的温度,网络将达到平衡。

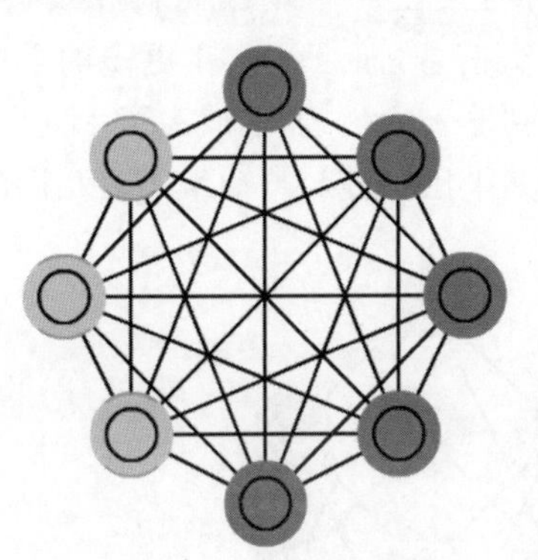

图1-14 玻尔兹曼机

这个网络由Geoffrey E. Hinton以及Terrence J. Sejnowski于1986年发明[7]。

6. 受限玻尔兹曼机

受限玻尔兹曼机(restricted Boltzmann machines,RBM)是玻尔兹曼机的改进,如图 1-15 所示。它们之间的最大区别在于,受限玻尔兹曼机受到更严格的限制,因此它们的可用性更高。它没有将所有神经元全部互联起来,而是将神经元分为两组:输入组和隐藏组,两组间的神经元之间建立全连接,组内的神经元之间则没有连接。可以像前馈神经网络一样对受限玻尔兹曼机进行训练,但增加了一个来回:不是向前传递数据然后反向传播,而是向前传递数据然后向后传递数据(返回第一层),之后再通过前向-反向传播进行训练。

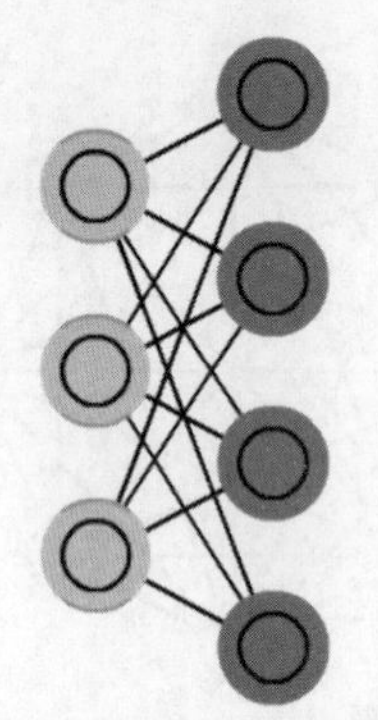

图 1-15 受限玻尔兹曼机

这个网络由 Paul Smolensky 于 1986 年发明[8]。

7. 自动编码器

自动编码器(autoencoders,AE)与前馈神经网络相似,它更像是前馈神经网络的另一种应用方式,而不是根本不同的网络结构,如图 1-16 所示。自动编码器背后的基本思想是自动编码信息(是压缩而不是加密),因此也就有了这个名称。整个网络总是类似于沙漏状,其隐藏层比输入层和输出层小。自动编码器总是围绕着中间层(一个或两个)对称。最小的层位于中间,即信息压缩程度最高的地方(网络的瓶颈)。输入层到中间层之间的部分称为编码部分,中间层到输出层之间的部分称为解码部分,中间层就是编码。可以通过反向传播训练它,方法是:提供输入并将误差设置为输入与输出之间的差。构建编码器时可以对称地设置权重,此时编码权重与解码权重相同。

这个网络由 Hervé Bourlard 和 Yves Kamp 于 1988 年发明[9]。

8. 稀疏自动编码器

稀疏自动编码器(sparse autoencoders,SAE)在某种程度上与自动编码器相反(见图 1-17)。不是让网络在更少的“空间”或节点中表示一组信息,而是尝试在更多的空间中编码信息。因此,网络并没有在中间层汇聚,然后扩展到输入大小,而是放大了中间层。这种类型的网络可用于从数据集中提取许多小的特征。如果用一种与自动编码器相同的

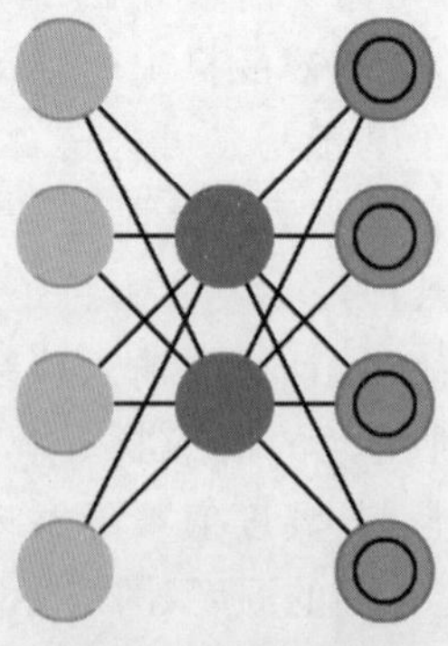

图 1-16 自动编码器

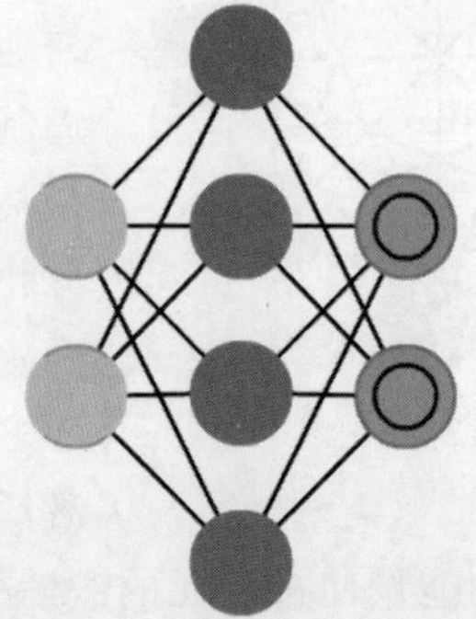

图 1-17 稀疏自动编码器

方式训练稀疏自动编码器，那么在绝大多数情况下，最终都会得到一个毫无用处的恒等网络(因为输出与输入相同，所以没有进行任何转换或分解)。为了避免这种情况，我们不仅反馈输入，而且反馈输入以及通过稀疏驱动器(sparsity driver)过滤的误差。这个稀疏驱动器可以采用阈值滤波器的形式，它仅反馈某些误差用于训练，而认为其他的误差是"无关紧要的"并设置为零。在某种程度上，这类似于脉冲神经网络，在该网络中并非所有神经元都一直在触发(根据生物学上的合理性决定)。

这个网络由 Marc'Aurelio Ranzato、Christopher Poultney、Sumit Chopra 和 Yann LeCun 于 2007 年发明[10]。

9. 去噪自动编码器

去噪自动编码器(denoising autoencoders，DAE)是自动编码器的改进，如图 1-18 所示。在输入数据的基础上增加了噪声，使得图像更粗糙。但是，计算误差的方式是相同的，也就是将网络的输出与原始输入进行比较，而不添加噪声。这鼓励网络不要学习细节，而要学习更广泛的特征，因为学习较小的特征经常会由于噪声的不断变化而被证明是"错误"的。

这个网络由 Pascal Vincent 等于 2008 年发明[11]。

10. 变分自动编码器

变分自动编码器(variational autoencoders，VAE)具有与自动编码器相同的网络结构，但被"教"了其他东西：输入样本的近似概率分布。根源上，变分自动编码器(见图 1-19)与玻尔兹曼机和受限玻尔兹曼机之间的关系更为紧密。它依赖于关于概率推理和独立性的贝叶斯数学理论，并使用了重新参数化的技巧。不考虑复杂的数学，概率推理和独立性在直觉上是有意义的。其基本原理可以归结为：考虑影响力。如果一件事情发生在一个地方，而其他事情发生在其他地方，则它们不必是相关的。如果它们不相关，则误差传播就应考虑到这一点。这是一个有用的方法，因为神经网络在某种程度上是大型图，当处理更深层次的网络时，如果可以排除某些节点对其他节点的影响，那么是很有帮助的。

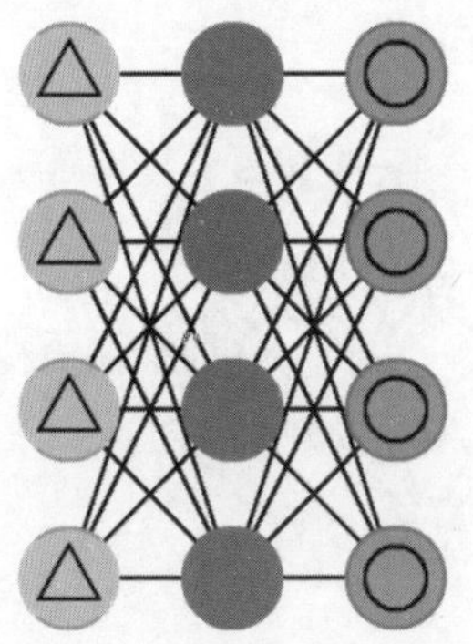

图 1-18 去噪自动编码器

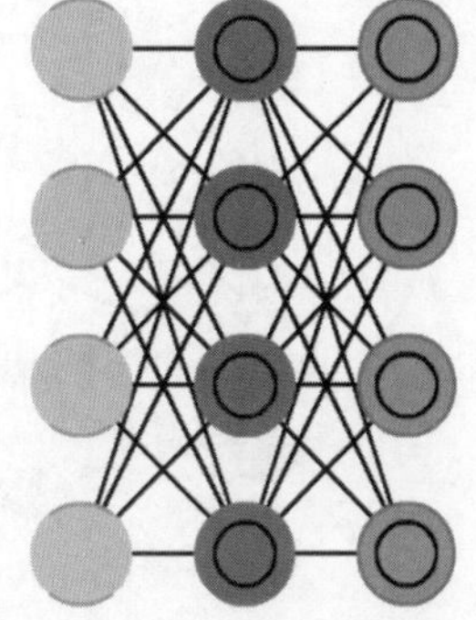

图 1-19 变分自动编码器

这个网络由 Diederik P. Kingma 和 Max Welling 于 2013 年发明[12]。

11. 深度信念网络

深度信念网络(deep belief networks，DBN)是受限玻尔兹曼机或变分自动编码器的堆叠结构，如图 1-20 所示。它通过采用逐层训练的方式，解决了深层次神经网络的优化问题，通过逐层训练为整个网络赋予了较好的初始权值，使得网络只要经过微调就可以达到最优解。其中每个受限玻尔兹曼机或变分自动编码器只需学习对前一个网络进行编码。这种技术也称为贪婪训练，其中贪婪意味着生成局部最优解，以获得一个像样的但可能不是最优的解。可以通过对比散度或反向传播训练深度信念网络，并学习将数据表示为概率模型，就像常规受限玻尔兹曼机或变分自动编码器一样。一旦通过无监督学习训练或收敛到(更)稳定的状态，该模型即可用于生成新数据。如果用对比散度进行训练，它甚至可以对现有数据进行分类，因为神经元已经学会寻找不同的特征。

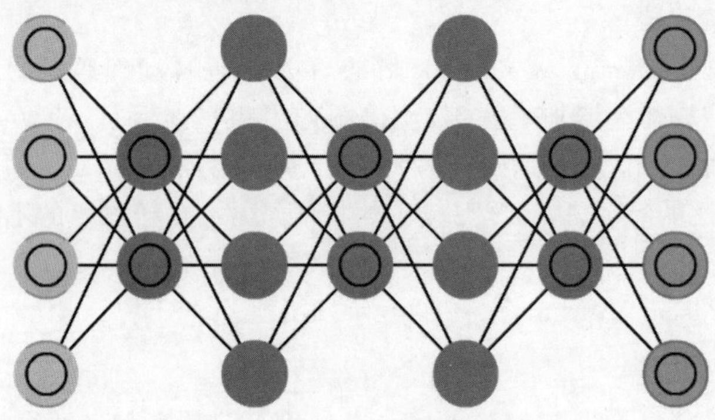

图 1-20　深度信念网络

这个网络由 Yoshua Bengio 等于 2007 年发明[13]。

12. 卷积神经网络

卷积神经网络(convolutional neural networks，CNN)或深度卷积神经网络(DCNN)主要用于图像处理，但也可以用于其他类型的输入(例如音频)，如图 1-21 所示。CNN 的典型用途是对图像进行分类，例如给它提供猫图片，它将输出 cat，给它提供狗图片，则输出 dog。

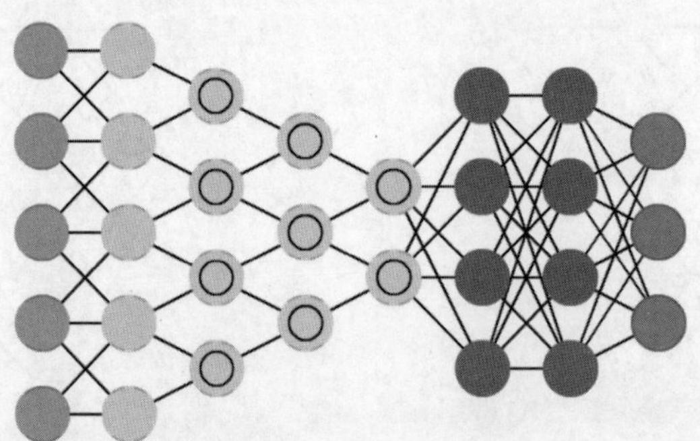

图 1-21　卷积神经网络

卷积神经网络不是一次性解析所有训练数据，而是以“扫描器”处理输入。例如，要处理 200×200 像素的图像，并不需要创建一个有 40 000 个节点的图层，而是创建一个 20×20 的扫描输入层，先将图像的前 20×20 像素输入该层(通常从左上角开始)，传递完

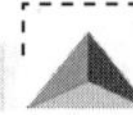

这一组输入后，将扫描器向右移动几个像素，再送入下一组 20×20 像素。这些数据随后馈送到卷积层而非普通层。

卷积神经网络引入了“局部连接”的思想，在卷积层中，并非所有节点都相互连接。每个节点仅与附近的相邻节点连接（紧密程度取决于实现方式，但通常不超过几个）。卷积层的尺寸也随着其深度而趋于缩小，通常是输入大小的整数因子（比如 20 可能会变成 10 层，然后是 5 层）。除了卷积层，卷积神经网络通常还具有池化层。池化是一种过滤细节的方法：一种常见的池化技术是最大池化（max pooling），在这种情况下，我们取 2×2 像素，然后取其中数字最大的像素。网络的最后一部分通常是一段前馈神经网络，它进一步处理数据，从而实现高度非线性的抽象。

要将卷积神经网络应用于音频，则按照一定的长度逐段地输入整个音频。

卷积神经网络的应用非常广泛，后面章节会展开阐述。

这个网络由 Yann LeCun 等于 1998 年发明[14]。

13. 反卷积神经网络

反卷积神经网络（deconvolutional neural networks，DNN），也称为逆图形网络（inverse graphics networks，IGN），是反向的卷积神经网络，如图 1-22 所示。想象给网络输入“猫”一词，并通过将其生成的图像与猫的真实图像进行比较，对其进行训练，以产生类似猫的图片。如同卷积神经网络，反卷积神经网络也可以与前馈神经网络结合起来，位于网络的开始或结束部分。注意，在大多数应用中，实际上并不会将类似文本的输入馈送到网络，更可能是分类标签输入向量。比如<0，1>是猫，<1，0>是狗，而<1，1>是猫和狗。卷积神经网络中的池化层也被类似的逆运算代替，主要通过有偏假设进行插值和外推，例如池化层使用最大池化，则在反转时将生成更小的新数据。

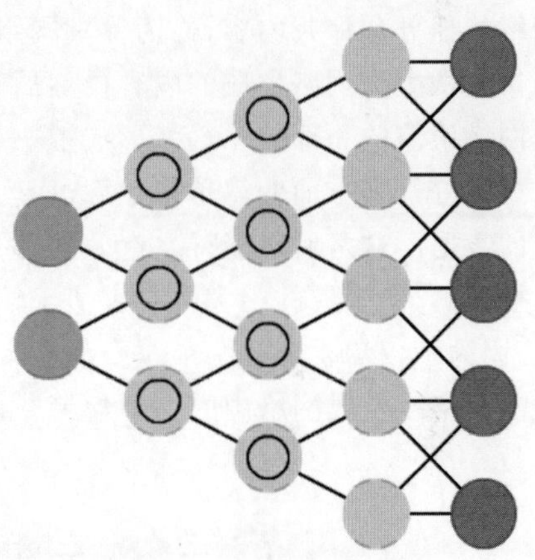

图 1-22 反卷积神经网络

这个网络由 Matthew D. Zeiler 等于 2010 年发明[15]。

14. 深度卷积逆图形网络

深度卷积逆图形网络（deep convolutional inverse graphics networks，DCIGN）的名称有点误导，因为它实际上是变分自动编码器，但编码器采用卷积神经网络，而解码器采用反卷积神经网络。深度卷积逆图形网络（见图 1-23）试图建立模型，可以将“特征”编码为概率，这样它可以在学习只有猫的图片和只有狗的图片后，产生一张猫和狗在一起的图片。同样，可以输入一张有猫有狗的照片，然后要求模型删除狗。这个网络还可以学习复杂的图像转换，例如更改光源或三维对象的旋转。它通常使用反向传播进行训练。

这个网络由 Tejas D. Kulkarni 等于 2015 年发明[16]。

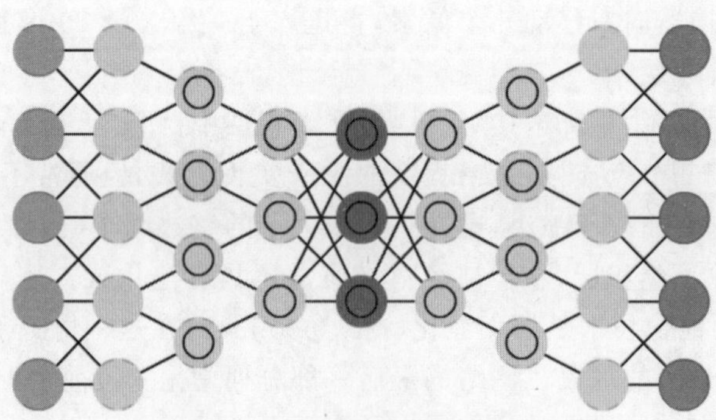

图 1-23　深度卷积逆图形网络

15. 生成对抗网络

生成对抗网络(generative adversarial networks,GAN)由两个不同类型的网络组成并协同工作,如图 1-24 所示。GAN 可以由任何两个网络组成,但通常是前馈神经网络和卷积神经网络的组合,其中一个网络的任务是生成内容,称为生成网络或生成器,另一个网络的任务是评判内容,称为鉴别网络或鉴别器。鉴别网络可以直接接收训练数据,也可以接收从生成网络生成的内容。然后,使用鉴别网络能够正确预测源数据的程度作为生成网络误差的一部分。这就形成了一种竞争关系,其中鉴别网络在将真实数据与生成的数据区分开来方面变得越来越好,而生成网络则不断学习如何让鉴别网络难以区分其生成的数据。这之所以能行之有效的部分原因在于,非常复杂的类似噪声的模式最终都可以被预测,但生成的内容具有类似于输入数据的特征,更难于被区分。GAN 可能很难训练,因为不仅需要训练两个本身都会带来麻烦的网络,还需要平衡它们的动态需求。如果预测网络或生成网络中的一个比另一个更好,那么由于存在内在的差异,因此 GAN 不会收敛。

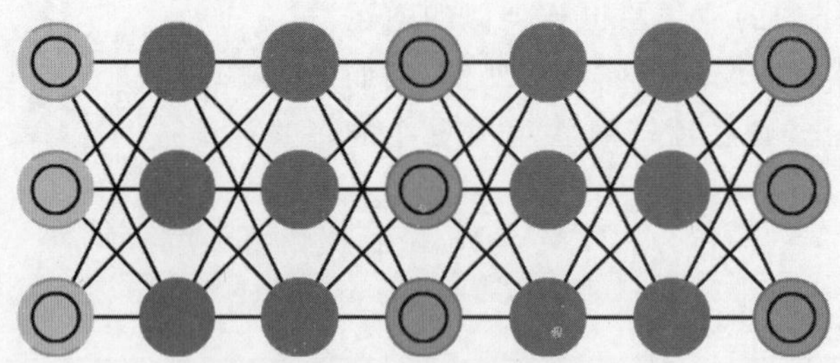

图 1-24　生成对抗网络

这个网络由 Ian Goodfellow 等于 2014 年发明[17]。

16. 深度残差网络

深度残差网络(deep residual networks,DRN)是一种很深的前馈神经网络,如图 1-25 所示。它不仅在相邻的两层之间有连接,在相隔较远的两个层(通常相隔 2～5 层)之间也有额外的连接。其思想是,与其试图找到一种将输入映射到 5 层以后的输出的解决方案,不如让网络学习如何将输入映射到某种输出与原始输入的和。这个输出就是最终输出与

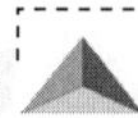

原始输入之间的“残差”。简单地说，它为网络添加了一个恒等映射，将原始输入保留下来，然后将其原封不动地提供给相隔较远的后面的层。反复使用这种结构（称为残差块），可以让网络的层次增长到150层以上，远远超出之前的10～20层。

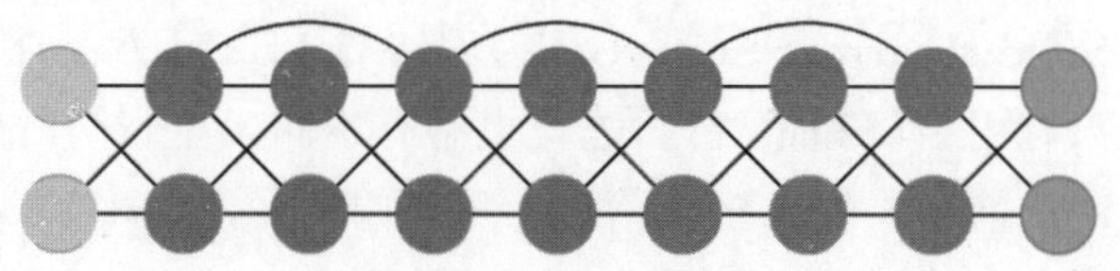

图1-25　深度残差网络

这个网络由何凯明等于2015年发明[18]。

17. 循环神经网络

循环神经网络（recurrent neural networks，RNN）是具有时间循环的前馈神经网络（见图1-26）：它不是无状态的，而是在时间上有相互连接。神经元不仅从上一层获得信息，而且从上一个时间获得信息。这意味着提供输入和训练网络的顺序很重要：先输入“牛奶”后输入“饼干”，与先输入“饼干”后输入“牛奶”相比，可能会产生不同的结果。RNN的一个大问题是梯度消失（或梯度爆炸）问题，取决于所使用的激活函数，信息会随着时间的流逝而迅速丢失，就像前馈神经网络当网络很深时会丢失信息一样。

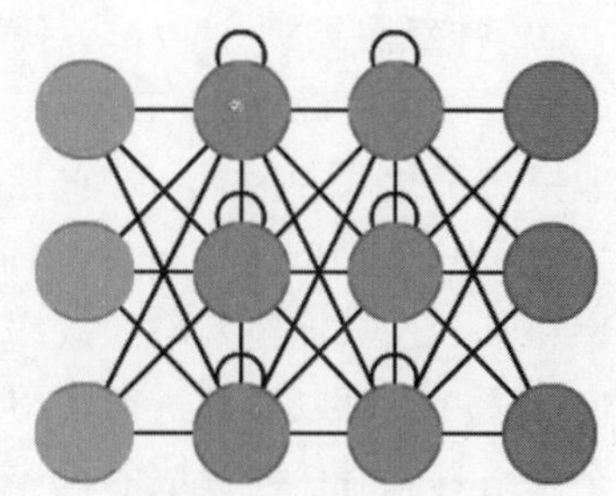

图1-26　循环神经网络

原则上，RNN可用于许多领域，因为大多数数据虽然不像视频和声音一样有时间轴，但仍然可以表示为序列。例如，图片可以一次输入一个像素，字符串可以一次输入一个字符，这时候与时间相关的权重用于前一个序列中的内容，而不是前一个时间的内容。通常，循环网络是递推信息的理想选择，例如用于自动补全。

这个网络由Jeffrey L. Elman于1990年发明[19]。

18. 长短期记忆网络

长短期记忆（long/short term memory，LSTM）网络试图通过引入“门”和明确定义的记忆单元解决梯度消失/梯度爆炸问题，如图1-27所示。这主要受电子学、而非生物学的启发。每个神经元都有一个记忆单元和三个门：输入门、输出门和忘记门。这些门的功能是通过停止或允许信息流来保护信息。输入门确定来自前一层的哪些信息存储在单元中。输出门负责确定下一层的哪些单元可以了解此单元的状态。遗忘门最初有些多余，但在需要的时候忘记是一件好事：假设正在学习一本书，并且开始了新的篇章，网络可能有必要忘记上一章中的某些字符。注意，由于每个门与前一个神经元中的记忆单元之间都有权重，因此LSTM需要更多的资源才能运行。

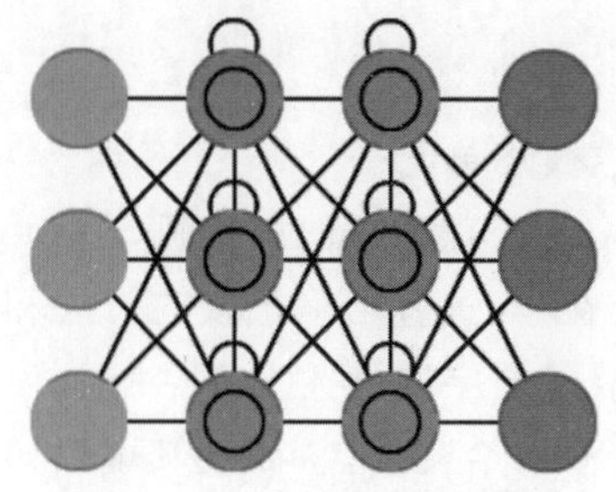

图1-27　长短期记忆网络

事实证明,LSTM 能够学习复杂的序列,例如像莎士比亚一样写作或谱写原创音乐。

这个网络由 Sepp Hochreiter 和 Jürgen Schmidhuber 于 1997 年发明[20]。

19. 门控循环单元网络

门控循环单元(gated recurrent units,GRU)网络与 LSTM 网络略有不同,如图 1-28 所示。它少一个门,只有更新门和重置门,连接也略有不同。更新门既确定从上一个状态保留多少信息,又确定从前一层输入多少信息。重置门的功能与 LSTM 的忘记门非常相似,但其位置略有不同。GRU 没有输出门,它总是输出自己的完整状态。大多数情况下,GRU 的功能与 LSTM 非常相似,最大的区别是 GRU 更快,更容易运行,但表达能力稍差。在实践中,这两个趋势可以相互抵消,因为更大的网络可以提高表现力,但反过来又抵消了性能优势。如果不需要更高的表现力,GRU 可以胜过 LSTM。

这个网络由 Junyoung Chung 等于 2014 年发明[21]。

20. 神经图灵机

神经图灵机(neural Turing machines,NTM)可以理解为 LSTM 的抽象,是对神经网络非黑盒子化的一种尝试,它让我们了解网络中到底发生了什么。在神经图灵机(见图 1-29)中,记忆单元是独立的,而不是将其编码到神经元中。它尝试将常规数字存储的效率和永久性与神经网络的效率和表达能力相结合。思路是:要有一个内容可寻址的存储库以及一个可以对其进行读写的神经网络。神经图灵机中的"图灵"源于图灵完备性:这个网络具有对任何读取的内容进行读写并更改状态的能力,如同通用图灵机一样可以表达任何事物。

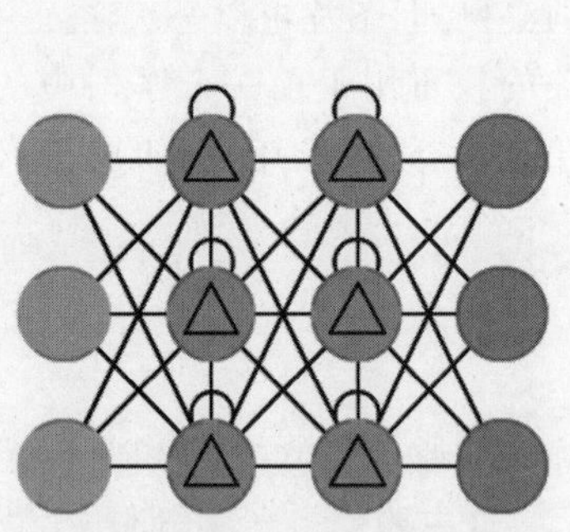

图 1-28　门控循环单元网络

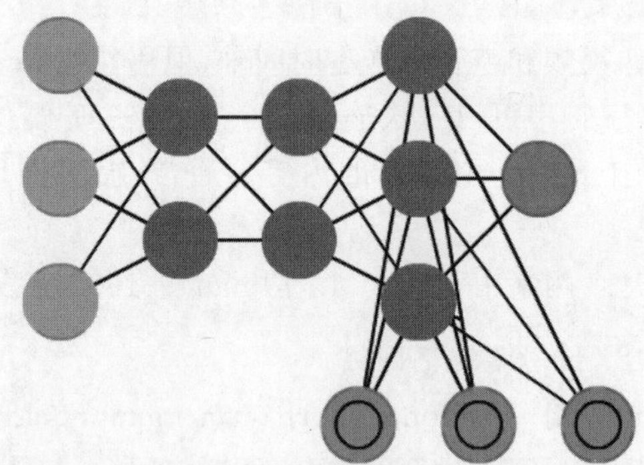

图 1-29　神经图灵机

这个网络由 Alex Graves、Greg Wayne 和 Ivo Danihelka 于 2014 年发明[22]。

21. 双向循环神经网络/双向长短期记忆网络/双向门控循环单元

双向循环神经网络(BiRNN)、双向长短期记忆网络(BiLSTM)和双向门控循环单元(BiGRU)的网络结构与其单向的网络完全相同。不同之处在于,这些网络不仅与过去相连,而且与未来相连。例如,单向 LSTM 通过逐个输入序列的字符预测"鱼"一词,而 BiLSTM 在此基础上还将逆序的字符序列中的下一个字符输入给网络,从而使其可以访问将来的信息。这种训练方式让网络运用正、反两个方向的输入填补空白,而不是仅用其

中一个方向的输入。运用到图像识别领域，与其向边缘扩展图像，不如运用两侧的图像信息填充中间的空白区域。

双向循环神经网络由 Mike Schuster 和 Kuldip K. Paliwal 于 1997 年发明[23]。

22. 回声状态网络

回声状态网络(echo state networks，ESN)是另一种不同类型的循环神经网络，如图 1-30 所示。其独特之处在于，除输入层和输出层外，它没有组织成整齐的层级结构，而是在神经元之间建立随机连接，并且用新的方式对它们进行训练。它不采用反向传播算法，而是在提供输入，前向传播输入并更新神经元一段时间之后，观察输出随时间的变化情况。这个网络的输入层和输出层的作用有点不同寻常，输入层用于启动网络，而输出层充当随时间推移而展开的激活模式的观察者。在训练期间，仅更改输出层与隐藏单元之间的连接。

这个网络由 Herbert Jaeger 和 Harald Haas 于 2004 年发明[24]。

23. 极限学习机

极限学习机(extreme learning machines，ELM)基本上是前馈神经网络，但具有随机连接，如图 1-31 所示。它看起来与回声状态网络非常相似，但它没有时间循环。这个网络也不使用反向传播算法，取而代之的是从随机权重开始，根据最小二乘拟合法在每个步骤中训练权重，这样会减少网络的表达能力，但训练比反向传播要快得多。

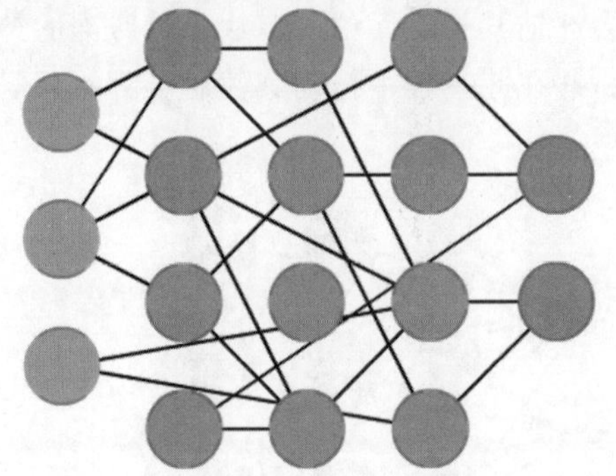

图 1-30 回声状态网络

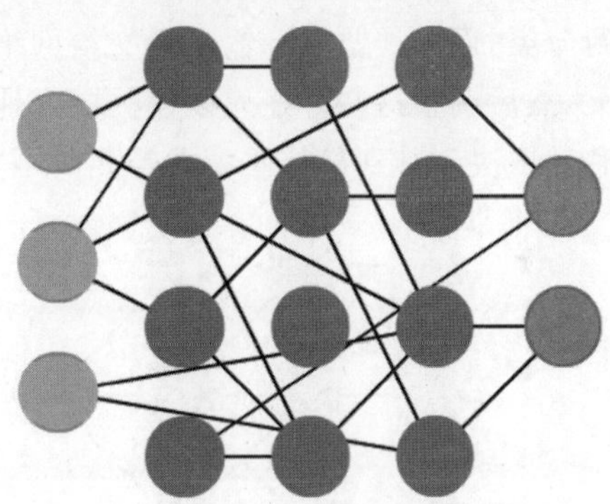

图 1-31 极限学习机

这个网络由 Guang-Bin Huang 等于 2006 年发明[25]。

24. 液体状态机

液体状态机(liquid state machines，LSM)看起来也很像回声状态网络，如图 1-32 所示。真正的区别在于，它是一种脉冲神经网络——Sigmoid 激活函数被阈值函数代替，每个神经元也是一个累积记忆单元。也就是说，在更新神经元时，它的值不是邻居的总和，而是增加自身。一旦达到阈值，它就会向其他神经元释放能量。这会形成类似脉冲的模式，在一段时间内什么都

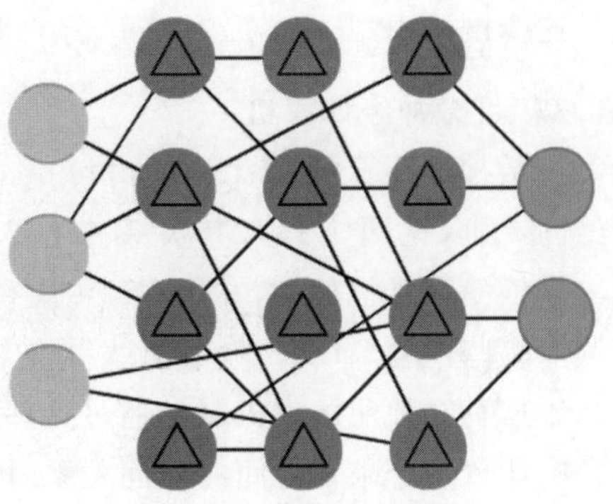

图 1-32 液体状态机

没有发生，直到突然达到阈值为止。

这个网络由 Wolfgang Maass、Thomas Natschläger 和 Henry Markram 于 2002 年发明[26]。

25. 支持向量机

支持向量机（support vector machines，SVM）试图为分类问题找到最佳解决方案，如图 1-33 所示。典型地，这个网络只能对线性离散的数据进行分类。比如找到哪些图像是加菲猫的，哪些图像是史努比的，而没有其他结果。在训练期间，可以将 SVM 视为在二维图形上绘制所有数据（加菲猫和史努比），并在数据点之间画一条线。这条线将分隔数据，所有史努比都在一侧，而加菲猫在另一侧。如果数据点和线之间的边距在两侧都最大化，这条线就是最佳线。在这张图上绘制一个点并查看它在直线的哪一侧（史努比侧或加菲猫侧），就可以简单地对新数据进行分类。扩展上面的方法，可以教这个网络对 N 维数据进行分类。例如，在三维图形中绘制点，从而区分史努比、加菲猫和西蒙猫。可见，更高的维度将可以区分更多的卡通人物。SVM 并不总是被视为神经网络。

这个网络由 Corinna Cortes 和 Vladimir Vapnik 于 1995 年发明[27]。

26. Kohonen 网络

Kohonen 网络（Kohonen networks，KN），也称为自组织（特征）图（self organising (feature) map），简称 SOM 或 SOFM，如图 1-34 所示。这个网络利用竞争性学习对数据进行分类，而无须监督。输入提交给网络后，网络会评估其神经元中与该输入最匹配的神经元，然后调整这些神经元以使其更好地匹配输入，并在此过程中拖动其邻居。哪些邻居被移动取决于其到最佳匹配神经元的距离。

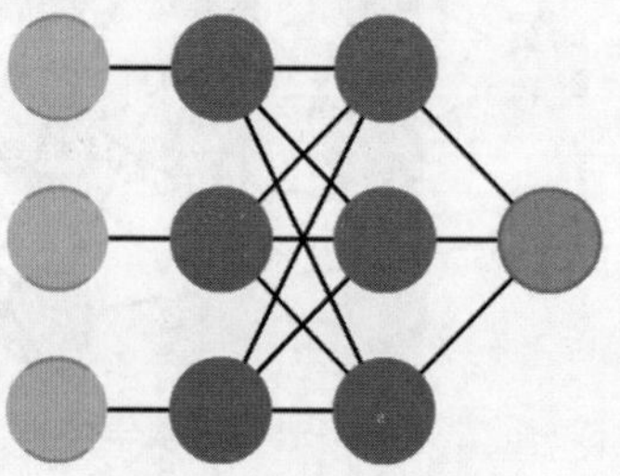
图 1-33　支持向量机

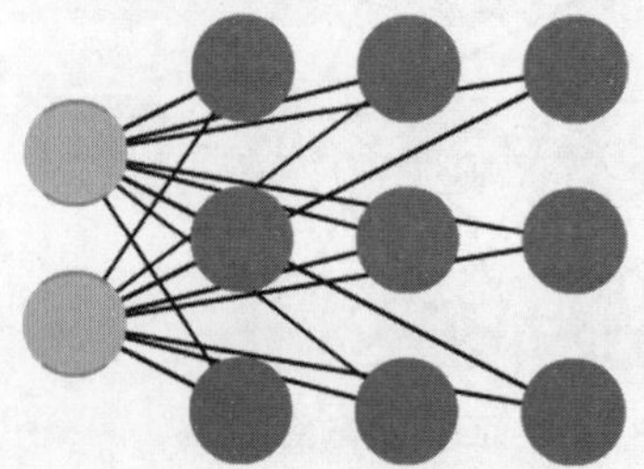
图 1-34　Kohonen 网络

这个网络由 Teuvo Kohonen 于 1982 年发明[28]。

27. 可微神经计算机

可微神经计算机（differentiable neural computers，DNC）是具有可扩展内存的增强型神经图灵机（见图 1-35），其灵感来自人类海马体如何存储记忆。想法是，采用经典的冯·诺依曼计算机架构，并用 RNN 代替 CPU，RNN 可以学习从 RAM 中什么时候读以及读取哪些内容。DNC 除具有大量的内存（可以在不重新训练 RNN 的情况下调整大小），还具有 3 种注意力机制。通过这些机制，RNN 可以查询输入与内存条目的相似性，内存中任意两个条目之间的时间关系，以及最近是否更新了一个内存条目，这样，在没有可用内存的情况下，条目不太可能被覆盖。

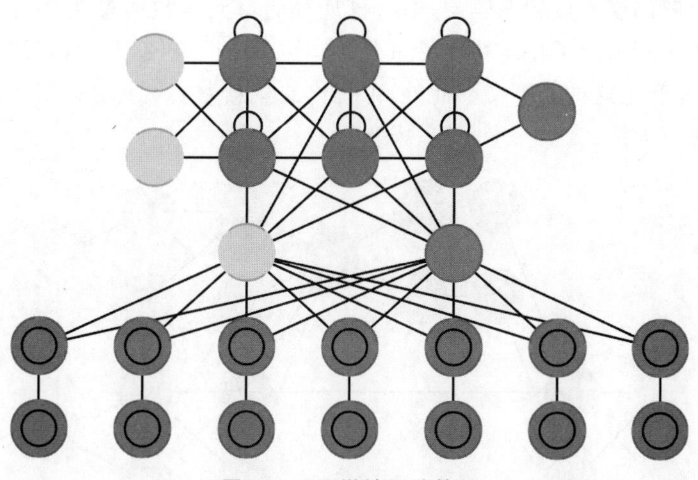

图 1-35　可微神经计算机

这个网络由 Alex Graves 等于 2016 年发明[29]。

28. 胶囊网络

胶囊网络(capsule networks,CapsNet),如图 1-36 所示。它的发明者受到生物学启发,提出池化的替代方案。网络中的神经元之间以多个权重(一个向量)而不是一个权重(一个标量)相连。这使得神经元之间能够传递更多的信息,而不仅仅是简单的特征,例如,特征在图片中的位置及其颜色和方向。学习过程包含了本地的 Hebbian 学习形式,它会评估下一层输出中正确的预测,从而进行学习。

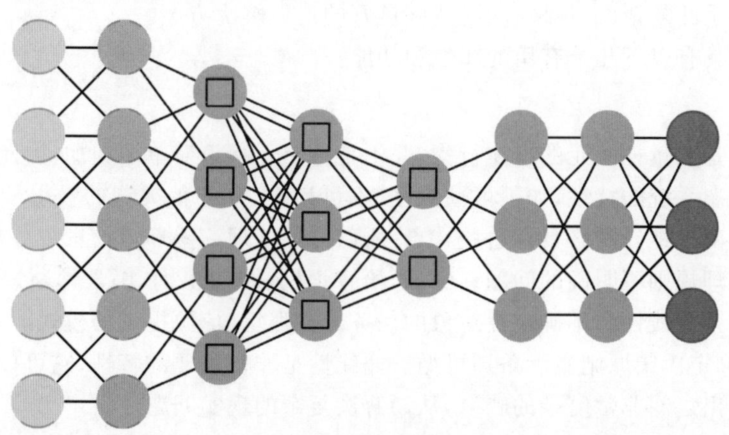

图 1-36　胶囊网络

这个网络由 Sara Sabour、Nicholas Frosst 及 G. E. Hinton 于 2017 年发明[30]。

29. 注意力网络

注意力网络(attention networks,AN)可以被视为一种网络类型,其中包括 Transformer 架构,如图 1-37 所示。这种网络使用注意力机制对抗信息衰减,其方法是单独存储以前的网络状态并在状态之间交换注意力。编码层中每次迭代的隐藏状态都存储在存储单元中。解码层连接到编码层,但它也从存储单元接收通过注意力上下文过滤的数据。这一过滤步骤强调了特定特征的重要性。注意力网络使用来自解码层输出的误差信号训练网络,并产生这种上下文。此外,可视化的注意力上下文可以展示输入特征与输出特征之间的对应关系。

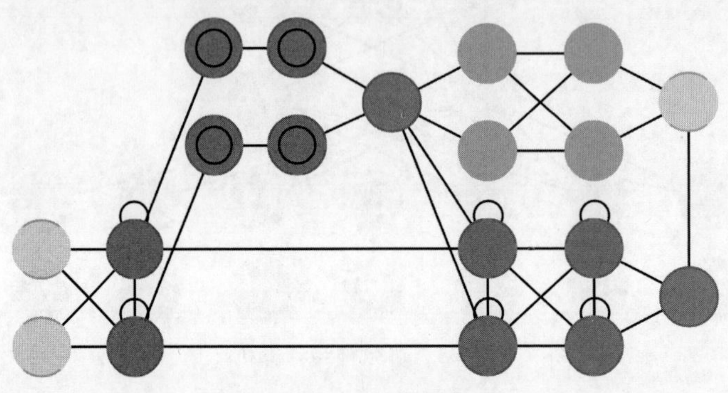

图 1-37　注意力网络

这个网络由 Max Jaderberg 等于 2015 年发明[31]。

1.7　人工神经网络的优势

神经网络具有大规模并行分布的结构,并具有通过学习进行泛化的能力,泛化是指神经网络为训练(学习)过程中未遇到的输入提供合理的输出。这两种信息处理功能使神经网络可以为棘手的复杂(大规模)问题找到良好的近似解决方案。

神经网络具有以下几个有用的属性和功能。

1. 非线性

神经网络是大量神经元的集体行为,并不是各单元行为简单地相加,因此表现出一般复杂非线性动态系统的特性,如不可预测性、不可逆性、有各种类型的吸引子和出现混沌现象等。正是由于神经网络具有这些特点,所以可以处理一些环境信息十分复杂、知识背景不清楚和推理规则不明确的问题。例如,语音识别、图像识别、医学诊断以及市场估计等都是具有复杂非线性和不确定性对象的任务。在那里,信源提供的模式丰富多彩,有的互相矛盾,而判定决策原则又无条理可循。非线性是非常重要的特性,它可以让神经网络实现输入和输出之间非常复杂的映射,从而解决复杂的现实问题。

2. 适应性

适应性是神经网络一种内在的能力,可以使权重适应周围环境的变化。一个经过训练可在特定环境中运行的神经网络,可以轻松地进行训练,以应对运行环境中的细微变化。此外,当神经网络在非平稳环境(即统计信息随时间变化的环境)中运行时,可以让神经网络实时更改其权重。神经网络的自适应能力使其成为自适应模式分类、自适应信号处理和自适应控制的有用工具。通常,如果系统更具有自适应性,并每时每刻保持系统稳定,那么当系统需要在非平稳环境中运行时,其性能可能就会更健壮。

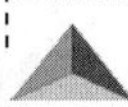

3. 上下文相关

在神经网络中，知识由网络的结构和激活状态表达。网络中的每个神经元都可能受到所有其他神经元活动的影响。因此，神经网络天然地能够处理上下文信息。这种相关能力让神经网络具备了全局视野，这在自然语言、图像等处理中至关重要。

4. 容错能力

神经网络具有潜在的固有容错能力，或者说健壮性。当它在不利的运算条件下工作时，其性能会适度降低，但仍然能继续工作。

例如，如果一个神经元或其相互连接受到损害，那么当调用神经网络进行推理时，与之相关的预测能力会下降。但是，由于神经网络由海量的神经元和相互连接组成，并具有高度的冗余性，也就是说，存储在网络中的信息具有分布式的特性，因此，一般来说，当神经网络的局部受到损害时，其性能表现出适度的下降，但不会发生灾难性的故障。只有这种损害大面积发生时，网络的整体响应才会严重下降。

5. 自学习

神经网络是一种可变的结构，系统具备从外界事物学习的能力。神经元之间的连接具有一定的可塑性，相当于人类的突触，后天能够随着学习而改变，从而获得新的能力。随着无监督学习、强化学习等算法的引入，神经网络可以从大量的数据中总结出规律，或自行完成对环境的探索，在此过程中举一反三，甚至无师自通。

人工神经网络的这些优势，让它成为目前人工智能中最主流的实现方式。

1.8 深度神经网络

1.8.1 什么是深度神经网络

深度神经网络是指在输入层和输出层之间有多个隐藏层的神经网络。这些层逐步地进行特征识别和处理，就像我们的大脑一样。之所以称之为深度神经网络，是相对于传统的多层神经网络而言的，后者通常仅有 3 个层，其中只有一个隐藏层。另外一个重要的区别在于，传统的多层神经网络主要用作最后的分类，在此之前需要进行人工的特征提取。而深度神经网络则无须特征工程这一步骤，直接从原始输入中学习有用的特征并完成分类即可。图 1-38 说明了这种区别。

深度神经网络的进步不仅仅在于网络层次更深，与此配合的，神经网络的学习算法和训练方法等也有了大幅度的进步，通常称之为深度学习。很多时候，这两个名词没有区别。

深度神经网络的学习和泛化能力远高于传统的神经网络。从 2009 年开始，深度神经网络在各个领域取得突破性进展。在语音识别领域，杰夫·辛顿小组 2009 年首次引入深度神经网络，并获得重大突破，错误率比以前下降了 25%，一举打破之前的世界纪录。在图像识别领域，随着网络深度的加深，错误率逐步下降，在短短 5 年内，从 28.2%下降到 3.57%，同时，网络的层次由 3 层增长到 152 层，如图 1-39 所示。

在人脸识别领域，深度神经网络识别能力已经超越人类，错误率不到 0.23%，而人类

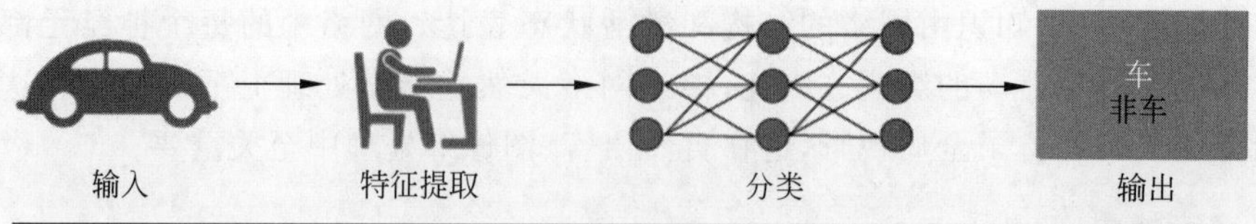

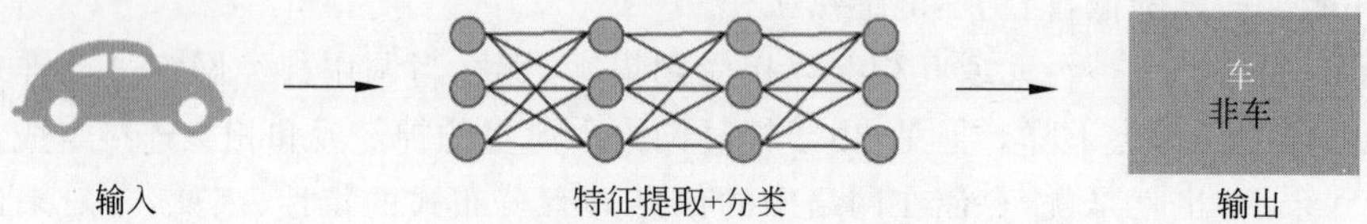

图 1-38 深度神经网络与多层神经网络的区别

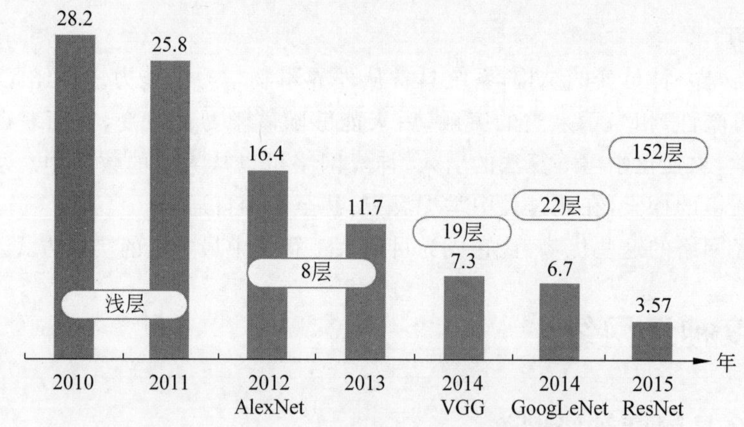

图 1-39 深度神经网络在图像识别领域的进展

的平均错误率为 2.36%,如图 1-40 所示。

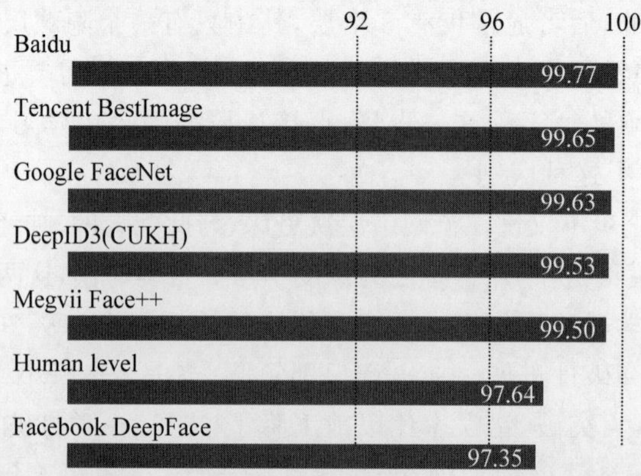

图 1-40 深度神经网络在人脸识别领域的表现(来源：马萨诸塞大学阿默斯特分校)

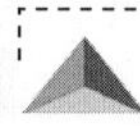

在目标识别领域,深度神经网络同样超越了人类的识别能力。在短短几年内,错误率从15.3%降低到3%左右,远低于人类的平均水平5.1%,如图1-41所示。

AlexNet (Krizhevski et al., 2012)		15.3% top-5 error
OverFeat (Sermanet et al., 2013)		13.8%
VGG Net (Simonyan et al., 2014)		7.3%
GoogLeNet (Szegedy et al., 2014)		6.6%
Human (Russakovsky et al., 2014)		5.1%
Feb 6, 2015,	Microsoft	4.94%
Feb 11, 2015,	Google	4.82%
Dec 11, 2015,	Google	3.58%
Dec 10, 2015,	Microsoft	3.57%
Feb 23, 2016,	Google	3.08%
Sep 26, 2016,	Trimps-Soushen	2.99%
April 2017,	Qihoo 360	2.77%

图1-41 深度神经网络在目标识别领域的进展

可以说,深度神经网络将人工智能从实验室研究带入可大规模部署的新阶段,开启了人工智能的新篇章。

1.8.2 常见的深度神经网络

深度神经网络根据其网络内部的连接方式,分为多种类型。

- 全连接神经网络,也称为多层感知机(multilayer perceptron, MLP)

全连接神经网络是加深的前馈神经网络,相邻层的神经元之间相互全连接。这种全连接的网络参数数量很大,难以训练。

- 卷积神经网络(convolutional NN,CNN)

卷积神经网络也是前馈的神经网络,但相邻层的神经元之间采用稀疏连接(实际上是局部连接),并且采用了权重共享的技术,大幅降低了模型的复杂度,易于训练。

- 循环神经网络(recurrent NN,RNN)

与前两种网络不同,循环神经网络引入了反馈回路,上一时刻的输出是下一时刻的输入。虽然网络的层次并不是很深,但在时间的维度上加深了,所以也归入深度神经网络。

- 长短期记忆(long short-term memory,LSTM)网络

它是循环神经网络的高级版本,也归入深度神经网络。

下面对常用的深度神经网络——卷积神经网络展开介绍。

1.8.3 卷积神经网络

卷积神经网络是一个多层神经网络,由一个或多个卷积层(通常带有池化层)组成,然后是一个或多个全连接层,如图1-42所示。

卷积层用作特征提取器,可提取输入的特征,如边缘、拐角、端点等。池化层会降低图像的分辨率,从而去除冗余信息、压缩特征、简化网络复杂度。全连接层与上一层中的所有激活值都具有完全连接,全连接层充当分类器。

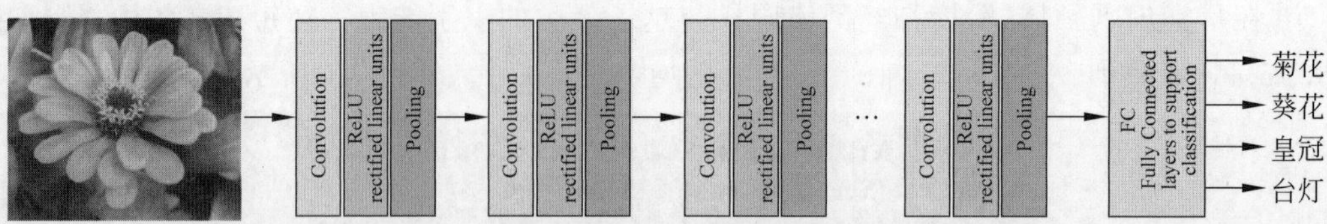

图 1-42　卷积神经网络的组成

卷积神经网络设计有以下两个基本原则。

• 局部连接

局部连接(见图 1-43)指特征从一个局部区域中提取,这种方式使得层与层之间的权重连接大幅减少。由于图像的特征本身具有局部性,因此这种技术在基本不遗漏有用信息的同时,减少了网络参数。

• 权重共享

权重共享(见图 1-44)指多个卷积核共用一套学习参数。实际上,卷积核在图像上滑动,其参数保持不变,在图像的不同区域提取同种类型的特征。由于图片的底层特征与特征在图片中的位置无关,因此这种技术通常在较低的网络层次应用,用于减少网络参数。

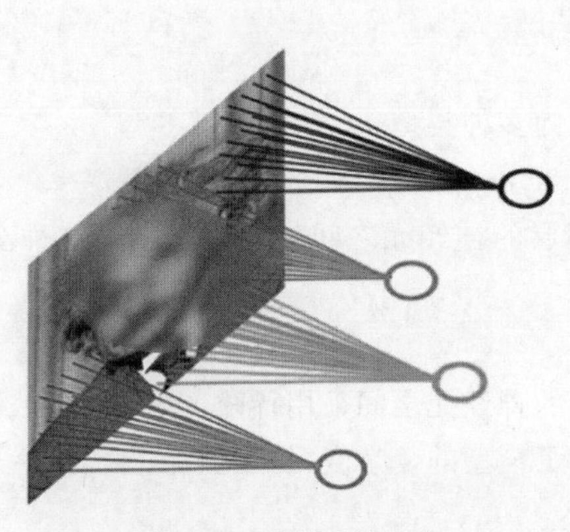

图 1-43　局部连接示意

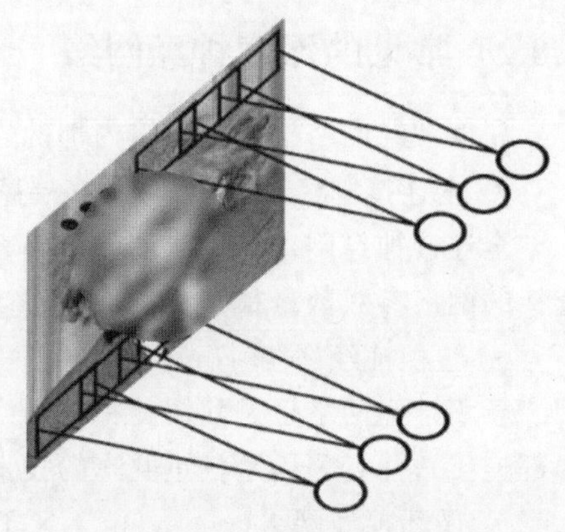

图 1-44　权重共享示意

这两种技术的应用,使卷积网络的运算变得简洁、高效,能够在超大规模数据集上运算。

卷积神经网络中的基本概念有:

• 特征图(feature map)

在输入层,特征图可以视为一个二维图片。如果是灰度图,则只有一个特征图。如果是彩色图片,那么每个颜色对应一个特征图。

在其他层,层与层之间有若干个卷积核,上一层的特征图与卷积核进行卷积运算后得到下一个层的特征图。如果有 N 个卷积核,那么下一层就会产生 N 个特征图。

若将某一层的所有特征图组合为图像,那么特征图的个数就是这一层图像的深度。

• 卷积核(convolutional kernel)

卷积核用来获取特征图中的局部特征,如图 1-45 所示。在卷积神经网络的每一层

中，不同的卷积核代表了对特征图的不同方位的描述，从而获得特征图的不同特征，这些特征组合起来就形成了对这一层特征图的多方位描述。

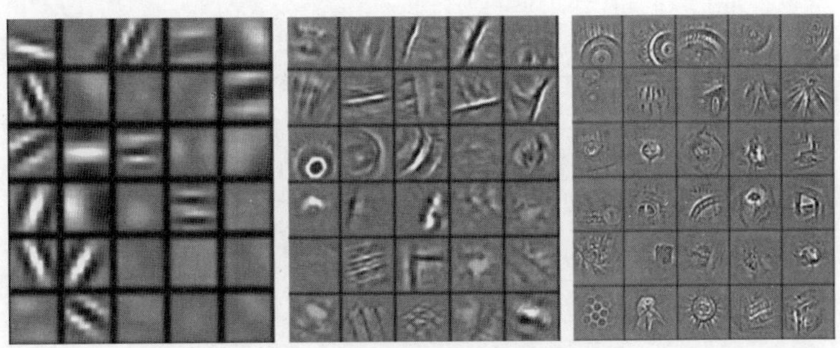

图 1-45　卷积核逐层提取特征

低层的卷积核主要是一些简单的特征提取器，如边缘检测器，而高层的卷积核则可以对低层特征做进一步抽象，如物体形状检测器。

在某个卷积层中可以有多个卷积核：下一层需要多少个特征图，本层就需要多少个卷积核。一个卷积层中的所有卷积核合称为滤波器(filter)。每个滤波器都具有长、宽、深3个维度。滤波器的深度与当前图像的深度(也就是特征图的个数)相同。

卷积核的长、宽都是人为指定的，长×宽也被称为卷积核的尺寸，常用的尺寸为3×3，5×5，7×7等。

值得注意的是，滤波器和卷积核这两个名词经常不区分，可以互换使用。当特别强调时，滤波器是指多个卷积核堆叠的三维矩阵，而卷积核是一个二维矩阵。

- 通道(channel)

通道是图像深度的另一个说法。对于一个卷积层，输入图像的通道(深度)就是特征图的个数，而输出图像的通道(深度)恰恰是这一层中卷积核的数量，同时也是下一层特征图的个数。

- 步长(stride)

卷积核每次只能与图像的一个局部做卷积运算，然后移动到图像的另外一个局部。通常让卷积核按照从左到右、从上到下的顺序在图像上移动，移动的距离称为步长。

- 填充(padding)

卷积核移动到图像边缘时，如果仍然要做卷积运算，就必须在图像外围进行“填充”，通常填充的数值为0。

如图1-46所示，一个5×5的特征图，外围做了大小为1的填充，一个3×3的卷积核以步长2在图像上滑动，进行卷积运算。输出图像大小的计算公式为

Output Image ＝(((ImageSize＋2×Padding)－ KernelSize)/ Stride)＋1

- 池化(pooling)

池化提取一个局部的摘要信息，从而降低了图像分辨率。如图1-47所示，对图像采用了MaxPooling(最大值池化)运算，提取2×2局部的最大值，并以步长2在图像上滑动。

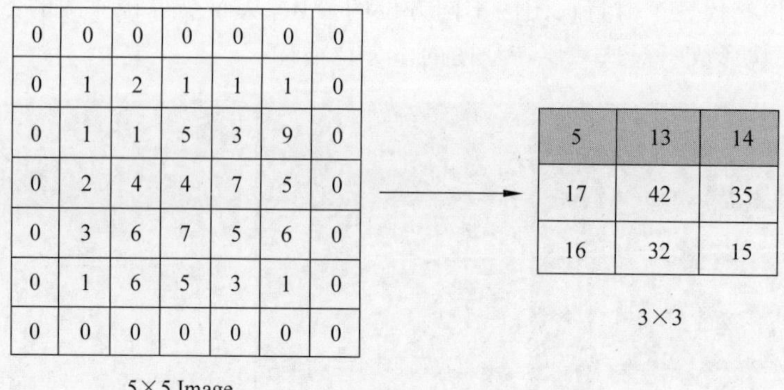

图 1-46　卷积运算示例

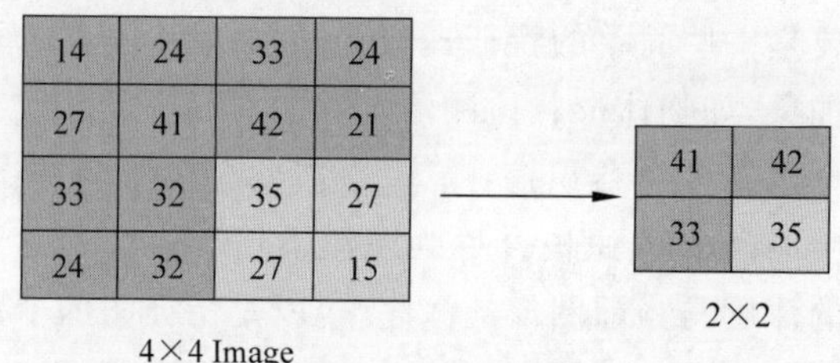

图 1-47　池化运算示例

卷积神经网络是一个家族，包含下面一些具体形态，如 AlexNet、VGGNet、GoogLeNet、ResNet 等。这些模型有不同的复杂度和准确率指标，如图 1-48 所示。模型的复杂度以运算次数(G-Ops)度量，准确率以 Top-1 分类正确的比例度量。

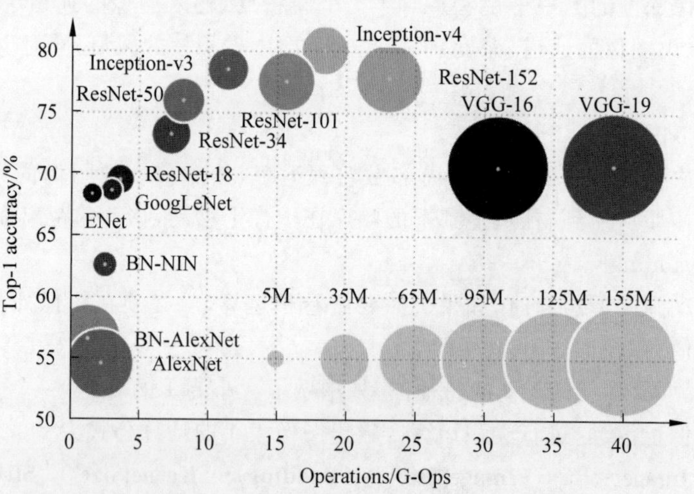

图 1-48　常见卷积神经网络模型的计算复杂度及图像识别准确率

1.9 神经网络架构搜索

前面列举了一些典型的深度神经网络，看到这些庞大而复杂的网络时，人们不禁会产生这样的疑问："怎么会有人想到这样的架构?"

实际上，这些架构是科学家和工程师凭借其多年的经验建立的。除利用数学知识外，他们更多的是依靠直觉或者试错才得出了"5×5 滤波器才能获得最佳的准确率"这样的结论。另外，当人们发现一个适用于图像分类任务的优秀网络架构后，要推广到其他任务时，又必须重新花费大量精力找到新的架构。如果能把这种对神经网络架构的搜索任务变得像学习网络模型中的参数一样自动化，那肯定会更好。

也就是说，我们能够利用深度学习算法搜索神经网络的架构本身吗?

神经网络架构搜索(NAS)是自动发现神经网络架构的过程，可以为特定的任务查找最优的神经网络模型。我们只要为神经网络架构搜索系统提供数据集和任务(如分类、回归等)，它就为我们提供一个神经网络架构。当通过提供的数据集进行训练后，这个架构相比其他架构在给定任务上表现更佳。

神经网络架构搜索可以看作自动机器学习(autoML)的一个子领域，它与超参数优化有很多重叠。

神经网络架构搜索的基本原理是：通过遵循**性能最大化的搜索策略**，从所有可能的网络架构中找到一种最好的架构。图 1-49 展示了神经网络架构搜索算法。

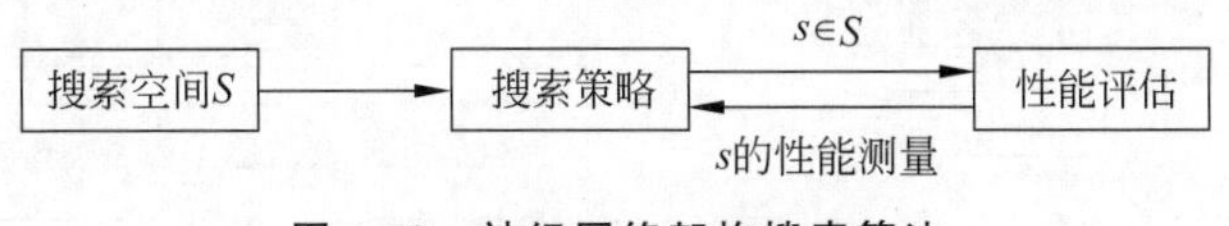

图 1-49　神经网络架构搜索算法

算法由 3 个独立的部分组成：搜索空间、搜索策略和性能评估。

1.9.1 搜索空间

搜索空间定义了神经网络架构搜索方法可能会发现的所有神经网络架构。它可以是简单的链状架构，其中第 $n-1$ 层的输出作为第 n 层的输入，也可以是复杂的多分支网络架构，其中有跳转链接，如图 1-50 所示。

有时人们希望手工指定具有重复模式或单元的外部架构(也称为宏架构)，在这种情况下，外部架构是固定的，神经网络架构搜索仅搜索单元的架构，如图 1-51 所示。这种类型的搜索称为微搜索或单元搜索。

在神经网络架构搜索的方法中，微观和宏观结构都以分层方式进行搜索，包含多个层次的模式。第一层模式包括一组原子运算，第二层模式通过有向无环图连接多个原子运算，第三层模式则是第二层模式的连接方式，以此类推。

搜索策略和**性能评估**与神经网络架构的搜索方法相关，下面将讨论三种不同的神经

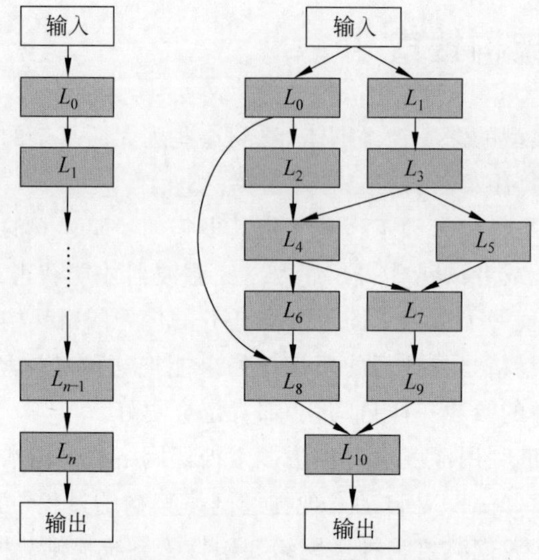

图 1-50 链状和多分支网络架构

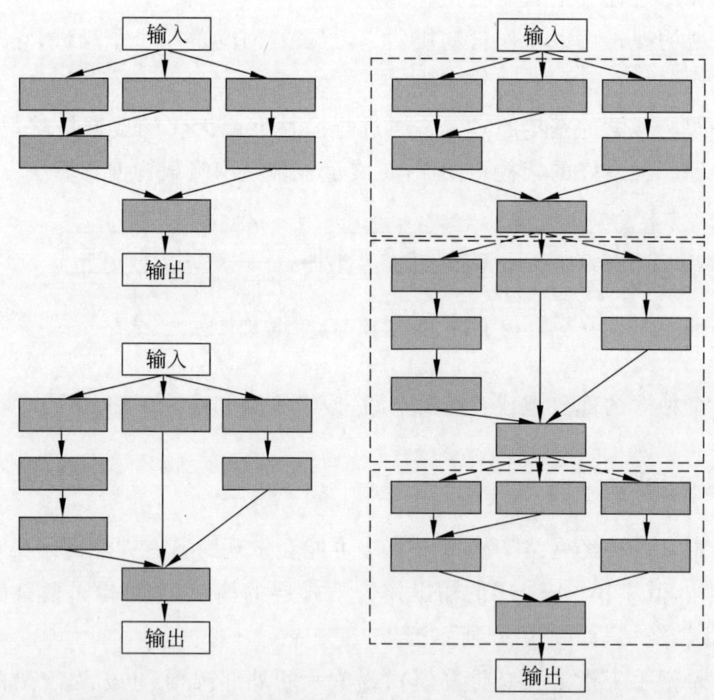

图 1-51 左：单元架构 右：嵌入单元架构的外部架构

网络架构搜索方法。

1.9.2 强化学习搜索

在强化学习中，代理（程序）与动态环境交互，通过反复试验来学习行为，以最大程度

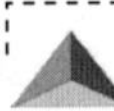

地获得奖励。代理先以某种策略执行运算，然后根据所采取的运算的奖励更新策略。将强化学习用于神经网络架构搜索，代理先生成模型架构，也就是子网络，然后使用数据集对模型进行训练，并将模型在验证数据上的性能作为奖励。神经网络架构搜索的强化学习方法如图1-52所示。

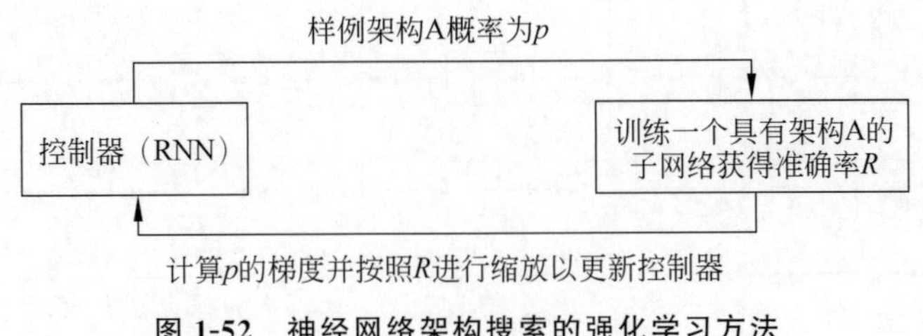

图1-52　神经网络架构搜索的强化学习方法

一般将RNN用作控制器(代理)。它随机产生代表模型超参数的字符串，然后通过字符串生成模型。

如图1-53所示，RNN为神经网络的每一层预测一个字符串，包含这一层的滤波器高度、滤波器宽度、步长高度、步长宽度以及滤波器的数量，并重复执行。每个预测执行softmax分类，然后输入下一个循环。重复若干次后，RNN停止，这样就生成了一个完整的神经网络模型，接着对其进行训练并验证其准确性，将验证集上的模型性能作为增强学习的奖励，迭代地更新RNN的策略，以最大程度地提高预期准确率。

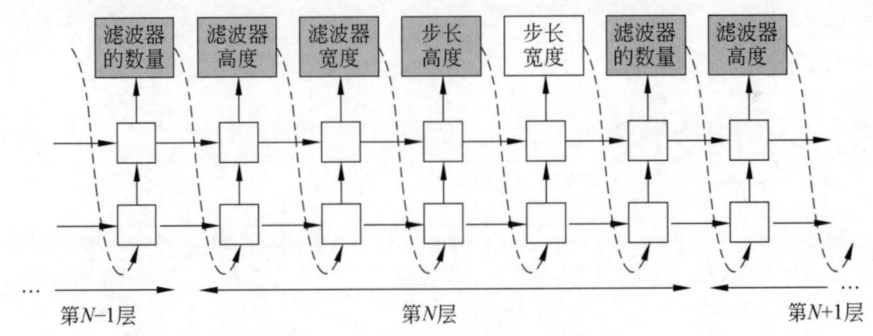

图1-53　RNN生成神经网络架构

训练RNN采用策略梯度方法。

要对具有跳转连接的模型编码有点棘手。为此，RNN的每一层中生成一个称为锚点的输出。锚点用于指示跳转连接。在第 N 层，锚点将有 $N-1$ 个输入，对应需要连接的先前各层，如图1-54所示。

1.9.3　渐进式搜索

渐进式神经网络架构搜索(progressive neural architecture search，PNAS)执行上文提到过的单元搜索，如图1-55所示。它使用块(block)构建单元，然后用单元(cell)构建完整网络，构建方式是预定义的，如串联。

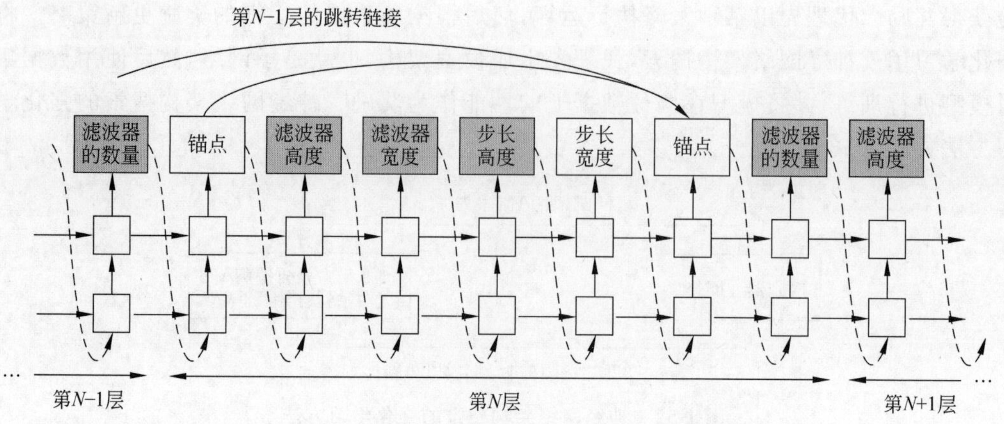

图 1-54　RNN 生成神经网络架构时跳转链接对应的锚点

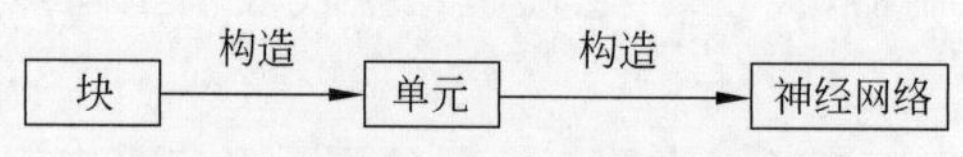

图 1-55　渐进式神经网络架构搜索

每个单元由几个块组成，构建方式也是预定义的，如并联，如图 1-56 所示。

这些块又由一些预定义的运算组成。如图 1-57 所示，图中显示的运算仅为示例，可以替换和扩展其他运算，合并函数的功能是元素相加。

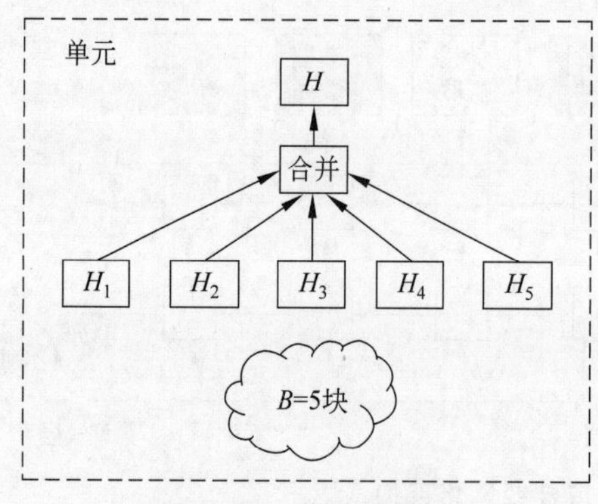

图 1-56　单元的组成

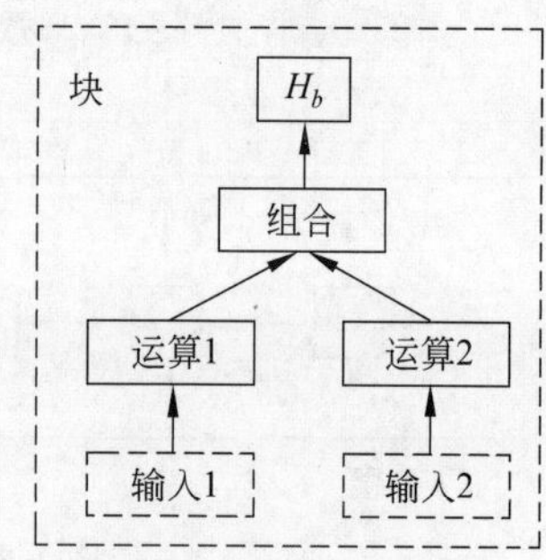

图 1-57　块的组成

其中，运算 1 和运算 2 可以从以下运算中选择。

- 3×3 深度可分离卷积
- 5×5 深度可分离卷积
- 7×7 深度可分离卷积
- 1×7 与 7×1 相连卷积
- 恒等式
- 3×3 平均池化
- 3×3 最大池化
- 3×3 扩张卷积

图 1-58 显示了一个完整的单元示例。

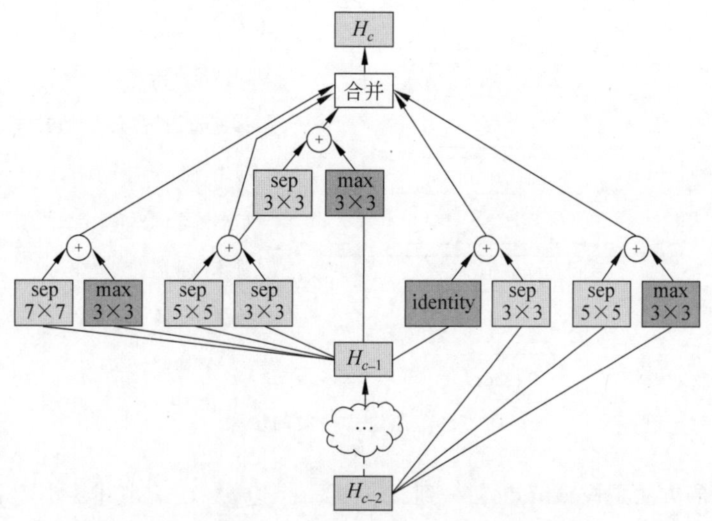

图 1-58　一个完整的单元示例

即使在这样一个简单的单元搜索中，也要存在 10^{14} 个有效组合以供检查，才能找到最佳的单元结构。因此，为了降低复杂度，首先构建仅具有 1 个块的单元。这很容易，因为使用上述运算，只能有 256 个不同的单元。然后，选择其中表现最佳的前 K 个单元以扩展为具有 2 个块的单元，重复这个过程，直到扩展为具有 5 个块的单元。

但是，对于一个合理的 K，需要训练的 2 个块的单元的候选者也非常多。为了解决此问题，可以先训练一个"便宜"的替代模型，该模型仅通过读取字符串（单元已编码为字符串）预测最终性能。在构建、训练和验证单元时，训练模型的数据将被搜集。

例如，可以构造全部 256 个具有 1 个块的单元并测量其性能，使用这些数据训练替代模型。然后，使用该模型预测具有 2 个块的单元的性能，而无须对其进行训练或测试。当然，替代模型应该能够处理可变大小的输入。接着选择模型预测效果最好的前 K 个具有 2 个块的单元。最后训练这些具有 2 个块的单元，微调替代模型。接下来将这些单元扩展为具有 3 个块的单元进行迭代，直到具有 5 个块的单元。这种迭代的搜索方式就称为渐进式搜索，它可以有效减小搜索空间。渐进式搜索的步骤如图 1-59 所示。

1.9.4　离散搜索

离散架构搜索（differentiable architecture search，DARTS）的前提是：神经网络架构的搜索空间是离散的，即一种架构与另一种架构至少相差一个层或该层中的一些参数，例如，一个架构具有 5×5 滤波器，而另一个架构具有 7×7 滤波器。在差异化搜索方法中，将连续松弛（continuous relaxation）应用于离散搜索，从而可以直接使用基于梯度的优化算法。

被搜索的单元可以视为一个有向无环图，其中每个节点 x 是一个潜在表示（latent representation，例如卷积网络中的特征图），每个有向边（i，j）与某个运算 $o(i,j)$ 相关联（如卷积、最大池化等），转换 $x(i)$ 并将潜在表示存储在节点 $x(j)$ 中。

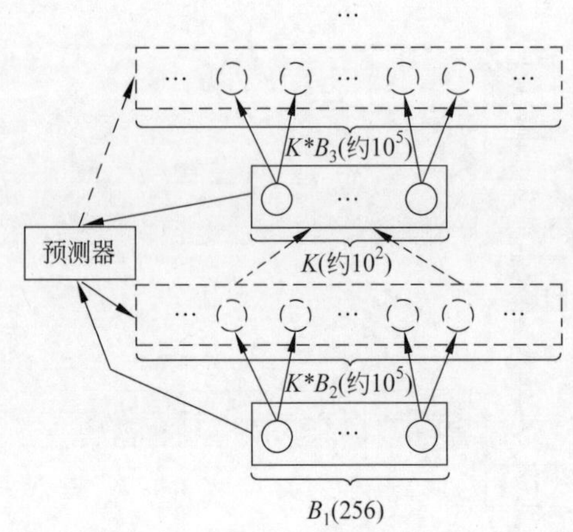

图 1-59　渐进式搜索的步骤

计算 $x(j)$的方法是枚举节点 $x(i)$到 $x(j)$的每个边 $o(i, j)$(其中 i 小于 j)，将 $o(i, j)$代表的运算运用到 $x(i)$，将结果合并为 $x(j)$。

扫码看彩图

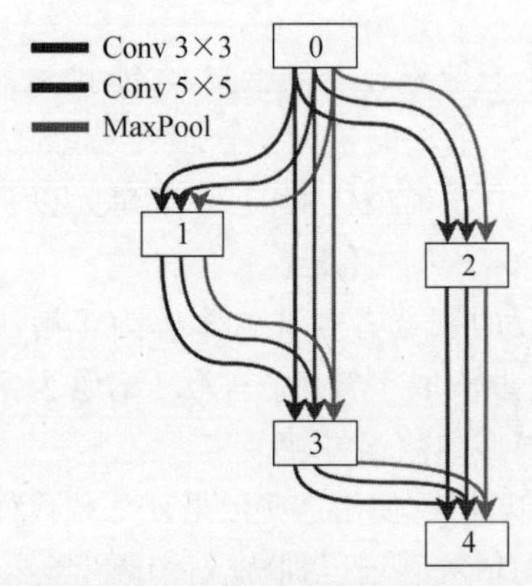

图 1-60　连续松弛算法中的节点和边

在连续松弛中，在两个节点之间不是执行一个运算，而是执行所有可能运算的组合。如图 1-60 所示，两个节点之间有多条边，每条边对应一个特定的运算，并且每条边具有一个权重。

采用连续松弛后，就可以对整个有向无环图运用梯度下降算法进行训练，通过让训练损失最小化找到每个边的权重，通过让验证损失最小化找到最优的架构。也就是说，训练要完成双重优化，让训练损失和验证损失都最小化。

训练后，某些边中的权重变得比其他边的权重大得多。在每一对节点间保留唯一一个权重最大的边，就获得了这个连续模型的离散架构。图 1-61 显示了整个离散搜索工作过程。

(1) 每个边对应的运算最初未知。

(2) 连续松弛搜索空间，也就是在每个边上放置候选运算的组合。

(3) 在双重优化期间，一些运算的权重增加，另一些运算的权重减少。

(4) 在两个节点之间仅选取权重最大的边，从而构造最终的离散架构。

通过离散搜索找到单元的构架后，可以将这些单元用于构建更大的网络。

神经网络架构搜索的许多其他方法，都取得了令人印象深刻的表现。但是，我们仍然难以回答“为什么某个架构比其他架构工作得更好”这一问题，我们还在寻找这个问题的答案。但神经网络架构搜索已经表现出它的威力，在寻找适用于嵌入式设备的轻量级神经网络中居功至伟。

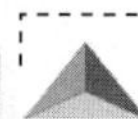

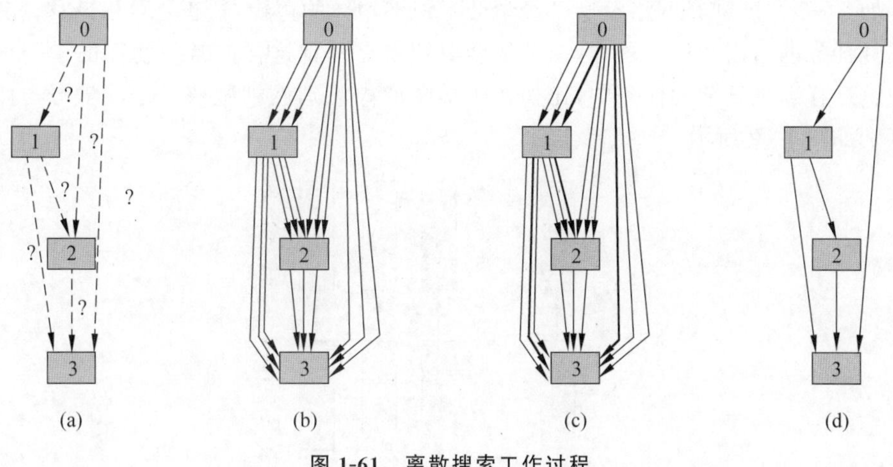

图 1-61　离散搜索工作过程

1.10 迁移学习

1.10.1 什么是迁移学习

在心理学语境中,迁移学习被定义为关于人类的学习或行为对先前经验的依赖性的研究。人类并没有被教导和学会如何执行每一个可能的任务。但是,当人类遇到新情况时,他们会设法通过将旧知识外推到新环境中快速解决问题。例如,当一个孩子学会挥动网球拍后,他可以很容易地将这种技能迁移到乒乓球或棒球上。对于概念的理解也是如此,比如成年人会将在学校中学到的统计学或其他数学知识应用到工作或家庭中的预算编制。

与人类的工作方式相反,大多数机器学习算法一旦实现,往往只能应用于特定的数据集或特定的任务。机器学习研究人员最近越来越关注如何使计算机能够重用其习得的知识,并将其重新应用到新任务和新领域。也就是说,人们试图将从数据中提取出的"智能"抽象化,并在彼此相似的多个应用之间迁移。

虽然深度学习可以在无监督的情况下使用,但通常它依靠监督学习。这种算法从输入-输出对的示例中学习,然后使用这些示例进行模式识别和关系提取,目标是从新的未曾见过的数据中预测结果。深度学习已在无数研究领域中应用,但存在一个主要缺点:这是一种极度数据贪婪的算法,需要大量数据才能调整神经网络架构中发挥作用的成千上万个参数。这意味着,不仅需要大量数据来获得良好的性能,而且还需要对这些数据进行标记,这可是一项昂贵且耗时的工作。更糟糕的是,往往无法获得高质量的数据或对其进行足够准确的标记,从而能够从中训练模型。

这是迁移学习可以真正发挥作用的地方。它可以重用曾为特定任务开发的模型,将其用作另一个任务的起点。对于机器学习科学家来说,这是一个令人兴奋的领域,因为它模仿了人类将知识从一项专门任务推广到更多任务的方式。事实上,这是一个关键策略,它可以在很多情况下减少数据集所需大小,从而使深度神经网络成为可行的选择。

例如，一个深度神经网络模型已经学会了识别物体的边缘，这正是可以迁移到其他计算机视觉任务的通用知识。这样，一个学会识别像猫和狗这样的常规物体的模型可以将这种理解迁移到更复杂的任务中，比如在医学图像中识别癌细胞核。迁移学习与监督学习的区别如图 1-62 所示。

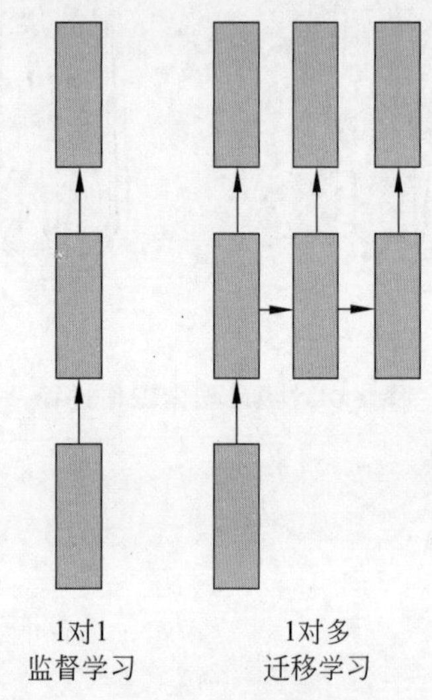

图 1-62 迁移学习与监督学习的区别

1.10.2 迁移学习的类型

迁移学习无疑是解决大数据时代信息贫困这一难题的一种优雅而自然的方式。但是，在实际应用它之前，必须先回答两个有关迁移学习的重要技术问题。

(1) 什么时候适合使用迁移学习？

(2) 进行迁移的最佳方法是什么？

为了回答这些问题，需要了解现有的各种迁移学习类型。

1. 直推型迁移学习

有时，在目标领域中获取有标签的数据非常困难，而在另一个源领域中则存在大量的有标签数据。这就是**直推型迁移学习**(transductive transfer learning)适用的地方。有时源特征空间和目标特征空间是不同的；有时它们的特征空间相同，但是输入数据的边际概率分布不同。在后一种情况下，直推型迁移学习更适用。

2. 归纳型迁移学习

在**归纳型迁移学习**(inductive transfer learning)的应用场景中，目标任务和源任务是彼此不同的。实际上，有时甚至源领域和目标领域也不相同。在这种情况下，需要为目标领域专门准备一些有标签的数据，以便在目标领域中引入外来的预测模型。

3. 无监督的迁移学习

即使目标任务与源任务不同，但只要仍与源任务相关，**无监督的迁移学习**(unsupervised

transfer learning)就可以重用模型。

图 1-63 归纳了这几种迁移学习类型适用的场景。如果在源和目标领域中输入数据的分布相同并且在两个领域中任务相同,那么无须迁移学习;如果在源和目标领域中输入数据的分布相同但两个领域中任务不同,那么适用于归纳型迁移学习;如果在源和目标领域中输入数据的分布不同但两个领域中任务相同,那么适用于直推型迁移学习;如果在源和目标领域中输入数据的分布不同并且在两个领域中任务也不相同,那么适用于无监督的迁移学习。

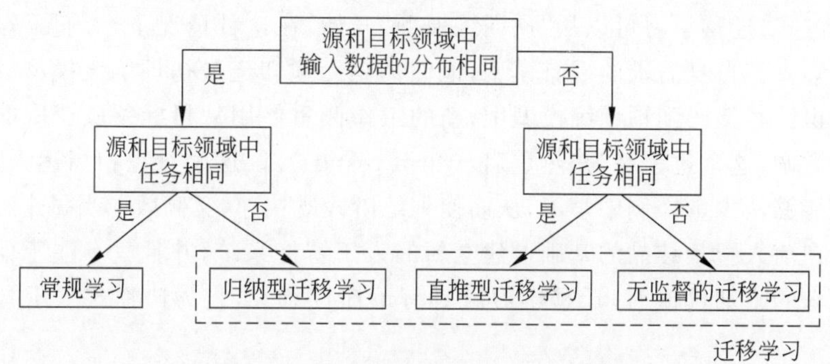

图 1-63　各种迁移学习方法的适用场景

1.10.3　迁移学习的优势

有监督的机器学习算法在以下前提下运作：训练数据与用于推理的数据属于同一特征空间,并且具有相同的分布。实际上,如果训练后的模型在推理时失败,那么数据科学家要做的第一件事就是检查两组数据的统计分布是否一致。但是,如果有一种方法可以利用来自完全不同领域的数据,其中的数据丰富,并且标注成本低廉,那么将这种数据用作训练来解决由于数据不足而特别难以解决的问题,难道不令人惊奇吗？这正是迁移学习为自己设定的目标。

正如我们所看到的,迁移学习有助于解决与收集和标记大量数据有关的挑战,这些数据通常是监督学习所必需的。除了将预先学习的知识应用于全新任务外,人们对迁移学习还有一个更高的期望,即与传统的监督学习场景相比,迁移学习通过重用这些先验知识,模型的性能应得到改善,并且训练时间应大大减少。

具体来说,迁移学习有如下一些实际的好处。

- 迁移学习有一个更高的起点,这意味着在优化模型之前,源模型就具备初始预测能力。
- 迁移学习模型的学习速度更快。也就是说,相比直接使用目标数据集对目标模型进行有监督学习的训练,迁移学习有更好的"学习曲线"。
- 迁移学习在源模型的基础上训练,融合了已经学习到的知识,其最终表现要好于没有迁移学习时模型的表现。

简而言之,迁移学习让深度学习的建模效率加快,数据量下降,任务所需的计算量也下降，开发过程更可预测，甚至可以在某种程度上降低风险，因为被迁移的方法或数据是真实并且经过测试的。

1.10.4 迁移学习的方式

从技术上讲，迁移学习在模型的参数内编码知识，并利用该知识解决新的问题。实际上，迁移可以两种不同的方式进行，从建立在初步数据上的现有模型开始，或仅从现有数据开始。

第一种方式，迁移学习可以从“预训练模型”开始，在这种情况下，人们只需要找到一种可能适合解决其自身需求的现有模型，他们甚至无须知道最初训练该模型的数据。所要迁移的知识已经编码到预训练模型中，新的工作侧重使用从目标领域获取的少量数据对模型进行微调，这个过程称为“热重启(warm restart)”。这个过程相当迷人，它使得人工智能系统能够从少量样例中学习，从而使训练阶段既快速，又高效。当每个科学家或工程师都可以在前人智慧结晶的基础上建立新的人工智能系统，并且只专注于他们作为本领域专家带来的附加价值时，迁移学习就具有革命性意义，它为协作式人工智能打开了大门。

第二种方式，从另一个已标记的数据集上从头开始构建模型。这种情况下，由于可用于训练模型的数据的数量或质量不足，或者标记数据过于烦琐或昂贵，因此采用为另一个任务或另一个领域的场景开发的数据集，利用这种现成的标签节省开支或加快开发速度。在这种情况下，迁移学习将从常规的有监督的学习方法开始，使用已有的数据集解决不同的问题或完成不同的任务。然后，通过微调模型以使其适合新的问题而结束。

这两种方式还节省了算力，这对于计算繁重的模型训练过程特别重要。

1.10.5 迁移学习与嵌入式人工智能

迁移学习对于在嵌入式设备中成功部署深度学习应用至关重要。嵌入式设备会从真实环境中源源不断地采集信息，这些信息与实验室中用于训练深度学习模型的“干净”数据不同，具有典型的大数据的特征：海量、高速并且形态多样，因此很难找到足够的人工来标注它们，并在合理的时间内从零开始训练新模型。试想：如果需要花几天甚至几周的时间标注数据并训练一个特定的模型，那么当模型准备好使用时，很可能它已经过时了！

另外，嵌入式设备运行在实际环境中，面临千差万别的个性化环境。通用模型很难适应所有情况。在这种情况下，迁移学习方法会有所帮助，因为其具有热启动的特性，通常情况下它所需的数据比重新创建整个模型所需的数据少得多。因此，相比传统的监督学习，它有可能仅收集少量数据，就能训练出适应这一新环境的模型。在此基础上，更“通用”的模型将使用在大量场景中收集的数据的组合来生成，从而适应更多的场景。

迁移学习为新应用打开了大门，是构建嵌入式人工智能的关键要素之一。

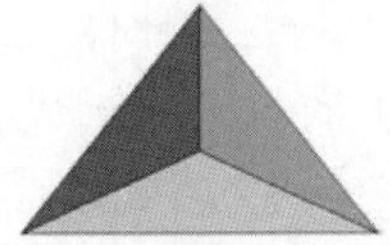

第 2 章 嵌入式人工智能

2.1 什么是嵌入式人工智能

当提到人工智能时，大多数人可能会想到机器人和计算机。在科幻小说和电影的瑰丽想象中，AI 是创造一切的超级计算机（如黑客帝国），是摧毁世界的机器人（如机械公敌），或是在茫茫宇宙中巡航的飞船（如 2001 太空漫游）。然而，事实并非如此。早期，人工智能更多的是具有决策能力的智能系统。例如，拼写和语法检查应用程序。当这些应用程序首次推出用于计算机时，它们被认为是高度智能的。这些应用程序是 AI 的最早形式之一，到今天它们已经司空见惯，不再有 AI 的头衔。然而，虽然目前 AI 的面目更加丰富多样，但大多数时候它仍然仅仅是庞大、复杂的计算机软件，实现某种“智能”算法来解决问题。比如，战胜人类的 AlphaGo，或者游戏中的 AI 角色，或者通晓所有语言的翻译软件。但正如我们梦想的，AI 已经开始与设备结合来构建真正的智能机器，这正是本书研究的主题——嵌入式人工智能。

那么，什么是嵌入式人工智能呢？

让我们回顾人工智能这一名称的由来：“创造智能机器，特别是智能的计算机程序的科学和技术”—— John McCarthy，1956 年。

也就是说，从人工智能诞生初期，我们就想创造智能的机器。这句话有两重含义：一是创造专门用于实现智能的机器；二是创造内嵌了智能的机器。前些年，我们一直为第一个目标努力，但其实从一开始我们就憧憬着将智能“嵌入”设备中！

传统意义上，嵌入式设备是指内嵌了实现专一功能和实时计算性能的计算机系统的设备。与通用计算机相比，一方面，它更“小”，它不是通用的，仅满足某种特定的需求，因而采用了性能较弱的处理器，如微控制器，内存也由于设备体积的限制而更小，在此基础上，运行在设备上的软件系统也是轻量级的，一般采用小巧的嵌入式操作系统，应用软件则仅完成特定的、有限的功能，规模较小。受益于这种精简的软硬件，嵌入式设备的耗电量也更小，有些可以用电池供电。另一方面，它又更“大”，嵌入式系统很多是机电一体化设备，除具备计算机系统外，还具备传感器、执行部件等。这让它能更多地与外部世界互动，实现与物理世界的联系。嵌入式系统的另外一个特点是实时性，它们必须在有限的时间内对输入作出响应，就像一个真正的生命体一样。

随着计算机软硬件技术的进步，这些嵌入式设备已经越来越强大，其“智能”程度也越来越高，比如智能手机，近些年的进步非常明显，其性能已经直追通用计算机，能够完成绝大多数的日常计算任务。又如智能家居硬件,可以在主人回家前自动打开空调,某种程度上具有自主分析和决策的能力,那么,可以说这些“智能硬件”已经实现了嵌入式人工智能吗?

严格意义上,还不算。

本书前面介绍的人工智能是在通用计算机上实现的,特别地,这种人工智能由一些智能的软件实现,可能是博弈程序、专家系统、深度神经网络或者机器人操作系统,运行在强大的通用计算机硬件上面,如 GPU 或超级计算机。当然,这么做很耗电。那么,严格意义上的嵌入式人工智能的目标是在嵌入式设备有限的、特殊的硬件资源上和严格的功率预算内实现等同的人工智能。注意,这里的“等同”主要指功能的等同,比如嵌入式设备可以像通用计算机一样实现图像识别、语音识别等功能,其性能可以略打折扣。

广义上,我们把嵌入式设备上实现的具有自主分析和决策的能力称为嵌入式人工智能。狭义上,**嵌入式人工智能是在嵌入式设备上面实现的,等同于通用计算机上实现的人工智能**。

接下来的问题是如何在嵌入式设备上实现人工智能。在第 1 章介绍过,人工智能有符号学派、连接学派和行为学派的区分,其中连接学派中产生的人工神经网络成为目前的主流。本书研究的嵌入式人工智能的主要实现方式仍然是神经网络,尤其是深度神经网络。当它们在嵌入式设备上实现时,我们称其为嵌入式神经网络或嵌入式深度神经网络。在本书后面的内容中,这两个名词没有严格区分,都是指嵌入式深度神经网络。

那么,在嵌入式设备中实现的神经网络与在通用计算机上实现的神经网络有什么不同呢?可以将通用的神经网络直接部署到嵌入式设备中吗?嵌入式神经网络仅仅是通用神经网络的缩减版吗?嵌入式神经网络可以实现等同于通用计算机上实现的人工智能吗?

我们将带着这些问题学习本书后面的内容。无论上述问题的答案是什么,有一点是肯定的:人们需要嵌入式人工智能。

2.2 为什么需要嵌入式人工智能

如果说通用计算机像大脑,那么嵌入式计算设备就像有头脑、有五官、有四肢的完整的生命体。以前,嵌入式设备的头脑还不很发达,仅能完成一些人工事先设定的程序性任务,但如果把人工智能赋予机器,让它们“活”起来,让它们的“头脑”能够自主地从“五官”中感知环境,并指挥“四肢”适应环境和改造环境,那么,这样的机器不就是我们在人工智能发源时就设想的会听、会看、会说、会做、会思考的智能机器吗?到那个时候,我们才可以说实现了真正的人工智能。

正是这样的梦想,让世界各地的科学家和工程师投入嵌入式人工智能领域的研究和开发中。

从另一个角度看,嵌入式设备无处不在,它们内部多采用 SoC 芯片(单片系统),将微处理器、存储器、I/O 接口等集成到单一芯片上。SoC 芯片就是嵌入式设备的心脏,它们的低能耗意味着可以使用电池运行数月,并且不需要散热器,它们的简单性有助于降低系

统的总体成本。全球每年出货的 SoC 芯片超过 100 亿个。

在过去的几十年中，SoC 的计算能力不断提高。但是，在大多数物联网应用中，它们只不过是将数据从传感器送到云端。因此，SoC 大多数时候都处于空闲状态。让我们用图 2-1 进行说明，图中的区域显示了 SoC 的计算负荷。深色区域表示 SoC 繁忙，其中包括联网、传感器读数、显示、计时器和其他中断。浅色区域代表空闲，也就是未开发的计算能力。

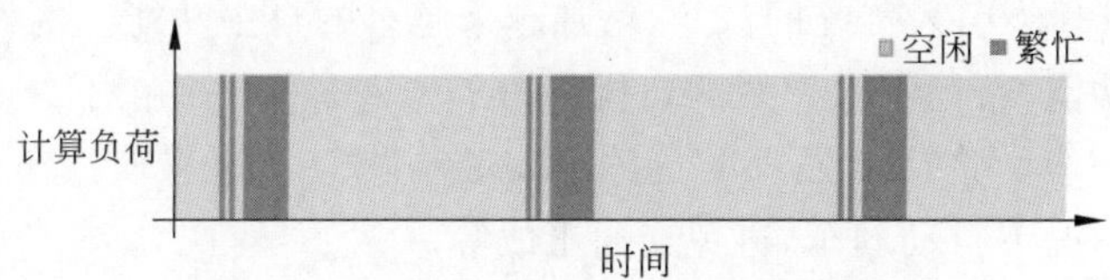

图 2-1　嵌入式 SoC 芯片的计算负荷分布

想象一下，在现实世界中部署数百亿个这样的设备，会浪费多大的计算能力。如果可以利用这种力量让数以百亿计的边缘设备具备真正的智能，我们的世界将变成一个真正的 AI 世界。

如果能够实现上面的梦想，嵌入式人工智能将无处不在。一个个为特定任务而开发的专用智能机器将源源不断地涌现。有简单的（如智能开关），也有复杂的（如无人驾驶汽车）；有仅完成单一功能的（如车牌识别相机），也有能够完成多种功能的（如智能手机）；有仅有“五官”的（如物联网传感器），也有五官四肢俱全的（如机器人）。这些智能的机器将成为人们工作中的助手、生活中的伙伴。

在过去的几年中，嵌入式系统已达到一定程度的“智能”。每天、每月都会发布越来越多的智能设备。嵌入式系统上的人工智能已经开始从非常基本的形式走向复杂和多态，就像生物进化的历程一样。

例如，智能家居照明系统会根据房间中是否有人自动打开和关闭。表面上看，这个系统没什么大不了的。但是，当您深入思考它时，会意识到这个系统实际上是在自行决策。基于传感器的输入，SoC 中的微控制器决定是否打开灯。这不是嵌入式系统中 AI 的一种非常基本的形式吗？

嵌入式系统中还有许多简单形式的 AI 示例。但是，未来我们是否即将拥有可以完全替代人类工作的 AI 的嵌入式系统？

先看一下 AI 和嵌入式系统如何协同工作，以及它们如何发展。

• 图像识别

在不久的将来，人工智能和嵌入式系统的融合将导致图像和视频识别的巨大进步。嵌入式技术的进步将帮助我们构建具有更高处理能力和更小的占位面积的成像设备。同时，AI 将提供实时图像和视频识别所需的急需算法。这些用于公共安全的智能成像设备的实施将是有益的，因为它将检测到潜在的危险行为。还将采用这种系统改善工厂的库存管理，运输系统的监视以及工业自动化的发展。例如，停车场已经广泛部署车牌识别相机，这些相机内嵌了图像识别算法，可以快速准确地获取车牌号码，从而完成出入控制和计费。

• 无人驾驶

嵌入式系统和汽车比想象的要紧密得多。导航系统,安全气囊展开机制,防抱死制动系统以及更多的其他功能都基于嵌入式系统。但是,将 AI 引入汽车将真正改变游戏规则。在过去的几年中,无人驾驶汽车一直在开发中,并且也在许多现场试验中。谷歌、特斯拉和优步等科技巨头在研发方面投入数十亿美元,着眼于创造无人驾驶的未来。不过,我们不会很快放弃开车,您可能需要 15～20 年的时间才能看到机器人汽车在街上巡游。在此过程中,AI 将逐步引入传统的汽车,增加越来越多的自主功能。例如,一些汽车已经实现了自动泊车功能,帮助不太熟练的司机将车子停入车位中。在不久的将来,嵌入式系统的进步将帮助制造商将功能强大的传感器安装在板上。这将使汽车能够自动部署对策,例如,在紧急情况下自动刹车,避免交通事故等。

• 危险工作

工厂中一些最危险的工作已经由机器负责。由于嵌入式电子技术和工业自动化的发展,我们拥有了功能强大的微控制器,运行在制造工厂中的整个装配线上。但是,这些机器大多数都不是完全自动化的,仍然需要某种人工干预。但是,现在是时候引入 AI 了,它可以帮助工程师设计出真正的智能机器,并且可以在零人为干预的情况下运行。这样的领域之一就是炸弹分解机器人的发展。配备 AI 的机器可以接管诸如潜在危险化学品的制造、钻孔和焊接等工作。

• 物联网

人工智能的引入也将使物联网大大受益。我们将拥有智能自动化解决方案,以节省能量,提高成本效率并消除人为错误。根据 Gartner 的调查,2020 年,有超过 200 亿个物联网设备被使用,这些设备每年会产生超过 500 ZB 的数据,随着越来越多的技术进步,这一数字有望继续急剧增长。要处理这些海量设备上产生的海量数据,人力是无法企及的,无疑需要人工智能应对这一挑战。过去,这些物联网设备仅是内置了传感器和简单控制器的嵌入式设备,用来完成一些程序化的工作,例如智能灯杆,通过感知环境光的强度而决定自己的开关,未来,这些智慧灯杆可能具备"眼睛",在夜晚无人路过时调暗光线以节省能量,而在即将有人经过时则照亮他们行进的道路。更进一步,这些智能灯杆可能具备人机对话功能,为路人介绍周边的商场和餐饮店的信息,成为城市中无处不在的向导。

• 智能手机

智能手机作为个人的智能助理,很早以前就开始与人工智能相结合,在触屏手机出现之前,已经开发出支持语音命令和手写识别的手机,实现更为友好的人机交互界面,只是当时采用了传统的模式识别算法,其识别率还不足以满足用户苛刻的需求。如今,智能手机几乎已经成为人体的新器官,它们承载了数以百万计的 App,实现着五花八门的功能,引入深度神经网络算法,将实现更好的图像、语音、文本识别等能力,从而实现更为智能的应用。这些场景包括物体识别、手势识别、运动检测、情感分析、自然语义识别、音乐标签等。例如,如何触发手机自拍是一个没有彻底解决的难题,触摸屏幕、自拍杆、蓝牙遥控、语音命令等都会引入额外的动作,让神态不那么自然。但如果手机能够识别人的表情、手势和体态,就可以在最合适的时机触发手机,像专业摄像师那样捕捉最动人的

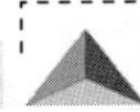

瞬间。

除了这些领域，人工智能和嵌入式系统的融合还将带来许多其他机会，如医疗、物流、消防、农业、通信、军事等。

归根结底，人工智能和嵌入式系统的结合会将智能赋予万物，将让机器替代人们完成那些费事费力甚至危险的工作，从而改善人们的生活，提高工作效率，从事人类难以胜任的工作，甚至前往外星球，开拓人类的生存空间。嵌入式人工智能将改变人类的未来！

2.3 最初的尝试：云计算模式

人工智能传统上依赖于服务器集群提供的高性能计算能力，在云中进行大规模、数据密集型的模型训练和推理。由于 GPU 硬件性能的显著增加，人工智能，尤其是深度神经网络正在应用到越来越多的业务应用程序中，包括金融、教育、医学、安防等。然而，这种算法的问题是，它们是贪婪的数据消费者，喜欢将问题复杂化。只有更大的数据集和更密集的计算能力，才能获得更准确和有用的结果。

因此，直到最近，深度神经网络还依赖于大数据和云计算，必须运行在具有 AI 加速器（如 GPU/TPU）的高耗能服务器，甚至是超级计算机上。这些计算机硬件体积庞大、能耗惊人、难以移动并且价格高昂。但深度神经网络目前的应用多聚焦在计算机视觉和听觉领域，它所解决的问题，如人脸识别、车牌识别、自然语言翻译、语音控制等，经常需要用体态轻盈、绿色节能、便于移动、价格低廉的嵌入式计算设备（包括手机等移动计算设备）完成。但这些嵌入式设备的计算能力相比 GPU/TPU 要低几个数量级，内存也有限，运行深度神经网络显然力不从心。那么，怎么解决这个矛盾呢？

很多人会想到用云计算把数据（如图片、视频流、音频流）传到云端，由强大的云计算中心完成深度神经网络任务。最初，人们的确是这样做的，例如，在智能家居的场景中，智能硬件只是作为传感器和控制器，从现场采集数据，真正的智能由云计算中心完成，并下发 AI 运算的结果（指令）控制智能硬件完成任务。这个模式是嵌入式人工智能的第一阶段，可以称为**云计算模式**，如图 2-2 所示。

在这个模式中，嵌入式设备本身仅完成简单的数据采集、通信、命令执行等工作，AI 硬件（GPU/TPU）、AI 算法和 AI 应用都部署在云端，嵌入式设备通过远程接口调用它们的能力，实现高级的智能。

这个模式有如下几个优点。

(1) 它能够让众多的嵌入式设备共享专业的、昂贵的人工智能硬件（如 GPU/TPU），降低了单个嵌入式设备的成本；

(2) 借助云端成熟的人工智能技术，可以快速开发和部署嵌入式人工智能应用；

(3) 嵌入式人工智能应用容易升级和维护，因为人工智能程序部署在云端；

(4) 可以实现弹性计算，当目前的硬件不能满足性能要求时，可以申请更多的资源；

(5) 用户可以按需购买和使用人工智能云服务。

但不幸的是，这个模式在很多情况下不能工作。

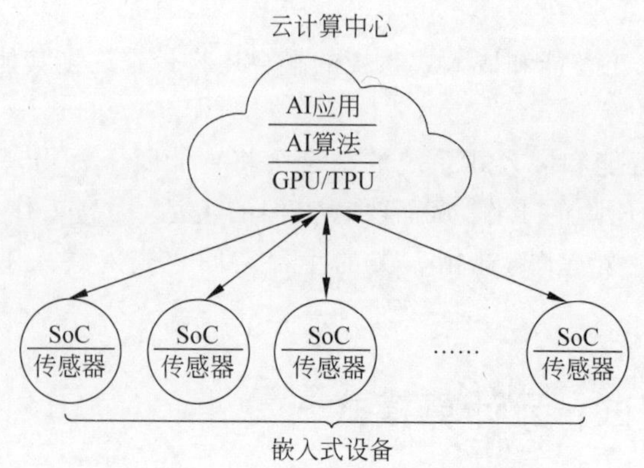

图 2-2 嵌入式人工智能的云计算模式

下面从亚马逊 Alexa 语音助理的一次事故说起。

Alexa 是 Echo 智能音箱上的 AI 语音助理，它是亚马逊公司所发售的一款智能音箱。Echo 的外形和一般的蓝牙音箱没什么区别，也没有任何屏幕，唯一的交互方式就是语音。通过 Alexa 语音助手，用户通过简单的语音指令就可以播放音乐、查询信息，甚至控制各种智能家居设备。但是，这些强大的功能不是一个小小的音箱能够“装下”的，实际上 Alexa 的 AI 功能由亚马逊云计算中心实现，Echo 音箱就如它的名字一样，只是云计算中心的传声筒。

但当一切运算都搬上云端时，意外的风险发生了。

2018 年 3 月 2 日，不少人和往常一样试图指挥 Alexa 时发现 Alexa 竟然没有反应。事件的起因是，亚马逊的云端服务当天经历了一场严重的服务中断，无论你和它说什么，Echo 音箱和其他 Alexa 设备都只会以错误信息回应。

这个事件凸显出一个被人忽视的事实——当越来越多的功能搬上云端时，买回来的产品其实只是一个空壳而已，虽然平时功能强大，但一旦远端出了状况，本机端将毫无用处。云计算模式的优点背后，存在一些无法克服的缺陷，当云计算中心或者网络无法被访问时，嵌入式设备将失去它的智能。具体来说：

(1) 云计算要通过远程网络访问，虽然随着有线和无线宽带技术的发展，网络似乎已经无处不在，但仍然不是在任何时候和任何地点都能访问，这对于要时刻移动，或需要进入无人区、危险区域和陌生世界的嵌入式设备来说，并不总是可以依赖的。例如，对于军用机器人，无线网络不仅不可靠，甚至会被敌人破坏。另外，远程网络访问会带来的延时和抖动，造成其反应不够实时，这对于一些关键性的实时处理任务(如汽车驾驶)是致命的。汽车必须在极短的时间内对路况做出响应，多增加 10ms 的延时就可能造成生命危险，何况互联网的延时并不是固定的，时快时慢，偶尔的抖动对于观看网络视频无关紧要，但汽车驾驶需要的是万无一失，每一次任务处理都必须在限定时间内完成。

(2) 云计算中心的带宽也会成为瓶颈，尤其是需要同时处理大量的视音频流的时候。单路视音频的带宽对于网络终端来说，已经不成问题，但当成百上千路视音频汇聚到云计算中心时，就可能造成网络拥堵。设想，如果有 100 万辆车，在进出停车场时都通过云计

算实现车牌识别,一方面云计算中心需要花费巨款来购买带宽,另一方面由于车辆停车有时间周期性,在高峰时段网络的"塞车"将会带来真实世界的大塞车。

(3) 云计算在网络传输、内容存储等环节都会带来隐私泄露的风险,在一些安全性和隐私性要求高的场景,如智能家居中,我们希望通过视频分析家庭中出现的意外场景,对老人和幼儿实施远程看护,但没有人愿意将自家的视频公布在网上,让网络无时无刻地监视自己。

(4) 在长期和重度使用的条件下,云计算服务的总成本变得越来越高昂。最初,嵌入式设备的硬件成本很低,云服务的价格分摊到每个设备每月或每年也相对比较便宜,但长年累月使用的情况下,累积起来的成本就开始超过节省下来的嵌入式设备的成本,并且这些成本会继续存在,直到设备的整个生命周期。不要忘了,很多嵌入式设备是设计用来常年工作的,如安防监控摄像头。这样,云计算模式的成本就不占优势了。

以上种种原因说明,云计算模式在很多情况下,其可靠性、经济性和安全性等方面无法达到嵌入式计算的要求,这就让我们不得不探索不(完全)依赖云端,而在嵌入式设备内部实现人工智能的方法。嵌入式人工智能将进入新的阶段。

2.4 从云端到设备:本地模式

AI开发的下一阶段是将深度神经网络从云中带入物理世界。这得益于近年来人工智能在嵌入式软硬件取得的研究进展。尽管最初的努力自然地集中于将现有的深度神经网络模型缩小到嵌入式设备有限的处理器和内存空间中,但未来的实现也将基于嵌入式芯片不断增长的处理能力,以及为人工智能专门开发的AI加速芯片。

随着半导体工艺集成和算法开发方面的一系列进步,嵌入式设备(包括移动设备)开始逐步摆脱云端的束缚,可以独立执行一些"重量级"的任务,例如图片自动标记、生物特征识别和机器人控制,并能够高效、即时地反复执行它们。这为嵌入式人工智能打开了一扇大门。

不出意外,嵌入式人工智能首先在高端的嵌入式设备iPhone上取得了突破。2017年,Face ID面部识别技术的推出标志着嵌入式人工智能第二阶段的开始。

智能语音助手、人脸解锁等功能逐渐成为手机和智能手表等消费类设备的标准配置,预示了AI将在日常生活中加速渗透。但是,大多数设备上的AI实现仍采用了云计算模式。这些产品就像木偶人和传声筒一样,真正的计算发生在幕后的云计算服务器上。虽然很讨巧,但这种实现方法侵犯了用户的隐私。

Face ID是由一系列传感器和新型AI加速芯片支持的一种生物特征安全系统,该系统使用前置红外摄像头投射30 000个点来创建一个用户脸部的红外图像和三维图像。它由A11及以上型号的仿生神经网络引擎加速,这种芯片采用双核心设计,每秒执行高达6000亿次运算,从而实现实时处理。A11仿生神经引擎不是通用GPU,它专为特定的神经网络算法而设计,支持Face ID、动画表情(Animoji)、照片标记和Siri语音助手。

苹果公司的研究人员在一篇《基于设备的深度神经网络上实现人脸检测》的论文中描述了如何基于A11仿生神经网络引擎实现Face ID功能。

2017 年,当苹果公司的研究人员在 iOS 10 中首次开始使用深度神经网络进行人脸检测时,他们意识到:即使当时最高端的手机在运行深度神经网络算法时也力不从心。和其他机构一样,在此之前,苹果公司一直使用基于云的系统进行图像识别。为了增加用户隐私,需要图像识别算法在设备上运行。

这篇文章介绍了苹果公司如何在有限内存和 CPU 资源的范围内工作,而不中断其他 OS 任务并使用大量额外的电源。文章详细介绍了苹果公司如何调整一个 SoC 大小的 GPU 上的深度神经网络模型的技术细节,A11 芯片将三维图像和红外图像转换为一种数学表达形式,并将该表达形式与已注册的面部数据进行比较,从而识别是否为本人使用 iPhone。将文章中得出的结论结合起来,所有这些策略都确保我们的用户可以享受本地、低延迟、私密的深度神经网络推理,而无须知道他们的手机正以每秒数千亿次浮点运算的速度运行神经网络。

也就是说,Face ID 的人脸识别功能是在 iPhone 本地实现的,而不是像以前一样借助云计算。

iPhone 还使用深度神经网络来识别和分析 Siri 语音命令。为此,iPhone 使用一个永远在线的低功耗的辅助处理器(AOP)触发 Siri,一旦听到用户发出的“Hi, Siri”指令,AOP 将唤醒主处理器,以更强大的深度神经网络分析用户的声音。Siri 语音识别流程(来源:苹果公司)如图 2-3 所示。采用这种方法的好处是,仅侦听和检测“唤醒词”所需的处理最少,可以节省 iPhone 上宝贵的电池电量,而一旦唤醒,又可以充分发挥仿生神经引擎的强大处理能力。当然,Siri 并没有完全摆脱云端的束缚,复杂的多轮交互式语音对话仍交由服务器处理。这种模式可以视为一种本地-云端协同的嵌入式人工智能,将在后面的章节中展开叙述。

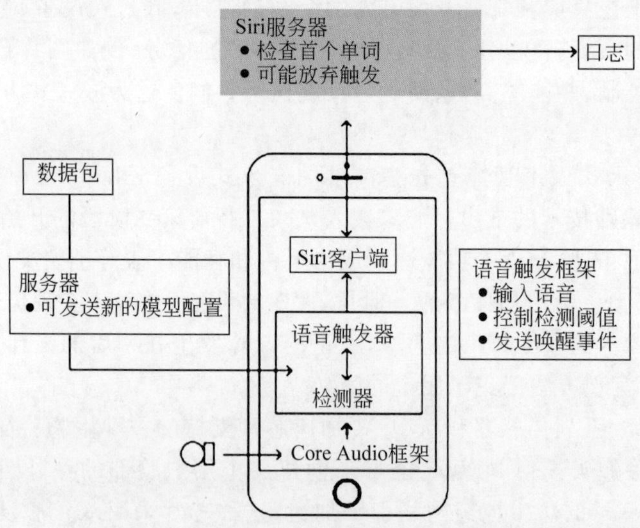

图 2-3　Siri 语音识别流程(来源:苹果公司)

应用程序开发人员还可以通过苹果 Core ML 机器学习框架的 API 及开发工具,使用 iPhone 硬件的神经网络加速功能。正如其教程详细介绍的,应用程序可以完成形状识别

和目标识别等任务。

当然，苹果公司不是这个领域唯一的玩家。ARM，谷歌，微软，还有其他一些公司也开始将 AI 引入嵌入式设备。

• ARM

ARM 被绝大多数移动设备采用，同时也是苹果授权和定制的处理器平台的开发商。它将 AI 引入其通用 SoC 设计中，将极大地扩展 AI 加速设备的普及。

该设计被称为 DynamicIQ，添加了旨在加速机器/深度神经网络算法的处理器指令，相对于目前的 ARM 系统，ARM 预计在未来 3～5 年将 AI 性能提高 50 倍。一些公司已经在使用低功耗的 ARM-M 处理器用于嵌入式人工智能应用。例如，Amiko Respiro 是一种用于哮喘患者的吸入器，它使用来自多个传感器的数据和板载机器学习软件来计算药物的有效性，并开发针对每位患者定制的疗法。

• 谷歌

不甘示弱，谷歌推出了 TensorFlow Lite 精简版平台，为移动设备和嵌入式设备上的深度神经网络算法铺平了道路，TensorFlow Lite 设计用于快速启动 TensorFlow 模型，以适应移动设备的小内存空间，并利用任何加速硬件，像嵌入式 GPU。开发框架还具有接口，可以在可用时自动使用设备上的硬件加速器。

• 微软

微软也在开发嵌入式机器学习软件，该软件适用于移动和物联网设备，甚至对 Raspberry Pi 一样适用。该研究目前主要针对特定场景的狭窄应用，如嵌入式医疗设备或智能工业传感器。

另外一些公司也纷纷推出他们的解决方案，例如，Reality AI 提供专为嵌入式传感器和设备设计的机器学习软件库，它允许物理尺寸小且工作环境恶劣的硬件设备支持更复杂和更精确的 AI 模型。

这一系列进展开启了嵌入式人工智能的第二阶段，在这个阶段中，AI 硬件、算法和应用开始摆脱云端的束缚，下移到嵌入式设备本身，我们把它称为嵌入式设备的本地模式，如图 2-4 所示。

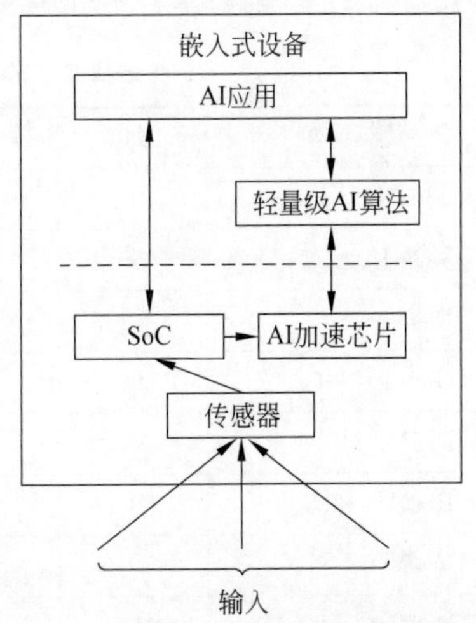

图 2-4　嵌入式人工智能的本地模式

在这个模式中，在硬件层面，引入了嵌入式 AI 加速芯片，它具有小尺寸、低功耗、高性能的特点，专门负责神经网络的推理运算。在软件层面，引入了轻量级 AI 算法，这些算法是传统 AI 算法的改进，在完成同样功能和近似准确率的前提下，模型的参数更少，因而占用的存储空间更小，计算复杂度更小，小到可以“装载”到嵌入式 AI 加速芯片中。基于 AI 加速芯片和轻量级 AI 算法，AI 应用就可以在嵌入式设备本地实现，就近处理从传感器获得的输入信号，实现实时计算和响应。

2.5 嵌入式人工智能的技术挑战

虽然已经取得了一些突破，但距离大规模应用，嵌入式人工智能仍然面临很多技术挑战。目前，人工智能的特点是计算密集型、内存密集型、数据密集型和能量密集型，部署成本非常高昂，以 AlphaGo 为例，它使用 1920 个 CPU 和 280 个 GPU，每一局比赛要花费 3000 美元的电费。这样的豪华配置是嵌入式设备难以企及的。同时我们也看到，它的人类对手，无论是李世石还是柯洁，他们的大脑大约有 1000 亿个神经元，但功率只有 20W 左右，容纳在约 1.6L 的狭小空间（相比计算机而言）中，同时也没有"上帝"在云端给他们支招。这就给嵌入式人工智能的发展订立了标杆。

另外，随着深度神经网络的进步，最先进的模型越来越精确，与人类智力之间的差距越来越小。但它们也越来越复杂，需要的计算能力、存储能力越来越高。

这就意味着，如果 AI 芯片在实现近似人类的能量效率的同时，能够将接近人类复杂程度的人工神经网络加载到其中，实现像人一样的真正智能就指日可待了。

要追赶这个目标，嵌入式神经网络还面临一系列技术挑战。其关键是开发出计算能力足够强、能耗足够低、内存占用足够小、速度足够快、体积足够小、质量足够轻的小而强的嵌入式计算平台。

1. 模型规模

神经网络在嵌入式系统面临的挑战，很大程度上是模型规模惹的祸。假设输入图像的尺寸为 224×224 像素，目前常见的图像分类神经网络模型的规模如表 2-1 所示。

表 2-1 常见的图像分类神经网络模型的规模

模　型	深度	参数数量/M	FLOPS/G	大小/MB	Top-5 准确率/%
AlexNet	7	58.3	0.725	217	19.2
VGG16	16	134.2	15.5	512.2	9.9
ResNet18	18	11.7	1.814	23	10.92
GoogLeNet	22	6	1.57	40	12.9
ResNet34	34	21.8	3.664	35	8.58
ResNet v1 50	50	25.6	3.858	97.7	7.7
ResNet v1 101	101	45	7.57	155	7
ResNet v1 152	152	60	11.3	230	6.7

总体上，随着网络层次的加深，网络的准确率（以 Top-5 准确率衡量）越来越低，但网络的计算复杂度越来越强，参数数量和内存占用也越来越大。

计算复杂度通常以 FLOPS（每秒浮点运算次数）衡量，带上数量级的单位有 GFLOPS（每秒 10 亿次浮点运算）、TFLOPS（每秒 1 万亿次浮点运算）等。在嵌入式设备中，计算复杂度通常以 OPS（每秒运算次数）衡量，带上数量级的单位有 GOPS 和 TOPS

等。当运算特指浮点运算时，FLOPS 和 OPS 这两个单位没有区别。

当输入图像的尺寸变大时，所需的计算复杂度、参数数量和内存占用也会成比例放大。以目前图像监控常用的分辨率 1920×1080 计算，上述模型的计算复杂度在 100GOPS～1TOPS，参数数量在 200～5000M，存储空间在 1～20GB。

目标检测、语义分割等模型是建立在图像识别模型基础之上的，它们的模型规模相比而言更大。这样大规模的模型，对于嵌入式设备是巨大的挑战。目前已有一些专为嵌入式环境设计的 AI 加速芯片已达到 1TOPS 以上的性能，但它们仍然面临一些挑战。

2. 能量效率

为了降低嵌入式设备的整体功耗，嵌入式芯片的功率通常以 mW 为单位计算，而目前主流的 GPU/TPU 的功率常常超过 100W。这让嵌入式设备普遍缺乏为现实应用进行深度推理的能力。

从能量效率的角度观察，大多数可用于嵌入式设备的 AI 芯片的能量效率仅有 10～100GOPS/W，只有在系统效率远远超过 10TOPS/W 的情况下，才能真正实现永远在线的嵌入式神经网络推理。为此，最近已经出现了几种改进的 GPU 和神经处理单元(NPU)ASIC，它们的能量效率达到甚至超过 1TOPS/W。但是，这些系统更适合偶尔执行一次深度神经网络推理的场景，如智能手机。然而，在更典型的场景中，例如需要 24 小时在线工作的安全监控摄像头，它们仍然不够高效，无法让实时神经网络处理始终处于毫瓦级的功率范围内。

图 2-5 清楚地显示了这一点，圆形显示了几代神经网络架构以 30FPS 实时运行所需的能量效率。

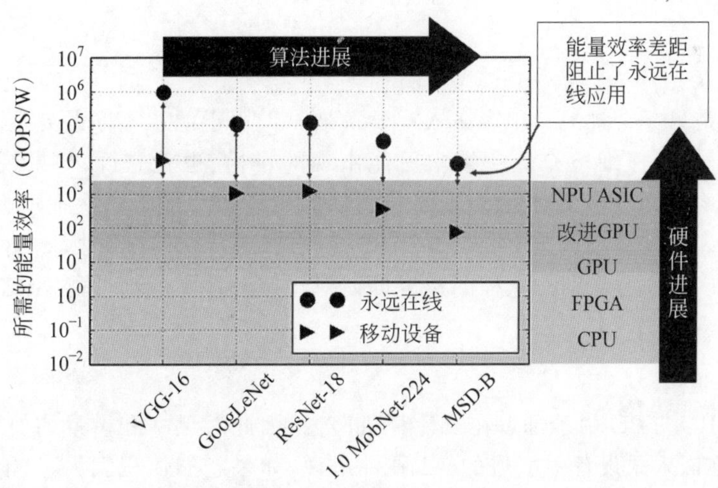

图 2-5　嵌入式推理需要的能量效率与现有能力之间的差距

可以看到，随着神经网络算法的进步，最新的模型所需的能量效率相比以前的模型下降了，与最初的模型相比下降了 2 个数量级。三角形显示了这些模型在移动设备上执行所需要的能量效率，相比永远在线所需的能量效率低 2 个数量级。横向水平线代表了不同类型的 AI 芯片所能达到的能量效率。圆点与横向水平线之间的差距代表了需求与实际之间的差距。这表明,尽管在过去几年深度神经网络算法和硬件都突飞猛进,最新的创新确实将硬件平台带入了100mW功率预算之内,但与嵌入式应用程序的需求之间仍然存在不小的差距。

3. 内存访问

复杂的深度神经网络模型的大小往往以GB为单位,随着存储器的小型化和成本的降低,嵌入式设备存储这些模型已经绰绰有余。然而,更多的内存访问,意味着更大的能耗。如图2-6所示,内存访问的耗电量比算术运算要高2个数量级。

运算	耗电量/pJ	相对耗电量/pJ
32 bit int ADD	0.1	1
32 bit float ADD	0.9	9
32 bit Register File	1	10
32 bit int MULT	3.1	31
32 bit float MULT	3.7	37
32 bit SRAM Cache	5	50
32 bit DRAM Memory	**640**	**6400**

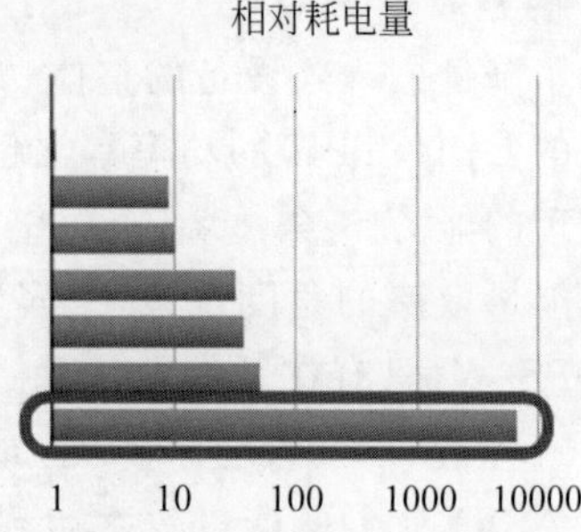

图 2-6 运算和存储耗电量对比

这些模型在嵌入式设备中进行推理之前,需要先读到内存中,在推理的过程中,这些内存被反复读取,这往往意味着超过嵌入式设备功率的耗电量。对于一些必须使用电池的嵌入式设备来讲,这完全不能接受。对于接入电网的嵌入式设备,即使能够通过延长推理时间而让功率下降,也意味着更大的总能量消耗。总体来说,过大的内存使用仍然是一个巨大的挑战。

4. 推理速度

推理速度是另一个挑战。很多嵌入式设备被设计用于源源不断的处理输入,例如视频监控摄像头,必须仔细检查每一帧中可能出现的目标,也就是说,如果视频的帧率为25FPS,则它必须在40ms的时延内完成一次推理,然后再完成下一次推理。当在更为苛刻的环境中部署深度神经网络,如无人机上的视频避障摄像头时,所要求的推理速度会更高,时延要求在1ms的级别。这样的速度即使对于服务器中的高性能GPU来讲也是一个挑战。

5. 尺寸和重量

高性能GPU/TPU由于部署在云计算机房内,因此对尺寸和重量的要求比较宽松。然而,对于要在嵌入式设备中部署的AI硬件来说,如果它们体积太大,可能无法塞进设备小小的身躯内;如果重量太大,会让设备的总体能耗急剧上升。例如,对于无人机来讲,尽管AI"眼睛"非常重要,但如果"眼睛"比"身体"还大,增加了AI"眼睛"的无人机重量超过其升力,它可能连起飞都无法完成。当然,尺寸和重量与硬件的能量效率和总能耗正相关,解决了能量效率问题,一定程度上,也就解决了尺寸和重量的问题。

虽然面临诸多条件,不过,以生物大脑为榜样,加上人类大脑神经网络的计算,嵌入式神经网络中的各种技术瓶颈终将被克服。这要求算法、硬件和应用程序都进行优化,并紧

密地相互配合。本书将深入探讨其实现方法。

2.6 嵌入式人工智能的实现途径

那么，如何才能在资源不那么宽裕的嵌入式设备中实现复杂的人工智能呢？先看一下可以在嵌入式设备上应用人工智能的一些途径。

• 推理

在深度神经网络的计算中，训练消耗了大量的算力，相对来说，推理需要的计算能力相对较低。可以在边缘设备上完成简单的推理工作，如图像分类、手势识别、语音检测和动作分析。由于仅传输最终结果，因此可以最大程度地减少延迟，提高隐私性并节省物联网系统中的带宽。

• 分层推理

还可以将多层神经网络的推理分布到设备和云中，设备上执行较低层次的推理，在云中执行更高层次的推理，这样可以平衡工作负载和延迟。神经网络的最初几层可以看作特征抽象层。随着信息在网络中向上传播，它们抽象为高级特征。这些高级特征占用的存储空间比原始数据少得多，在网络上的传输占用的带宽更小。

• 迁移学习

在上面的分层推理中，神经网络分布在设备和云之间。这样，仅通过更改云中的高级层次就可以让神经网络重新用于完全不同的应用。云中的应用逻辑很容易更改。神经网络层的这种热转换(hot-swapping)可以使相同的设备用于不同的应用。这种方式可以看作迁移学习(见图 2-7)的一个例子：修改网络的一部分以执行不同任务。

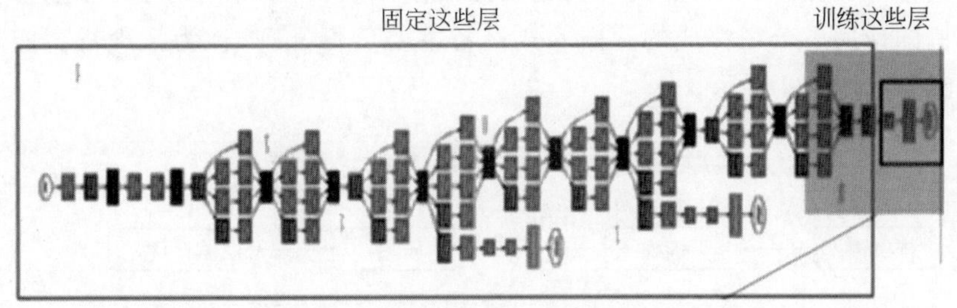

图 2-7　迁移学习

• 生成模型

在上述分层学习和迁移学习的基础上，通过精心设计，可以从提取的特征中重建原始数据的近似值。这允许边缘设备以最少的来自云的输入生成复杂的输出，例如用于数据解压缩。

• 联合学习

设备在现场部署后可以不断进行改进。例如，Google 的 Gboard 使用一种称为联合学习(见图 2-8)的技术：每台设备收集数据并分别进行改进，然后将这些单独的改进汇总在中央服务器上，最后使用合并的结果更新每个设备。

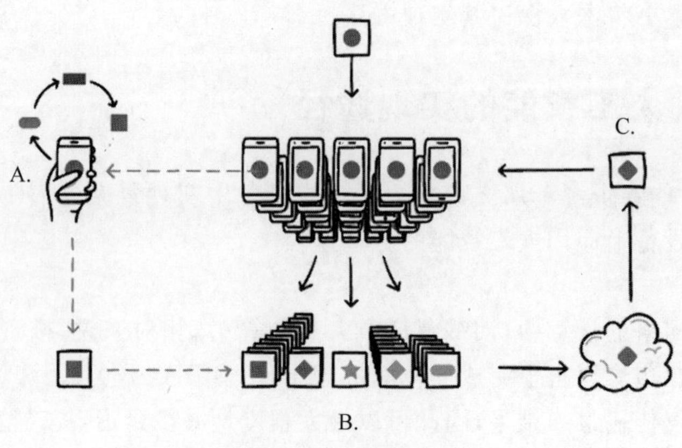

图 2-8　联合学习

低功耗和低成本的 AI 硬件的普及可能还需要时间。但通过上述一些方法，结合深度神经网络算法的快速演进，嵌入式神经网络的落地未来可期！

2.7　嵌入式人工智能的实现组件

基于 2.6 节介绍的方法论，可以开始尝试为嵌入式设备开发人工智能程序了。

在传统的嵌入式开发过程中，为了弥补嵌入式设备性能的不足，嵌入式软件并不是在设备本地开发的，而是借助宿主机的帮助，由宿主机完成代码编写、编译、链接和调试等，然后将交叉编译后的二进制程序下载到目标机（嵌入式设备）上测试和执行。

与此类似，嵌入式人工智能的开发也不是由嵌入式设备单独完成的，而是在 AI 服务器（训练机）的帮助下分工完成的。嵌入式设备主要负责推理，称为推理机。嵌入式人工智能开发流程如图 2-9 所示。

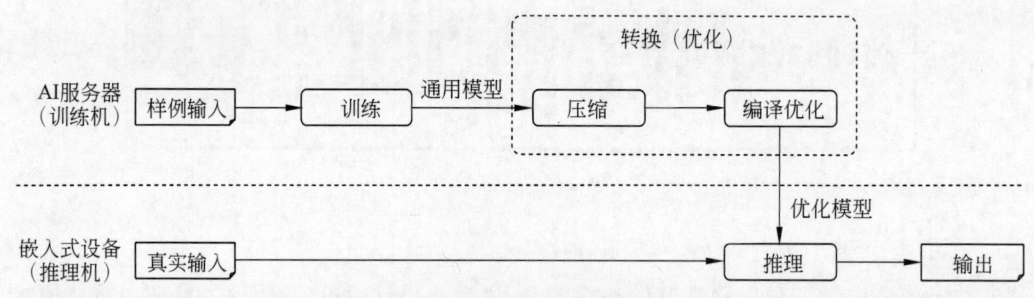

图 2-9　嵌入式人工智能开发流程

首先，在 AI 服务器（训练机）上，借助其强大的 AI 硬件，如 GPU/TPU 等，进行模型的训练。这通常需要数天甚至数周的时间，生成某种格式的通用模型，其中包含神经网络的结构、参数等。往往有数百万个以上参数，占用 GB 以上的存储空间。然后，AI 服务器将这个通用模型转换（或称为优化）为专为某种嵌入式设备运行的优化模型。转换（优化）又分为两个步骤：压缩和编译。压缩的方法有剪枝和量化等，可以减少模型的参数数量

和存储占用。编译则是将模型翻译为嵌入式设备专用的 AI 加速器上的运算指令，并进行针对性的优化，生成二进制代码。最后，转换后的模型下载到嵌入式设备中，根据实际的输入进行推理，获得输出。

这种协作分工的方式，不仅让嵌入式人工智能的开发成为可能，也大大减轻了在嵌入式设备上部署人工智能算法模型的压力。嵌入式设备上仅需要执行推理，对 AI 加速器和模型的要求会显著降低。

虽然有了这种开发方式，但是我们仍然需要解决嵌入式人工智能实现中最核心的一些问题：

1. 嵌入式 AI 芯片

AI 芯片是深度神经网络运行的载体，只有它足够强大而又小巧，嵌入式人工智能才成为可能。

2. 轻量级神经网络

模型的规模越小，计算复杂度越低，对硬件性能的要求就越小，就能更加轻松地加载到嵌入式设备中。

3. 模型压缩技术

如果模型的架构本身不变，那么通过模型压缩技术，让模型的尺寸更小，同时又能完成同样的推理准确率，岂不是两全其美？

4. 模型编译技术

算法是由一系列运算组成的，而这些运算归根结底是在 AI 芯片上完成的。如果让算法编译后的运算指令与芯片完美匹配，将进一步提升嵌入式设备执行 AI 任务的效率。

5. 嵌入式 AI 应用程序框架

AI 应用程序可以巧妙地运用嵌入式设备本地的 AI 能力，甚至必要时可调用云端 AI 能力，协同完成任务，让总体效率最大化。

通常把这 5 个问题的实现合称为嵌入式人工智能实现的 5 个组件，如图 2-10 所示。

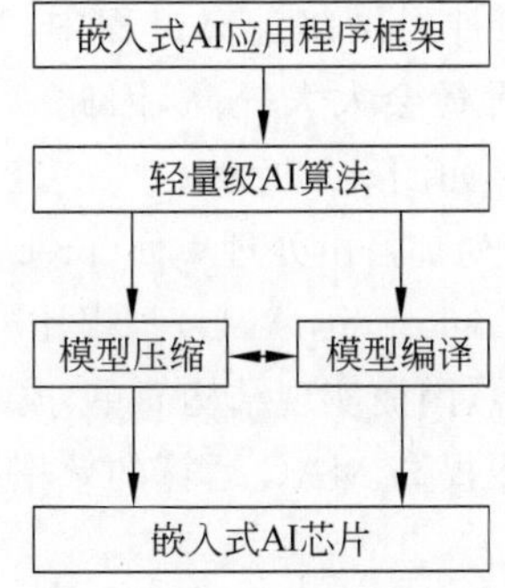

图 2-10　嵌入式人工智能实现的 5 个组件

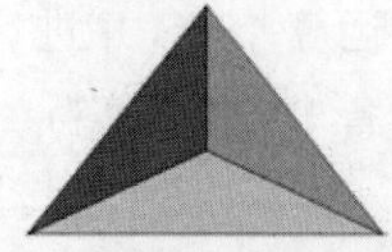

第 3 章 嵌入式AI芯片原理

为了将人工智能部署到嵌入式设备，首先要提高嵌入式设备的硬件性能，让它们至少能够胜任简单的推理任务。在云端，为了实现人工智能的训练和推理，一般采用专用的硬件，如GPU/TPU/ASIC和FPGA，它们在CPU之外，专门用来运行深度神经网络算法，其性能比CPU至少高10倍以上。同样地，在嵌入式设备中，也需要这样的硬件加速器芯片，它们可以与SoC协同工作，未来，也可以直接集成到SoC芯片中，增强嵌入式设备的AI处理能力[32-33]。

3.1 并行计算

为了实现高性能推理，加速器芯片一般采用并行计算架构。

在神经网络中有大量的矩阵运算，如对于全连接层，可以直接使用矩阵乘法实现，对于卷积层，则可以用Toeplitz矩阵乘法实现。只要能提高矩阵运算的效率，就可以加速神经网络的计算。

矩阵乘法运算过程中，乘法和累加是同时出现的，也就是将乘法的乘积结果和累加器的值相加，再存入累加器，即 $a = a + b \times c$。如果把乘法和累加分为两个运算，则完成乘法运算后中间结果要先保存在寄存器中，在加法运算时再从寄存器中读出。这不仅需要两个时钟周期来完成，还增加了额外的读写时间，效率较低。因此，在AI加速器中，它们统一为一种运算：乘加运算(multiply-and-accumulate，MAC)。在一次矩阵运算中，同时需要执行多个MAC运算，而在神经网络计算过程中，又同时需要执行多个矩阵运算。如果能够并行处理，系统的效率无疑会大大提高，因此AI加速器采用了并行计算架构，有时间并发和空间并发两种模型，如图3-1所示。

无论采用哪种架构，其处理阵列都是由处理单元(processing element，PE)组成的，PE的核心是算术逻辑单元(arithmetic logic unit，ALU)。相比CPU中的ALU，AI加速芯片的ALU非常简单，主要进行乘加运算，因而实现结构简单，成本低廉，便于组成大规模阵列。

在处理阵列的基础上，进一步提高MAC运算的效率有如下方法。

- 提高处理单元的速度

采用加快时钟频率等方法提高单个处理单元的处理能力。

- 增加并行度

也就是增加芯片上处理单元的数量，从而能够并行处理更多的MAC运算。

- 一条指令实现更多次的MAC运算

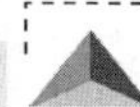

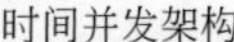

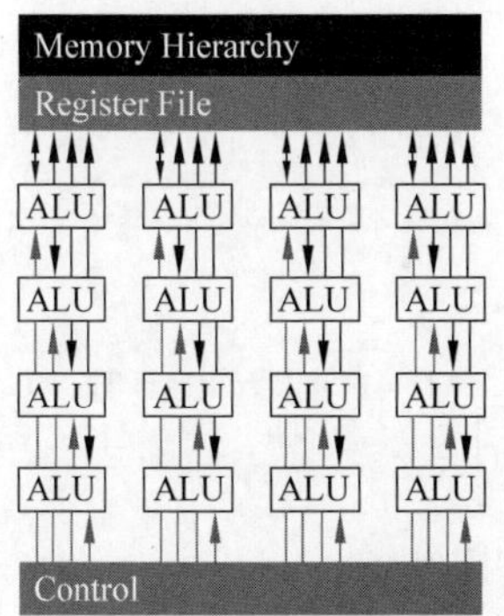

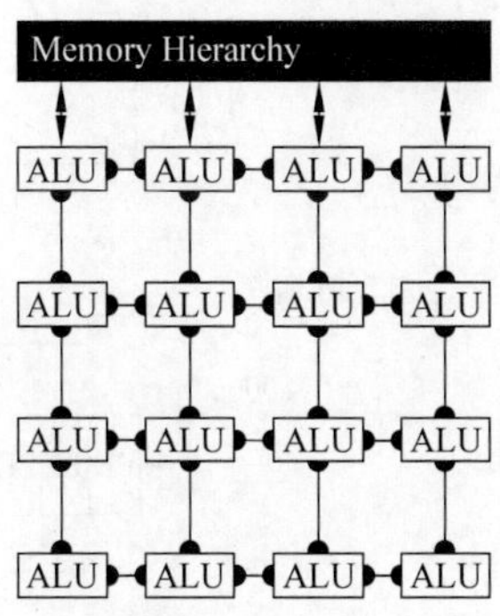

图 3-1　AI 加速器的并行计算架构

这需要并行计算，在 GPU 中，采用 SIMT(single instruction, multiple threads, 单指令多线程)技术，将一个指令广播给多个处理单元来实现并行。例如，将 64 个 MAC 运算封装为一个新的指令 MMA(matrix multiply accumulate)。

- 在一个时钟周期内实现更多次的 MAC 运算

或者增加内存带宽，或者降低数据的精度。例如，内存带宽为 512 比特，可以执行 16 个 32 比特 MAC 运算，也可以执行 64 个 8 比特 MAC 运算。内存带宽加倍，或者数据精度降低一半，都可以在一个时钟周期内让 MAC 运算次数翻倍。

并行计算是 AI 加速器的基础，如何运用好处理单元阵列，需要如下一些技术。

3.2　脉动阵列

在神经网络的运算过程中，内存访问是最大的瓶颈。ALU 进行乘加运算时，需要进行内存读写，读入权重值、激活值等，并将计算结果写入内存。ALU 乘加运算过程中的内存读写如图 3-2 所示。

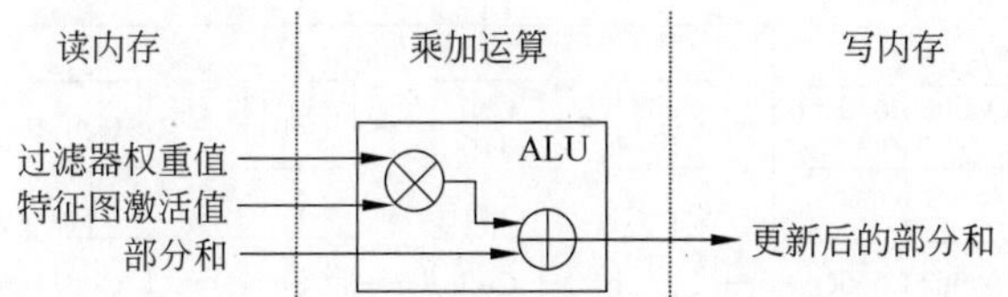

图 3-2　ALU 乘加运算过程中的内存读写

相对于算术运算来说，内存访问更加耗能，因此，AI 加速器实现高能效的关键是最小化内存访问。以 AlexNet 为例，一次推理过程需要 724M 次乘加运算，如果不加优化，就意味着要进行 2896M 次内存访问，效率是很低的。

为了减少计算过程中对内存的读写，脉动阵列是一种有效的办法。脉动阵列的逻辑很简单，既然读取内存一次需要消耗更多的时间，脉动阵列尽力在一次内存读取的过程中可以运行更多的计算，来平衡存储和计算之间的时间消耗。

脉动阵列如图 3-3 所示。

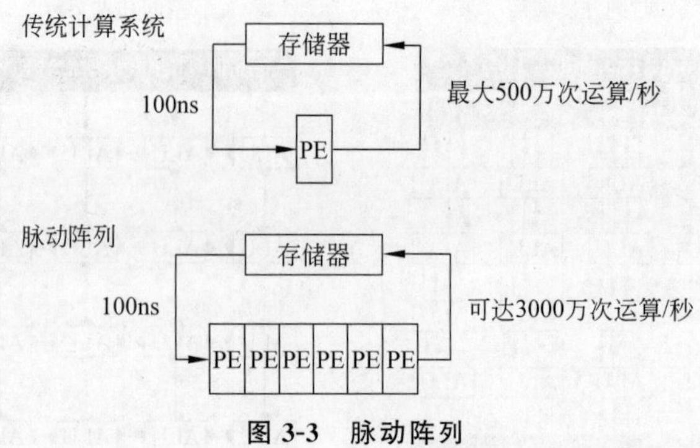

图 3-3　脉动阵列

图 3-3 中,上半部分是传统的计算系统的模型。一个处理单元(PE)从存储器(memory)读取数据,进行处理,然后写回存储器。这个系统的最大问题是:数据存取的速度往往远低于数据处理的速度。因此,整个系统的处理能力(MOPS,每秒百万次运算)很大程度上受限于访问内存的能力。而脉动架构用了一个很简单的方法:让数据尽量在处理单元中多流动一会儿。

正如图 3-3 的下半部分所描述的,第一个数据首先进入第一个 PE,经过处理以后被传递到下一个 PE,同时第二个数据进入第一个 PE。以此类推,当第一个数据到达最后一个 PE,它已经被处理了多次。所以,脉动架构实际上是多次重用了输入数据。因此,它可以在消耗较小内存带宽的情况下实现较高的运算吞吐率。

当一个脉动阵列要执行神经网络计算,即执行 $Y = WX + b$ 的计算时,其中脉动阵列的运算总共分三步:输入的是像素 X 和权值 W,一次性输出的是 Y;将权重 W 从上向下流入数组,将像素 X 从左向右流入数组;每个单元在每个间隔中从左和从上只接受一个数据,将它们相乘并累加到之前的结果中,直到没有数据流入。当"脉动"过程结束后,Y 也计算出来了。脉动阵列执行神经网络计算如图 3-4 所示。

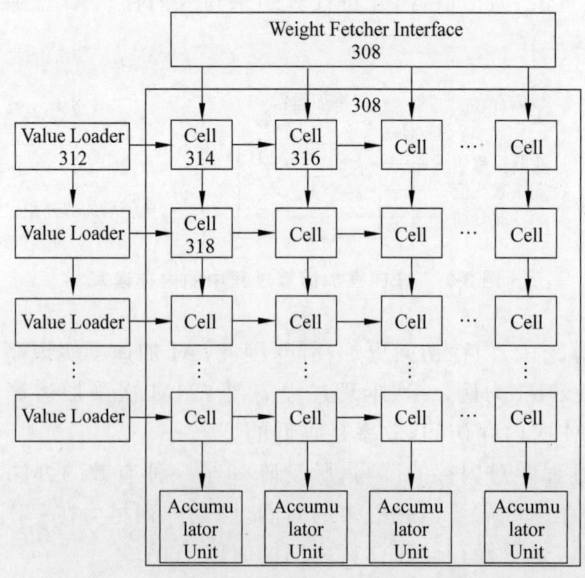

图 3-4　脉动阵列执行神经网络计算(来源:Google 专利 US20160342891A1)

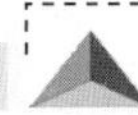

以上设计不仅能够将数据复用实现最大化，减少芯片在运算过程中的内存访问次数，而且降低了内存带宽压力，进而降低了内存访问的能耗。因而，脉动阵列能在一个时钟周期内处理数十万次矩阵运算。

3.3　多级缓存

减少内存读写的另外一个办法是缓存，也就是在 DRAM 读写之前加缓存，这些缓存容量更小，但访问速度更快，能量效率也更高，如图 3-5 所示。

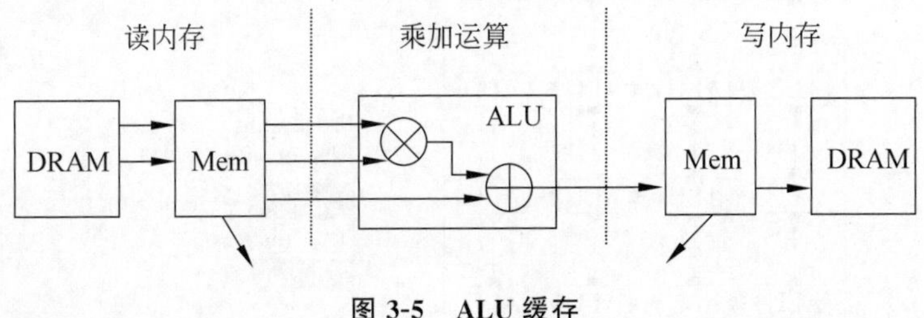

图 3-5　ALU 缓存

引入缓存后，在读 DRAM 之前，缓存实现了数据重用，在写 DRAM 之前，缓存则实现了本地累加。

卷积运算的特点决定了卷积核的权重值和激活值可以反复重用。如图 3-6 所示，在同一张特征图上进行卷积运算时，不同的滑动窗口共享了权重值和激活值；在多张特征图上，卷积核也被反复使用，因而可以共享激活值；而在多层之间，有时候卷积核也被共用，因此可以共享权重值。这些共享的权重值和激活值可以存储在 ALU 的缓存中，从而大大减少对 DRAM 的直接访问。

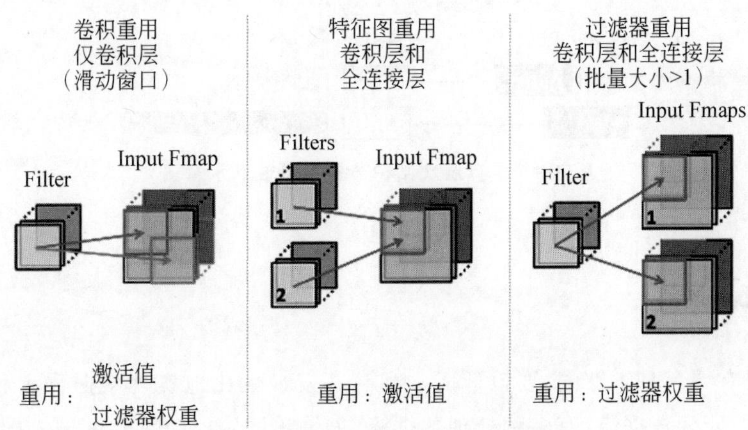

图 3-6　卷积神经网络中的参数重用

例如，在 AlexNet 中，在最好的情况下，由于数据重用，卷积核和特征图的读取次数下降到原来的 1/500，同时，由于本地累加，部分和的累加结果无须访问 DRAM。总体来说，这种缓存机制将内存访问次数从2896M降低到61M。

所有的并发处理单元可以共享全局缓存，在相邻的处理单元之间以及处理单元内部也都有缓存(Reg File，RF)，从而形成一个层次化的缓存结构，如图3-7所示。

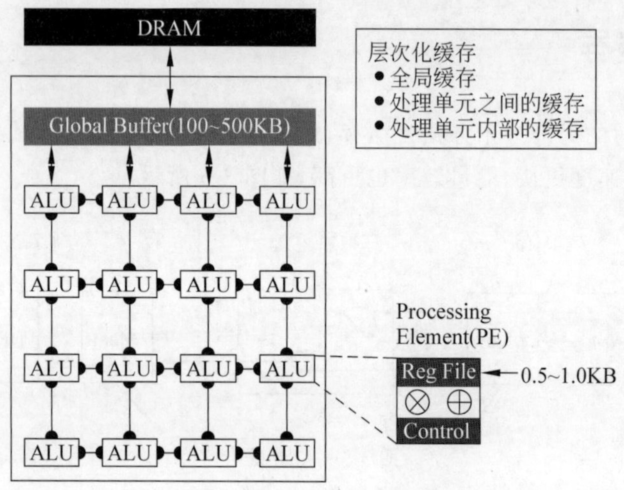

图3-7 ALU缓存层次结构

其中，处理单元内部的缓存最小，处理单元之间的缓存次之，全局缓存最大。每引入一层缓存，就成倍地减少DRAM访问次数，这样累积起来，总的能量效率可以提高约200倍，如图3-8所示。

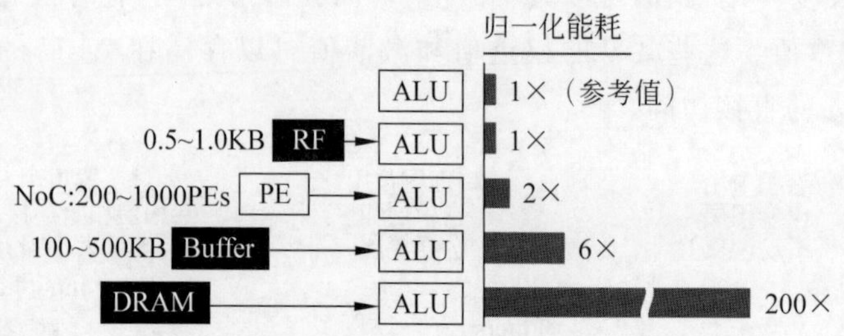

图3-8 缓存层次结构节省能量效率示意图

3.4 数据流

但是，仅有缓存是不够的，要以低成本和高并发最大化地实现数据重用和本地累加，还需要特殊的处理数据流，有多种处理数据流，如输出固定、权重固定、输入固定和行固定数据流。下面分别予以介绍。

- 输出固定数据流

这种数据流通过最大化本地累加的方式，实现部分和读写所需的能量消耗的最小化。实现时，它在处理单元阵列上广播或组播卷积核的权重值并在空间维度上重用激活值，如

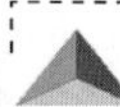

图 3-9 所示。

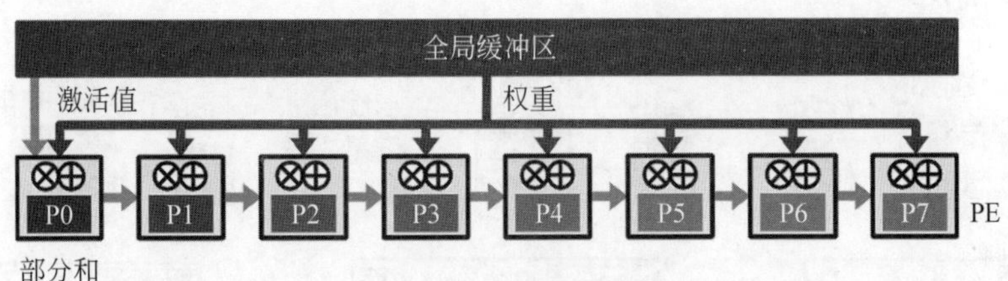

图 3-9　输出固定数据流

- 权重固定数据流

这种数据流通过最大化重用卷积核权重值的方式，实现读权重值所需能量消耗的最小化。实现时，它在处理单元阵列上广播激活值并在空间维度上累加部分和，如图 3-10 所示。

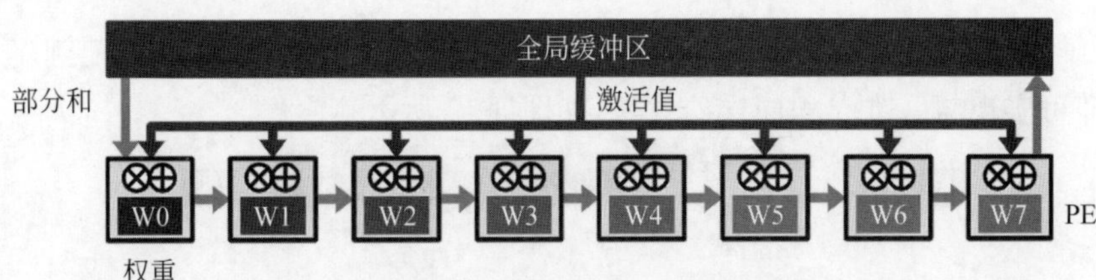

图 3-10　权重固定数据流

- 输入固定数据流

这种数据流通过最大化重用卷积以及特征图激活值的方式，实现读激活值所需能量消耗的最小化。实现时，它在处理单元阵列上单播权重值并在空间维度上累加部分和，如图 3-11 所示。

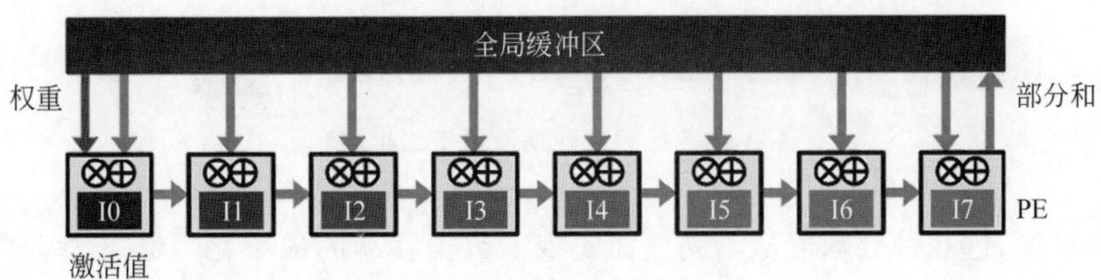

图 3-11　输入固定数据流

- 行固定数据流

这种数据流通过最大限度地在 RF 上重用数据和累加，实现总体的能效优化，而不是仅对某些数据类型进行优化。

用一维卷积运算说明，行固定数据流将一维行卷积的处理分配到每个 PE 中，如图 3-12 所示。卷积核中一行的权重值固定地保持在 PE 的 RF 内部，然后将输入的激活值流式传输到 PE 中。PE 为每个滑动窗口执行 MAC 运算过程中，这些 MAC 使用同一个存储空间累加部分和。由于不同滑动窗口之间的输入激活值是重复的，因此可以将输入激活值保留在 RF 中并重新使用。通过遍历所有滑动窗口，它可以完成一维卷积，并最大化数据重用和本地累积。

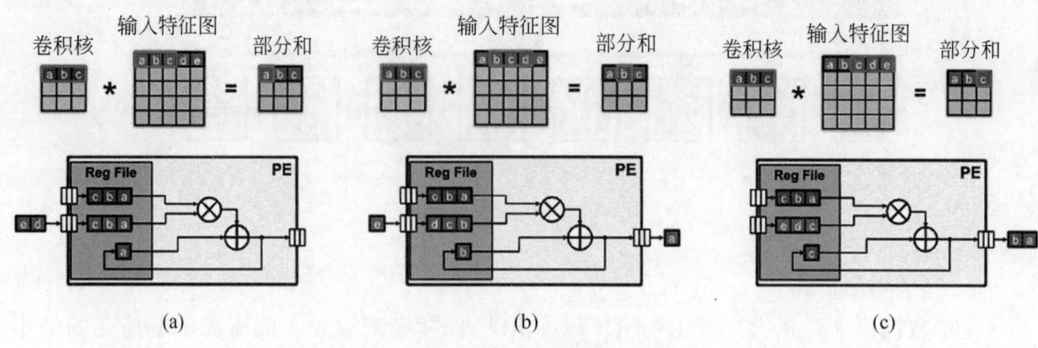

图 3-12　行固定数据流用于一维卷积

在二维卷积中，只需要将 PE 排成空间阵列，将不同的卷积核的行分配到不同的 PE 中运行，即可实现与一维卷积同样的效果，如图 3-13 所示。

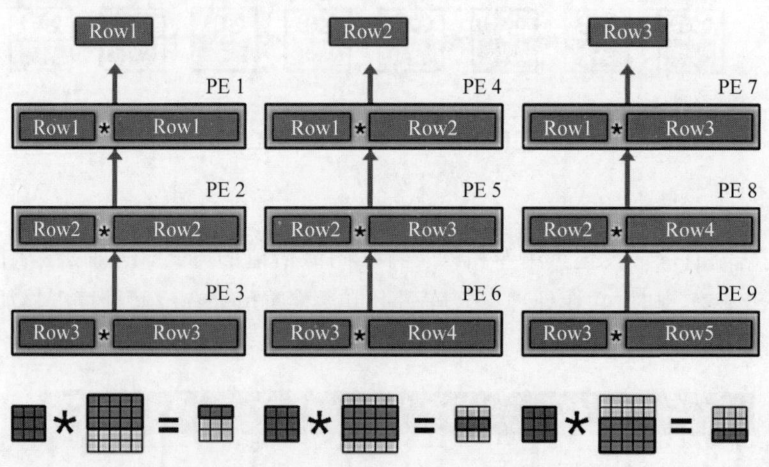

图 3-13　行固定数据流用于二维卷积

总体来说，这几种数据流从不同侧面实现了数据移动的最小化。输出固定数据流是最小化了部分和的移动，权重固定数据流是最小化了权重值的移动，输入固定数据流则最小化了输入值的移动，行固定数据流则同时最小化了卷积核与部分和的移动。最终都实现了能量效率的提升。其中，行固定数据流的效率最高，是其他数据流的 1.4～2.5 倍。

图 3-14 显示了应用行固定数据流技术后 AlexNet 中各层的能耗分解。在卷积层中，能量主要由 PE 内部的缓存 RF 消耗，而在全连接层中，能量主要由 DRAM 消耗。各层总计，卷积层大约消耗了 80%的能量，占大部分。随着最新的深度神经网络模型层数越来越深入，卷积层就越多，卷积层和全连接层数量之间的比率只会越来越大，行固定数据流技术的效果就越明显。

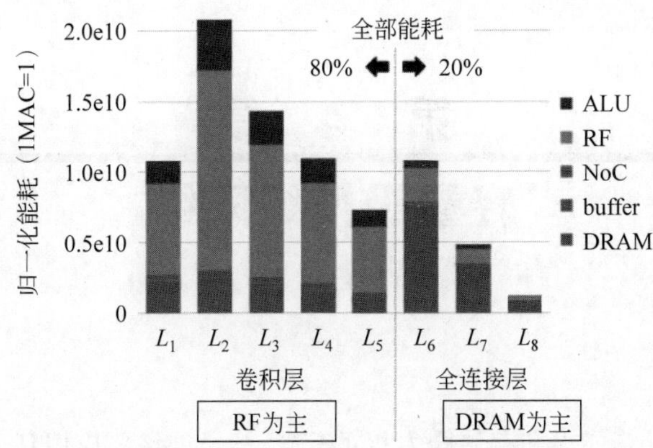

图 3-14　AlexNet 应用行固定数据流技术后各层中能量消耗的分布

运用以上技术原理，嵌入式 AI 硬件加速器几年来迅速发展，出现多种形态的 AI 加速芯片，有些是云端 GPU 的精简版，有些则是专为特定用途而设计的 FGPA 和 ASIC，虽然各有优劣，但都是加速边缘 AI 推理的可用选择。

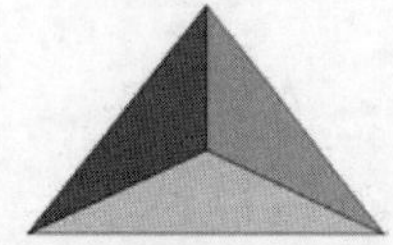

第 4 章 轻量级神经网络

嵌入式系统的计算能力和存储能力相对有限，神经网络要应用到这种低功耗、内存有限的环境中，最好使用快速高效的模型架构。特别是如果要频繁进行预测，例如在实时视频中识别目标，诸如 ResNet 之类的常见神经网络将消耗过多的功率，并且尺寸较大，因此不适合实时使用。

通常，模型越大，结果越好。但是，它运行越慢，内存占用就越大，消耗的能量就越多。大型模型的内存和功率会超过嵌入式系统极限，或很快耗尽移动设备的电池电量。较小的模型运行速度更快，并且内存占用更少、功率更小、消耗移动设备的电池电量更少，但通常得出的结果不太准确。

如果能够降低神经网络的计算复杂度，就既能减少模型的尺寸和功耗，又能保持其准确性，这样的轻量级模型就有可能应用于嵌入式系统或移动设备。

轻量级神经网络是针对传统的模型层数很深、计算量和参数量巨大的神经网络而言的。这些轻量化神经网络模型可以由人工设计，也可以借助神经网络架构搜索进行自动化的设计，还可以是两种方法的结合。实际上，目前比较优秀的轻量级神经网络正是这样产生的。

下面介绍一些典型的轻量级神经网络，如 SqueezeNet、Xception、MobileNet 等。

4.1 降低计算复杂度

首先讨论降低神经网络的计算复杂度的一般方法。

神经网络的计算复杂度主要有两个度量指标：计算量和参数数量。

- 计算量(FLOPS)：模型总的浮点运算次数，统计模型中乘法和加法运算的总次数。它决定了网络训练和推理的速度。
- 参数(params)数量：模型所有层的权重和偏置参数总量，参数量以个数为单位，它决定了网络占用内存的大小。实际内存大小用参数乘以每个参数的字节数表示，如 FP32，每个参数占 4B，FP16 则仅占 2B。

对于典型的卷积运算，假设卷积层的输入特征图大小为(H, W, C)，卷积张量为(K, K, C, O)，H 是输入特征图的高度，W 是输入特征图的宽度，C 是输入通道数，K 是卷积核的尺寸，O 是输出通道数。

每次卷积的计算量为 $K \times K$ 次乘法运算(卷积核中每个参数都要和特征图上的元素

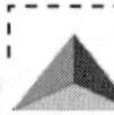

相乘一次)，以及 $K\times K-1$ 次加法运算(将卷积结果中的 $K\times K$ 个数加起来)。所以，一次卷积运算需要的乘加次数为 $(K\times K)+(K\times K-1)=2\times K\times K-1$，也就是说，与卷积的尺寸大小成平方关系。整个卷积层的计算量为 $H\times W\times C\times O\times(2\times K\times K-1)$。如果忽略加法运算，可以简化为 $H\times W\times C\times O\times K^2$。

每个卷积层的参数数量为：权重参数 $K\times K\times C\times O$，偏置参数 O，总数为 $K\times K\times C\times O+O$。如果忽略偏置参数，可以简化为 $C\times O\times K^2$。

显然，如果能减少卷积运算的次数，就会显著降低神经网络的计算复杂度。减少卷积运算次数的方法有以下几种。

4.1.1 分组卷积

分组卷积(grouped convolution)是标准卷积的变体，其中输入特征图按照通道分为 G 组，并且对于每个分组独立地执行卷积，每一组的输入和输出通道数都是原来的 $1/G$，则每个分组卷积计算量为 $H\times W\times C/G\times O/G\times K^2$，一共 G 组的计算量为 $H\times W\times C\times O\times K^2/G$，是未分组的 $1/G$。参数量也下降到原来的 $1/G$，为 $C\times O\times K^2/G$。

分组卷积最早源于 AlexNet。AlexNet 在 ImageNet LSVRC-2012 挑战赛上大显神威，以绝对优势夺得冠军，是卷积神经网络的开山之作，引领了人工智能的新一轮发展。AlexNet 采用 group convolution 将整个网络分成两组，降低了内存需求和训练时间，如图 4-1 所示。

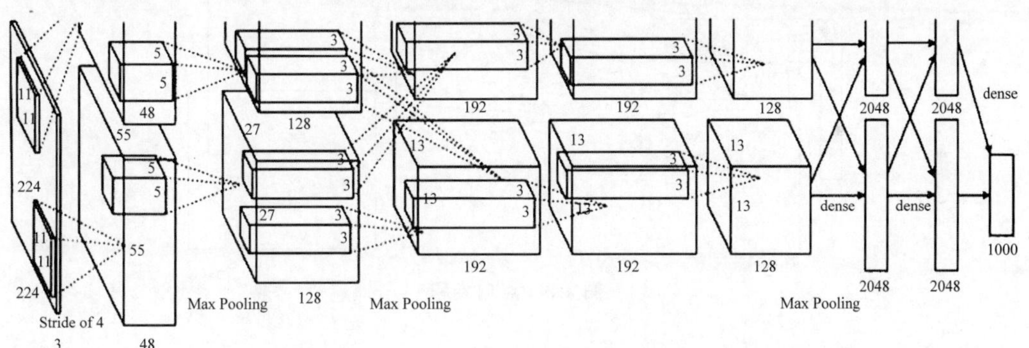

图 4-1　AlexNet 使用分组卷积示意图

4.1.2 深度方向卷积

深度方向卷积(depthwise convolution)最早由 Google 公司提出，是指将输入特征图按照通道分为 C 组，即深度方向卷积是分组卷积的特殊简化形式，然后每一组分别做卷积，相当于单独收集每个输入通道的空间特征，如图 4-2 所示。这样，计算量下降为 $H\times W\times O\times K^2$，参数量下降为 $O\times K^2$，均为普通卷积的 $1/C$，显著降低了计算量和参数量。

深度方向卷积完成后的特征图数量与输入层的通道数相同，无法扩展特征图。而且这种运算对输入层的每个通道独立进行卷积运算，没有有效地利用不同通道在相同空间

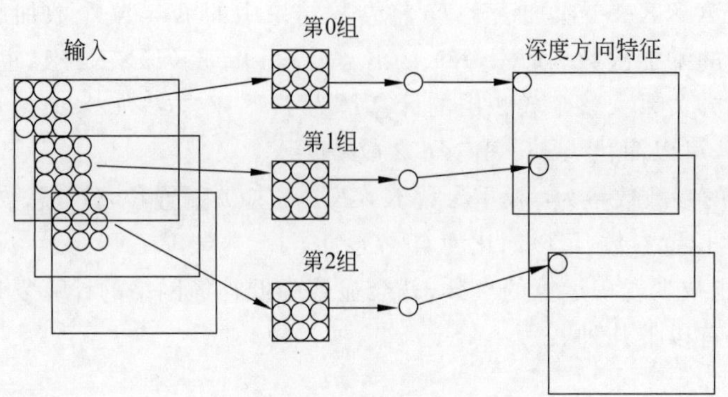

图 4-2　深度方向卷积

位置上的特征信息，因此需要点向卷积将这些特征图进行组合生成新的特征图。

4.1.3　点向卷积

点向卷积(pointwise convolution)是指对输入做 K 个普通的 1×1 卷积，在深度方向卷积之后使用，相当于在通道之间"混合"信息，如图 4-3 所示。点向卷积的计算量为 $H\times W\times C\times O$，参数量为 $C\times O$。

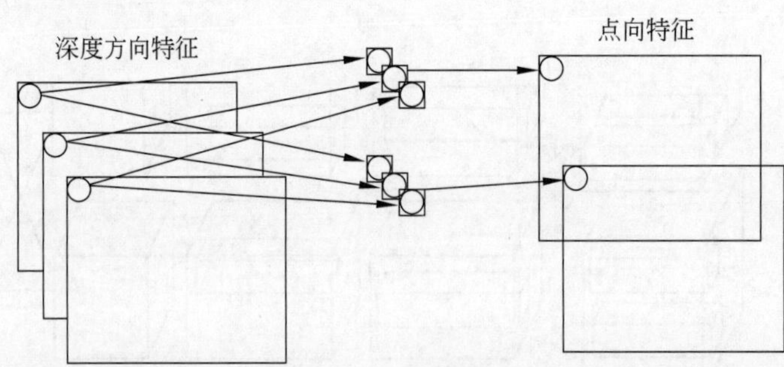

图 4-3　点向卷积

4.1.4　深度可分离卷积

深度可分离卷积(depthwise separable convolution)是将一个完整的卷积运算分解为两步进行，即深度方向卷积与点向卷积。它可以完成常规卷积的功能，用来提取特征，但相比于常规卷积运算，其计算量和参数量较低。

计算量为 $H\times W\times O\times K^2+H\times W\times C\times O$，是常规卷积的 $1/C+1/K^2$。

参数量为 $O\times K^2+C\times O$，也是常规卷积的 $1/C+1/K^2$。

下面的一组图显示了常规卷积和深度可分离卷积的区别。

常规卷积将卷积核(或"滤波器")应用于输入图像的所有通道。它在图像上滑动该内核，并在每个步骤中在所有输入通道上对内核覆盖的输入像素执行加权求和。卷积运算会组合所有输入通道的值。如果图像具有 3 个输入通道，则在该图像上运行单个卷积核

将导致每个像素只有 1 个通道的输出图像，如图 4-4 所示。

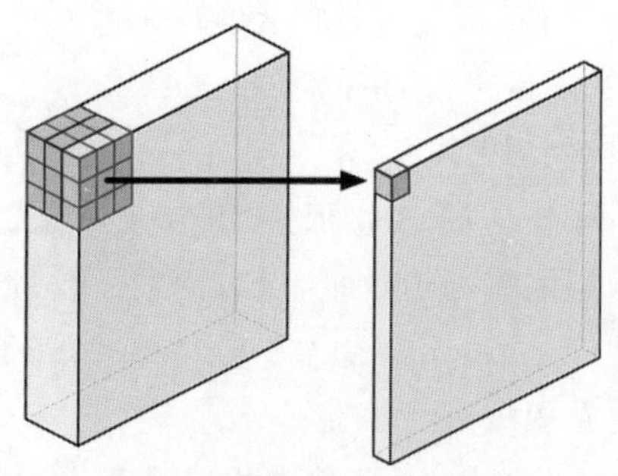

图 4-4　常规卷积示意

深度可分离卷积则首先执行深度方向卷积，为每个通道分别执行卷积运算，然后执行点向卷积，将各个通道的输出加起来，如图 4-5 所示。

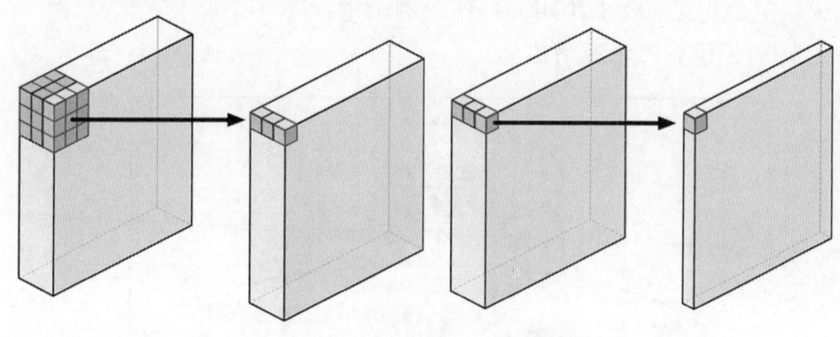

图 4-5　深度可分离卷积示意

4.1.5　通道乱序混合

分组卷积导致模型的信息流限制在各个组内，组与组之间没有信息交换，这会影响模型的表示能力。因此，需要引入组间信息交换的机制，即通道乱序混合（channel shuffle）运算。channel shuffle 是在 ShuffleNet 中首次提出的，在卷积运算中将输入通道和输出通道随机连接起来，改变了通道之间的顺序。它没有额外的卷积计算。

有了上述的降低计算复杂度的一般方法，就可以将其运用到具体的模型设计中了。

4.2　SqueezeNet

SqueezeNet[34] 于 2017 年由伯克利和斯坦福研究人员在 ICLR-2017 会议上发表。

4.2.1　核心思想

SqueezeNet 的名称来自 Squeeze（挤压），它引入挤压层，该层使用 1×1 卷积核对前一层的特征图进行卷积,目的是减少特征图的通道的数量。

SqueezeNet 与 AlexNet 相似,但参数量仅为 AlexNet 的 1/50,并采用模型压缩技术,模型大小压缩到 0.5MB,仅为 AlexNet 的 1/510。

SqueezeNet 的核心内容包括以下几点:

(1) 使用 1×1 卷积核,而不是 3×3 卷积核,可以减少参数数量;

(2) 通过挤压(squeeze)层限制通道数量,以减少参数数量;

(3) 参照 GoogLeNet 的 Inception 思想,在 1×1 和 3×3 的卷积后进行并联,为了使特征图的大小相同,对 3×3 卷积核进行填充;

(4) 减少池化层并尽量推迟池化运算,使卷积层具有更大的激活层,保留更多信息并提高准确性;

(5) 使用全局平均池化,而非全连接层。

以上(1)~(3)是由 Fire 模块实现的,如图 4-6 所示是 Fire 模块的微架构视图,它显示了 Fire 模块中卷积滤波器的组织。在这个例子中,$s_{1\times1}=3$,$e_{1\times1}=4$,$e_{3\times3}=4$。这里展示了卷积滤波器,但没有展示激活值。

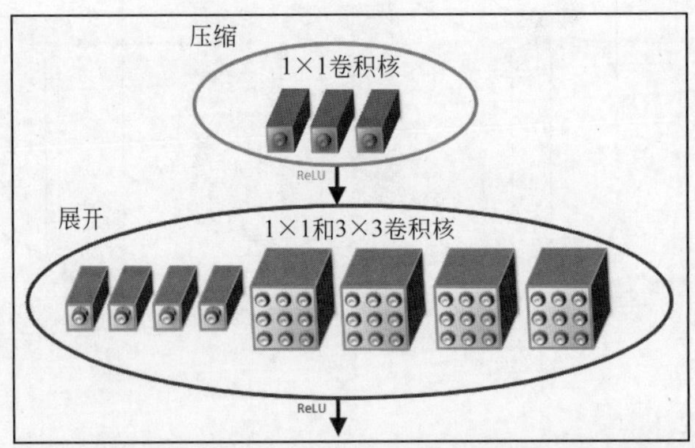

图 4-6 SqueezeNet 的 Fire 模块(来源为 arXiv:1602.07360)

Fire 模块主要分为压缩和展开两部分。

- 压缩:1×1 卷积核,参数 $s_{1\times1}$ 表示卷积核的数量
- 展开:1×1 卷积核和 3×3 卷积核,参数 $e_{1\times1}$ 和 $e_{3\times3}$ 分别代表两个卷积核的数量

该模块总共有 3 个参数 $s_{1\times1}$、$e_{1\times1}$、$e_{3\times3}$,并且关系保持为 $s_{1\times1}<e_{1\times1}+e_{3\times3}$。

4.2.2 网络结构

基本的 SqueezeNet 由多个 Fire 模块串联而成,最后采用全局平均池化层输出结果。借鉴 ResNet 的思想,在 Fire 模块之间可以增加旁路(bypass)连接,以解决网络退化的问题。

SqueezeNet 的网络结构如图 4-7 所示。

SqueezeNet 网络各层参数如表 4-1 所示。

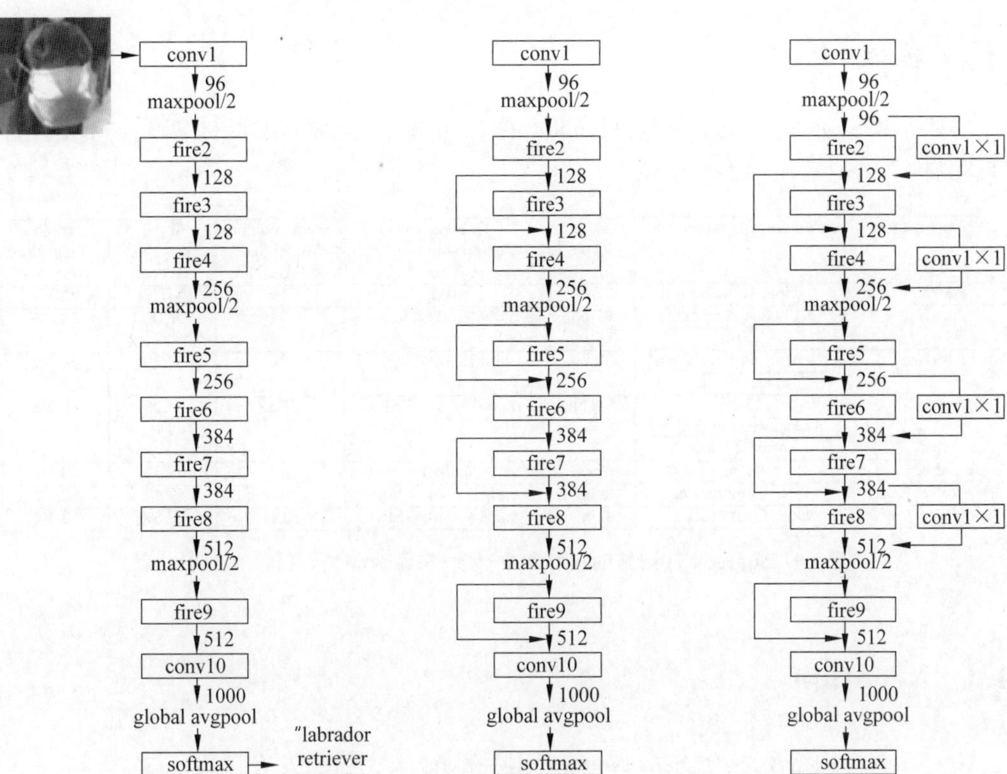

(a) SqueezeNet　(b) 具有简单旁路的SqueezeNet　(c) 具有复杂旁路的SqueezeNet

图 4-7　SqueezeNet 的网络结构（来源为 arXiv:1602.07360）

表 4-1　SqueezeNet 网络各层参数（来源为 arXiv:1602.07360）

layer name/type	output size	filter size / stride (if not a fire layer)	depth	s_{1x1} (#1x1 squeeze)	e_{1x1} (#1x1 expand)	e_{3x3} (#3x3 expand)	s_{1x1} sparsity	e_{1x1} sparsity	e_{3x3} sparsity	# bits	#parameter before pruning	#parameter after pruning
input image	224x224x3										-	-
conv1	111x111x96	7x7/2 (x96)	1					100% (7x7)		6bit	14,208	14,208
maxpool1	55x55x96	3x3/2	0									
fire2	55x55x128		2	16	64	64	100%	100%	**33%**	6bit	11,920	5,746
fire3	55x55x128		2	16	64	64	100%	100%	**33%**	6bit	12,432	6,258
fire4	55x55x256		2	32	128	128	100%	100%	**33%**	6bit	45,344	20,646
maxpool4	27x27x256	3x3/2	0									
fire5	27x27x256		2	32	128	128	100%	100%	**33%**	6bit	49,440	24,742
fire6	27x27x384		2	48	192	192	100%	**50%**	**33%**	6bit	104,880	44,700
fire7	27x27x384		2	48	192	192	**50%**	100%	**33%**	6bit	111,024	46,236
fire8	27x27x512		2	64	256	256	100%	**50%**	**33%**	6bit	188,992	77,581
maxpool8	13x12x512	3x3/2	0									
fire9	13x13x512		2	64	256	256	**50%**	100%	**30%**	6bit	197,184	77,581
conv10	13x13x1000	1x1/1 (x1000)	1					**20%** (3x3)		6bit	513,000	103,400
avgpool10	1x1x1000	13x13/1	0									
	activations	parameters					compression info				1,248,424 (total)	**421,098** (total)

4.2.3 性能

实验结果表明，尺寸虽下降到 AlexNet 的 1/50 以下，但准确率没有下降，Top-1 准确率反而有一定提高，如图 4-8 所示。

CNN architecture	Compression Approach	Data Type	Original → Compressed Model Size	Reduction in Model Size vs. AlexNet	Top-1 ImageNet Accuracy	Top-5 ImageNet Accuracy
AlexNet	None (baseline)	32 bit	240MB	1x	57.2%	80.3%
AlexNet	SVD (Denton et al., 2014)	32 bit	240MB → 48MB	5x	56.0%	79.4%
AlexNet	Network Pruning (Han et al., 2015b)	32 bit	240MB → 27MB	9x	57.2%	80.3%
AlexNet	Deep Compression (Han et al., 2015a)	5-8 bit	240MB → 6.9MB	35x	57.2%	80.3%
SqueezeNet (ours)	None	32 bit	4.8MB	**50x**	57.5%	80.3%
SqueezeNet (ours)	Deep Compression	8 bit	4.8MB → 0.66MB	**363x**	57.5%	80.3%
SqueezeNet (ours)	Deep Compression	6 bit	4.8MB → 0.47MB	**510x**	57.5%	80.3%

图 4-8　SqueezeNet 网络的尺寸和准确率(来源为 arXiv:1602.07360)

4.3 Xception

Xception[35] 网络于 2016 年由 Google 团队在 arXiv 网站上发表。

4.3.1 核心思想

Xception 的名称含义是极限 Inception 网络，其灵感来自 GoogLeNet 的 Inception 模块。之所以使用“极限”这个修饰词，是由于 Xception 作了一个强有力的假设，这个假设是：卷积神经网络的特征图中跨通道相关性和空间相关性的映射可以完全解耦。

Xception 并不是真正意义上的轻量级模型，但它第一次引入了深度方向卷积和点向卷积的方法，合称为深度可分离卷积，启发了后续的很多轻量级神经网络，非常值得参考。

Xception 可以减少参数数量，但是它也拓宽了网络结构。因此，在不压缩模型的情况下，模型的性能比具有相同参数量的 Inception v3 更好。

Xception 对 Inception v3 进行了一系列扩展。

首先将传统 Inception 结构进行简化，如图 4-9 所示。

图 4-9 所示结构可以先使用统一的 1×1 卷积核，之后每个 3×3 卷积核的输入仅是s 1×1 卷积输出特征图的一部分，即 1/3，如图 4-10 所示。

在图 4-10 基础上进一步扩展，将 1×1 卷积输出特征图划分为通道，每个通道对应一个 3×3 卷积，即 3×3 卷积核的数量为 1×1 卷积特征图的通道数，如图 4-11 所示。

图 4-11 所示极限形式的 Inception 模块称为 Xception 模块，它与深度可分离卷积模块几乎相同，但是有以下两个微小区别。

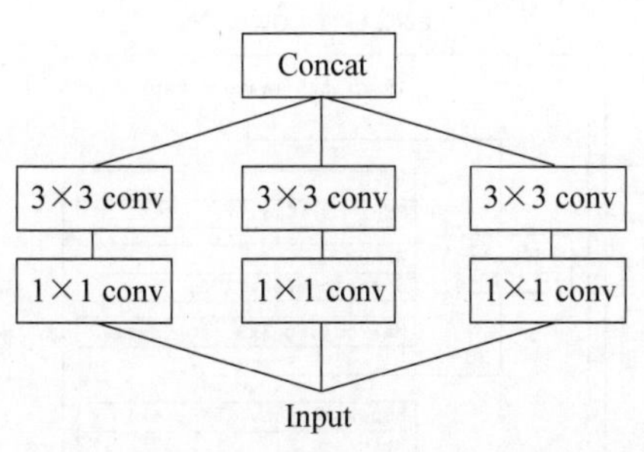

图 4-9　简化的 Inception 模块（来源为 arXiv：1610.02357）

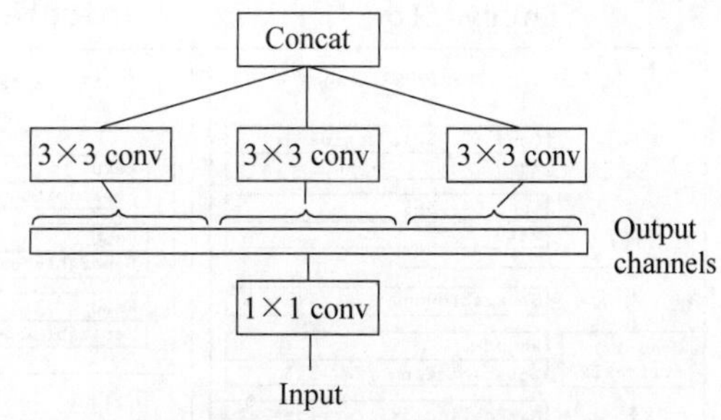

图 4-10　Inception 简化模块的严格等价形式（来源为 arXiv：1610.02357）

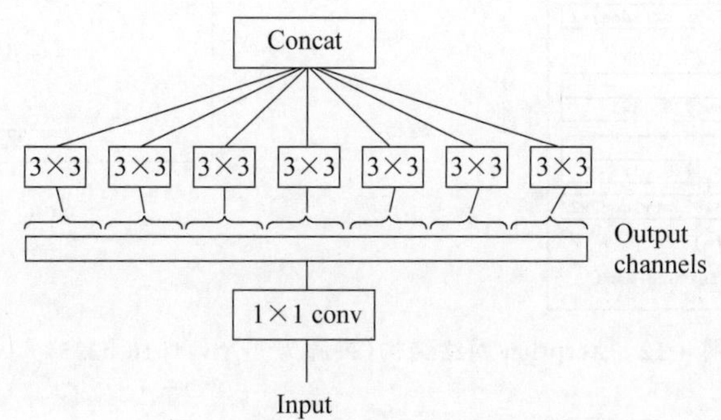

图 4-11　简化 Inception 模块的"极限"形式（来源为 arXiv：1610.02357）

（1）运算顺序，Xception 模块首先做卷积，然后进行深度方向卷积；而深度可分离卷积模块相反。

（2）Xception 中在 1×1 卷积和 3×3 卷积后都有 ReLU 激活函数，而深度可分离卷积都没有。

4.3.2　网络结构

数据首先经过入口流，然后经过重复 8 次的中间流，最后经过出口流。注意，所有卷积和深度可分离卷积层之后都进行了批量归一化。所有深度可分离卷积层均使用深度倍数 1（无深度扩展）。Xception 网络结构如图 4-12 所示。

4.3.3　性能

与 VGG-16、ResNet-152、Inception v3 等网络相比，Xception 网络的准确率有所提升，具体如图 4-13 所示。

同时，Xception 网络相比 Inception 网络的参数略有减少，表现在训练速度上也略有提高，如图 4-14 所示。

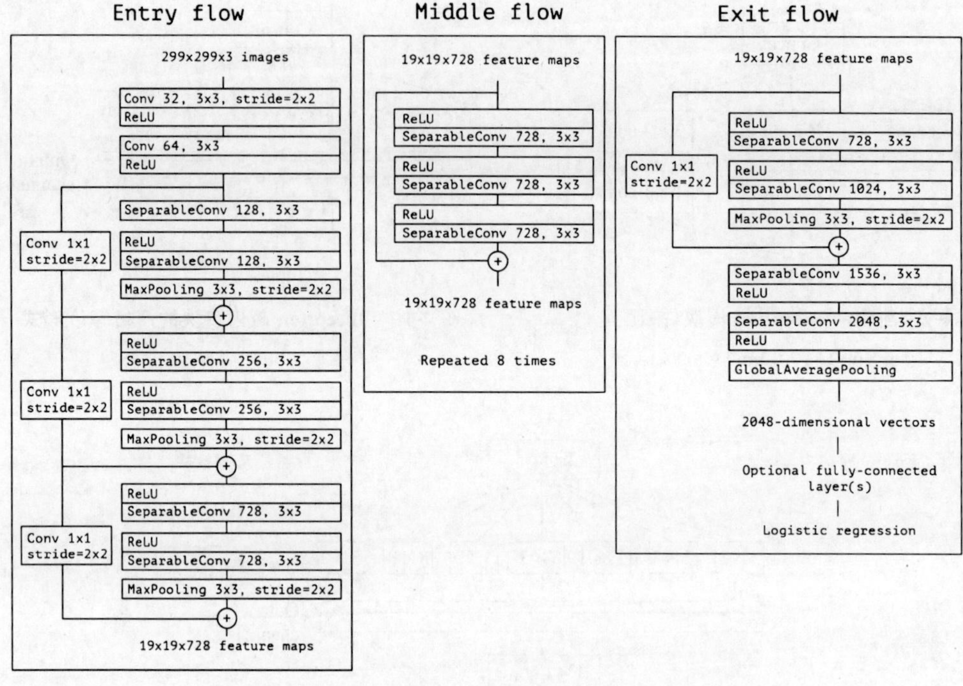

图 4-12　Xception 网络结构(来源为 arXiv:1610.02357)

	Top-1 accuracy	Top-5 accuracy
VGG-16	0.715	0.901
ResNet-152	0.770	0.933
Inception V3	0.782	0.941
Xception	**0.790**	**0.945**

图 4-13　Xception 网络准确率指标(来源为 arXiv:1610.02357)

	Parameter count	Steps/second
Inception V3	23 626 728	31
Xception	22 855 952	28

图 4-14　Xception 网络参数数量和训练速度(来源为 arXiv:1610.02357)

4.4　MobileNet v1

MobileNet[36]是为嵌入式和移动设备提出的高效模型,旨在使用有限的计算资源执行推理并提高准确性,具有小型、低延迟、低功耗的特点,可以像大规模模型(如 Inception)一样用于分类、检测、语义分割等任务。

与模型压缩的原理不同,MobileNet 直接训练小型模型,它在模型设计的时候就考虑到资源限制,如模型的延迟和尺寸,从深度可分离卷积的角度重新构建轻量级网络。

MobileNet 的第一个版本于 2017 年由 Google 团队在 CVPR-2017 会议上发表。正

如其名字所表达的，MobileNet 的初衷是用于移动设备，由于其轻量级的特点，同样用于各种嵌入式设备。

4.4.1　核心思想

MobileNet 的主要思想有：

(1) 使用深度可分离卷积；

(2) 设置深度倍数和分辨率倍数。

深度可分离卷积在前面章节中已经展开叙述，这里不再赘述。

为了进一步压缩网络，可以进一步减少通道数和特征图的大小。通过深度倍数减少通道数，并且通过分辨率倍数缩小尺寸。

1) 深度倍数 α

这个倍数的作用是等比例地减少输入和输出通道数，取值为(0, 1]。假设原来的输入通道数为 C，输出通道数为 O，则这个倍数将输入通道数改变为 αC，将输出通道数改变为 αO。应用这个倍数后，计算量下降为 $H\times W\times \alpha O\times K^2+H\times W\times \alpha C\times \alpha O$，参数量为 $\alpha O\times K^2+C\times \alpha O$。

2) 分辨率倍数 β

这个倍数的作用是降低输入图像的分辨率，从而降低中间层特征图的分辨率，取值为(0, 1]。应用这个倍数后，计算量下降为 $\beta H\times \beta W\times O\times K^2+\beta H\times \beta W\times C\times O$。

4.4.2　网络结构

MobileNet 结构建立在深度可分离卷积之上。深度可分离卷积由如图 4-15 所示的基本结构块实现。

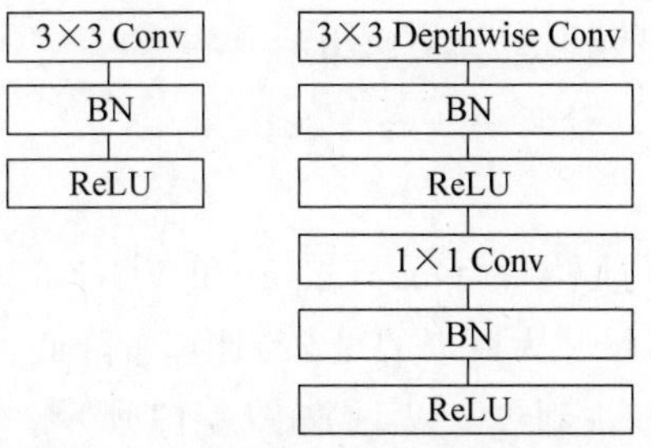

图 4-15　MobileNet v1 的基本结构块(来源：arXiv:1704.04861)

图 4-15 中左侧是标准卷积层，由 3×3 卷积和批量归一化、ReLU 激活函数组成。图 4-15 中右侧是深度可分离卷积，由 3×3 深度方向卷积(跟随批量归一化和 ReLU 激活)和 1×1 点向卷积(也跟随批量归一化和 ReLU 激活)组成。

将深度卷积和点向卷积计算为单独的层，则 MobileNet 共有 28 层。第一层是完整卷积，之后有多个深度可分离卷积层，所有层均跟随一个批量归一化和 ReLU 非线性激活，平均池化层在全连接层之前将空间分辨率降低为 1,全连接层之后没有非线性激活层,直接导入 Softmax 层进行分类,如图 4-16 所示。

Type / Stride	Filter Shape	Input Size
Conv / s2	3 × 3 × 3 × 32	224 × 224 × 3
Conv dw / s1	3 × 3 × 32 dw	112 × 112 × 32
Conv / s1	1 × 1 × 32 × 64	112 × 112 × 32
Conv dw / s2	3 × 3 × 64 dw	112 × 112 × 64
Conv / s1	1 × 1 × 64 × 128	56 × 56 × 64
Conv dw / s1	3 × 3 × 128 dw	56 × 56 × 128
Conv / s1	1 × 1 × 128 × 128	56 × 56 × 128
Conv dw / s2	3 × 3 × 128 dw	56 × 56 × 128
Conv / s1	1 × 1 × 128 × 256	28 × 28 × 128
Conv dw / s1	3 × 3 × 256 dw	28 × 28 × 256
Conv / s1	1 × 1 × 256 × 256	28 × 28 × 256
Conv dw / s2	3 × 3 × 256 dw	28 × 28 × 256
Conv / s1	1 × 1 × 256 × 512	14 × 14 × 256
5× Conv dw / s1	3 × 3 × 512 dw	14 × 14 × 512
5× Conv / s1	1 × 1 × 512 × 512	14 × 14 × 512
Conv dw / s2	3 × 3 × 512 dw	14 × 14 × 512
Conv / s1	1 × 1 × 512 × 1024	7 × 7 × 512
Conv dw / s2	3 × 3 × 1024 dw	7 × 7 × 1024
Conv / s1	1 × 1 × 1024 × 1024	7 × 7 × 1024
Avg Pool / s1	Pool 7 × 7	7 × 7 × 1024
FC / s1	1024 × 1000	1 × 1 × 1024
Softmax / s1	Classifier	1 × 1 × 1000

图 4-16　MobileNet v1 网络结构(来源为 arXiv:1704.04861)

训练细节如下。

(1) 使用 RMSprop 优化器。

(2) 没有做大量的数据增强,因为参数量小且过拟合不严重。

(3) 采用随机图像裁剪输入。

(4) 使用较小的权重衰减因子或不使用。

4.4.3　性能

将完整的 MobileNet 与原始的 GoogLeNet 和 VGG16 进行比较,MobileNet 的准确率几乎与 VGG 16 一样,但尺寸为原来的 1/32,计算量降低到 1/27。它比 GoogLeNet 更准确,但尺寸更小,计算量减少到 2/5 以下,如图 4-17 所示。

Model	ImageNet Accuracy	Million Mult-Adds	Million Parameters
1.0 MobiLeNet-224	70.6%	569	4.2
GoogLeNet	69.8%	1550	6.8
VGG 16	71.5%	15300	138

图 4-17　MobileNet v1 的准确率、计算量与参数量(来源为 arXiv:1704.04861)

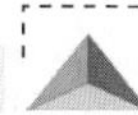

在 iPhone 上测试 MobileNet 的执行一次图像推理的速度，结果见表 4-2，单位为秒。其中 NE 指移动设备上的神经网络引擎。

表 4-2　MobileNet v1 图像推理性能

	CPU	GPU	NE
iPhone 11	0.0193	0.0243	0.0050
iPhone XS	0.0226	0.0362	0.0064
iPhone X	0.0237	0.0374	n/a

由于移动设备上的 GPU 的一些限制，以及 iPhone 的 CoreML 对 CPU 做了优化，CPU 上的推理速度略快于 GPU，但 NE 则带来了较大幅度的性能提升。

4.5　MobileNet v2

MobileNet v2[37] 于 2018 年由 Google 团队在 CVPR 2018 会议上发布。

4.5.1　核心思想

MobileNet v2 继承了 MobileNet v1 的深度可分离卷积，但是，MobileNet v2 向该架构引入了两个新功能：

(1) 线性瓶颈(linear bottleneck)；

(2) 倒残差连接(inverted residual connection)。

线性瓶颈的组成如图 4-18 所示。

深度方向卷积现在在中间。在深度卷积层之前是 1×1 卷积，称为扩展层，这增加了通道数量。在深度卷积层之后是另一个 1×1 卷积，它再次减少了通道数，称为瓶颈层(这与 SqueezeNet 所做的恰恰相反：SqueezeNet 是先缩小然后扩展)。注意，在瓶颈层之后没有激活函数，因此它被称为线性瓶颈。因为 MobileNet v2 的作者发现，如果在瓶颈层之后应用非线性激活函数(如 ReLU)，就会破坏有用的信息。

倒残差连接(见图 4-19)存在于上述瓶颈层之间。与传统的残差连接一样，倒残差连接也可加快训练速度并提高准确性。MobileNet v2 的作者称其为倒残差，因为它存在于瓶颈层之间，而瓶颈层只有很少的通道。反之，若是 ResNet 的正常残差连接，则存在于具有许多通道的层之间。

4.5.2　网络结构

完整的 MobileNet v2 网络结构由连续的 17 个瓶颈块组成，接下来是规则的 1×1 卷积、全局平均池化层和分类层，如表 4-3 所示。

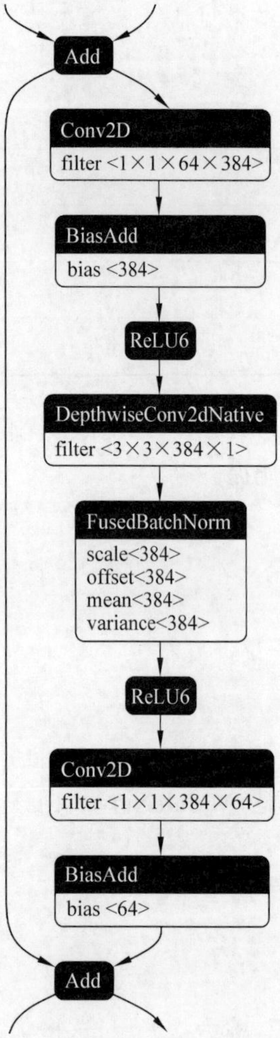

图 4-18　线性瓶颈的组成

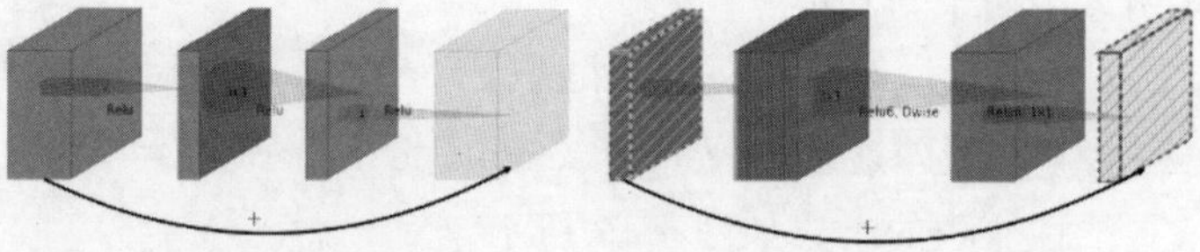

(a) 残差块　　(b) 倒残差块

图 4-19　倒残差连接示意(来源为 arXiv:1801.04381)

表 4-3　MobileNet v2 网络结构(来源为 arXiv:1801.04381)

Input	Operator	t	c	n	s
$224^2\times 3$	conv2d	—	32	1	2
$112^2\times 32$	bottleneck	1	16	1	1
$112^2\times 16$	bottleneck	6	24	2	2
$56^2\times 24$	bottleneck	6	32	3	2
$28^2\times 32$	bottleneck	6	64	4	2
$14^2\times 64$	bottleneck	6	96	3	1
$14^2\times 96$	bottleneck	6	160	3	2
$7^2\times 160$	bottleneck	6	320	1	1
$7^2\times 320$	conv2d 1×1	—	1280	1	1

续表

Input	Operator	t	c	n	s
$7^2\times 1280$	avgpool 7×7	—	—	1	—
1×1×1280	conv2d 1×1	—	k	—	

4.5.3　性能

与 MobileNet v1 相比,MobileNet v2 模型在相同准确率的情况下推理速度更快。特别是,计算量减少了 50%,参数量减少了 30%,并且在 Google Pixel 手机上的速度提高了 30%～40%,同时还实现了更高的准确性,如图 4-20 所示。

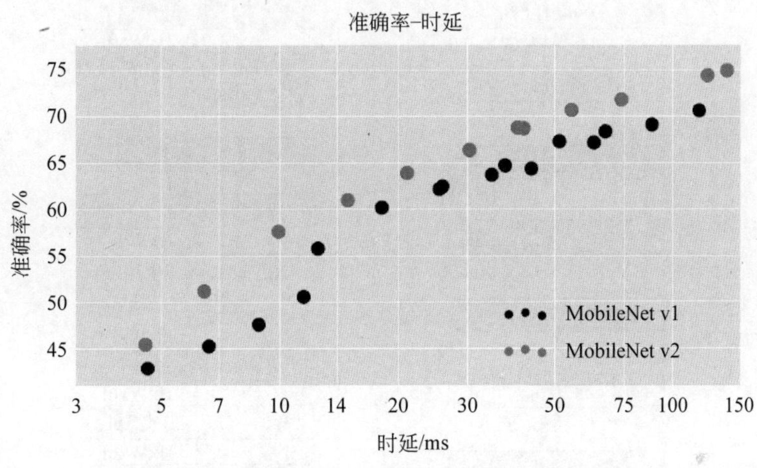

图 4-20　MobileNet v2 与 MobileNet v1 性能比较

不过,MobileNet v2 在 iPhone 上的实验结果与 MobileNet v1 相差无几。这可能是 MobileNet v2 具有更多层,并与 iOS CoreML 库的具体实现有关。

MobileNet v2 图像推理性能见表 4-4。

表 4-4　MobileNet v2 图像推理性能

	CPU	GPU	NE
iPhone 11	0.0190	0.0185	0.0051
iPhone XS	0.0229	0.0284	0.0064
iPhone X	0.0276	0.0357	n/a

4.6　MnasNet

在介绍 MobileNet v3 之前,有必要介绍一下 MnasNet[38],它于 2019 年由 Google 团队在 CVPR 2019 会议上发布。与之前的网络不同,它是通过神经网络架构搜索(NAS)发现的。

4.6.1 核心思想

使用神经网络架构搜索查找适合移动设备的网络结构，目的是找到一种在准确率和延迟之间取得良好折中的模型。在搜索过程中，潜在的新架构的延迟通过在手机上执行来直接测量，这称为**平台感知的神经网络架构搜索**。

4.6.2 网络结构

MnasNet 网络结构如图 4-21 所示。

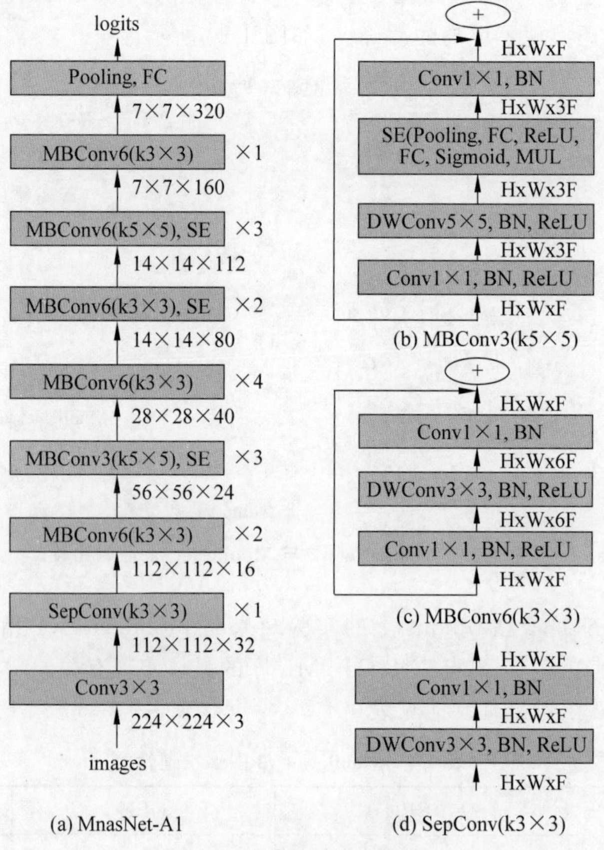

图 4-21 MnasNet 网络结构

这是 MnasNet-A1 架构。它由许多不同的构造块组成，可以重复多次。其中一些使用 3×3 内核的卷积层，另一些使用 5×5 内核。这个结构看起来很随意，但这就是搜索中发现的最佳模型架构。

模型的开始几层是：

- 具有 32 个滤波器的常规 3×3 卷积；
- 3×3 深度卷积；
- 具有 16 个滤波器和线性激活的 1×1 卷积。

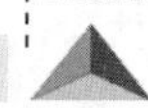

也就是图 4-21 中的 Conv3×3 和 SepConv 模块。

下一个构建块称为 MBConv6，包含：

- 1×1 扩展层，使通道数增加了 6 倍；
- 3×3 深度卷积；
- 1×1 瓶颈层，减少通道；
- 来自上一个瓶颈层的残差连接。

MnasNet 中的其他构建块是以上模块的变体，如 MBConv3 块中，扩展层使用倍数 3 而不是 6，深度卷积层是 5×5 而不是 3×3。

以上结构与 MobileNet v2 的功能非常相似，只是增加了**挤压和激励**(squeeze-and-excitation，SE)模块。注意，SE 模块是人工指定的网络结构搜索空间的一部分，而不是神经网络架构搜索出来的。

SE 模块结构如图 4-22 所示。

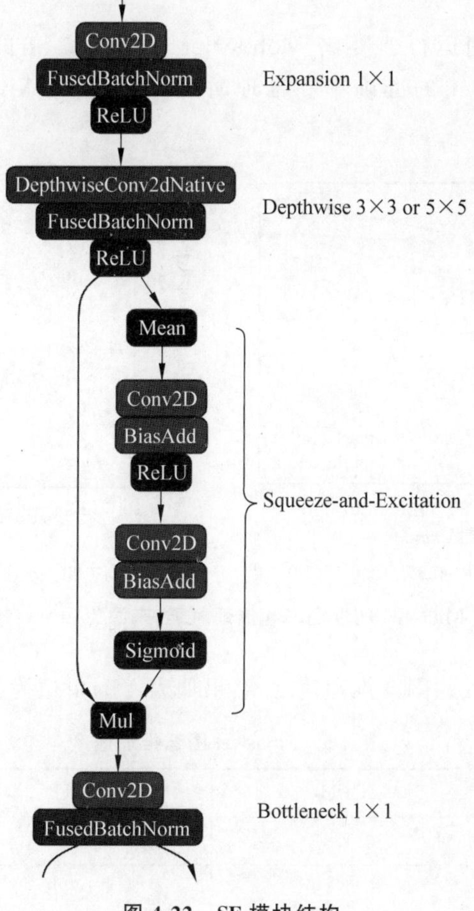

图 4-22　SE 模块结构

工作过程如下：首先，有一个全局平均池化运算(图中的 Mean 层)将特征图的空间尺寸减小到 1×1。假设特征图的尺寸是 $H \times W \times C$，则现在只是具有 C 个元素的向量。

这就是“挤压”。

接下来是“激励”部分：这是由两个 1×1 卷积层执行的，它们之间是 ReLU 激活函数。第一个卷积层将通道数大幅减少到输入通道数的 1/12 或 1/24，第二个卷积层将通道数再次增加至 C。最后使用 Sigmoid 函数将结果缩放到 0～1。

这一切的目的是 SE 模块将学习哪些特征是重要的。它首先压缩通道向量，然后尝试还原它，结果是只有最重要的通道才会保留下来。正如原始论文所说：“……SE 模块学习如何衡量传入的特征图。” SE 模块有助于提高模型的准确性，并且由于它很小，因此非常便宜。

最终搜索到的 MnasNet 架构本质上与 MobileNet v2 相似，除细节方面，例如卷积滤波器的大小和 SE 结构。这并不是巧合的，因为搜索空间一开始就受 MobileNet 严重影响。

4.6.3 性能

MnasNet 能够找到运行速度比 MobileNet v2 快 1.5 倍的模型，同时达到同样的 Top-1 准确率。MnasNet 的准确率和推理时延（来源为 arXiv：1807.11626）如图 4-23 所示。

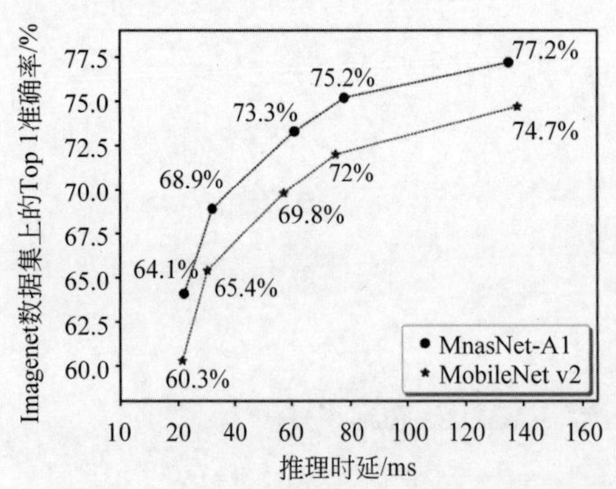

(a) 从左到右的点对应深度倍数=0.35, 0.5, 0.75, 1.0, 1.4

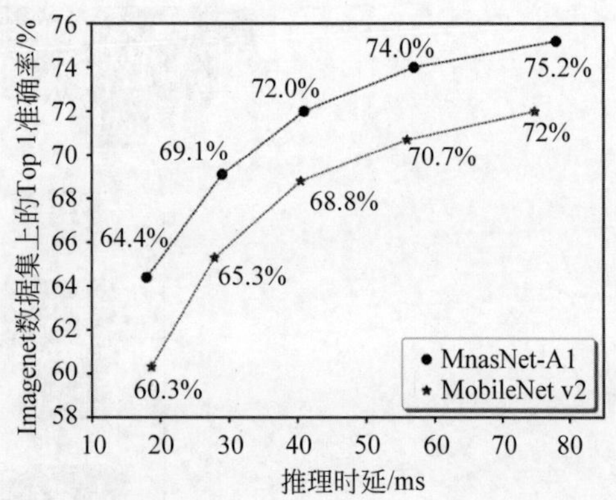

(b) 从左到右的点对应输入大小=96, 128, 160, 192, 224

图 4-23 MnasNet 的准确率和推理时延（来源为 arXiv：1807.11626）

在 iPhone 上测试其的图像推理速度，结果如表 4-5，单位为秒。

表 4-5 MnasNet 图像推理速度

	CPU	GPU	NE
iPhone 11	0.0180	0.0166	0.0136
iPhone XS	0.0219	0.0225	0.0195
iPhone X	0.0241	0.0318	n/a

MnasNet 与 MobileNet 相比，有 10%～20% 的速度提升。

4.7 MobileNet v3

MobileNet[39] 于 2019 年由 Google 团队在 ICCV 2019 会议上发布。

4.7.1 核心思想

与前两个版本不同，MobileNet v3 是人工与自动网络架构搜索结合的产物。它以 MnasNet-A1 作为起点，但使用 NetAdapt 算法进行优化，该算法会自动简化预训练的模型，直到达到给定的延迟，同时保持较高的准确率。

同时，MobileNet v3 对 MnasNet 做了不少手工改进，主要变化是：

- 重新设计了 MnasNet 中一些昂贵的图层；
- 使用 Swish 激活函数代替 ReLU6。

MobileNet v1 和 MobileNet v2 都从具有 32 个滤波器的常规 3×3 卷积层开始。事实证明，这是一个相对较慢的层。它只有少量权重，但需要在大型 224×224 特征图上工作。实验表明，使用 16 个滤波器就足够了，这样可以减少参数，并提高速度。

早期版本的 MobileNet 中使用 ReLU6 作为激活函数，而 MobileNet v3 则使用 Swish 激活函数的一个具体版本，称为 hard swish 或 h-swish：

$$\text{h\_swish}(x) = x * \text{ReLU6}(x+3)/6$$

MobileNet 的创建者发现，h-swish 仅在更深层次上有用。浅层的特征图更大，因此激活函数的计算成本更高，在这些层上简单地使用 ReLU 比使用 h-swish 更便宜。

4.7.2 网络结构

如上所述，MobileNet v3 使用与 MnasNet-A1 相同的结构。MobileNet v3 的构建块如图 4-24 所示。

这个构建块与 MnasNet 有下面一些小差异：

- 激活是 h-swish 的(浅层是 ReLU)；
- 扩展层使用的滤波器数量不同(使用 NetAdapt 算法找到这些滤波器的最佳值)；
- 瓶颈层输出的通道数可能不同(也是由 NetAdapt 找到)；
- SE 模块仅将通道数量减少为 1/3 或 1/4；
- SE 模块使用公式 ReLU6(x + 3)/6 作为 Sigmoid 函数的粗略近似值。

在 MobileNet v2 中，在全局平均池化层之前是一个 1×1 卷积，可将通道数从 320 扩展到 1280，因此分类器层可以使用很多特征，但是也相对较慢。

在 MobileNet v3 中，该层位于全局平均池化层的后面，因此它可用更小的特征图(1×1 而不是 7×7)，速度更快。这个小小的变化也使我们能够删除以前的瓶颈层和深度方向卷积层。总共能够去除三个昂贵的层，而不会降低准确性。

MobileNet v3 输出阶段结构优化如图 4-25 所示。

MobileNet v3 主要有以下 4 种变体：

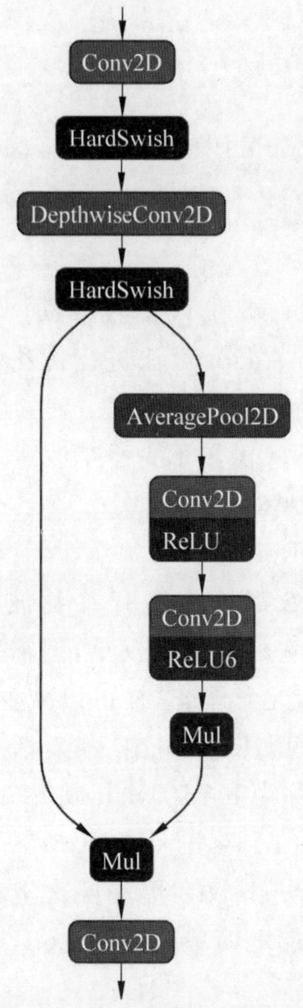

图 4-24 MobileNet v3 的构建块

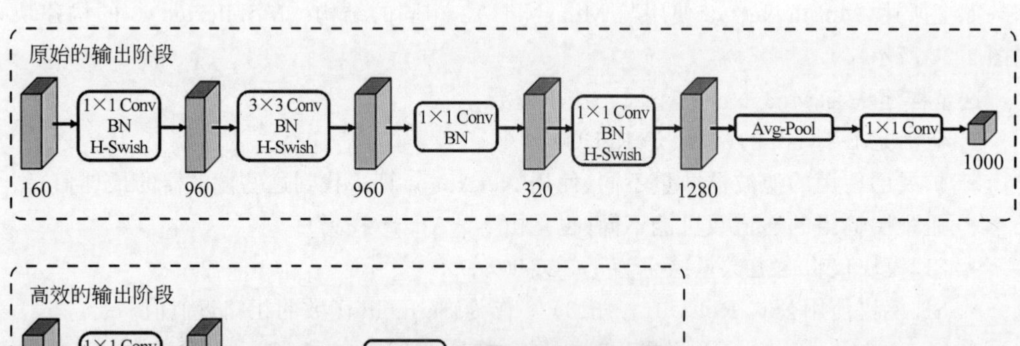

图 4-25 MobileNet v3 输出阶段结构优化(来源为 arXiv:1905.02244)

- 大型：如上面描述的。
- 小型：构建块较少,滤波器数量较少；

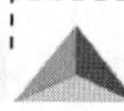

- 大型简约型：类似于“大型”，但没有 SE、H-swish、5×5 卷积；
- 小型简约型：类似于“小型”，但没有 SE、H-swish、5×5 卷积。

其中 MobileNet v3 模型结构如表 4-6 所示，其余变体不再赘述。

表 4-6　MobileNet v3 模型结构(来源为 arXiv:1905.02244)

Input	Operator	exp size	#*out*	SE	NL	*s*
$224^2\times3$	conv2d	—	16	—	HS	2
$112^2\times16$	bneck, 3x3	16	16	—	RE	1
$112^2\times16$	bneck, 3x3	64	24	—	RE	2
$56^2\times24$	bneck, 3x3	72	24	—	RE	1
$56^2\times24$	bneck, 5x5	72	40	√	RE	2
$28^2\times40$	bneck, 5x5	120	40	√	RE	1
$28^2\times40$	bneck, 5x5	120	40	√	RE	1
$28^2\times40$	bneck, 3x3	240	80	—	HS	2
$14^2\times80$	bneck, 3x3	200	80	—	HS	1
$14^2\times80$	bneck, 3x3	184	80	—	HS	1
$14^2\times80$	bneck, 3x3	184	80	—	HS	1
$14^2\times80$	bneck, 3x3	480	112	√	HS	1
$14^2\times112$	bneck, 3x3	672	112	√	HS	1
$14^2\times112$	bneck, 5x5	672	160	√	HS	2
$7^2\times160$	bneck, 5x5	960	160	√	HS	1
$7^2\times160$	bneck, 5x5	960	160	√	HS	1
$7^2\times160$	conv2d, 1x1	—	960	—	HS	1
$7^2\times960$	pool, 7x7	—	—	—	—	1
$1^2\times960$	conv2d 1x1, NBN	—	1280	—	HS	1
$1^2\times1280$	conv2d 1x1, NBN	—	k	—	—	1

4.7.3　性能

由于这些额外的改进，即使 MobileNet v3 使用与 MnasNet 相同类型的构建块且具有更多参数，MobileNet v3 仍比 MnasNet 更快，并且具有相同的准确率。

图 4-26 比较了 MobileNet v3 与类似模型的性能，图中模型的尺寸以圆圈大小表示。

对于 ImageNet 分类任务，与 MobileNet v2 相比，MobileNet v3-Large 的准确率高 3.2%，同时延迟减少了 20%。与具有类似延迟的 MobileNet v2 模型相比，MobileNet v3-Small 的准确率提高了 6.6%。

扫码看
彩图

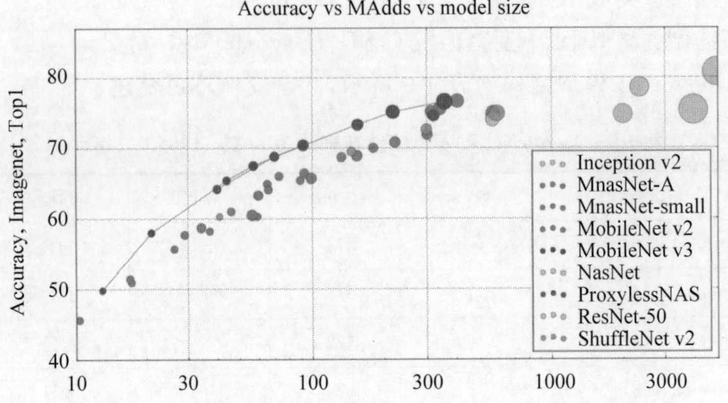

图 4-26 MobileNet v3 性能比较(来源为 arXiv:1905.02244)

对于 COCO 目标检测任务,MobileNet v3-Large 的检测速度比 MobileNet v2 快 25%以上。

对于 CityScapes 目标分割任务,在同样的准确率下,MobileNet v3-Large 比 MobileNet v2 快 34%。

在 iPhone 上测试 MobileNet v3 的图像推理速度,结果如表 4-7,单位为秒。

表 4-7 MobileNet v3 图像推理速度

		CPU	GPU	NE
MobileNet v3(小)	iPhone 11	0.0063	0.0106	0.0102
	iPhone XS	0.0071	0.0176	0.0164
	iPhone X	0.0093	0.0211	不适用
MobileNet v3(大)	iPhone 11	0.0152	0.0192	0.0169
	iPhone XS	0.0174	0.0264	0.0221
	iPhone X	0.0219	0.0332	不适用

以 iPhone 11 为例,MobileNet v3-small 相比 MobileNet v1 和 MobileNet v2,CPU 性能提升到 3 倍左右,GPU 性能提升到 2 倍以上。

4.8 轻量级神经网络的应用

上面仅介绍了最典型的一些轻量级神经网络,实际上还存在很多优秀的轻量级神经网络,包括:

- BlazeFace;
- TinyYOLO/Darknet;
- SqueezeNext;
- ShuffleNet;

- CondenseNet；
- ESPNet；
- DiCENet；
- FBNet & ChamNet；
- GhostNet；
- MixNet；
- EfficientNet。

当然，上面介绍的大多数模型都是图像分类器。然而，没有多少应用程序仅需要分类器。我们希望将这些模型作为特征提取器，成为执行某种计算机视觉任务的大型神经网络的一部分。这些任务包括目标检测、姿态估计、语义分割等。

在大多数情况下，构建新的神经网络时，需要使用迁移学习。可以将上述模型作为骨干，使用通用数据集（如 ImageNet 或 COCO）进行预训练，这样就获得了一个优秀的特征提取器。然后，在顶部添加一些新层，并用自己的数据微调这些新层。最终将获得能够完成我们需要的特定任务的轻量级神经网络。

另外，在轻量级神经网络中，推理的准确率和速度往往无法兼得。提高准确率往往需要牺牲速度，反之亦然。在应用时，需要根据具体问题进行取舍，选择最合适的网络结构。

需要指出的是，轻量级神经网络技术在蓬勃发展的过程中，降低算法复杂度是一个永恒的主题，新的更优秀的轻量级算法即将涌现。无论如何，这些轻量级算法都有如下几个好处。

- 训练速度快。在分布式训练中，与服务器的通信需求很小。
- 参数少，模型尺寸小。存储空间小，下载速度快。
- 推理速度快，对芯片算力的要求低。

这些特点使得轻量级神经网络非常适合在嵌入式和移动设备上部署。

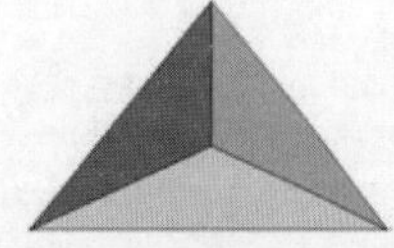

第 5 章 深度神经网络压缩

5.1 神经网络压缩的一般方法

如今，深度神经网络模型需要大量的计算、内存和能量，这在我们需要实时推理或在计算资源有限的嵌入式设备上运行模型的情况下成为瓶颈。能量效率是当前深度神经网络模型的主要关注点。解决此效率的方法之一是减小神经网络的规模。

更大的神经网络模型需要更多的内存引用，也就需要更多的能量。本节探讨在不改变网络结构的前提下减小深度神经网络的规模的方法，即假设神经网络模型已经生成，但通过一些技术来“压缩”神经网络。

具体来说，可以从如下方向着手[40]：

① 剪枝(pruning)；

② 权重共享(weight sharing)；

③ 量化(quantization)；

④ 二值/三值化网络(binary/ternary net)；

⑤ Winograd 卷积(Winograd transformation)。

5.1.1 剪枝

剪枝是一种加速神经网络推理的方法，可以有效地生成尺寸更小、内存效率更高、能量效率更高的模型，并且推理速度更快，而准确率损失最小。

深度学习从神经科学领域汲取了灵感，深度学习中的剪枝也是一个受生物学启发的概念。人类新生儿已经有约 50 万亿突触，到 1 岁时，发育到 1000 万亿突触，但到青少年时期，智力基本发育完成时，突触的数量又下降到 500 万亿，如图 5-1 所示。也就是说，一些突触是无用的，消除它们并不会影响智力。这一过程在所有哺乳动物中都发生，人类在 20 岁左右时才完成这一过程。

神经网络的剪枝试图模拟这个过程。剪枝是指如果权重在阈值之下，则删除此连接，如果某个神经元的连接都被删除，那么它也被删除。

如图 5-2 所示，神经网络通常看起来如左边所示：相邻两层之间的每个神经元都相互连接，这种全连接意味着大量的浮点数乘法运算，理想情况下，如果每个神经元仅连接到其他几个神经元上，就可以节省大量的乘法运算，这称为“稀疏”网络。稀疏模型更易于

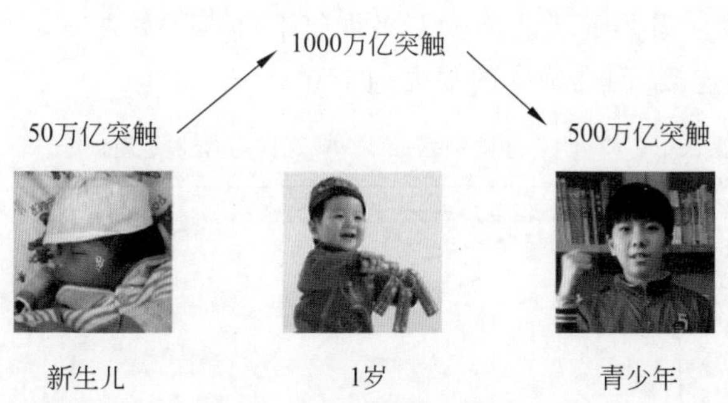

图 5-1　人脑突触的剪枝

压缩，我们可以在推理过程中跳过那些被删除的"零"连接，从而减少推理过程的延迟。

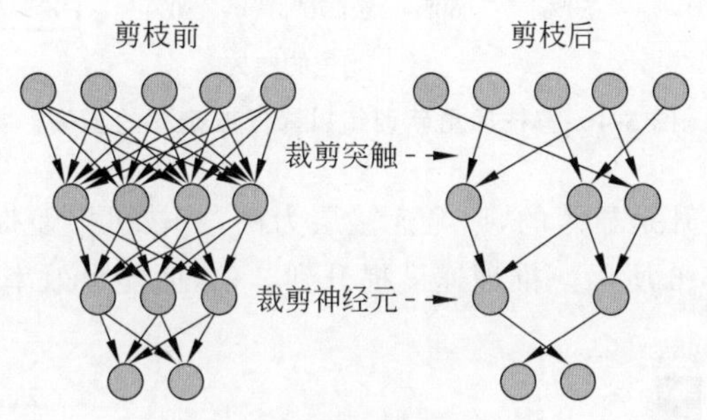

图 5-2　神经网络剪枝

具体来说，根据神经元在神经网络中的贡献程度对其进行排名，然后从网络中删除排名较低的神经元，从而使网络更小、更快。例如，可以根据神经元权重的 L1/L2 范数进行排名。

剪枝后，一般来说神经网络的准确性将下降，这时通过对网络进行多次训练-剪枝-训练-剪枝的过程进行恢复。如果一次剪枝太多，则网络可能损坏得太多，无法恢复。因此，在实践中这是一个迭代过程，通常称为"迭代剪枝"。

以 AlexNet 模型为例，通过剪枝算法，卷积层的连接最多减少到 1/3，全连接层则最多减少到 1/10。总体上，连接减少到原来的 12%，如图 5-3 所示。

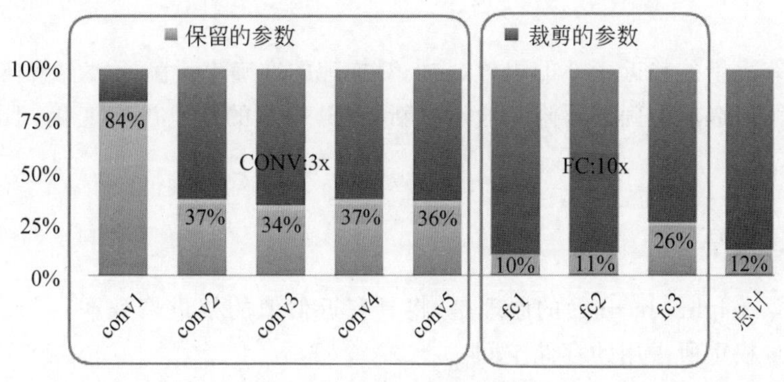

图 5-3　AlexNet 剪枝效率

当然，在剪枝之后，需要重新训练模型来恢复准确性。如图 5-4 所示，在多次迭代之后，剪去 85%以上的连接，而准确率的损失趋于 0。

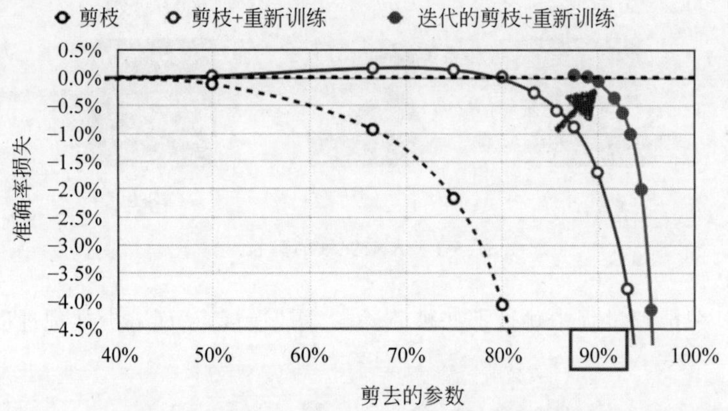

图 5-4　剪枝后重新训练以降低准确率的损失

剪枝带来的效益提升是显著的，以全连接层为例，剪枝可以使推理速度和能量效率大幅提升，如图 5-5 和图 5-6 所示。推理速度提升到 3 倍，而能量效率则提高到 6 倍。

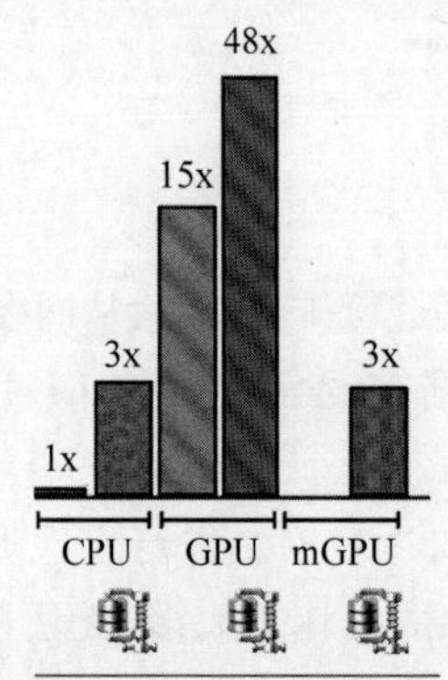

图 5-5　剪枝带来的推理速度提升

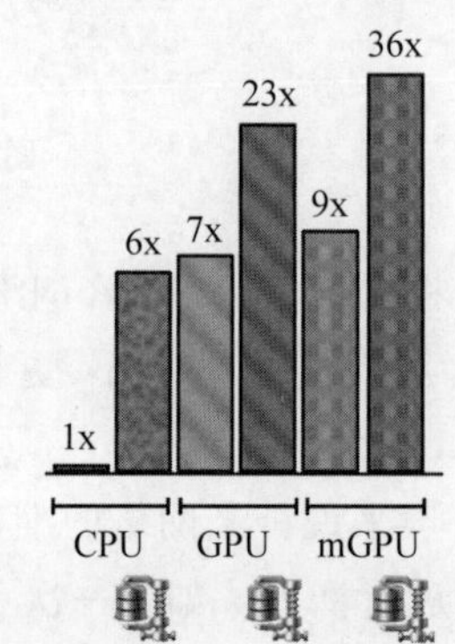

图 5-6　剪枝带来的能量效率提升

观察剪枝前后权重值的分布，就可以理解为什么会发生这样大的提升，如图 5-7 所示。

剪枝前，有大量的趋近于 0 的权值，它们对推理的准确率贡献不大。剪枝后这些权值被直接删除了，但造成准确率下降。通过重新训练，权重的数量没有变化，但它们的值分布更均匀更平滑。

5.1.2　权重共享

权重共享(weight sharing)的原理是，将具有近似值的权重聚类在一起，并存储在字典中，从而减少权重所占用的存储空间。

一种最简单的实现是：将所有权重四舍五入为 256 个级别。通过这种方法，可以将

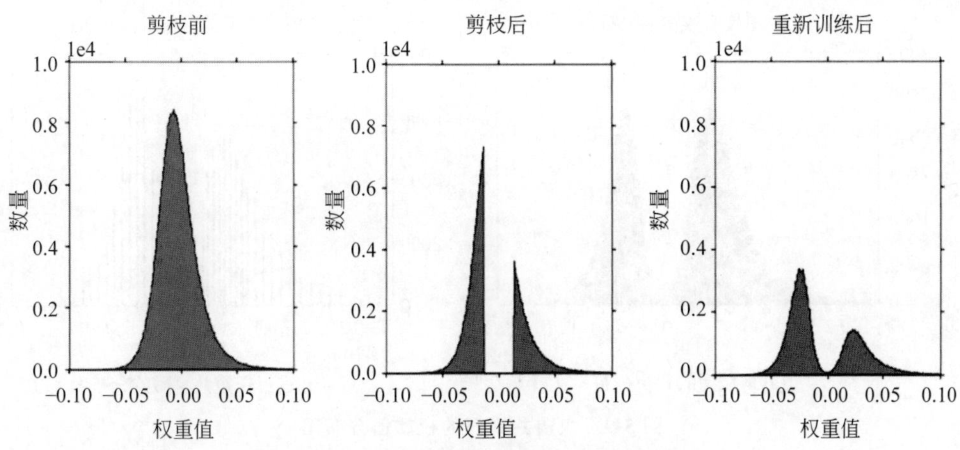

图 5-7 剪枝前后权重值的分布图

一个模型从 87MB 减少到 26MB,准确率仅降低 1%。

完整的方法如图 5-8 所示,2.09,2.12,1.92,1.87 四个权重接近,其质心为 2,它们聚类为同一个权重 2,存储在字典中。类似地,其他权重也进行聚类,最终得到权重字典,它是 1 个浮点数列矩阵,与一个整数矩阵相乘可以近似得到原权重矩阵。相比原来的 4×4 阶的浮点数矩阵,占用的存储空间减小了。

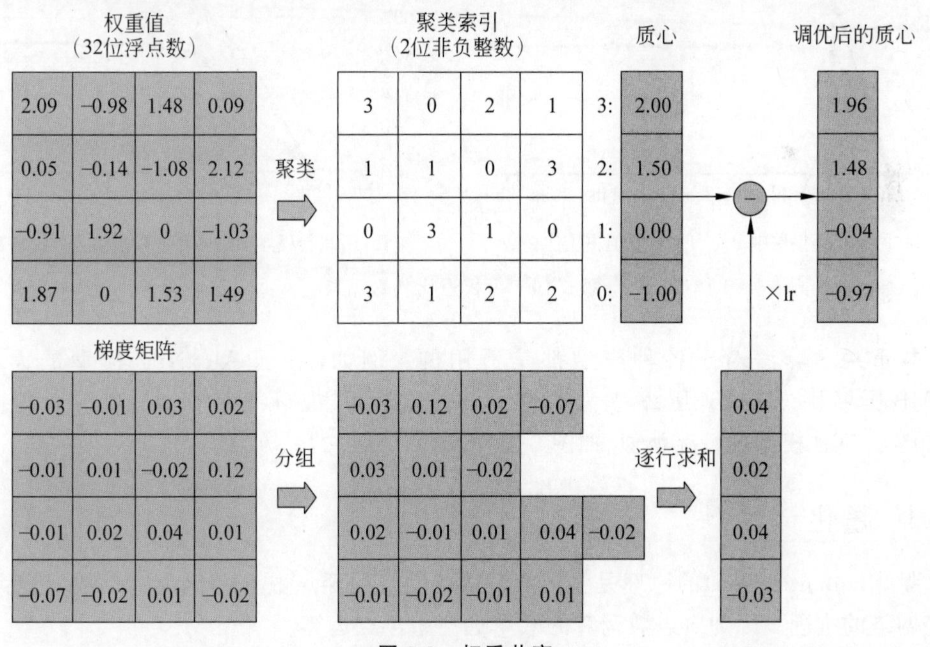

图 5-8 权重共享

同时,梯度矩阵也进行了相应的分组运算,上述 4 个权重对应的梯度分为一组,然后求和,得到 1 个新的梯度列矩阵,它与前面的权重字典合并计算,得到调优后的字典矩阵。

权重共享后的权重值分布图如图 5-9 所示。

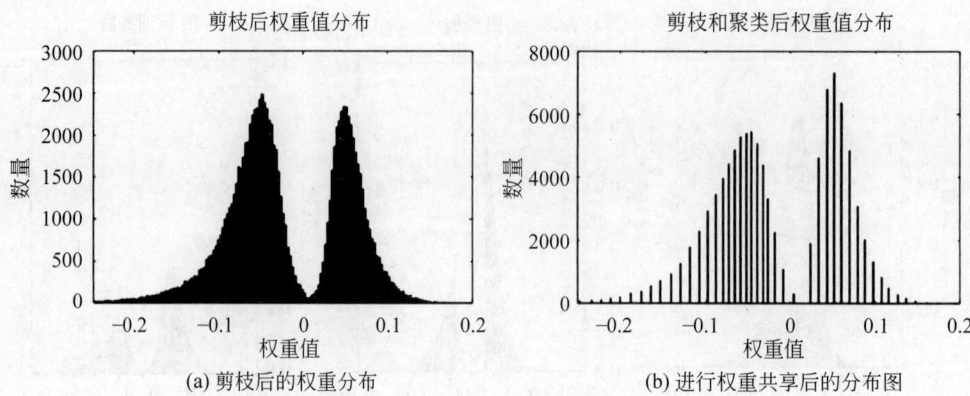

(a) 剪枝后的权重分布　　(b) 进行权重共享后的分布图

图 5-9　权重共享后的权重值分布图

可以看到，值近似的权重聚类为同一权重，原来连续的权重值分布变为离散的分布。

通过以上方法，在准确率没有太大损失的情况下，每权重占用的比特数下降了，全连接层的权重从原来的 32 比特下降到 2 比特，卷积层的权重则从 32 比特下降到 4 比特。如图 5-10 所示。

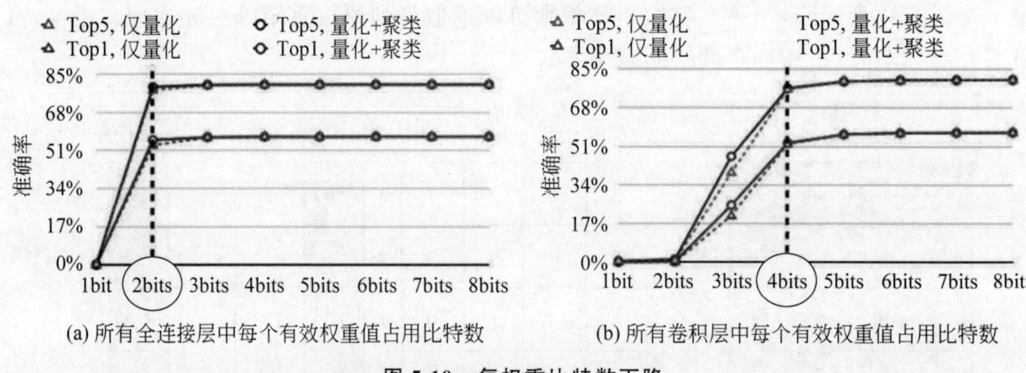

(a) 所有全连接层中每个有效权重值占用比特数　　(b) 所有卷积层中每个有效权重值占用比特数

图 5-10　每权重比特数下降

权重共享算法对于各种模型都是适用的。例如，对于 AlexNet，模型的大小从 240MB 压缩到 6.9MB，压缩率为原来的 1/35，同时，准确率反而从 80.27% 提高到 80.30%。其他模型的情况类似，如图 5-11 所示。

5.1.3　量化

量化(quantization)的原理是将训练好的模型中的浮点数都量化为定点数，然后进行神经网络的推理。因为定点数运算的效率远高于浮点运算。

权重值和激活值都被量化。具体过程如图 5-12 所示。

- 以浮点数格式训练模型。
- 量化训练好的模型中的权重值和激活值：首先收集权重值和激活值的统计信息，然后选择合适的小数点位置。

网络模型	原始大小	压缩后大小	压缩率	原始准确率	压缩模型准确率
LeNet-300	1070KB →	27KB	40x	98.36% →	98.42%
LeNet-5	1720KB →	44KB	39x	99.20% →	99.26%
AlexNet	240MB →	6.9MB	35x	80.27% →	80.30%
VGGNet	550MB →	11.3MB	49x	88.68% →	89.09%
GoogLeNet	28MB →	2.8MB	10x	88.90% →	88.92%
SqueezeNet	4.8MB →	0.47MB	10x	80.32% →	80.35%

图 5-11　各种模型运用权重共享后的效果

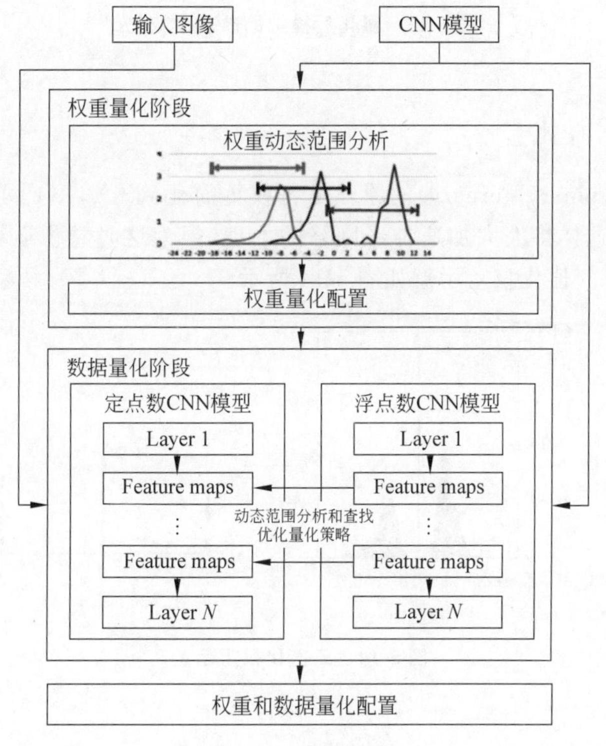

图 5-12　量化过程

- 以浮点数格式微调模型。
- 将权重值和激活值都转化为定点数格式，可以是 32 位、16 位或 8 位定点数。

由于这种方法只是忽略了小数点某一位之后的余数，因此量化后的模型的准确率只有很小的下降。如图 5-13 所示，分别在 GoogLeNet 和 VGG-16 网络上运用量化方法，可以看到，以 32 位定点数量化时准确率基本没有下降，以 16 位定点数量化时准确率略有下降，但可以接受。

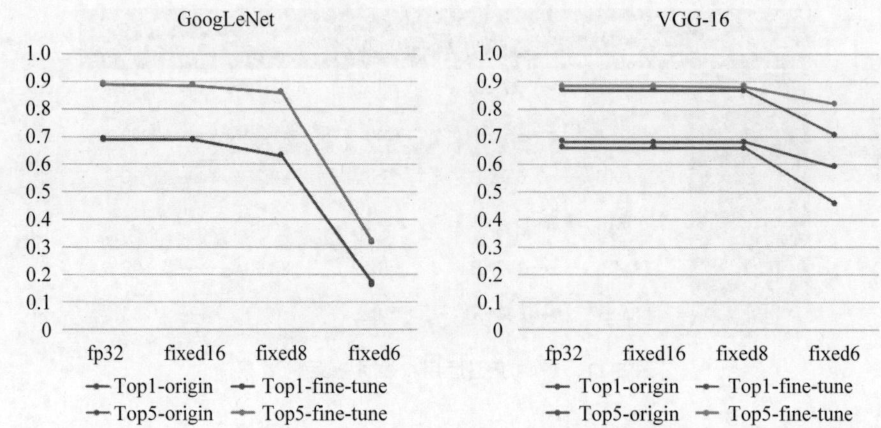

图 5-13　量化后模型的准确率变化

5.1.4　二值/三值化

二值/三值化(binary/ternary)的原理是将权重简化到−1,+1 两个数值,或者−1,0,+1 三个数值,这样将大大加速神经网络的推理,因为这时卷积运算只需要通过加法和减法近似实现。三值化权重示意如图 5-14 所示。

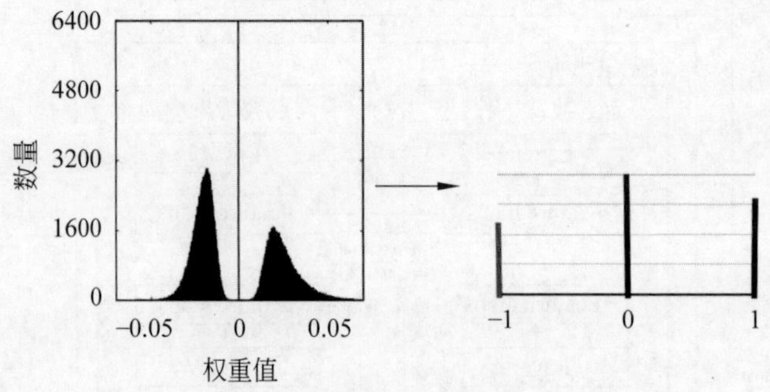

图 5-14　三值化权重示意

具体来说:

- 权重值和输入值均进行二值化或三值化。
- 卷积用二进制点积运算实现,仅有加、减运算。
- 进一步地,点积运算的加减法还可以通过异或和位计数运算实现,从而进一步提高运算效率。

通过将权重二值化,推理时占用的内存减少到原来的 1/32,计算速度提高了 2 倍,而准确率并没有下降。如果进一步将卷积中的加减运算用异或-位计数替代,将输入也进行二值化,则计算速度可以进一步提高到原来的 58 倍,当然,准确率从 56.7%下降到 44.2%,如图 5-15 所示。

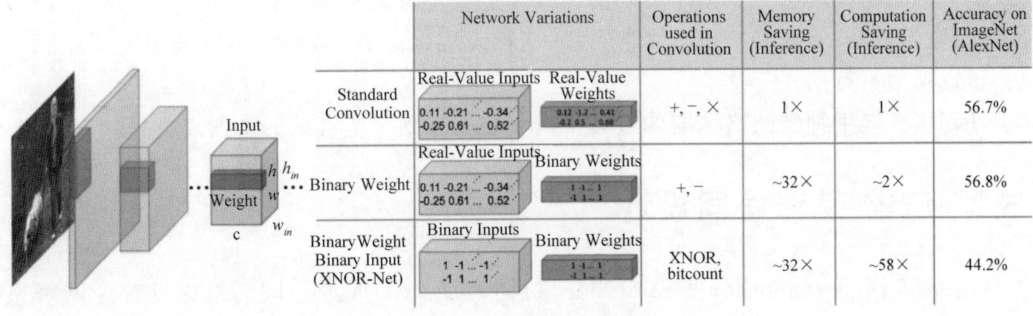

Network Variations			Operations used in Convolution	Memory Saving (Inference)	Computation Saving (Inference)	Accuracy on ImageNet (AlexNet)
Standard Convolution	Real-Value Inputs 0.11 -0.21 ... -0.34 -0.25 0.61 ... 0.52	Real-Value Weights 0.12 -1.2 ... 0.41 -0.2 0.5 ... 0.68	+, −, ×	1×	1×	56.7%
Binary Weight	Real-Value Inputs 0.11 -0.21 ... -0.34 -0.25 0.61 ... 0.52	Binary Weights 1 1 ... 1 -1 1 ... -1	+, −	~32×	~2×	56.8%
BinaryWeight Binary Input (XNOR-Net)	Binary Inputs 1 -1 ... -1 -1 1 ... 1	Binary Weights 1 1 ... 1 -1 1 ... -1	XNOR, bitcount	~32×	~58×	44.2%

图 5-15　二值化优化结果

5.1.5　Winograd 卷积

Winograd 卷积（Winograd transformation，或称 Winograd 变换）的原理是利用 Winograd 算法，将卷积运算中耗时的乘法运算用不太耗时的加减法运算替代，从而达到减少算法时间度的目的。

Winograd 算法最早于 1980 年由 Shmuel Winograd 在论文 *Arithmetic complexity of computations* 中提出，主要用来减少 FIR 滤波器的计算量。

该算法类似 FFT（快速傅里叶变换），它将数据映射到另一个空间（与 FFT 不同的是，Winograd 算法将数据映射到一个实数空间，而非复数空间）。用加减运算代替部分乘法运算，由于加减运算速度远高于乘法运算，因此达到了明显的加速效果。

比如，直接实现一个有 m 个输出、r 个参数的 FIR 滤波器 $F(m,r)$，一共需要 $m \times r$ 次乘法运算。但使用 Winograd 算法，忽略变换过程的话，仅需要 $m+r-1$ 次乘法运算。

将 Winograd 算法运用到卷积运算的方法如图 5-16 所示，将输入特征图和卷积核均进行 Winograd 变换，然后进行点积（point-wise multiplication）运算，并把多个通道的点积运算结果相加，再进行 Winograd 逆变换，获得最终的输出。

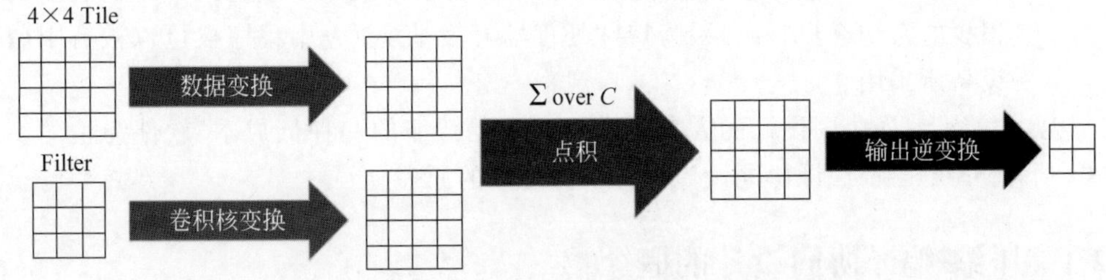

图 5-16　将 Winograd 算法运用到卷积运算的方法

例如，用直接卷积，4 个输出需要 $9 \times C \times 4 = 36 \times C$ 次乘加运算，其中 C 是通道数。而采用 Winograd 卷积，4 个输出仅需要 $16 \times C$ 次乘加运算。

Winograd 卷积通常由硬件实现。

最后，需要指出的是，无论采用哪种方法，神经网络压缩都是一柄双刃剑，压缩率越高,模型的准确率就越差。运用不同的剪枝率造成不同的稀疏程度,稀疏程度越高,模型尺寸成比例下降,但准确率也会缓慢下降,当稀疏程度达到一定阈值,准确率将断崖式下跌,导致模型不可用。

因此,在运用神经网络压缩的过程中应小心地找到一个合适的平衡点。

5.2 压缩-编译协同设计

压缩-编译(compression-compilation)协同设计[41]的原理是同时对深度神经网络模型进行压缩并对压缩后的模型可执行文件进行编译。这种协同方法可以有效地优化深度神经网络模型的大小和速度,还可以大大缩短压缩过程的调整时间,从而将深度神经网络模型部署在嵌入式设备的主流处理器(如 CPU/GPU)上,并在大多数 AI 应用上实现实时性,而这些 AI 应用原本被认为只有使用特殊的 AI 加速器(如 ASIC/FPGA)才能达到实时运行的效果。其优势如下。

- **成本**:开发专用的 AI 加速器成本高昂,将它们添加到现有系统中会产生额外的费用。
- **技术成熟度**:与通用处理器不同,专用硬件的生产量要小;因此,其生产可用的技术通常比通用处理器落后。例如,目前大多数 AI 加速器都基于 28~65nm CMOS 技术,其晶体管密度显著低于最新的移动 CPU 或 GPU。
- **速度**:由于采用了旧技术,因此专用处理器的运行速度比通用处理器要慢。
- **生态系统**:通用处理器具有完善的生态系统(调试工具、优化工具、安全措施),这使得高质量应用程序的开发比使用特殊处理器要容易得多。
- **上市时间**:AI 加速器的开发通常需要数年时间。为新开发的硬件加速器创建关联的编译器和系统软件会进一步延长该过程。使用此类硬件的应用程序经常需要使用特殊的 API 并满足许多特殊的约束,这会延长 AI 产品的上市时间。
- **可用性**:由于上述所有原因,使用特殊处理器通常仅限于创建该处理器的公司及其很少的密切客户。结果,为特殊处理器开发的 AI 应用程序仅可以被有限数量的设备所采用。

因此,压缩-编译协同设计的方案是嵌入式人工智能的一种低成本、软件为主的实现方式。下面介绍压缩-编译协同设计软件算法方案的原理。

5.2.1 压缩-编译协同设计的概念

压缩和编译是在通用硬件上适配深度神经网络模型并高效执行的两个关键步骤。模型压缩是减少深度神经网络模型的大小并提高其速度的常用技术,在前面的章节中已经予以阐述,在压缩-编译协同设计中主要使用剪枝和量化两种技术。编译是指从给定的深度神经网络模型生成可执行代码的过程。本质上,编译是将深度神经网络中的高级运算映射到基础硬件支持的低级指令的过程。编译过程在优化代码以有效执行中起着关键作用。

压缩-编译协同设计的原理是同时完成压缩与编译两个组件的设计，这种协同作用体现在以下三个层次上。

- **需求/偏好层次**：在这个层次上，协同作用是指在设计一个组件时考虑另一个组件的偏好或需求。一个例子是，主流处理器通常偏好具有某些计算模式(pattern)的代码。如果模型压缩步骤可以考虑这种偏好，就可以创建一个更适合的模型，使得编译步骤有效地工作。
- **视角/洞察层次**：在这个层次上，协同作用是指在处理其中一个组件的问题时采取另一个组件对该问题的视角或洞察。一个例子就是可组合性或模块化原则，这个原则在保持程序设计系统和编译器均高效且可扩展方面一直发挥着至关重要的作用。
- **方法层次**：在这个层次上，协同作用是指将两个组件的方法紧密集成在一起。例如，编译器可以通过自动生成代码寻找新的深度神经网络剪枝方案，这样可以获得高达 180 倍的加速。

因此，压缩-编译协同系统是压缩器和编译器的有机结合，充分体现了协同设计的原理。它们分别实现了基于模式的 DNN 剪枝和模式感知的代码生成，并通过协同作用生成高效的 DNN 执行代码。

生成器框架概述如图 5-17 所示，具体包括两个组件：

(1) 基于模式的压缩组件，它执行卷积核模式剪枝和连通性剪枝。

(2) 执行代码生成的编译组件，基于模式对压缩后的模型进行多重有效优化。

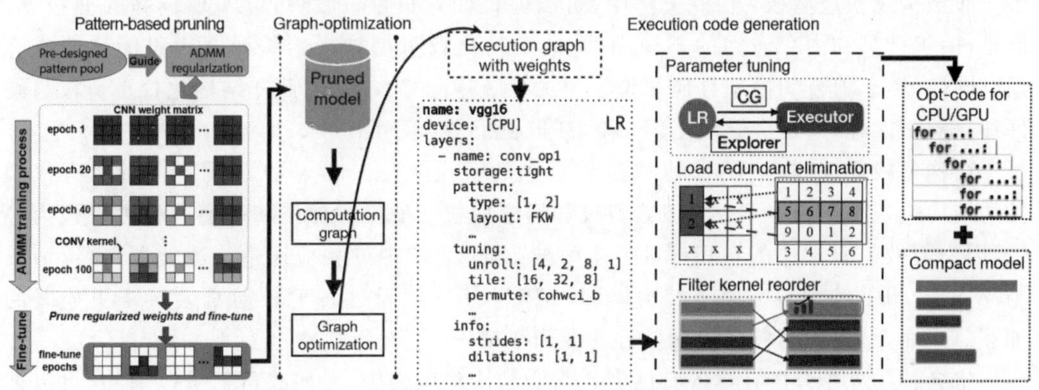

图 5-17　生成器框架概述(来源为 arXiv:2003.06700)

5.2.2　压缩器

压缩器主要采用权重剪枝的方法对模型进行压缩。

权重剪枝是主流的模型压缩技术。但是，现有的剪枝方法要么与现代并行架构不兼容，导致推理延迟长(例如，非结构化的细粒度剪枝)，要么造成严重的准确率下降(例如，结构化的粗粒度剪枝)。

压缩器通过引入粗粒度结构内的细粒度剪枝，实现新的权重剪枝技术。由于细粒度剪枝模式能够实现更高的准确率,因此使用编译器生成的代码可以重新获取并保证较高的硬件效率。这个方法可以两全其美,在算法、编译器和硬件级别上比先前的剪枝方法更优。

1. 现有压缩技术的缺陷

DNN 模型压缩技术的两个重要类别是权重剪枝和权重量化。权重剪枝可减少权重数量的冗余。如图 5-18 所示,权重剪枝的两种主要方法是:①非结构化剪枝;②结构化剪枝。这两种方法分别生成不规则和规则的 DNN 压缩模型。

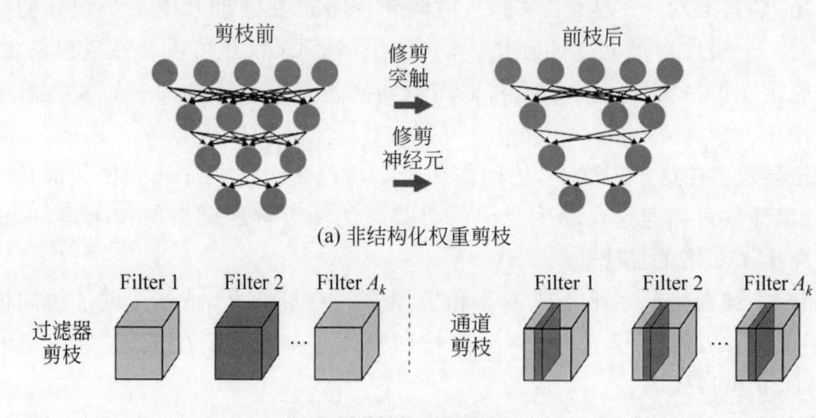

图 5-18　权重剪枝(来源为 arXiv:2003.06700)

非结构化权重剪枝:在此方法中,可以剪枝任意权重,因此可以实现较高的剪枝率。但是,由于计算和内存访问的不规则性,非结构化权重剪枝会给编译器代码优化造成麻烦。同样,由于剪枝的模型存储在带索引的稀疏矩阵格式中,因此非结构化权重剪枝与硬件加速器不匹配,通常会导致 GPU 和 CPU 运行性能下降。

结构化权重剪枝:此方法可以生成规则的权重矩阵。图 5-19 说明了两种具有代表性的结构化权重剪枝方案:**滤波器剪枝和通道剪枝**。滤波器剪枝和通道剪枝可以视为等效,因为剪枝第 k 层中的卷积核等效于剪枝第 $k+1$ 层中的相应通道。滤波器/通道剪枝与 Winograd 算法兼容。由于结构规则,GPU/CPU 运行这种剪枝通常会带来更显著的加速。然而,结构化剪枝会造成显著的准确率损失。

机会:这两种剪枝方案各有优劣。在非结构化剪枝中,任何权重都可以剪枝,可以把它视为细粒度方法;在结构化剪枝中,整个滤波器或通道的权重被剪枝,可以把它视为粗粒度方法。如果有一种方法可以结合高准确率的非结构化剪枝和硬件友好的结构化剪枝,那就好了。

为了实现这个目标,我们引入了新的基于模式的剪枝方法,在粗粒度结构内进行细粒度的剪枝。

2. 基于模式的剪枝

基于模式的修剪技术包括内核模式修剪和连通性修剪,它同时具有灵活性和规则性。灵活性实现了高效的模型裁剪,规则性则实现了编译器优化,并可以进一步利用硬件进行加速。

卷积核模式剪枝如图 5-19 所示。对于卷积滤波器中的每个内核,将剪枝固定数目的

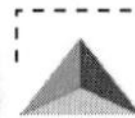

权重,保留下来的权重(图中的白色单元)形成特定的“模式”。图中的示例在 3×3 内核中保留 4 个非零权重。可以将这种方式推广到其他大小的内核以及全连接层。每个内核可以从一组预定义模式中灵活地进行选择。

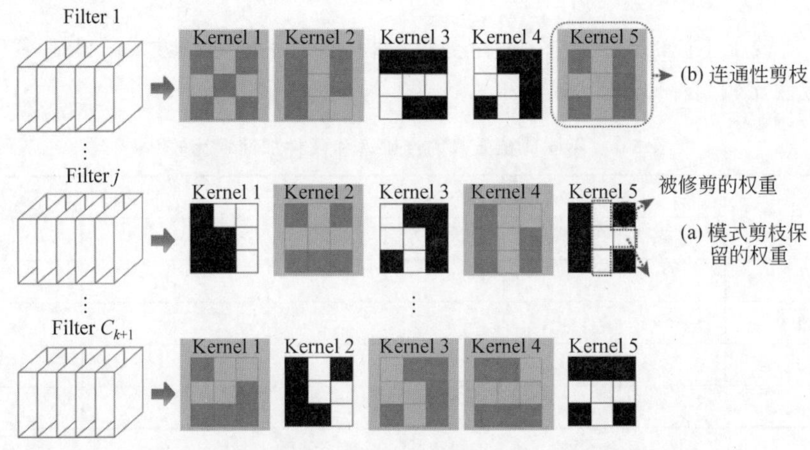

图 5-19　卷积核模式剪枝(来源为 arXiv:2003.06700)

在理论和算法层面上,理想的卷积核剪枝形状(非正方形)与人类视觉系统中的某些连接模式相匹配。只要为每个内核选择合适的模式,就可以提高神经网络的准确率。在编译器层面上,编译器重新排列和生成代码,在滤波器级别和内核级别对具有相同模式的内核重复执行,从而最大限度地提高指令级并行性。在硬件层面,这些模式适合嵌入式处理器中的 SIMD 架构,适用于 CPU 和 GPU。

连通性剪枝如图 5-20 所示。关键是切断某些输入通道和输出通道之间的连接,这相当于删除相应的内核。该方法与卷积核模式剪枝相结合,实现了更高倍率的权重剪枝。

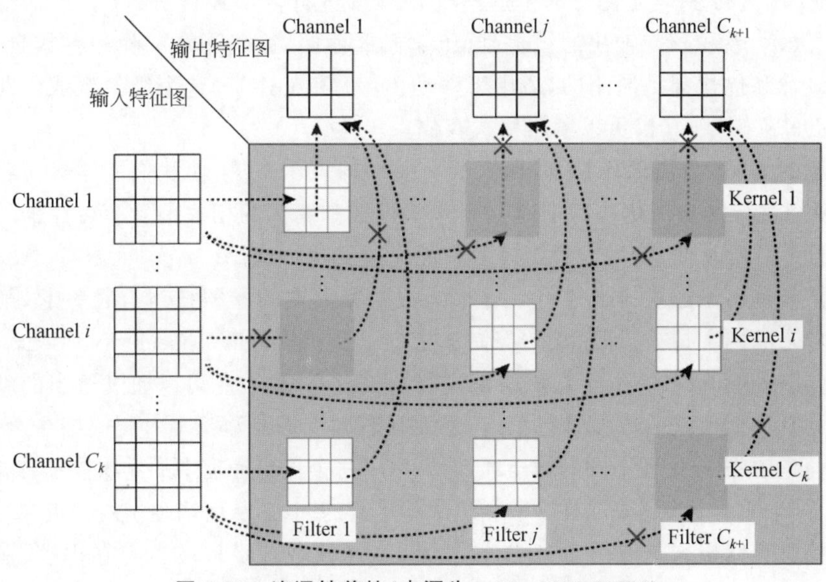

图 5-20　连通性剪枝(来源为 arXiv:2003.06700)

在理论和算法层面上，连通性剪枝与受人类视觉系统启发的局部分层计算相匹配。它比滤波器和通道剪枝更加灵活，可以实现更高的准确率。在编译级硬件层面，已删除的内核和相关计算由编译器使用排序功能进行分组，而不会影响其他计算，从而保持并行度。

表 5-1 比较了不同的剪枝方式，假定剪枝率相同，对不同剪枝方式的准确率和硬件加速率做了定性比较。

表 5-1　不同剪枝方式的准确率和硬件加速率比较

剪枝方式	准确率				硬件加速率			
	最高	轻微损失	中度损失	严重损失	最高	高	中	低
非结构化	X							X
滤波器/通道				X	X			
卷积核模式	X				X			
连通性		X				X		

可见，卷积核模式剪枝在准确率和硬件加速率上都是最高的，连通性剪枝也兼顾了准确率和硬件加速率。

基于卷积核模式剪枝和连通性剪枝，压缩器首先设计一组模式供每个卷积核选择使用，然后基于这个模式集合进行卷积核剪枝以及连通性剪枝，从而实现较高的剪枝率而不会降低准确率。

5.2.3　编译器

编译器基于模式对压缩后的模型进行多重有效优化。首先将 DNN 模型转换为计算图，并对这个图进行多个优化。基于这些优化继续进行分层设计和优化，包括细粒度的 DNN 分层表示、卷积核与输出通道重排、压缩权重存储、负载冗余消除和参数自动调整。所有这些设计和优化都是通用的，适用于移动 CPU 和 GPU。这个组件生成优化的执行代码以及 DNN 模型，其权重以紧凑格式存储。

细粒度的 DNN 分层表示(LR)提供了高级别的表示方法，使我们能够运用各种资源对 DNN 模型进行常规优化。特别地，LR 包括模式和调优的相关信息。编译器的优化依赖于 LR 的一系列改进，以生成紧凑模型和优化过的执行代码。

卷积核与输出通道重排通过将具有相同长度和模式的卷积核组合在一起，解决了模式化剪枝带来的两个挑战，即密集的控制流指令以及线程分散(thread divergence)和负载不均衡(load imbalance)。由于卷积核模式数量相对有限，因此可以通过适当的卷积核重新排序将具有相似模式的内核进行编组，从而显著减少控制流指令并提高指令级并行度。此外，如果不同的线程处理不同的输出通道，则由于每个输出通道中的卷积核具有相似的计算工作量，因此可以正确解决线程分散和负载不均衡的问题，从而增强了线程级并行度。

压缩权重存储格式是专门为卷积核模式和连通性剪枝设计的。与卷积核、输出通道重排结合后，这种紧凑的数据结构比传统的 CSR(压缩稀疏行)格式的压缩率更高。

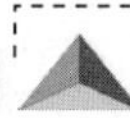

负载冗余消除在内核执行代码生成过程中通过分析处理两个寄存器级负载冗余问题,解决了基于卷积核模式化剪枝对内存性能的挑战。在内存和缓存之间的数据移动已通过高级数据平铺技术进行优化的前提下,它有更加重要的意义。

参数自动调整专门测试关键性能参数的不同配置,包括将数据放置在各种 GPU/CPU 存储器上,不同的数据平铺大小,以及每个处理单元上每个 DNN 层的循环排列的策略。

总之,压缩-编译协同设计方法允许编译器将剪枝后的卷积核视为特殊模式,不仅可以实现模型的高准确率与高压缩率,还可以有效地将卷积核模式转换为硬件加速器上的优化代码,结合并行计算和多级缓存层次结构,其潜力将更有效地释放出来。

5.2.4　压缩-编译协同设计的优势

压缩-编译协同设计方法与通用硬件相结合,其能量效率甚至优于专用的硬件加速器。例如,在三星 Galaxy S10 智能手机上部署压缩-编译协同设计框架,其性能大幅超越一些常见的 ASIC 和 FPGA 上实现的硬件加速器。以 Google TPU 为例,能量效率提高到 4.76 倍,推理时延则下降到 1/18.15,如图 5-21 所示。

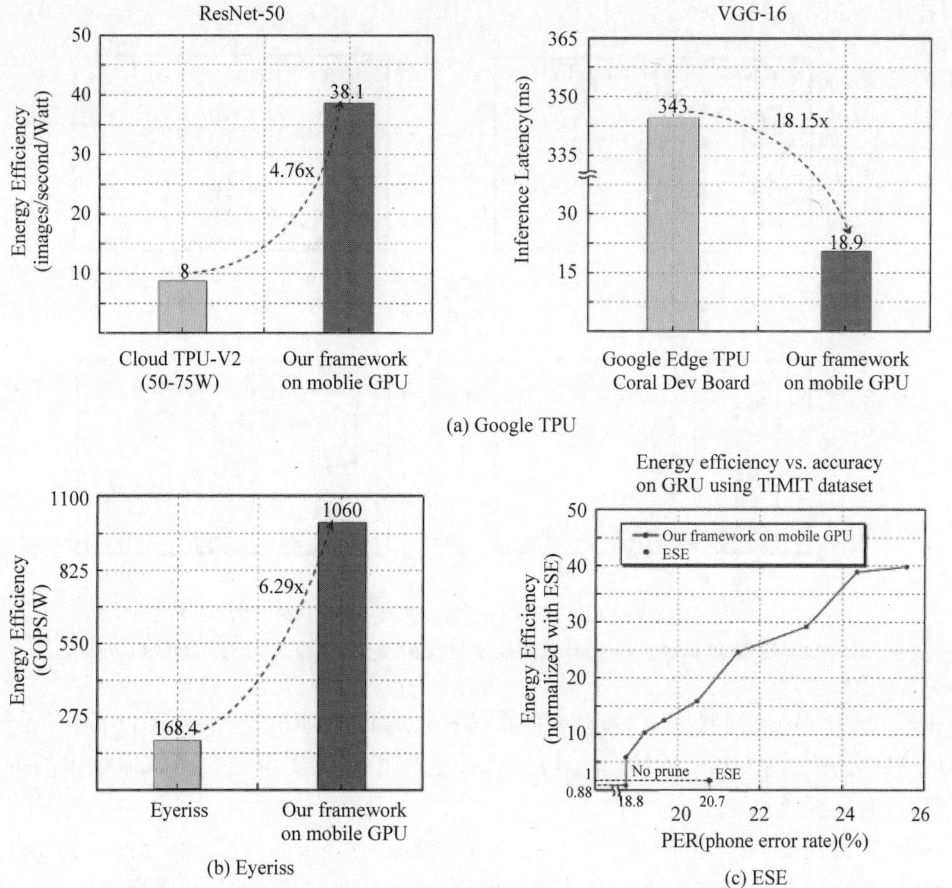

图 5-21　压缩-编译协同设计与专用 AI 加速器性能比较(来源为 arXiv:2003.06700)

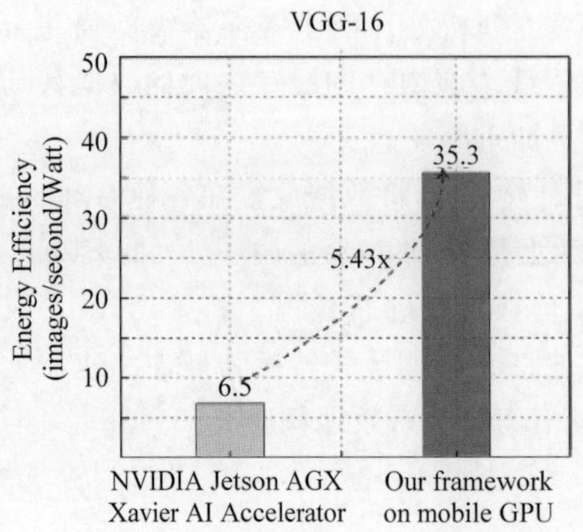

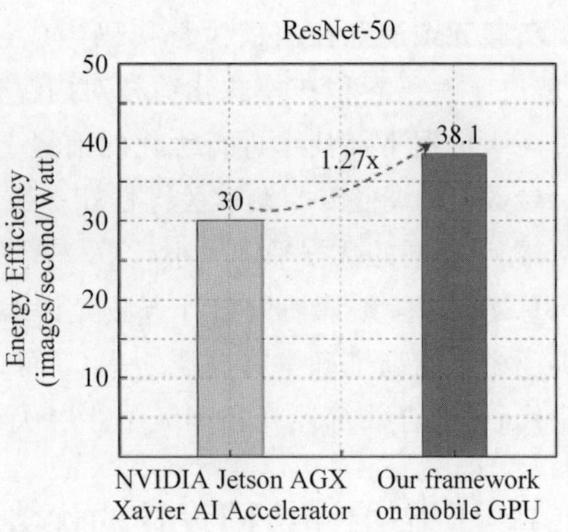

(d) NVIDIA Xavier

图 5-21 （续）

当然，这种组合的能量效率较高的原因之一是因为智能手机本身就有超高的能量效率。因此，在同样的硬件条件下，与其他软件加速框架进行对比（这些框架仅使用了模型压缩技术），如图 5-22 所示。

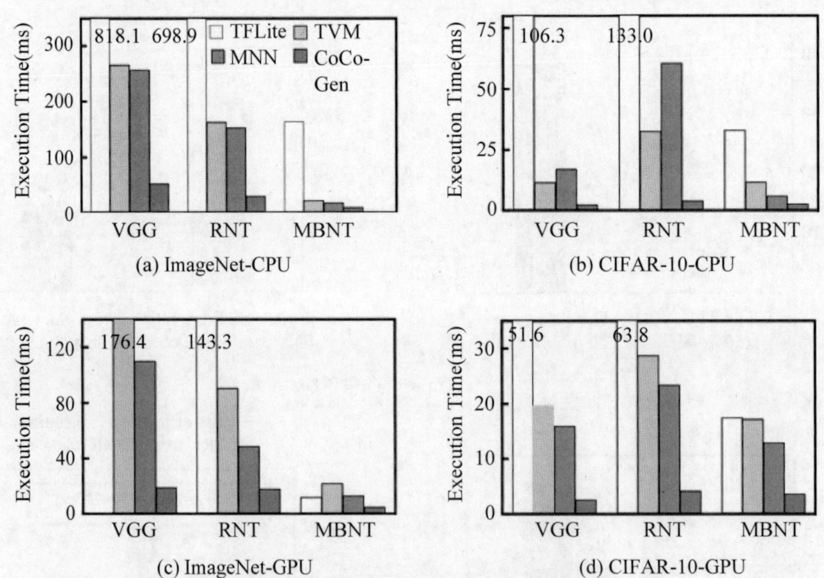

图 5-22 压缩-编译协同框架与模型压缩框架的对比（来源为 arXiv：2003.06700）

图 5-22 中，每个柱状图最右边是压缩-编译框架的推理执行时间，可以看到，无论是针对 CPU 还是针对 GPU，压缩-编译协同设计框架相对仅使用了模型压缩技术的框架，推理执行时间显著减少了。

另外值得注意的是，由于基于软件的解决方案具有高度的灵活性，因此压缩-编译协同设计框架可以支持所有主要类型的神经网络，并始终保持高性能，从而释放嵌入式设备的全部潜力。

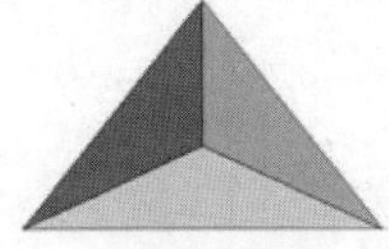

第 6 章 嵌入式神经网络应用程序框架

能量效率是神经网络无法嵌入物联网设备和移动设备中的最大瓶颈，这个问题可以通过开发更节能的算法，或更节能的硬件来解决，也可以巧妙地通过应用程序级别的优化来解决。本章重点讨论这种方法：通过利用输入数据的统计信息，创建一种分级级联系统以提高系统级能量效率[42]。

事实上，已经存在一些检测或分类系统，它们通过添加唤醒阶段降低永远在线系统的功耗。它们通常用于视频监控系统、关键字识别或语音激活等场景。在这种系统中，第一阶段以低成本执行简单的任务，而不是一直开启完整的但也更耗能的功能，这样可以大大减少高能耗功能的平均运行时间，从而降低整个系统的能耗。例如，为了实现 Siri 语音助手，iPhone 使用一个永远在线的低功耗的辅助处理器（AOP）触发 Siri，它的功耗很低。但一旦听到用户发出的“Hi，Siri”指令，AOP 将唤醒主处理器，以更强大的深度神经网络分析用户的声音。采用这种方法的好处是，仅侦听和检测“唤醒词”所需的处理最少，可以节省 iPhone 上宝贵的电池电量，而一旦唤醒，又可以充分发挥仿生神经引擎的强大处理能力。另外，也有人提出了基于树的多分类识别系统，该系统具有类似的功能。

但是，这些系统仍然可以继续改进。首先，这种系统通常只有两级层次结构，没有更多的层次，从而使它们在许多情况下不是最优的。其次，以前的系统通常不会明确利用输入数据的统计特征。更重要的是，以前不存在一种以给定的准确率朝最小能量消耗的方向优化人工智能应用的框架，并运用在嵌入式处理的场景中。

将两级级联系统升级为一种通用多阶段分层级联系统，其性能比前者要高出两个数量级，而准确率仍然相等，因为这种系统可以更充分地利用输入数据的统计信息。

图 6-1 介绍了这种系统。

在这个系统中，多个阶段是分层级联的，随着阶段的增加（层次的提高），子任务的复杂性和能量消耗逐级提高，早期阶段仅处理简单的数据，而后期阶段则要处理更复杂的数据，这样，早期阶段起到了滤掉数据的作用。例如，语音识别场景，唤醒词（如“Alexa”“Hi，Siri”“你”等常用词）会在分层结构中使用便宜的分类器进行早期识别，从而避免之后的高成本阶段一直工作。因此，虽然靠后的阶段成本更高，但因为更早的阶段具有区分能力，所以它们不会被过多使用。这种架构结合了线性级联和基于树的拓扑的优点。与线性级联方法一样，在最后阶段之前消除了大多数负样本，从而节省了整个系统的功耗。与基于树的方法一样，它支持多分类问题。同时，如果早期阶段发生了错误的检测，在后期阶段仍然可以被纠正。这个系统可以看作嵌入式人工智能应用程序的一种通用框架，

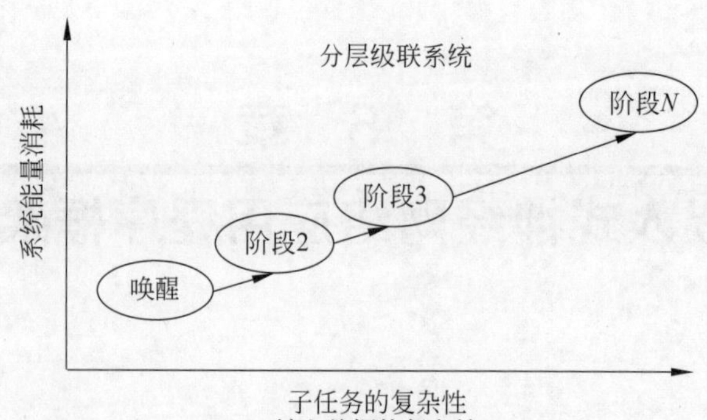

图 6-1　通用分层级联系统

这个框架可以最小化总体能量消耗和计算成本，同时最大化系统的准确率。

这种框架相比唤醒词这类简单方案，主要改进如下。

- 它将唤醒系统归纳为分层级联的分类器系统：一系列复杂度递增的分类器，最终完成多类别分类问题。
- 它提出了一种理论上的评估方法，用以了解这种分层级联系统中的每个阶段的性能。
- 它深入分析了几个关键因素对系统的影响，并予以权衡，包括输入数据的统计特征，使用的阶段数量，以及层次结构中各阶段的单独性能。
- 它将分层级联系统引入视频识别领域并进行了案例研究。这个系统可以通过更改级联系统的超参数来动态地平衡能量消耗和准确率。

下面介绍这个框架。

6.1　分层级联系统的构成

分层级联系统是一种通用的多阶段唤醒系统。它在不牺牲性能的情况下将分类系统的总体计算成本降至最低。这是通过构建针对系统级能效进行优化的功能层次结构完成的：将功能和成本不断提高的模块连接在一起并进行联合优化。层次结构比单阶段系统更有效，只要早期阶段的价格低，可以将数据充分过滤到成本较高的后期阶段中，并且不要犯太多无法在后期阶段中恢复的错误。

整个系统分为 N 个阶段，如图 6-2 所示。假定系统的最终任务是复杂的多类别分类任务。例如，对 100 张脸进行图像识别。通常，第一个任务是二分类唤醒检测器。

典型的层次结构从简单的二分类开始，这种分类除去了最明显的负样本，例如背景图像或声音噪声。如果检测到正样本，也就是发现了有意义的图像，则激活下一个阶段以进行更精确的分类。与第一级一样，在后面的阶段中，都是只有在前一级被检测为“正”的样本才被送入下一级。在整个框架中，正类被称为“传递类”，每个下一阶段都执行更复杂的分类任务。由于具有更高的复杂性和性能，因此每个阶段的成本以非线性的方式大幅增加。

为了构建分层的级联处理系统，针对分层的每个阶段，都构建并训练了几种替代方

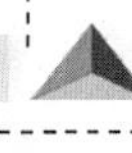

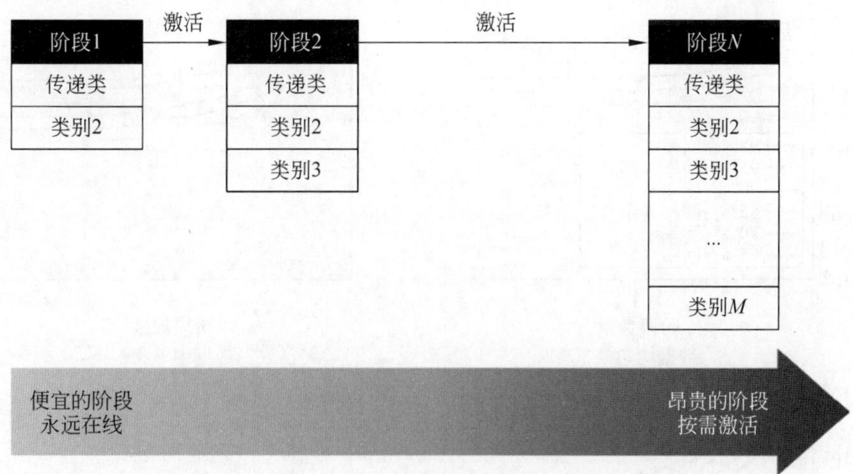

图 6-2　具有 N 个阶段和 M 个类别的基本层次分类器系统

案，每个方案的成本和准确率的平衡互不相同。每个阶段都先独立地接受一个数据集训练，这个数据集模拟了整个问题的特定子任务。然后从系统的角度看，根据各个阶段的性能，对整个系统进行自动优化，从而以最小的复杂度或成本实现给定的准确性或召回率。

6.2　分层级联系统的效率

6.1 节提出了一个理论化的分层级联系统的模型。那么，输入数据的统计分布对这个系统的构成有什么影响？到底多少个阶段是最优的？分层级联系统的效率相比原始的二级唤醒系统有多大的提升？

通过研究一个能对 256 个输出类别进行分类的通用分层级联系统，我们发现，对于均匀分布的输入数据，模型中包括 4 个阶段是最佳的。而对于具有偏斜分布的输入数据（如大多数语音或图像数据），最低成本的系统中需要更多数量的阶段。

图 6-3 显示了对于具有不同统计分布特性的输入数据，阶段数量与整体成本的关系图。

可以看到，对于均匀分布的输入数据，4 个阶段的系统就达到了理想的性能指标；对于中等倾斜的输入数据，需要 6 个阶段的系统；对于高度倾斜的输入数据，需要 8 个阶段的系统；而对于超级倾斜的输入数据，情况较为复杂，至少需要 6 个阶段的系统才能达到理想的指标。

之所以这样，是因为在具有倾斜分布的输入数据中，某些词语或某些类的图像出现的概率远远大于其他词语或图像，因而可以使用简单的分类器，以较低的成本在层次结构中较早消除这些易于识别的分类，例如“噪声”或“背景图像”。而出现概率较低的词语或图像，它们在更早阶段被分为“正”类，因此传递到下一阶段进行精确识别。这样，传递到最后一个阶段的数据在概率上是最小的。虽然其成本最高，但它被激活的概率最低，因而在总成本中占比最少。

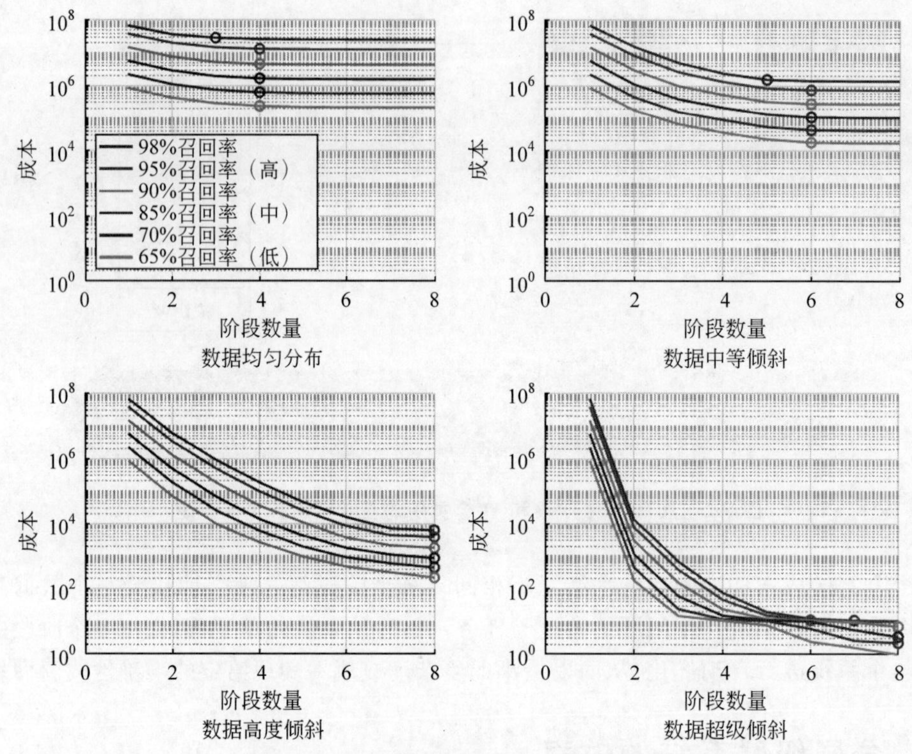

图 6-3　阶段数量与整体成本的关系图

因此，输入数据的统计分布越倾斜，阶段更多的级联系统就更优。当然，考虑到更高阶段的分类器的成本相比更低阶段的成本非线性地增加，阶段的增加不是无限度的。

通过上述机制，深度分层级联的效率比具有同样准确率的两级（唤醒）架构的效率高3个数量级。

6.3　基于 CNN 的分层人脸识别系统

为了说明开发的方法在真实系统中的强大功能，我们将其应用于使用卷积神经网络（CNN）的实际分层人脸识别系统。在最基本的方法中，这样的系统会扫描较大输入图像的不同比例上的小窗口。基于神经网络的大规模人脸识别非常昂贵（每个 250 × 250 窗口需要消耗 1～2mJ 的能量），尤其是在需要处理大量窗口的高分辨率图像中，消耗的能量成平方比例地增长。由于输入数据通常具有统计偏差，因此构建处理层次结构以利用这种特性并降低整个系统的平均样本成本是有意义的。

为了说明这一点，考虑如下场景：在 30fps 全高清视频（1920×1080 像素）上采用金字塔比例/滑动窗口方法，窗口大小为 256，步长为 4，比例因子为 2。要实现 30fps 的实时性，每秒需要评估超过 300 万个窗口（也就是每帧 10 万个窗口），但大多数窗口都应评估为背景图像。假设评估每个窗口消耗 1mJ，则总共需要消耗 3kW 的功率，这在嵌入式、受电池限制的设备上显然是不可行的。由于区分人脸与背景是一项非常简单的任务，因此

可以在 32×32 窗口中执行下采样，仅消耗约 1μJ 能量，因此此类检测器可用作更复杂的、成本更高的人脸识别器的唤醒阶段。

只有当人脸检测器检测到人脸时，才使用后续的成本更高的人脸识别器。如果不是，系统将转到下一个窗口，从而大大降低每个窗口的平均成本。虽然分层系统可以给这个人脸识别系统带来巨大的好处，但仍不清楚层次结构中应使用多少个阶段。如果不同人脸类别之间仍然存在统计偏差(例如，设备的所有者出现的频率比其他人脸要高得多)，则可添加中间阶段来利用这种偏差，以进一步降低昂贵的最后阶段的激活率。最重要的是，所有阶段的能量设置都应以最佳方式调整，以实现最小的系统能耗。

为了研究这一点，图 6-4 概要说明了这个区分 100 张人脸的 N 级分层系统中的唤醒方法。仅当窗口被分类为“传递类”时，窗口才传递到层次结构的下一个阶段。在所有其他情况下，即当图像被分类为“背景”，“所有者”或另一特定面部时，则认为该窗口已被分类。由于前面阶段中的任务比最终任务代价小，因此可以显著降低成本。在本案例研究中优化了整个层次结构，使得每个样本的平均成本降至最低，同时保持了整体人脸识别准确率。此分析证明，将典型的两阶段唤醒系统扩展为多级分层级联大大降低了成本。

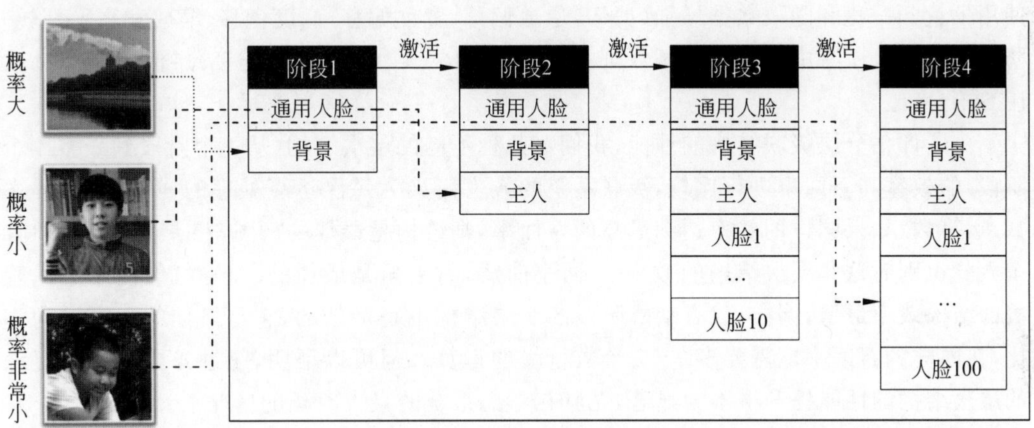

图 6-4　分层人脸识别系统示例(背景和所有者比其他面孔更容易出现，使用更便宜的分类器检测)

在示例中，将 100 个面部识别系统分为 4 个阶段，分别用于面部检测、所有者检测、10 个面部检测以及 100 个面部检测，其中最后一个阶段是完整的 100 个人脸识别器。每个阶段都以不同的复杂度(输入图像的下采样尺寸，每个网络的层数(网络深度)和每个层的滤波器数(网络宽度))训练了 15 个 CNN 模型。在较大的输入图像上运行的较大网络通常会在输入数据集上实现较高的召回率和准确率，尽管成本较高。这些网络的架构和参数在表 6-1 中给出。

表 6-1　分层人脸识别神经网络拓扑及参数

模块	宽　高	卷积核尺寸	步长	层数	卷积核深度
输入层	32-64-128	3-5-7	1-2-4	1	4-256
Block A	32	3	1	1	4-256

续表

模块	宽 高	卷积核尺寸	步长	层数	卷积核深度
MaxPool	32	2	1	1	—
Block B	16	3	1	1-2	4-512
MaxPool	16	2	1	1	—
Block C	8	3	1	1-3	4-1024
MaxPool	8	2	1	1	—
Dense	16 × $width_C$	—	—	1	—

在这些网络中，输入尺寸、总层数(总深度)以及这些层的宽度是变化的。最小的网络采用 32×32 RGB 的下采样作为输入，并使用 4 层 CNN 对其进行分类，每层 4 个滤波器。最大的网络采用 128×128 RGB 作为输入，并使用 7 层网络对其进行分类，每层最多具有 1024 个滤波器。所有网络都在 VGG Face-2 数据集的 100 个人脸的子集中进行训练，并使用批量归一化和随机数据增强(剪切，通道偏移，宽度偏移，高度偏移，缩放和水平翻转)防止过拟合。所有中间层激活函数都采用 LeakyReLU，Dense(全连接)层激活函数都采用 Softmax。

为了评估分层级联结构的性能，我们对几种不同的层次结构(从 1 个阶段到最多 4 个阶段)的效率和召回率进行比较，级联系统的效率定义为每次运算处理的样本数，即样本数/运算数，如果同样的效率达到最高的召回率，则结构是最佳的。图 6-5 展示了实现 100 个人脸识别时这些层次结构的效率-召回率曲线，右上角是最佳的。显然，仅使用第 4 阶段的结构效率最低，同样，仅有唤醒阶段的 2 层结构不是最佳的，它与最佳的 4 层结构相比，在同样的召回率下需要多 1～2 个数量级的运算。但可以证明，超过 4 个阶段的更深的层次结构的性能提升将不太显著，尤其在考虑系统的最大时延的情况下。

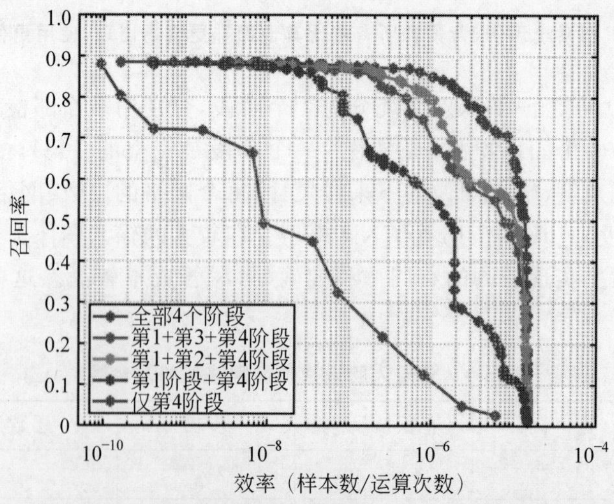

图 6-5 不同分层级联结构的效率-召回率曲线

6.4 本地-云协同模式

本章以传统的两级唤醒系统为基础，将其进一步推广为多级分层级联系统，它具有较低的系统级成本，并且更适用于具有非均匀概率分布的偏斜数据。这种方法可以在应用程序层面上而不是算法或硬件层面上降低神经网络检测系统的能耗。

本章的主要结论是：

- 基于唤醒的识别系统可以推广为多级分层级联系统。
- 分层级联系统在优化性能的同时可以最大程度地降低成本。
- 虽然分层级联系统处理统计均匀的输入数据时不会带来明显的好处，但处理统计偏斜的输入数据（如典型的语音和目标检测任务）时则可以带来明显的收益。
- 通过设计一个四层的人脸识别应用程序证明了该方法的优点。与单级分类器相比，可以在成本效率上提升 4 个数量级，而与传统的基于两级唤醒的系统相比，则可以达到 2 个数量级。

这种分层级联系统可以跨设备实现。如果嵌入式 AI 芯片能够运行全部阶段，尤其是能够运行最后阶段的分类器的时候，这个架构可以全部在嵌入式设备本地实现。但如果不是这样，那么可以考虑分布式实现的方法，也就是让嵌入式设备实现最初几个阶段的分类，而让云计算中心负责实现更高阶段的分类。最简化的情况其实就是嵌入式人工智能的第一阶段：云计算模式，在那里，亚马逊音箱仅在本地实现了 Alexa 唤醒词的识别，所有其他的高级语音、语义识别均在云端完成。而复杂的情况可以是一个用于门禁的人脸识别相机，绝大多数情况下，它用很低的功耗识别有没有人走近，当发现有人走近时，先用低阶段的分类器识别其是否为主人和常客，否则才会调用高级别的分类器判断是哪个陌生人，考虑到没有相机能够容纳 10 亿级别的人脸特征，所以最后一步还是交给云端实现吧。

这也是嵌入式人工智能的第三种模式，设备-云端协同模式，如图 6-6 所示。

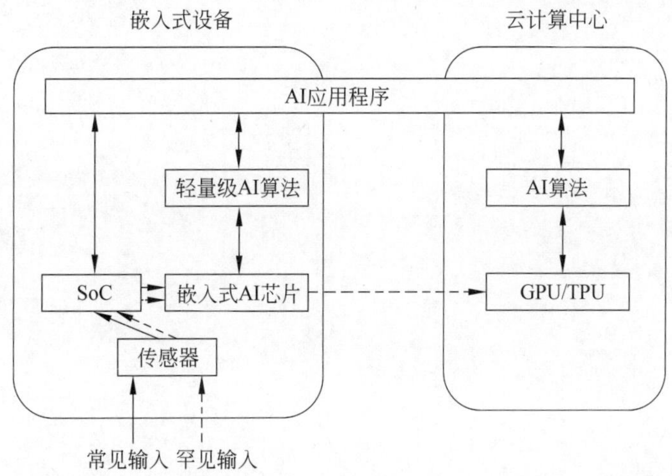

图 6-6　设备-云端协同模式——嵌入式人工智能的第三种模式

在这个模式中，嵌入式 AI 芯片起到以下两个作用。

(1) 将输入数据分为两类：常见输入和罕见输入。

(2) 对常见输入进行 AI 推理。

云计算中心负责处理罕见的输入。

AI 应用程序是跨设备和云端的，它负责整合设备本地和云端的 AI 推理结果，对输入做出响应。

之所以称为协同，是因为在这种模式中，对于绝大多数的输入，云端不是必需的，嵌入式设备可以独立工作。只有在偶尔的情况下才需要云的帮助。事实上也可以这样运用，对于需要实时响应的输入，交由嵌入式设备处理，而对于实时性要求不高的输入，则送给云端。这样就结合了本地模式和云计算模式的优点，又克服了它们各自的缺点，不失为一种两全其美的方法。

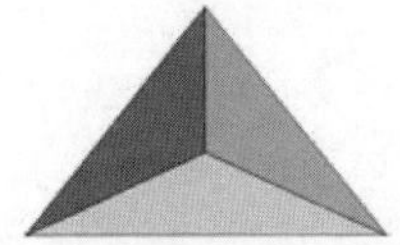

第 7 章 终生深度学习

深度神经网络技术近年来突飞猛进，已经应用到无数的人工智能系统中，包括自动驾驶汽车、工业应用、搜索引擎、计算机游戏、健康记录自动化和大数据分析等。同时，目前的深度神经网络**在生物学意义上仍然不够智能**。它们无法回答没有提前准备过的问题，并且完全无法识别和响应其没有经过特别编程或训练过的新情况或环境。这说明深度神经网络在系统能力方面仍存在严重的局限性，限制了其在一些硬实时任务中的应用，例如军事领域的供应链、物流和视觉识别，这些任务中完整的细节通常是未知的，快速适应动态环境并且做出反应至关重要。这正是我们希望嵌入式设备完成的一类任务。

这与人类大脑的工作方式背道而驰，人类大脑每天甚至每时每刻都在学习，非常迅速，也不需要忘记过去的经验从头开始。

终生深度学习技术就是在这种背景下诞生的，它能够在模型部署后快速学习，无须大量的训练、繁重的计算资源和海量的数据存储，是深度学习的一个新的方向[43]。

7.1 传统深度学习的缺陷及原因

植根于 20 世纪 60 年代的理论工作，今天的深度学习和神经网络算法在各个行业和场景中获得了巨大的成功。这种大规模系统通过模拟神经元的相互连接而仿真大脑的活动，经过训练后执行一系列特定任务。这些任务包括视觉和听觉感知、运动控制以及更抽象的功能，例如捕获服务器上的网络攻击，将财务数据分类为欺诈或合法，或将一件设备识别为正品、次品或锈蚀。

可是，当深度神经网络系统遇到未训练过的情况时发生了错误，就必须离线并重新训练。这种方法昂贵而且耗时，更不用说在执行实时任务时才开始重新训练，这将会导致任务失败。深度学习系统也受到一个被称为“灾难性遗忘(catastrophic forgetting)”的重大问题的困扰。它们在使用新数据进行训练时会“忘记”先前学到的知识，除非将新老数据合并并针对每种可能性进行训练，否则这些在现实环境中运行的系统在某些时候必然失败。这意味着当前的深度神经网络仅限于具有狭义预定义规则集的特定情况。

这是由于以下情况造成的。传统的深度神经网络的训练过程和推理过程是彻底分离的，模型在学习后就冻结了，不具备继续学习的能力。

实现深度神经网络技术的限制和成本在于其大规模的学习和训练需求，例如：

- 百万级别的训练数据样例。

- 每个样例的数千种表示。
- 数百种模型,需要经过训练以达到最佳性能。
- 一旦某个用例或数据发生变化,就会导致训练从头重新开始。

这些要求转化为多方面的巨大成本:数据的收集和标注、数据的存储、运行内存以及计算能力。除此之外,开发人员还需要建立一个模型开始训练,并在几天以后回来评估性能和调整参数。这意味着长达几个月的恼人和低效的开发周期,通常需要多次迭代才能获得正确的结果。

由此产生的深度神经网络是“死的”,它不能举一反三,也就是说,单个数据点的改变,也需要对整个数据集进行烦琐的重新训练。学习不是渐进的,这意味着新知识不能简单地添加,必须从头重新训练。

其背后的深层次原因在于绝大多数系统采用了 20 世纪 80 年代发明的反向传播算法。这种算法让神经网络具备了从数据中学习的能力,相比之前通过预先编程完成一个功能的方式有了很大进步。

在反向传播算法中,数据可以是图像、声音甚至更抽象的对象,但原理是相同的:算法通过迭代调整每个神经元的权重来优化网络输出,完成这些图像或声音的学习过程。这使得基于反向传播的 AI 系统能够在各种任务中达到甚至超越人类的性能,从棋类博弈到摄像机的入侵检测,任务的种类不断增加。

然而,获得这种超级性能的代价高昂:反向传播网络对新的信息非常敏感,并容易遭受灾难性的干扰。神经网络中所有权重对于其做出正确的行为都很重要,尝试向网络中添加新信息需要修改这些权重,这往往会极大地破坏以前的知识,从而导致被称为“灾难性遗忘”的问题。当它学到新的东西时,旧的信息会被抹去。

为了减小这个问题的影响,研究人员采取了以下两个步骤:

(1) 让学习速度减慢,每次仅改变少量突触,但重复计算所有的输入,并在多次迭代中重复该过程。每次迭代后训练误差都有微小但持续的减少。通常需要成千上万或数以百万次的迭代。

(2) 达到目标性能后,冻结学习过程,以避免添加新信息时对所学到的旧信息产生影响。

这样做仍然没有彻底解决问题:深度神经网络在使用时只能达到它训练时获得的水准,在日复一日的使用过程中,它不会学习任何新的东西。

最后,除了训练时间长、需要高性能服务器之外,反向传播还有一个额外的缺点:它需要存储所有输入数据以便下一次重新训练。例如,深度神经网络已完成 1000 幅图像的训练,但如果需要学习 1 幅新的图像,仍需处理 1001 幅图像,并经过数以万计或数以百万计次的迭代。如果没有或无法合法保留前面 1000 幅图像会怎样呢?答案是无法进行训练,也无法更新神经网络。

综上所述,传统的深度神经网络需要很长的训练时间、高昂的计算资源、高昂的带宽和连接来传输数据以进行训练,高昂的存储用来保存数据以进行下一步的训练。更重要的是,它无法实时进行学习。

为了彻底解决这些问题,具备终生学习能力的深度神经网络就呼之欲出了,有人提出

了终生学习机器(lifelong learning machines,L2M)的概念,换一种说法,也就是终生机器学习,如果采用深度神经网络来实现,就称为终生深度神经网络(lifelong DNN),其相关的算法称为终生深度学习。

7.2 终生深度学习的目标

终生深度学习的目标是开发全新的机器学习方法,使系统能够在运算时不断学习,并将先前的知识应用于新的情境。目前的人工智能系统仅使用预先编程或训练的内容进行计算,它们无法在执行期间从数据输入中学习,也无法在线适应它们在真实环境中遇到的变化。

人们希望开发新的机器学习方法,使系统能够像人类大脑一样学习之前的经验,并将以前的知识应用到新的情况。

目前的机器学习系统"不是生物学意义上的智能"。系统不具备适应其未经过训练或编程的情况的能力。这限制了 AI 系统在供应链、物流和视觉识别等项目中的有效性,在这些系统中,由于事先经常不知道完整细节,快速反应和适应动态情况的能力是最重要的。

人们不希望花费昂贵的代价重新编程或重新训练这些系统,而是希望开发一种能够像动物和人类通过经验一样学习的系统。

因此,终生深度学习的目标是开发根本上全新的机器学习机制,它能通过经验不断提高性能,并且快速适应新条件和动态环境,从而使系统能够在执行过程中不断学习,并像生物系统一样将先前学到的信息应用于新情况,也就是说,环境就是训练集。

这样的系统无疑更安全,功能更强,可以应用到一些硬实时任务当中,可以快速适应不可预见的情况和变化中的任务,并在系统的整个生命周期中通过经验持续提高性能,如图 7-1 所示。

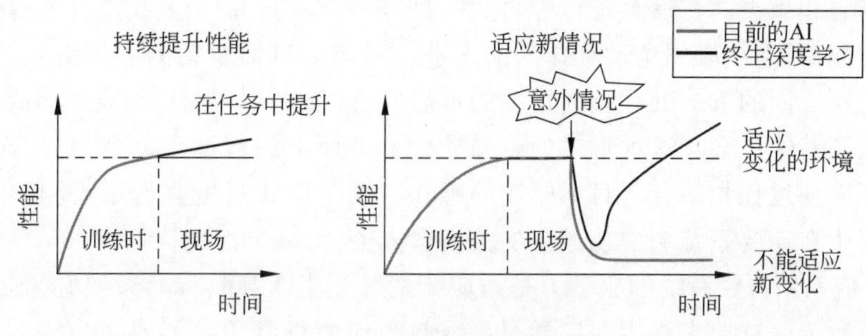

图 7-1　终生深度学习的目标

图 7-1 中,浅色的曲线是传统的 AI,它在训练之后,性能就不会增长了,当遇到意外情况时,它的性能急剧下降并无法回升。而终生深度学习则在部署到现场后仍然能够继续学习,并持续提升其性能,遇到意外情况,它可以快速适应变化的环境,其性能在短暂的下降后又上升了,甚至超过训练前的水平。这种表现与真正的生物大脑(人脑)是一样的。

要实现这样的系统有很大的难度。编写可以执行特定任务的代理行为(agent

behavior)非常容易,但这样做会阻止算法学习任务,从而排除了让这种行为适应其他任务或情况的可能性。这正是创建终生深度学习算法所要解决的问题的核心。人们会禁不住想利用现有技术实现特定行为,因为我们都知道,看似复杂的行为都可以硬编码,并经常产生优秀的结果。然而,这完全与终生深度学习的目标相对立,终生深度学习系统要弄清楚如何完成任务,并基于以前的学习,随后更轻松地完成另一个任务。而行为本身是开发这个系统的次要因素,特别在刚开始的时候。

7.3 终生深度学习的特性

终生深度学习应具备以下特性。

(1) 平衡网络:终生深度学习系统的可能实现是可塑节点网络(plastic nodal network,PNN),而不是固定的、同质的神经网络。虽然可塑,但 PNN 必须与管理其运算的硬性规则保持平衡。如果规则过于强烈地管理 PNN,PNN 就难以学习,但如果没有某种结构,PNN 根本无法运行。

(2) 选择性可塑:终生深度学习系统还必须在可塑性与知识存取之间保持平衡。固定的神经网络无法学习,而变化太大的神经网络无法保存知识。超图灵计算具有最小化资源使用的固有属性,即它在任何计算步骤中仅使用所需的资源。这种属性可能将更改限制到不直接参与特定计算的节点区域,从而获得知识获取和存储之间的平衡。PNN 只能存在于整个系统的环境中,该系统包含运算规则,并且确保安全。在人类中也可以看到相同的特征:无论我们如何尝试,如果物体离我们的眼睛太近,我们都会闭上眼睑。然而,就像生物体一样,整个系统必须达到平衡,虽然硬性本能是有益的,但是如果我们用这种本能驾驶汽车,那么只要我们的硬性本能发出的驾驶指示与实际情况有所不同,那将是灾难性的。

(3) 目标驱动的感知:与固定数据的在线学习不同,持续学习涉及变动的数据分布、不确定的概念和噪声。在运算过程中,标签很可能不可用。但更具挑战性的是,没有作为训练样本的数据,系统必须主动选择其输入进行适应。目标驱动的感知引入了根据系统目标和环境用不同的方式处理相同情况的可能性,这与正在寻找食物或配偶的动物一样,它们很少关注其他机会。这种形式的感知导致自上而下的数据流,它将自下而上的感官数据和内部循环过程相结合。目标驱动的感知有助于防止过度强调不太相关的输入,而将注意力集中在需要系统响应或适应的关键输入上。

(4) 适应新情况:系统的驱动力是适应新情况或引入新目标。系统必须知道何时学习或呈现新行为。这要求终生深度学习系统与当前的机器学习不同,它在学习新行为时不应出现灾难性遗忘。

7.4 神经生物学的启示

如果人类像传统的深度神经网络一样学习,我们只会知道在学校所学的知识,而永远不会增加新的知识或见解。终生深度神经网络应该像生物大脑一样日复一日地学习。我

们大多数人都接受了某种标准化的教育，在学校里我们学习了一系列重要技能。作为人类，即使我们的大脑日渐变老并且变得不那么敏捷，但我们仍然每天都在学习和改善我们的技能和知识。更重要的是，我们可以迅速做到这一点：基于已有的知识，学习新的知识只需很少的时间就足够了。如果我们的大脑不能做到这一点，那么我们就不可能作为一个物种生存下来。

终生深度神经网络从生物的适应机制中获取灵感。生物系统在其整个生命周期中表现出惊人的学习和调节自身结构及功能的能力，同时保持其核心功能的稳定性。这种经过数十亿年的进化发展出来的高度鲁棒的适应性机制，是终生深度神经网络希望模仿的。

从神经生物学中，终生深度神经网络得到如下启发。

(1) 终生深度神经网络将根据感官输入，结合记忆和系统目标改变架构。

(2) 记忆和计算是彼此的一部分，它们是相同神经元连接的不同方面。

(3) 感官输入(如视觉、听觉)首先在终生深度神经网络的专用区域中处理，然后形成与其他输入和存储器的关联。持续适应机制用于在自然环境中检测和识别刺激，神经元将通过算法连接规则而分化，用于处理不同的问题。

(4) 生物神经网络具有丰富的信号系统，例如激素、神经调节剂、钙波、神经递质等，可在不同尺度(如全局、区域、局部等)上自适应地改变神经元特征。学习大脑的这种特性，终生深度神经网络可以包含局部信号和差分信号(就像神经动作电位频率一样)，并且仅激活能够在该频率上“侦听”的邻居们。这种架构在原本可能是单个连接的情况下需要成倍数量的连接，复杂性大大增加了，同时限制了能耗。

(5) 动物从出生起就有一些运算规则，即本能，其中一些在整个生命中都存在。类似地，在终生深度神经网络中，行为规则与学习规则相结合，根据活跃的记忆、感官输入和一个外部用户的指导，定义节点间的连接应如何创建、断开、削弱和加强，从而形成固定的功能。

(6) 基于如下属性，终生深度神经网络将不会发生灾难性遗忘，如区分(防止神经元根据任意输入进行全局变化)，异步更新(仅某些连接发生变化)，资源最小化(本地更新而不是全局变化)。

人类大脑并不是终生深度神经网络模仿的唯一对象，也可以从低等动物的大脑中获取灵感，甚至那些没有大脑的生物，只要它们表现出足够优秀的行为。例如，癌症生物学告诉我们组织内细胞“国籍”的重要性，而蝾螈的器官再生能力揭示了一种强有力的适应机制。任何规模或类型的自然系统都值得学习。

7.5　终生深度神经网络的实现

受大脑神经生理学的启发，终生深度神经网络可以模拟皮质和皮质下回路协同工作的能力，从而动态添加新的知识。

7.5.1　双重学习系统

20 世纪 90 年代初，研究人员就指出大脑中存在多个互补的学习系统，这些系统可以结合起来克服单个系统的缺陷。

例如，McClelland 及其同事在 1995 年提出，大脑新皮层回路具有与基于反向传播的神经网络相似的高度分布式表达、高度数据压缩、泛化以及慢学习的特征。而海马体则具有循环连接、稀疏表达和快学习的特性。它们之间互相补充，构成了一个**双重学习系统**。基于反向传播的神经网络可以借助这种方式克服灾难性遗忘问题。

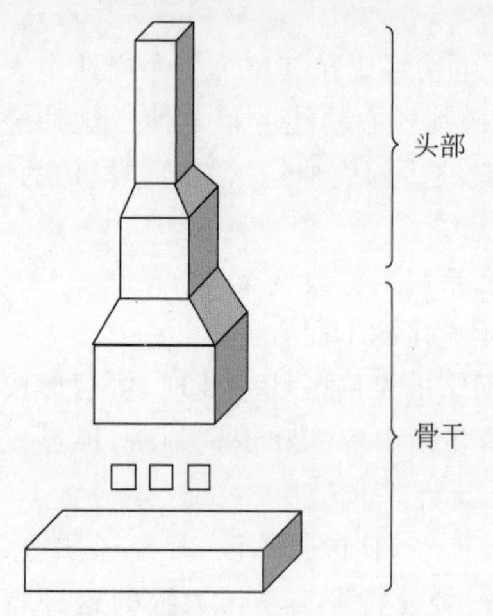

图 7-2　双重学习系统的组成

终生深度神经网络在传统深度神经网络的基础上构建了这样的双重学习系统，如图 7-2 所示。

双重学习系统包含骨干和头部两部分。

骨干定义了特征提取的质量，其复杂性通常决定推理速度和质量。可以将同一骨干用于不同的任务，例如，ResNet 经常用于分类、检测和语义分割神经网络的骨干。

头部定义了神经网络执行的任务。头部的复杂性随任务而变化。执行分类的头部非常简单，而执行语义分割的头部通常由许多层组成，从而将结果上采样到适当的分辨率。

快速的实时学习可以看作一种任务，虽然训练终生深度神经网络会影响骨干的设计和调整，但其修改集中在头部。头部设计包括许多可能的运算：引入自定义层、新的损失函数，特殊的训练过程调整等。终生深度神经网络在设计使用所有这些运算，并基于人脑海马系统的特性(循环连接、稀疏表达和快学习)构建了一个快速学习的大脑。

终生深度神经网络系统基于以下事实：骨干网络是出色的特征提取器。为了将快速学习的头部连接到骨干，根据具体情况，骨干网络最顶部的某些层可能被忽略、修改或剥离。例如，原始的骨干网络通常包括一些全连接层、平均池化层，它们用于骨干神经网络的预训练并使得骨干神经网络可以直接进行预测，但不负责为终生深度神经网络的新的快速学习头部生成输入。

对于终生深度神经网络的性能来说，特征的质量及其对特定对象集的依赖性至关重要。特征集越好，并且与通用“对象”(而不是特定对象)的联系越多，终生深度神经网络针对未经骨干网上预训练的对象将获得更高的性能。特征质量取决于骨干网的架构和训练程度，因此要谨慎调查、比较甚至修改。另外，调整损失函数和训练过程也有助于提高特征质量和对象独立性。

7.5.2　实时更新

要实时更新，终生深度神经网络的一项重要要求是用于预训练骨干网络的数据集与用于训练和测试终生深度神经网络的数据集的特征空间应具有相似性。例如，骨干网络在 ImageNet 数据集上进行了预训练，那么终生深度神经网络在与之相似的图像上表现良好，但在尺寸小得多的 CIFAR-10 数据集中的图像上表现不佳。在 MNIST 数据集上

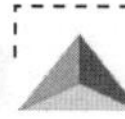

表现更差，因为其图像是灰度的，特征空间也迥异。

但是，如果骨干网络已经经过预训练，那么终生深度神经网络则对新类别对象的学习既快速又准确。例如，骨干网络已针对 MNIST 数据集的子集做预训练，即训练 10 个数字中的 9 个数字(排除数字 3)，那么终生深度神经网络将快速学会数字 3，并且不会忘记前 9 个数字。整体准确性可以达到 98.4%，比直接在全部 10 个数字上训练的普通深度神经网络的准确性低 1.1%。但是，训练时间与原始深度神经网络相比则大幅减少了，使用同样的硬件并都采用反向传播算法，原始网络的训练需要 6 小时，而终生深度神经网络上可以在 0.4s 内完成训练。也就是说，学习速度提高了 50 000 倍。

通过这种方式，终生深度神经网络达到了实时更新的目标。

7.5.3 记忆合并

终生深度神经网络通过记忆合并解决了迁移学习中常见的问题：过拟合。

在常规深度神经网络中，快速的训练常常会导致过拟合。这种情况在终生深度神经网络也存在，但其影响很轻微，经过几个批次的训练后网络恢复了。

之所以能达到这样的效果，是因为终生深度神经网络在训练期间使用了记忆合并机制。

记忆合并利用了深度神经网络中数据表示高度冗余的性质，算法统计头部网络中的权重，监视权重变化并检测每一类的异常值。当这一类的异常值的数量超过阈值时，将自动触发合并机制。

记忆合并将删除多余的权重向量并将这些权重设为初始值，同时保留真实的异常值，从而紧缩每个类别的群集。记忆合并的有效性取决于特征质量：与在已经紧缩的群集中删除相同数量的权重相比，删除稀疏群集中的权重将会丢失更多的信息。记忆合并还允许终生深度神经网络使用同样数量的设备内存来学习更多的对象。

记忆合并最有趣的功能之一是可以跨多个终生深度神经网络进行合并。当然，这些终生深度神经网络需要具有相同的骨干网络和一致的标注方案(如果同一对象使用不同的标注，将使系统陷入混乱)。如果满足这些要求，则可以将多个终生深度神经网络的头部合并为同一个头部，它将结合所有原始头部的知识。

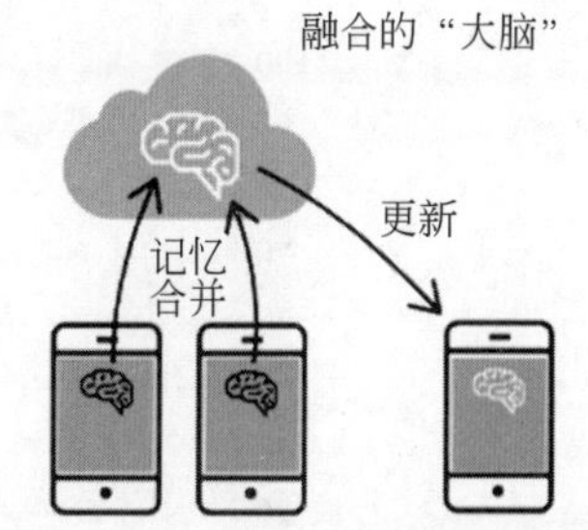

图 7-3 记忆合并实现联合学习

此过程可以比喻为"大脑融合"，它在多个设备间共享信息，从而实现了联合学习，如图 7-3 所示。融合的"大脑"相比每个单独的设备，可以总结更多的信息，获得更好的性能。将联合学习后的头部更新到设备上，设备上的终生深度神经网络的性能也将获得提升。

7.5.4 适应真实场景

像终生深度神经网络这种允许后天学习的神经网络在真实场景中的部署，与在实验室中对不可预测的输入数据的训练有很大的不同。在真实场景中,新对象很可能一个接一个地出现而不会乱序,这是一个规律,而不是例外。此外,网络极有可能需要对完全不包含已知对象的图像进行推理。传统深度神经网络在遇到这种情况时会做出自认为最好的猜测,但通常不会是所希望的结果。更好的解决方案是让网络学习这个未知的对象。

终生深度神经网络通过记忆合并,具备了判别未知物体的能力,它将与已知分类不同的新对象申明为"我不知道",从而适应真实场景。实现方法是:采用一个隐式的动态阈值使预测具有倾向性,这种预测要求识别结果明显地集中分布在一个类别上,而不是在多个类别上进行均匀分布。

换句话说,当神经网络的输出指示出在已知对象类别中有明显的获胜者时,它将识别出该对象属于此已知类别。但是,当多个不同的对象具有近似的激活值并且没有明确的获胜者时,系统会将该对象报告为未知。

如图 7-4 所示,传统神经网络在遇到未知分类的图片——"牛"的时候,将其判断为最为接近的分类——"狗",但这种自以为是的结果还不如将这个图片判断为"未知"。

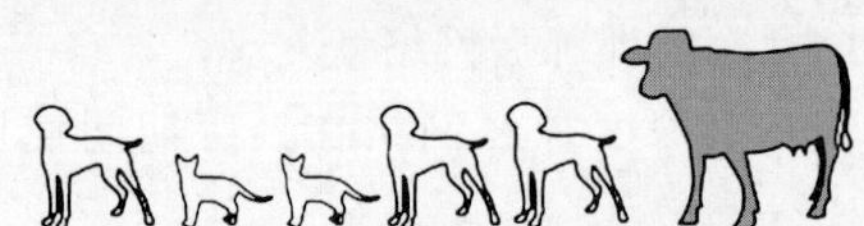

图 7-4　终生深度神经网络与传统深度神经网络在判别未知分类时的区别

这个阈值在训练模式下也非常有用,它可以从不需要注意的混乱表示中筛选出已经学得很好的对象表示,后者无须更多的学习。这为系统提供了定义和学习被归类为"未知"对象的机会,从而提高了系统的智能性。

图 7-5 展示了终生深度神经网络在真实场景中的学习过程,方法是:输入 10 个类别的图像,每个类别 14 幅,训练时一幅一幅地顺序输入,并在每幅图像输入之后进行验证。

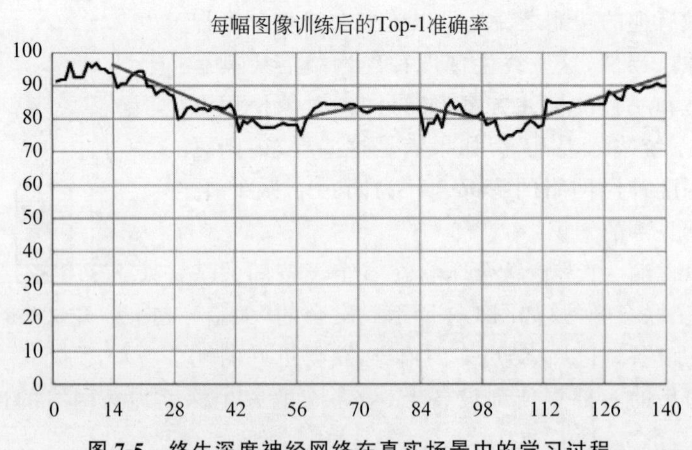

图 7-5　终生深度神经网络在真实场景中的学习过程

深色曲线显示每幅图像训练之后验证集的 Top-1 准确率。垂直网格按类别将训练分开(每个类别 14 幅训练图像)。浅色曲线显示在完全学习每个类别的图像之后进行强

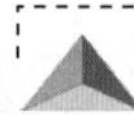

制记忆合并后的验证结果。在 80%的情况下，这种合并进一步提高了系统的准确性。

终生深度神经网络引入记忆合并、实时更新以及适应真实场景等技术，解决了灾难性遗忘问题并允许迁移学习和持续学习，将深度学习提升到一个新的水平。

7.6 终生深度学习与嵌入式神经网络

与传统深度神经网络相比，终生深度神经网络的优势是巨大的。

- 构建健壮网络所需的数据大大减少。
- 可大幅缩短训练时间：从数天缩短到数秒。
- 学习发生在设备上，而不是发生在服务器上。
- 在添加新知识时无须重新训练。
- 无须存储数据。
- 因为部署后的持续学习，系统更加精确。

终生深度神经网络的这些优点，使得在嵌入式设备上进行快速、本地的神经网络学习成为可能。这些场景包括智能终端、安全监控、供应链监控、灾难和应急响应、无人机、机器人等。终生深度神经网络实时更新和适应真实场景的技术特点，让嵌入式设备在部署后可以从环境中自主学习，从而更好地适应其独特环境。借助联合学习，嵌入式设备甚至可以实现一种群体智能，每个设备可以把自己学到的知识贡献出来，形成群体共有的知识。从这个意义上讲，终生深度神经网络是一种适合嵌入式设备未来发展的深度神经网络，终生深度学习是嵌入式人工智能未来发展的重要方向。

第 二 篇

平 台

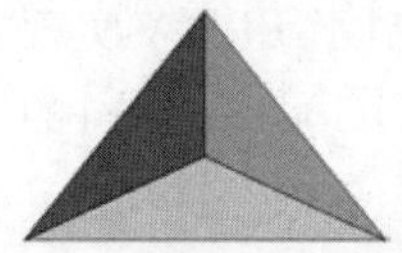

第 8 章 嵌入式神经网络硬件加速器

8.1 概述

最初,AI 硬件加速器被设计用来对服务器上的神经网络计算进行加速,当这些加速器逐步成熟后,其功耗、尺寸和成本也逐步下降。同时,人工智能已成为边缘计算的关键驱动力,在嵌入式设备(包括移动设备)上实现 AI 推理的需求日益高涨。一系列适用于嵌入式设备的 AI 加速器开始涌现。

嵌入式 AI 加速器主要用来加速神经网络的推理。这些加速器分为以下几大类。

- GPU

GPU(graphics processing unit)通常有上千个内核,适合大规模并行计算。是目前使用最广泛的 AI 加速芯片。嵌入式 GPU 是服务器 GPU 的精简版本,其优势是技术成熟、成本低廉、适应性广、开发速度快,缺点是其性能略逊。其代表是 NVIDIA(英伟达)公司的 Jetson 系列。

- DSP

DSP(digital signal processor,数字信号处理器)最初是用来执行矩阵算法的,因而也就可以用于神经网络计算。但 DSP 的核数量不足,因此其性能比不上 GPU,但在嵌入式环境中,DSP 可以发挥其长项——速度快、功耗低。DSP 的缺点是它是专用的,一般为特定任务而开发,例如高通公司的 Hexagon 处理器。

- FPGA

FPGA(field programmable gate array,现场可编程逻辑门阵列)可以在硬件层面实现神经网络计算,并可以通过软件对电路进行编程,从而快速实现新的功能,在一定程度上适应了深度神经网络技术的飞速发展。其优势是性能高于 GPU,同时硬件可以编程,可以灵活适应新的神经网络算法。当然,其性能低于 ASIC,灵活度与通用处理器相比仍有差距。另外,FPGA 只能实现定点运算,这就要求运行在其中的神经网络模型要先进行量化处理,即将浮点数精简为定点数,这样会损失一定的准确率。其代表有 Xilinx 公司的 Zynq DPU。

- ASIC

ASIC(application-specific integrated circuit,专用集成电路)可以针对神经网络计算的特殊需求进行定制和优化,从而最大化执行效率。在上述几种芯片中,ASIC 的单位成本最低、能效最高。当然,ASIC 的开发成本高、周期长。而深度神经网络技术飞速发展,

ASIC 一旦定制后将无法修改,难以支持新的算法。通常的做法是:先基于 FPGA 实现特殊的神经网络算法,当功能固化后采用 ASIC 降低成本。其代表有 Google 公司的 Edge TPU。

表 8-1 总结了这几种方式的异同和优缺点。

表 8-1　嵌入式 AI 芯片分类

嵌入式 AI 芯片类型	通用性	性能	功耗	成本	开发周期
GPU	高	中	较高	中	短
DSP	低	低	低	低	中
FPGA	中	高	低	低	中
ASIC	低	最高	低	最低	长

下面介绍几种具有代表性的嵌入式 AI 加速器,包括 NVIDIA Jetson、Intel Movidius 和 Google Edge TPU、Xilinx DPU、ARM Ethos NPU 等,分别是以上芯片类型的代表。

8.2 NVIDIA Jetson

在 GPU 方面,NVIDIA 是无可争议的市场领导者。几乎每个公共云提供商都提供基于 NVIDIA 的 GPU,例如 T4、V100 和 A100 处理器,作为基础结构服务的一部分。该公司还出售 DGX 和 EGX 服务器,这些服务器带有多个高端 GPU,专门用于运行深度学习、高性能计算和科学工作负载。

NVIDIA 在服务器 GPU 的基础上,推出了 Jetson 系列嵌入式 AI 模块[44]。高性能、低功耗 NVIDIA Jetson 系统可在嵌入式小型节能设备上提供实时人工智能(AI)性能,完成复杂数据的处理,从而在网络受限的环境中依靠快速、准确的推理。就可编程性而言,它们与企业数据中心同类产品 100%兼容。但与台式机和服务器所使用的传统 GPU 相比,这些 GPU 具有更少的内核和更小的功耗。

NVIDIA Jetson 还提供配套的开发人员工具包——JetPack SDK,为在各种场景下开发和部署应用程序提供了一个统一的软件体系结构,从而降低了软件开发成本。它具有必要的驱动程序,运行时以及可在边缘运行机器学习和 AI 模型的库。数据科学家和开发人员可以轻松地将 TensorFlow 和 PyTorch 模型转换为 TensorRT,该格式可以优化模型的准确性和速度。

8.2.1 Jetson 模块简介

Jetson 家族包含一系列产品,这些产品可以广泛用于制造、物流、零售、服务、农业、智能城市,以及医疗保健和生命科学等领域,以创造突破性产品。其中 Jetson Xavier 是高端模块;Jetson TX2 是中端模块;Jetson Nano 则是 NVIDIA 有史以来最实惠的 GPU 模块;Jetson Nano Dev Kit 的外观与 Raspberry Pi 非常相似,它使爱好者、制造商和专业人士能够构建下一代 AI 和 IoT 解决方案。

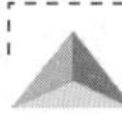

1. Jetson AGX Xavier

Jetson AGX Xavier 模块(见图 8-1)可在边缘实现更高级别的计算密度、能效和 AI 推理功能。用户可以使用较低功率和较低价格的 Jetson AGX Xavier 8GB 模块,根据应用配置为 10W 或 20W 的运行模式,或者使用 Jetson AGX Xavier 模块,并将其配置为 10W、15W 或 30W 的运行模式。这些模块的能效是 Jetson TX2 的 10 倍,性能是 Jetson TX2 的 20 倍。

2. Jetson Xavier NX

Jetson Xavier NX 模块(见图 8-2)在小型模块中将多达 21 个 TOP 加速 AI 计算带到了边缘。它可以并行运行多个现代神经网络,并处理来自多个高分辨率传感器的数据,这是完整 AI 系统的要求。Jetson Xavier NX 支持所有流行的 AI 框架。

图 8-1　Jetson AGX Xavier 模块

图 8-2　Jetson Xavier NX 模块

3. Jetson TX2

Jetson TX2 模块(见图 8-3)围绕 NVIDIA Pascal 系列 GPU 构建,并具有多种标准硬件接口,可轻松将其集成到各种产品和外形尺寸中。用于边缘 AI 应用程序的 Jetson TX2 嵌入式模块有 3 个版本:Jetson TX2、Jetson TX2i 和价格较低的 Jetson TX2 4GB。

图 8-3　Jetson TX2 模块

4. Jetson TX1

Jetson TX1 是世界上第一台基于模块的超级计算机，可提供视觉计算应用所需的性能和能效，如图 8-4 所示。它基于具有 256 个 CUDA 内核的 NVIDIA Maxwell 架构而构建，可提供超过 1 个 TFLOP 的性能，以支持嵌入式深度学习、计算机视觉、图形和 GPU 计算系统。新设计应使用 Jetson TX2 4GB 以相同的价格运行神经网络，使神经网络的计算性能提高一倍，或能量效率提高一倍。

图 8-4　Jetson TX1 模块

5. Jetson Nano

NVIDIA Jetson Nano 是一款小型、功能强大的计算机，适用于嵌入式 AI 系统和物联网，可在低功耗平台上提供现代 AI 的强大功能。借助 NVIDIA Jetpack SDK 和完整的桌面 Linux 环境快速入门，可以探索嵌入式产品的新世界。Jetson Nano 模块如图 8-5 所示。

图 8-5　Jetson Nano 模块

8.2.2　Jetson 模块内部结构

以 Jetson Xavier NX 为例，Jetson 模块的结构[45]如图 8-6 所示。

Jetson Xavier NX 包括一个集成的 384 核 NVIDIA Volta GPU（具有 48 个 Tensor

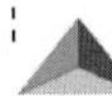

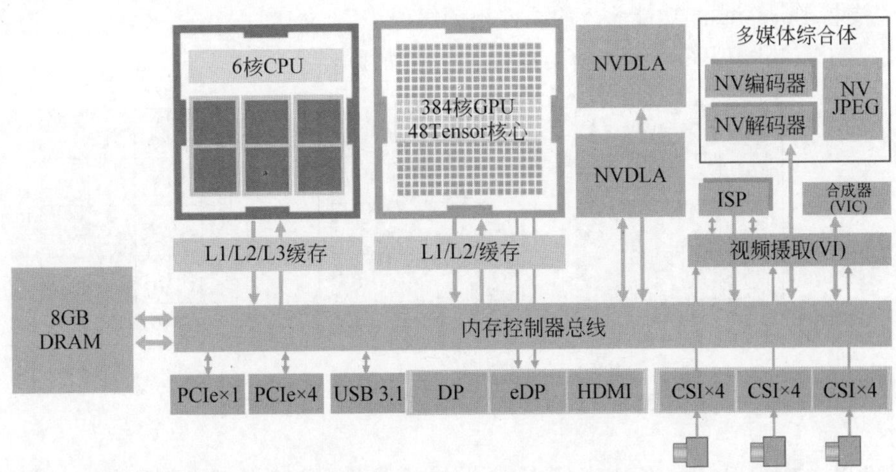

图 8-6　Jetson Xavier NX 处理器引擎的方框图(包括高速 I/O 和内存结构)

核),一个 6 核 NVIDIA Carmel ARM v8.2 64 位 CPU,8GB 128 位 LPDDR4x,两个 NVIDIA 深度学习加速器(NVDLA)引擎,一个 4K 视频编码器和解码器,一个可同时接收多达 6 个高分辨率传感器流的专用摄像头,PCIe Gen 3 扩展、双 DisplayPort/HDMI 4K 显示器、USB 3.1 和 GPIO,包括 SPI、I^2C、I^2S、CAN 总线和 UART。共享内存结构允许处理器自由共享内存,而不产生额外的内存副本(称为 ZeroCopy),这有效地提高了系统的带宽利用率和吞吐量。

对于 Jetson Nano 来说,核心的 GPU 采用 NVIDIA Maxwell 架构,Jetson TX2 则采用 NVIDIA Pascal 架构。

根据工作负载的不同,动态电压和频率缩放(DVFS)调控器在运行时动态调节 Jetson 加速引擎的工作频率,在空闲时可降低功耗。

Jetson Xavier NX 的核心是 Volta GPU 和 NVDLA 深度学习加速器,下面分别予以阐述。

1. Volta GPU

Jetson 模块采用了与 NVIDIA 最强大的服务器级别的 AI 处理器同样的 Volta 架构的 GPU,它是 NVIDIA 的第一款采用 Tensor 内核的 GPU,这种特殊设计的内核比常规 CUDA 内核具有更好的深度学习性能。

Volta 架构的功能有:

- CUDA 计算能力 7.0 版,支持整数和浮点运算的并发执行。
- 高速带宽存储器。
- NVLink 2.0: CPU 和 GPU 之间以及多个 GPU 之间的高速带宽总线。允许比使用 PCI Express 实现的传输速度高得多的传输速度,每通道达到 25Gb/s。
- 张量核: 将两个 4×4 FP16 矩阵相乘,然后使用融合乘法-加法运算将第三个 FP16 或 FP32 矩阵相加,并得到一个 FP32 结果,该结果可以选择性地降级为 FP16 结果。张量核旨在加速神经网络的训练。

• 支持 PureVideo 功能集 I 的硬件视频解码。

NVIDIA Volta 张量核的运算方式如图 8-7 所示。

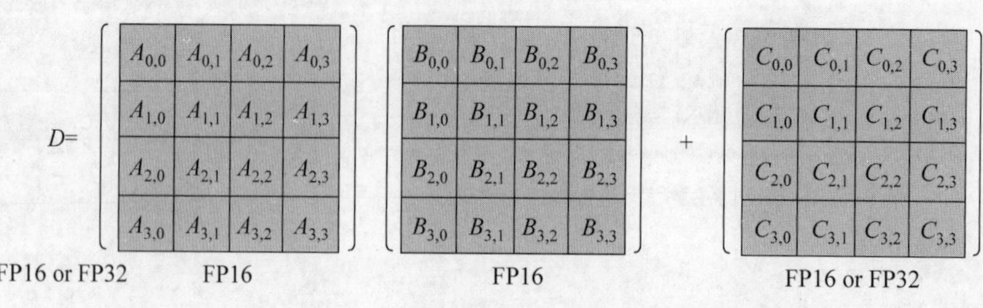

图 8-7　NVIDIA Volta 张量核的运算方式

借助以上功能，Volta 为 Jetson 模块提供了强大的 AI 处理性能，在 Jetson Xavier NX 中，Volta 架构 GPU 能够产生 12.3TOPS 的算力。

Volta 架构是 NVIDIA GPU 的通用技术[46]，本书不再展开叙述。

2. NVDLA 深度学习加速器

NVDLA 深度学习加速器[47]提供了一个简单、灵活、强大的推理加速解决方案。它支持广泛的性能级别，从更小的、成本敏感的物联网设备到更大的面向性能的物联网设备，并且可以轻松扩展应用程序。NVDLA 作为一套基于开放工业标准的 IP 核模型，提供：

• Verilog 模型，一个 RTL 形式的综合和仿真模型。

• TLM SystemC 仿真模型，可用于软件开发、系统集成和测试。

NVDLA 是一种标准化的开放式架构。它具有可扩展性和高度可配置性，模块化设计保持了灵活性并简化了集成。NVDLA 软件生态系统包括设备端软件堆栈、构建包含深度学习的新模型的完整训练架构，以及将现有模型转换为设备端可用形式的解析器软件。

3. NVDLA 模块化架构

NVDLA 引入了模块化架构，旨在简化配置、集成和便携性；它公开了用于加速核心的深度学习推理操作的构建块。NVDLA 硬件由以下组件组成：

• 卷积核心(convolution core)——优化的高性能卷积引擎。

• 单数据点处理器——激活函数的单点查找引擎。

• 平面数据处理器——用于池化的平面平均引擎。

• 跨通道数据处理器——用于高级归一化功能的多通道平均引擎。

• 专用内存和数据重塑引擎——用于张量重塑和复制操作的内存到内存转换加速引擎。

这些组件中的每一个都是独立的并且可以独立配置。例如，不需要池化的系统可以完全去除平面平均引擎；或者，需要额外卷积性能的系统可以在不修改加速器中的其他单元的情况下扩展卷积单元的性能。每个单元的调度操作都交给一个协处理器或 CPU，它

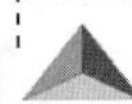

们以极其细的粒度进行调度，并且每个单元独立运行。通过添加专用管理协处理器，这种对严密的管理调度的要求可以作为 NVDLA 子系统的一部分（“有头”实现）；或者该功能可以与主系统处理器上的更高级别的驱动程序实现融合（“无头”实现）。

NVDLA 硬件采用标准方法与系统的其余部分接口：

- 一个控制通道，实现寄存器文件和中断接口。
- 一对标准 AXI 总线接口用于与存储器接口。

主内存接口旨在连接到系统更广泛的内存系统，包括系统 DRAM。该内存接口应与系统的 CPU 和 I/O 外设共享。第二个内存接口是可选的，它允许连接到更高带宽的内存，这些内存可能专用于 NVDLA 或一般的计算机视觉子系统。这种异构内存接口选项为在不同类型的主机系统之间进行扩展提供了额外的灵活性。

推理的典型流程始于 NVDLA 管理处理器（“有头”实现中的协控制器，或“无头”实现中的主 CPU）向下发送一个硬件层的配置以及“激活”命令。如果数据互不相关，则可以将多个硬件层配置发送到不同的引擎并同时激活（即如果存在另一层的输入不依赖于前一层的输出）。因为每个引擎都有一个用于其配置寄存器的双缓冲区，它也可以捕获第二个硬件层的配置，以便在活动层完成后立即开始处理另一个硬件层。一旦硬件引擎完成其活动任务，它将向管理处理器发出中断以报告完成，然后管理处理器将再次开始该过程。这种命令-执行-中断流程不断重复，直到整个网络的推理完成。

NVDLA 实现通常分为以下两类。

- 无头的（headless）——NVDLA 硬件的逐个单元管理发生在主系统处理器上。
- 有头的（headed）——将高中断频率任务交给与 NVDLA 子系统紧密耦合的配套微控制器（协处理器）。

图 8-8 中的小型系统模型显示了无头 NVDLA 实现的示例，而大型系统模型显示了有头实现。小模型代表了对成本更加敏感的专用设备的 NVDLA 实现。大模型的特点是增加了专用控制协处理器和高带宽 SRAM，以支持 NVDLA 子系统。大型系统模型更适合可以同时运行多个任务的高性能物联网设备。

1）小型 NVDLA 模型

小型 NVDLA 模型将深度学习技术引入以前不可行的领域。该模型非常适合成本敏感的物联网类设备，以及对成本、面积和功率非常敏感的人工智能和自动化的系统。通过 NVDLA 可配置资源，可以节省成本、面积和功耗。神经网络模型可以进行预编译和性能优化，大型网络模型可以被“裁减”并降低复杂度。反过来说，一个规模缩小的 NVDLA 实现，可以让模型消耗更少的存储空间，并减少系统软件加载和处理的时间。

这种专门构建的系统通常一次只执行一项任务，因此，在 NVDLA 运行时牺牲一些系统性能通常是可以接受的。与这些系统相关上下文切换的开销较小，主处理器不会因处理大量 NVDLA 中断而导致负担过重。这消除了对额外的微控制器的需求，主处理器足以执行粗粒度调度和内存分配，以及细粒度的 NVDLA 管理。

通常，遵循小型 NVDLA 模型的系统不包括可选的第二个内存接口。当整体系统性能不那么重要时，没有高速内存通道的影响不太可能是关键。在此类系统中，系统内存（通常为 DRAM）的功耗可能低于 SRAM，因此将系统内存用作计算缓存会更加节能。

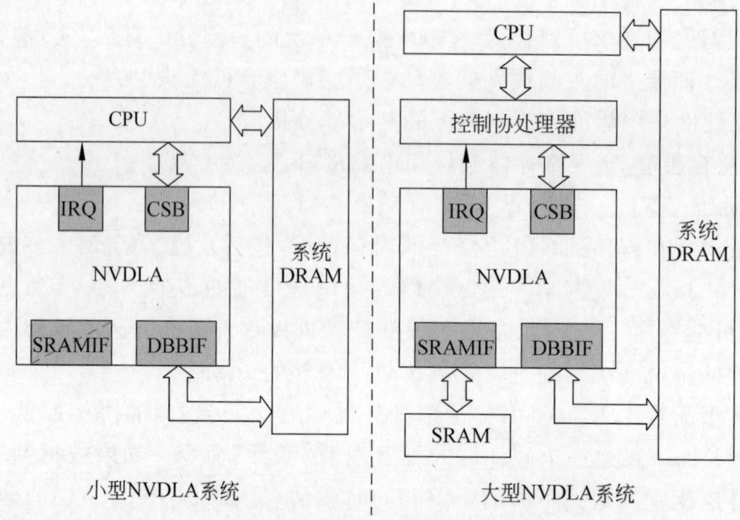

图 8-8　两种可能的 NVDLA 系统的比较

2）大型 NVDLA 模型

当主要考虑高性能和多功能性时，大型 NVDLA 模型是更好的选择。面向性能的物联网系统可以对许多不同的网络拓扑进行推理，因此，这些系统必须保持高度的灵活性。此外，这些系统可能同时执行多个任务，而不是串行化执行推理操作，因此推理操作不能在主机上消耗过多的处理能力。为了满足这些需求，NVDLA 硬件包括第二个可选的存储器接口，专门用于高带宽 SRAM，并能够与专用控制协处理器（微控制器）连接以减少主处理器上的中断负载。

当高带宽 SRAM 包含在实现中时，高带宽 SRAM 连接到 NVDLA 上的快速存储器总线接口，这个 SRAM 被 NVDLA 用作缓存。可见，它还可选地被系统上的其他高性能计算机视觉组件共享，以进一步减少访问主系统内存（Sys DRAM）的流量。

NVDLA 协处理器的要求是通用的，因此有多种合适的通用处理器可选（例如，基于 RISC-V 的 PicoRV32 处理器、ARM Cortex-M 或 Cortex-R 处理器，甚至内部微控制器）。使用专用协处理器时，主机处理器仍会处理一些与管理 NVDLA 相关的任务。例如，尽管协处理器负责 NVDLA 硬件的调度和细粒度编程，主机仍将负责 NVDLA 硬件上的粗粒度调度，用于 NVDLA 内存访问的 IOMMU 映射（根据需要），用于 NVDLA 上输入数据和固定权重数组的内存分配，以及用于在 NVDLA 上运行的其他系统组件和任务之间的同步。

4. 硬件架构

NVDLA 硬件架构如图 8-9 所示。

NVDLA 架构可以在两种操作模式下进行编程：独立模式和融合模式。

- **独立模式**。当独立运行时，每个功能块都针对它的执行时间和执行内容进行配置，每个块都独立执行分配给它的任务（类似于深度学习框架中的独立层）。独立操作以指定的功能块执行存储器到存储器操作开始和结束，读写主系统存储器或

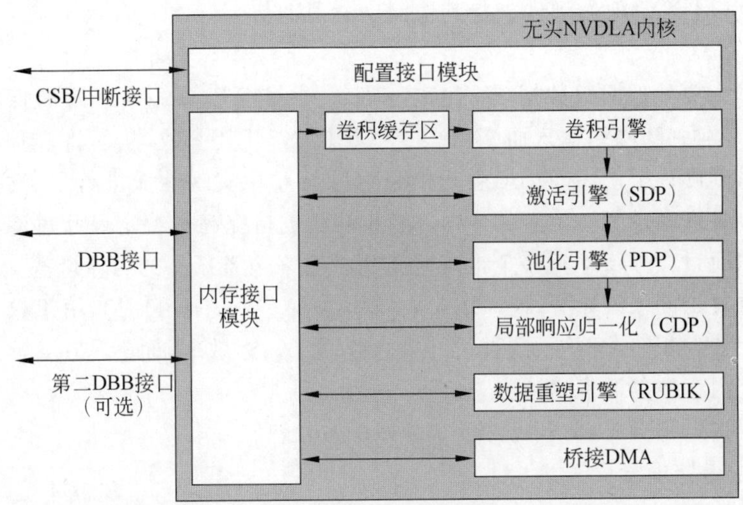

图 8-9　NVDLA 硬件架构

专用 SRAM 存储器。

- **融合模式**。融合操作类似于独立操作，但是，一些功能块可以组装为流水线。通过绕过内存的往返提高性能，而不是让功能块通过小型 FIFO 相互通信（即卷积核可以将数据传递给单数据点处理器，单数据点处理器可以将数据传递给平面数据处理器，然后传递给跨通道数据处理器）。

1）接口

NVDLA 与系统的其余部分主要有三个接口。

- **配置空间总线（configuration space bus，CSB）接口**。该接口是一种同步、低带宽、低功耗的 32 位控制总线，设计用于 CPU 访问 NVDLA 配置寄存器。NVDLA 在 CSB 接口上用作从设备。CSB 实现了一个非常简单的接口协议，因此它可以很容易地转换为 AMBA、OCP 或任何其他具有简单垫片层的系统总线。
- **中断接口**。NVDLA 硬件包括一个 1 位电平驱动中断。当任务完成或发生错误时，中断线被置位。
- **数据主干（data backbone，DBB）接口**。DBB 接口连接 NVDLA 和主系统内存子系统，它是一种同步、高速且高度可配置的数据总线，可以指定具有不同的地址大小、不同的数据大小，并根据系统的要求发出不同大小的请求。DBB 接口是一种类似于 AXI 的简单接口协议（并且可以很容易地用于符合 AXI 的系统）。

DBB 接口有一个可选的第二个接口，当有第二个内存通道可用时可以使用它。此连接在设计上与主 DBB 接口相同，可以与提供更高吞吐量和更低访问延迟的片上 SRAM 一起使用。第二个 DBB 接口不是 NVDLA 运行所必需的，不需要这个内存接口的系统可以通过移除它来节省空间。

2）组件

NVDLA 架构中的每个组件都支持深度神经网络推理所不可或缺的特定操作。以下描述了每个组件的简要功能，包括映射到它们的 TensorFlow 操作。虽然以 TensorFlow

操作作为示例,但 NVDLA 硬件支持其他深度学习框架。

3）卷积

卷积操作主要处理两组数据：一组离线训练的“权重”(在每次推理时保持不变)；一组输入“特征”数据(随网络输入而变化)。卷积引擎公开其参数,从而将多种不同大小的卷积高效映射到硬件上。NVDLA 卷积引擎对原始卷积实现性能进行了优化,支持稀疏权重压缩以节省内存带宽。内置的 Winograd 卷积支持提高了特定尺寸过滤器的计算效率。批量卷积通过在并行运行多个推理时重用权重来节省额外的内存带宽。

为避免重复访问系统内存,NVDLA 卷积引擎有一个内部 RAM,用于权重和输入特征的存储,称为“卷积缓冲区”。这种设计大大提高了内存效率,而不是在每次需要权重或特征时向系统内存控制器发送请求。

卷积单元映射到 TensorFlow 操作,例如 tf.nn.conv2d。

4）单数据点处理器

单数据点处理器(single data point processor,SDP)允许将线性和非线性函数应用于单个数据点。这通常在 CNN 系统中卷积之后立即使用。SDP 有一个查找表来实现非线性函数,对于线性函数,则支持简单的偏置和缩放。这种组合可以支持最常见的激活函数,以及其他元素级操作,包括 ReLU、PReLU、精度缩放、批量归一化、偏置加法或其他复杂的非线性函数,例如 Sigmoid 或双曲正切。

SDP 映射到 TensorFlow 操作,包括 tf.nn.batch_normalization、tf.nn.bias_add、tf.nn.elu、tf.nn.relu、tf.sigmoid、tf.tanh 等。

5）平面数据处理器

平面数据处理器 (planar data processor,PDP) 支持 CNN 应用程序中常见的特定空间操作。它可在运行时进行配置以支持不同的池化组大小,并支持三种池化功能：最大池化、最小池化和平均池化。

PDP 映射到 TensorFlow 操作,包括 tf.nn.avg_pool、tf.nn.max_pool 和 tf.nn.pool 等。

6）跨通道数据处理器

跨通道数据处理器 (cross-channel data processor,CDP)是一个专门的单元,用于实现局部响应归一化 (local response normalization,LRN)函数——一种特殊的归一化函数,在通道维度(而不是空间维度)上运行。

CDP 映射到 tf.nn.local_response_normalization 函数上。

7）数据重塑引擎

数据重塑引擎执行数据格式转换(例如,拆分或切片、合并、收缩、重塑-转置)。在对卷积网络进行推理的过程中,内存中的数据往往需要重新配置或重塑。例如,“切片”操作可用于分离图像的不同特征或空间区域,“重塑-转置”操作可用于创建比输入数据集维度更大的输出数据,这在反卷积网络中很常见。

数据重塑引擎映射到 TensorFlow 操作,例如 tf.nn.conv2d_transpose、tf.concat、tf.slice 和 tf.transpose。

8）桥接 DMA

桥接 DMA (bridge DMA,BDMA)模块实现数据复制引擎,用于在系统 DRAM 和专

用高性能内存接口(如果存在)之间移动数据。这是一条在这两个未连接的内存系统之间移动数据的加速路径。

9）可配置性

NVDLA 有一系列硬件参数,可以配置这些参数以平衡面积、功率和性能。以下是这些选项的简短列表。

- **数据类型**。NVDLA 在其各种功能单元中原生支持多种数据类型;可以选择其中的一个子集来节省面积。可选择的数据类型包括二进制数、INT4、INT8、INT16、INT32、FP16、FP32 和 FP64。
- **输入图像内存格式**。NVDLA 可以支持平面图像、半平面图像或其他压缩内存格式。可以启用或禁用这些不同的模式以节省面积。
- **权重压缩**。NVDLA 具有通过稀疏的存储卷积权重来减少内存带宽的机制。可以禁用此功能以节省面积。
- **Winograd 卷积**。Winograd 算法是对卷积的某些维度的优化。NVDLA 可以在支持或不支持它的情况下构建。
- **批量卷积**。批量卷积是一种节省内存带宽的功能,NVDLA 可以在支持或不支持它的情况下构建。
- **卷积缓冲大小**。卷积缓冲区由许多组(bank)构成。可以调整组的数量(从 2 到 32)和每个组的大小(从 4KB 到 8KB)。将这两个数相乘,可以确定将被实例化的卷积缓冲存储器的总量。
- **MAC 阵列大小**。乘法累加引擎表现为二维形式。宽度(C 维度)可以从 8 调整到 64,深度(K 维度)可以从 4 调整到 64。(创建的乘加总数可以由这两者相乘确定)
- **第二个内存接口**。NVDLA 可以支持用于高速访问的第二个内存接口,或者它可以只用一个内存接口构建。
- **非线性激活函数**。为了节省面积,可以删除支持非线性激活函数(如 Sigmoid 或 tanh)的查找表。
- **激活引擎大小**。每个周期产生的激活输出数量可以在 1～16 调整。
- **桥接 DMA 引擎**。可以移除桥接 DMA 引擎以节省面积。
- **数据重塑引擎**。可以删除数据重塑引擎以节省面积。
- **池化引擎的存在**。可以移除池化引擎以节省面积。
- **池化引擎的大小**。池化引擎可以调整为每个周期产生 1～4 个输出。
- **局部响应规一化引擎的存在**。可以移除局部响应规一化引擎以节省面积。
- **局部响应规一化引擎的大小**。局部响应规一化引擎可以调整为每个周期产生 1～4 个输出。
- **存储器接口位宽**。存储器接口位宽可以根据外部存储器接口的宽度进行调整,从而适当调整内部缓冲区的大小。
- **内存读取延迟容忍度**。内存延迟时间定义为从读取请求到返回读取数据的周期。可以调整对这个延迟的容忍度,这会影响每个读取 DMA 引擎的内部延迟缓冲区大小。

5. 软件设计

NVDLA 拥有支持它的完整软件生态系统。该生态系统的一部分包括设备端软件堆栈。此外，NVDLA 提供了完整的训练基础设施，以构建包含深度学习的新模型，并将现有模型转换为 NVDLA 软件可用的形式。通常，与 NVDLA 相关的软件分为编译工具（模型转换）和运行时环境（在 NVDLA 上加载和执行网络的运行时软件）两组。NVDLA 系统软件内部数据流图如图 8-10 所示，下面对每个组进行描述。

图 8-10　NVDLA 系统软件内部数据流图

1）编译工具：模型创建和编译

编译工具包括编译器和解析器。编译器负责创建一系列针对给定 NVDLA 配置进行优化的硬件层，拥有优化的硬件层网络可通过减少模型大小、负载和运行时间来提高性能。编译是一个多步骤过程，可以分解为解析和编译两个基本组件。解析器相对简单，其最基本的功能是读取预训练的 Caffe 模型并创建网络的"中间表示"以传递到下一步的编译器。编译器将解析的中间表示和 NVDLA 实例的硬件配置作为其输入，并生成硬件层网络。

了解 NVDLA 实例的特定硬件配置很重要，它使编译器能够为可用的功能集生成适当的硬件层。例如，在不同的卷积操作模式（例如 Winograd 卷积或基本卷积）之间进行选择，或者根据可用的卷积缓冲区大小将卷积操作拆分为多个更小的迷你操作。此阶段还负责将模型量化为较低的精度，例如 8 位或 16 位整数，或 16 位浮点数，并负责为权重分配内存区域。同一个编译器工具可以为多个不同的 NVDLA 配置生成操作列表。

2）运行时环境：设备上的模型推断

运行时环境涉及在兼容的 NVDLA 硬件上运行模型。它主要分为以下两层。

- **用户模式驱动程序**：提供给用户模式程序的主接口。神经网络编译器解析后逐层编译网络，并转换成名为 NVDLA Loadable（NVDLA 可加载）的文件格式。用户模式运行时驱动程序加载它并将推理作业提交给内核模式驱动程序。
- **内核模式驱动程序**：由驱动程序和固件组成，这些驱动程序和固件负责在 NVDLA 上调度"层"操作，并对 NVDLA 寄存器进行编程以配置每个功能块。

运行时执行从存储的网络表示开始；这种存储格式称为 NVDLA Loadable 映象。从可加载的角度看，NVDLA 实现中的每个功能块都由软件中的一个层表示，每个层都包含其依赖项的信息、内存中的输入和输出张量，以及一个操作中的每个块的特定配置。层通过依赖关系图链接在一起，内核模式驱动程序使用它安排每个操作。NVDLA 可加载文件格式是标准化的，可跨编译器和用户模式驱动程序实现。

用户模式驱动程序有一个标准的应用程序编程接口（API），用于处理可加载的图像，将输入和输出张量绑定到内存位置以及运行推理。它将网络以一组已定义的数据结构加载到内存中，并以已定义的实现形式将其传递给内核模式驱动程序。例如，在 Linux 上，这可能是一个 ioctl()，将数据从用户模式驱动程序传递到内核模式驱动程序，而在单进程系统上（用户模式驱动程序与内核模式驱动程序运行在相同环境中），这可能是一个简单的函数调用。

内核模式驱动程序的主要入口点接收内存中的推理作业，从多个可用作业中选择进行调度（如果在多进程系统上），并将其提交给核心引擎调度程序。这个核心引擎调度器负责处理来自 NVDLA 的中断，调度每个单独功能块上的层，并根据上一层任务的完成更新该层的所有依赖关系。调度器使用依赖图中的信息确定后续层何时准备好进行调度，这允许编译器以优化的方式决定层的调度，并避免内核模式驱动程序不同实现的性能差异。

6. NVDLA 的面积和性能估计

表 8-2 为 ResNet-50 神经网络优化的 NVDLA 配置的面积和性能估计。给出的面积数字是估计的综合面积，包括所需的所有存储器。在这个例子中没有使用片上 SRAM。如果可用的 SDRAM 带宽很低，片上 SRAM 将是有益的。

表 8-2　ResNet-50 神经网络优化的 NVDLA 配置的面积和性能估计

乘法累加引擎数量	卷积缓存区大小/KB	SDRAM 带宽 /GB·s^{-1}	28nm 硅元件面积 /mm^2	16nm 硅元件面积 /mm^2	Int8 ResNet-50 推理性能 /f·s^{-1}	16nm 硅元件功率估算峰值/平均值 /mW·mW^{-1}
2048	512	20	5.5	3.3	269	766/291
1024	256	15	3.0	1.8	153	375/143
512	256	10	2.3	1.4	93	210/80
256	256	5	1.7	1.0	46	135/48
128	256	2	1.4	0.84	20	82/31
64	128	1	0.91	0.55	7.3	55/21
32	128	0.5	0.85	0.51	3.6	45/17

表 8-2 中的功率和性能是针对 1GHz 频率的。通过调整电压和频率，可以改变特定配置的功率和性能。

正是由于以上特点，Jetson Xavier 系列模块采用 NVDLA 技术，适合在多种大小和复杂程度不同的物联网设备上应用，在高性能、低功耗和小面积等方面达到了平衡。以 Jetson Xavier NX 为例，该模块的每个 NVDLA 引擎产生 4.5TOPS 的算力。

8.2.3　Jetson 性能

表 8-3 对比了 Jetson 系列模块的主要技术指标。

表 8-3　Jetson 系列模块的主要技术指标

	Jetson Nano	Jetson TX2 系列			Jetson Xavier NX	Jetson AGX Xavier 系列	
		TX2 4GB	TX2	TX2i		AGX Xavier 8GB	AGX Xavier
AI 性能	472 GFLOPS	1.33 TFLOPS		1.26 TFLOPS	21 TOPS	20 TOPS	32 TOPS
显卡	128 核 NVIDIA Maxwell™ GPU	256 核 NVIDIA Pascal™ GPU			具有 48 个 Tensor 内核的 384 核 NVIDIA Volta™ GPU	具有 48 个 Tensor 内核的 384 核 NVIDIA Volta™ GPU	具有 64 个 Tensor 内核的 512 核 NVIDIA Volta™ GPU
中央处理器	四核 ARM® Cortex®-A57 MPCore	双核 NVIDIA Denver 1.5 64 位 CPU 和四核 ARM® Cortex®-A57 MPCore 处理器			6 核 NVIDIA Carmel ARM® v8.2 64 位 CPU6MB L2 +4MB L3	6 核 NVIDIA Carmel ARM® v8.2 64 位 CPU6MB L2 +4MB L3	8 核 NVIDIA Carmel ARM® v8.2 64 位 CPU8MB L2 +4MB L3
内存	4 GB 64 位 LPDDR 425.6GB/s	4 GB 128 位 LPDDR 451.2GB/s	8 GB 128 位 LPDDR 459.7GB/s	8 GB 128 位 LPDDR4(支持 ECC) 51.2GB/s	8 GB 128 位 LPDDR4x 51.2GB/s	8 GB 256 位 LPDDR4x 85.3GB/s	16 GB 256 位 LPDDR4x 136.5GB/s
存储	16 GB eMMC 5.1	16 GB eMMC 5.1	32 GB eMMC 5.1	32 GB eMMC 5.1	16 GB eMMC 5.1	32 GB eMMC 5.1	
功率	5W/ 10W	7.5W/ 15W		10W/ 20W	10W/ 15W	10W/ 20W	10W/ 15W/ 30W
PCIE	1×4(PCIe 二代)	1×1 +1×4 或 1×1 +1×1 +1×2 (PCIe 二代)			1×1 +1×4 (PCIe 三代,根端口和端点)	1×8 +1×4 +1×2 + 2×1(PCIe 三代)	1×8 +1×4 +1×2 + 2×1(PCIe 四代,根端口和端点)
CSI 相机	最多 4 个摄像头 12 通道 MIPI CSI-2D-PHY 1.1 (高达 18Gb/s)	最多 6 个摄像头(通过虚拟通道可扩展为 12 个)12 通道 MIPI CSI-2D-PHY 1.2(最高 30Gb/s) C-PHY 1.1 (最高 41Gb/s)			最多 6 个摄像头(通过虚拟通道可扩展为 24 个)12 通道 MIPI CSI-2D-PHY 1.2(高达 30Gb/s)	最多 6 个摄像机(通过虚拟通道可扩展为 36 个)16 通道 MIPI CSI-2 或 8 通道 SLVS-ECD-PHY 1.2(最高 40 Gb/s) C-PHY 1.1(最高 59Gb/s)	

续表

	Jetson Nano	Jetson TX2 系列			Jetson Xavier NX	Jetson AGX Xavier 系列	
		TX2 4GB	TX2	TX2i		AGX Xavier 8GB	AGX Xavier
视频编码	250MP /s 1 × 4K @ 30(HEVC) 2×1080p @ 60(HEVC)	500MP/s 1×4K @ 60(HEVC) 3×4K @ 30(HEVC) 4×1080p @ 60(HEVC)			2×464MP/s 2 × 4K @ 30 (HEVC) 6 × 1080p @ 60(HEVC)	2×464MP/s 2 × 4K @ 30 (HEVC) 6 × 1080p @ 60(HEVC) 14 × 1080p @ 30(HEVC)	2×1000MP/s 4 × 4K @ 60 (HEVC) 16 × 1080p @ 60(HEVC) 32 × 1080p @ 30(HEVC)
视频解码	500 MP /s 1 × 4K @ 60(HEVC) 4×1080p @ 60(HEVC)	1000MP/s 2×4K @ 60(HEVC) 7×1080p @ 60(HEVC) 20×1080p @ 30(HEVC)			2×690MP/s 2 × 4K @ 60 (HEVC) 12 × 1080p @ 60(HEVC) 32 × 1080p @ 30(HEVC)	2×690MP/s 2 × 4K @ 60 (HEVC) 12 × 1080p @ 60(HEVC) 32 × 1080p @ 30(HEVC)	2×1500MP /s 2 × 8K @ 30 (HEVC) 6×14K @ 60 (HEVC) 26 × 1080p @ 60(HEVC) 72 × 1080p @ 30(HEVC)
显示端口	2 个多模式 DP 1.2/ eDP 1.4/ HDMI 2.0 1 × 2 DSI (1.5Gb/s / 通道)	2 个多模式 DP 1.2/eDP 1.4/HDMI 2.0 2×4 DSI(1.5Gb/s /通道)			2 多模式 DP 1.4/eDP 1.4/ HDMI 2.0 不支持 DSI	3 多模式 DP 1.4/eDP 1.4/ HDMI 2.0 不支持 DSI	
深度学习加速器	—	—			2 个 NVDLA 引擎	2 个 NVDLA 引擎	
视觉加速器	—	—			—	7 路 VLIW 视觉处理器	
联网	10/100/ 1000 Base-T 以太网	10/100/ 1000 Base-T 以太网	10/100/ 1000 Base-T 以太网，WLAN	10/100/ 1000 Base-T 以太网	10/100/1000 Base-T 以太网	10/100/1000 Base-T 以太网	
机械规格	69.6mm× 45mm 260 针 SO-DIMM 接口	87mm×50mm 400 针接口			69.6mm× 45mm 260 针 SO-DIMM 接口	100mm×87mm 699 针接口	

为了直观地比较 Jetson 系列成员之间的可扩展性，NVIDIA 官方测试了 Jetson

Nano、Jetson TX2、Jetson Xavier NX 和 Jetson AGX Xavier 在图像分类、对象检测、姿态估计、语义分割等的流行 DNN 模型上的推理性能。如图 8-11 所示，这些结果是使用 JetPack 和 NVIDIA 的 TensorRT 推理加速器库运行的，该库优化了网络的实时性能，这些网络在 TensorFlow、PyTorch、Caffe、MXNet 等流行机器学习框架中进行了训练。

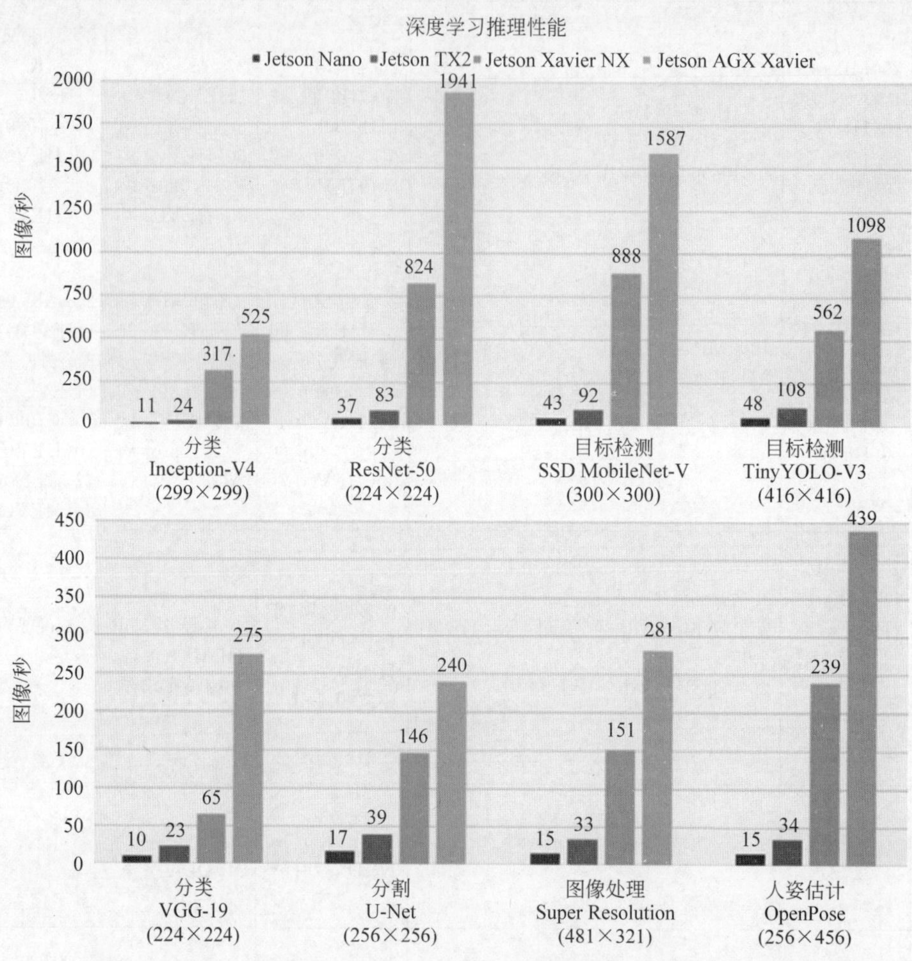

图 8-11 在 Jetson 家族中使用 TensorRT 对各种视觉 DNN 模型的推理性能

(来源为 https://developer.NVIDIA.com/blog/jetson-xavier-nx-the-worlds-smallest-ai-supercomputer/)

在这个测试中，在 Jetson Xavier NX 和 Jetson AGX Xavier 上，NVDLA 引擎和 GPU 都以 INT8 精度同时运行，而在 Jetson Nano 和 Jetson TX2 上，GPU 以 FP16 精度运行。

8.3 Intel Movidius

Intel Movidius[48] 是一种专用的 AI 硬件加速器，具有强大的神经计算引擎，旨在显著提高深度神经网络的性能，而不会影响其低功耗特性。这种神经计算引擎具有一系列 MAC 块并直接与智能存储结构接口，能够快速执行深度推理所需的计算，而不会遇到其

他处理器设计遇到的所谓"数据墙"瓶颈。

Movidius 曾是一个初创的视觉处理芯片厂商，于 2016 年被 Intel 收购，目前已经推出三代产品，按发布时间先后分别是 Myriad、Myriad 2 和 Myriad X。这些芯片专用于处理图像和视频流。它以处理计算机视觉的能力而定位为 VPU(vision processing units，视觉处理单元)。

Myriad 的体积很小，可以封装在 USB 拇指驱动器中，作为神经计算棒(neural compute stick，NCS)使用。关于 NCS 的最好的事情是它可以与 x86 和 ARM 设备一起使用。它可以轻松插入 Intel NUC(next unit of computing)或 Raspberry Pi 中以运行推理。它从主机设备获取电源，而无须外部电源。

类似于 NVIDIA JetPack，Intel 已经构建了一个软件平台，以优化 Movidius 和 Myriad 的机器学习模型。Intel OpenVINO Toolkit 发行版在边缘运行在云中训练的计算机视觉模型。OpenVINO 代表开放视觉推理和神经网络优化，是一个开源项目，旨在为在 x86、ARM32 和 ARM64 平台上运行的模型带来一致的推理方法。可以将现有的卷积神经网络(CNN)模型转换为 OpenVINO 中间表示(IR)，该模型可以大大减小模型的大小，同时可以进行优化以进行推理。

8.3.1 Movidius Myriad X VPU 芯片

Intel Movidius Myriad X VPU 是 Intel 的第三代，也是最先进的 VPU，如图 8-12 所示。它是同类产品中第一个采用神经计算引擎的产品——神经计算引擎，是用于深度神经网络推理的专用硬件加速器。神经计算引擎与 16 个强大的 SHAVE(streaming hybrid architecture vector engine，流混合架构矢量引擎)内核以及超高吞吐量的智能存储结构相结合，使 Intel Movidius Myriad X 成为设备上深度神经网络和计算机视觉应用程序的行业领导者。Intel 的 Myriad X VPU 已获得成像和视觉引擎的额外升级，包括附加的可编程 SHAVE 内核、升级和扩展的视觉加速器，以及新的原生 4K ISP(image signal processor，图像信号处理)管道，最多可支持 8 个高清传感器直接连接到 VPU。

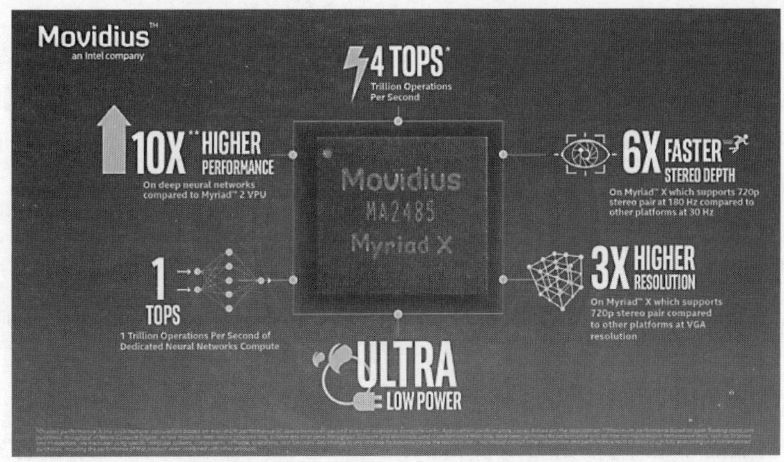

图 8-12　Intel Movidius Myriad X VPU 芯片

Intel Movidius Myriad X VPU 可通过 Myriad 开发套件(MDK)进行编程,该套件包括所有必要的开发工具、框架和 API,以在芯片上实现自定义视觉、影像和深度神经网络工作负载。

使用 Intel Movidius Myriad X VPU 芯片具有以下几点好处。

- 具有专用神经计算引擎;
- 具有 16 个高性能 SHAVE 内核;
- 具有 4K 支持的增强型 ISP;
- 包括立体景深在内的新型视觉加速器;
- 得到原生 FP16 和 8 位定点数支持;
- 以 Caffe 和 TensorFlow 格式快速移植和部署神经网络;
- 可以对许多常见的深度神经网络的端到端进行加速;
- 具有业界领先的推理/秒/瓦性能。

Intel Movidius Myriad X 是首款配备神经计算引擎的 VPU,该神经计算引擎是用于运行设备上的深度神经网络应用程序的专用硬件加速器。通过智能存储结构直接与其他关键组件接口,神经计算引擎能够提供业界领先的每瓦性能,而不会遇到其他架构遇到的常见数据流瓶颈。

1. 可编程 SHAVE 内核

Intel Movidius Myriad X 芯片采用 16nm 工艺制造,工作于 700MHz,具有 16 个可编程的 VLIW(very long instruction word,超长指令字)矢量处理器,称为 SHAVE 内核,可通过并行执行工作负载加速神经网络,可用于运行传统的计算机视觉工作负载,或通过运行 CNN 应用程序的自定义层类型,来增强神经计算引擎对稀疏数据结构的支持。

SHAVE 内核[49]是一种混合了 RISC、DSP 和 GPU 的 VLIW 架构,具有很高的性能数字。整个芯片采用 28nm 工艺制造,工作于 600MHz,消耗 300mW 功率,对于 8 位整数,其运算能力可达到 300GOPS(或每瓦刚好超过 1TOPS),而对于 8 位向量,运算能力则为 60GOPS。

SHAVE 核心背后的基本概念是提高重要数据的并行性。每个 SHAVE 内核都是一个可变长度超长指令字(VLLIW)处理器,可以对本机 32 位整数和 128 位向量值进行操作。每个内核都包含许多不同类型的寄存器文件以及一套执行单元,这些执行单元利用具有大量端口的多个寄存器文件一次处理相对较大的一组值。

SHAVE 内核的架构如图 8-13 所示。

1) 寄存器文件

共有 3 个寄存器文件:整数寄存器文件(IRF)、标量寄存器文件(SRF)和向量寄存器文件(VRF)。

SHAVE 的 IRF 具有 17 个端口,以便每个周期启用大量的并行数据操作。IRF 具有 32 个 32 位整数的条目,这些条目主要由 IAU 和 SAU 操作。除了 IRF,还有 SRF,它具有另一组 32 个 32 位整数的条目。第二个寄存器允许 SHAVE 进行各种三操作数运算并

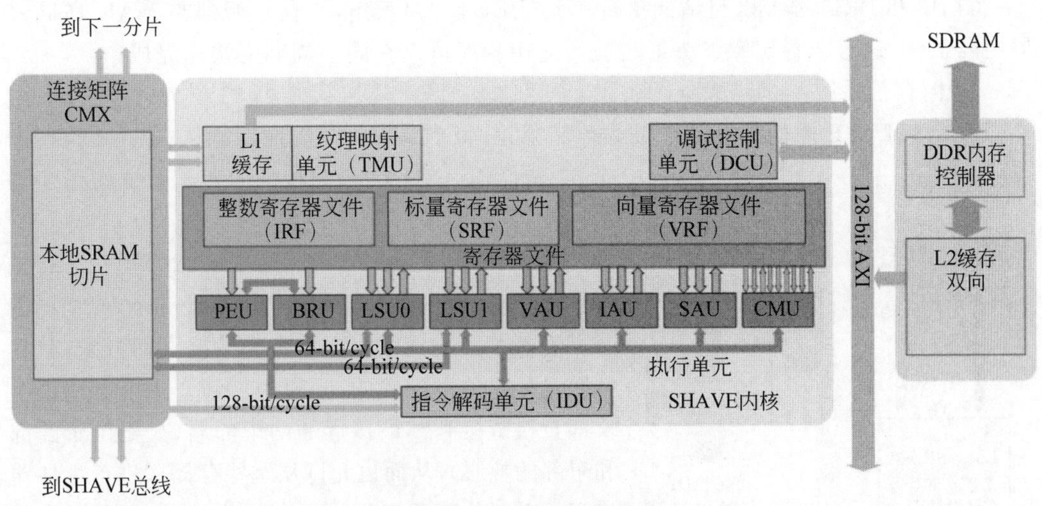

图 8-13　SHAVE 内核的架构

为执行单元生成谓词。

SHAVE 内核还具有专用的 VRF，其中包含 32 个条目，每个条目 128 位宽。

2）执行单元

主要有 3 个执行单元：向量算术单元（VAU）、标量算术单元（SAU）和整数算术单元（IAU），如图 8-14 所示。此外，每个 SHAVE 内核还集成了自己的纹理映射单元（TMU），从而可以进行强大的位图转换。

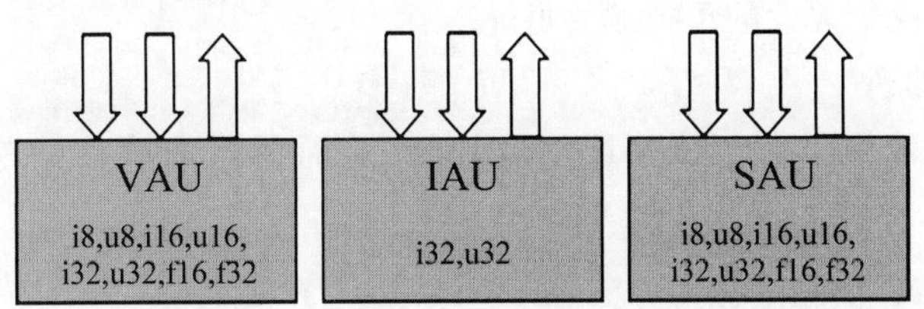

图 8-14　SHAVE 内核中的执行单元

IAU 执行所有对 32 位整数进行运算并访问 IRF 的算术指令。SAU 的用途更加广泛，可以执行所有整数（8～32 位）和浮点（HP/FP）操作。VAU 支持所有整数（8～32 位）和浮点（HP/FP）类型的 128 位向量运算。由于这些操作可以在同一周期内完成，因此可以将任意两者进行组合以执行各种类似于 DSP 的操作，例如矩阵变换。

除这些单元外，还有一个比较移动单元（CMU），用于生成谓词。该单元可以执行一些操作，例如，在 VRF 中的每个 16 位/32 位/8 位条目进行三个比较操作，以及可以为谓词执行生成谓词的向量运算。CMU 有效地与所有寄存器文件交互，并能够在它们之间移动数据。

分支和重复单元（BRU）是另一个执行单元，能够以零开销进行连续迭代，适用于单个或多个 VLIW 字，可以用作可参数化的有限冲激响应（FIR）滤波器，从而显著减少了指令提取带宽。

CMU 和 BRU 都可以与谓词执行单元(PEU)一起工作,并且它们都与 VAU 在同一周期内工作,这意味着如像素决策之类的应用程序可以在同一周期内快速完成。

3) 内存子系统

每个 SHAVE 内核都有两个负载存储单元,每个单元每个周期都能从 SRAM 执行单个 64 位操作。SHAVE 内核的内存子系统如图 8-15 所示。

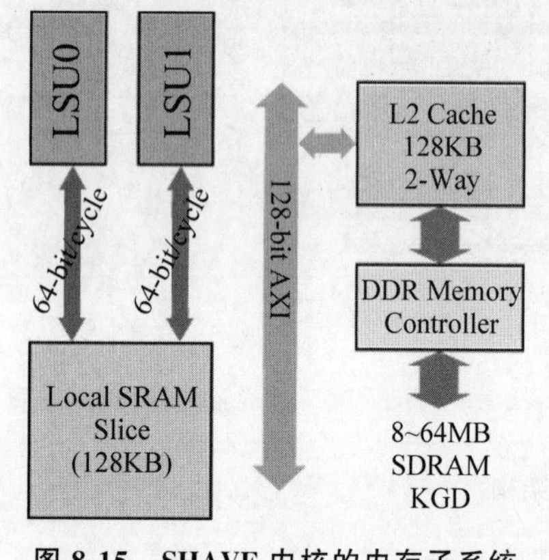

图 8-15 SHAVE 内核的内存子系统

每个 SHAVE 内核都有一个本地 128 KB 的 SRAM 切片,LSU 在 Movidius 上运行,称为 Connection MatriX (CMX)模块。高速缓存在指令和数据之间分配,其具体数量是软件可配置的,间隔为 8KB。每个本地缓存块都直接链接到其最接近的两个邻居(大概位于西部和东部的核心),从而也允许从这些存储库进行零惩罚访问。对于位于更远处的缓存切片,确实会有一点延迟损失。Movidius 指出,他们测试过的大多数软件几乎都与其相邻核心进行了所有通信,从而使他们可以利用这一点。

整个芯片还具有共享的 128KB 的 L2 高速缓存和集成的 DDR2 存储器控制器,该控制器连接到堆叠的堆叠式 8～64MB SDRAM。

4) 带宽

内核中的每个寄存器文件都包含大量端口。这样,加上宽总线,可以在较低的时钟频率(700MHz)下实现非常大的可持续吞吐量。

5) 稀疏数据加速

SHAVE 内核使用 8 个 4 位字段生成地址,从而通过加载存储单元支持稀疏数据操作。

2. 灵活的图像处理和编码

Intel Movidius Myriad X VPU 具有可完全调试的 ISP 管道,适用于最苛刻的图像和视频应用。VPU 还具有基于硬件的编码,可提供高达 4K 的视频分辨率,这意味着 VPU 是适用于所有成像、计算机视觉和 CNN 工作负载的单芯片解决方案。可以将多达 8 个高清分辨率的 RGB 摄像机直接连接到 Myriad X VPU,每一路视频均支持 4K 分辨率,总体来说,支持每秒高达 7 亿像素的图像信号处理吞吐量,从而可将先进的视觉和人工智能应用程序引入无人机、智能相机、智能家居、安全、VR/AR 头戴式耳机和 360 相机等设备。

3. 增强视觉加速器套件

Movidius Myriad X VPU 添加了一套新的视觉加速器,其中包括一个新的立体声深度模块,该模块能够处理高达 180Hz 的双 720p 信号。利用可用的视觉加速器套件,可以将关键的视觉工作负载卸载到固定功能的硬件上,从而以较低的价格获得更高的性能。Myriad X 可以利用 20 多个硬件加速器执行诸如光流和立体声深度之类的任务,而不会

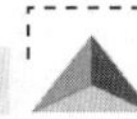

引入额外的计算开销。例如，新的立体声深度加速器可以同时处理 6 个摄像机输入（3 个立体声对），每个摄像机输入的分辨率为 720p，帧率为 60Hz 每帧。

正是由于采用了上述技术，SHAVE 内核具有超低功耗时的出色性能，能够提供每秒超过 4 万亿次操作（TOPS）的总性能，在深度神经网络推理时达到超过 1TOPS 的计算性能。

根据 Intel 提供的资料，Movidius 相比 GPU 和 FPGA 加速芯片，每瓦性能有了大幅提升，运用 AlexNet 模型进行推理，每瓦功率可以处理超过 150 亿幅图像，如图 8-16 所示。

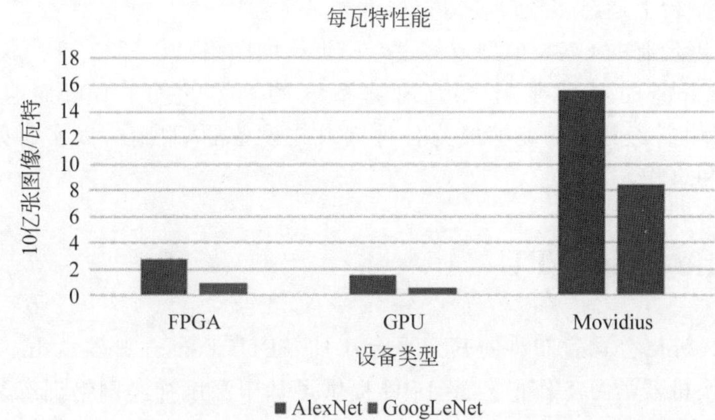

图 8-16　Intel Movidius 推理性能（来源为 https://github.com/softserveinc-rnd/fpga-gpu-benchmarking/blob/master/README-MOVIDIUS.md）

8.3.2　Intel Movidius 神经计算棒

Intel Movidius 神经计算棒 2（Intel Movidius NCS 2）是基于 Movidius Myriad X 的深度学习推理开发套件，如图 8-17 所示。Intel NCS 2 采用经济便捷的 USB 闪存棒形式，可以插到 PC 或嵌入式设备的 USB 接口上，为其提供额外的深度神经网络加速能力，从而在边缘开发和部署深度学习算法。

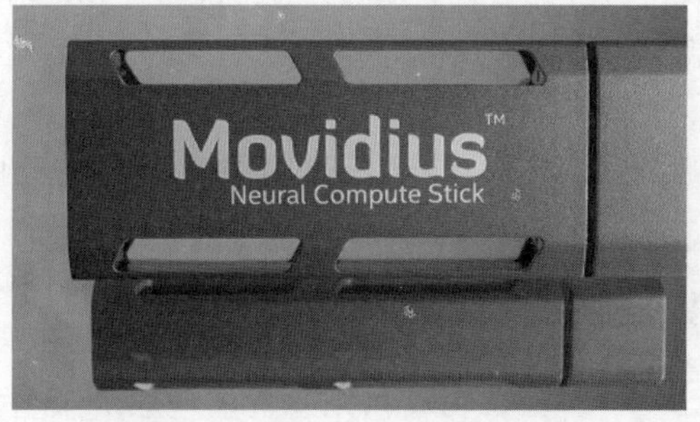

图 8-17　Intel Movidius 神经计算棒

神经计算棒具有低功耗的特性，可以运用在各种能为 USB 接口供电的嵌入式设备上,例如安全摄像机、自动驾驶无人机和工业机器视觉设备。方便的 USB 闪存棒形状使开发人员可以更轻松地在边缘的各种设备上创建、优化和部署高级计算机视觉智能。

可以首先将 NCS 与经过训练的前馈卷积神经网络(CNN)一起使用,然后通过使用专门的工具包分析神经网络,最后将模型编译为用于嵌入式部署的优化版本。

以下是其的一些主要功能。

- 支持 CNN 分析、原型制作和工作流程调整。
- 所有数据和电源均通过单个 USB Type A 端口提供。
- 实时的设备推断,无须云连接。
- 在同一平台上运行多个设备以扩展性能。
- 快速部署现有的 CNN 模型或经过专门训练的网络。

Intel Movidius 的灵感来自人脑视觉系统的精妙之处,小巧而且强大。这让 Movidius TPU 和神经计算棒能够成为各种嵌入式设备的"眼睛",以实时处理现实世界中的各种情况和事物。

8.4 Google Edge TPU

2016 年,Google 公司宣布将向其云平台添加 TPU(Tensor Processing Unit,张量处理单元),以加快机器学习工作量。云 TPU 提供了基于深度神经网络训练复杂的机器学习模型所需的计算能力。在单个云 TPU V3 中,可通过 32 GB 高带宽内存(HBM)提供 90 TFLOPS 的性能。使用 Google 云平台的客户可以从自定义的虚拟机中使用云 TPU,以平衡处理器速度、内存和高性能存储资源,运行计算密集型工作任务。

2018 年,Google 公司宣布推出 Edge TPU[50],它是可在边缘(或者说是嵌入式设备上)运行的 TPU。Edge TPU 通过在边缘对已训练模型的执行推理,在云 TPU 无法运行的环境中提供 AI 计算能力。

8.4.1 Google Edge TPU 简介

Edge TPU 是专用于在边缘运行 AI 的专用 ASIC。它以较小的物理和电源占用空间提供了高性能,从而可以在边缘部署高准确率 AI。这些专用芯片用于新出现的场景,例如预测性维护、异常检测、机器视觉、机器人技术、语音识别等。Google Edge TPU 的尺寸如图 8-18 所示。

图 8-18 Google Edge TPU 的尺寸

单个 Edge TPU 的性能达到 4TOPS(即每秒执行 4 万亿次操作),每个 TOPS 使用 0.5W 功率,或者说每瓦 2TOPS。如何将其转换为应用程序的性能取决于多种因素。每种神经网络模型都有不同的要求,如果使用嵌入式设备,则总性能还取决于主机 CPU、USB 速度和其他系统资源。

表 8-4 比较了在 Edge TPU 上对几种流行模型执行一次推断所花费的时间。为了进行比较,在 CPU 和

Edge TPU 上运行的所有模型均为 TensorFlow Lite 版本。

表 8-4　Google Edge TPU 针对不同模型的推理性能(来源为 https://coral.ai/docs/edgetpu/benchmarks/)

模型架构	台式机 CPU	带有 Edge TPU 的台式机 CPU+ USB 加速器(USB 3.0)	嵌入式 CPU	具有 Edge TPU 的开发板
UNet Mv2 (128×128)	27.7	3.3	190.7	5.7
DeepLab v3 (513×513)	394	52	1139	241
DenseNet (224×224)	380	20	1032	25
Inception v1 (224×224)	90	3.4	392	4.1
Inception v4 (299×299)	700	85	3157	102
Inception-ResNet v2 (299×299)	753	57	2852	69
MobileNet v1 (224×224)	53	2.4	164	2.4
MobileNet v2 (224×224)	51	2.6	122	2.6
MobileNet v1 SSD (224×224)	109	6.5	353	11
MobileNet v2 SSD (224×224)	106	7.2	282	14
ResNet-50 v1 (299×299)	484	49	1763	56
ResNet-50 v2 (299×299)	557	50	1875	59
ResNet-152 v2 (299×299)	1823	128	5499	151
SqueezeNet (224×224)	55	2.1	232	2
VGG16(224×224)	867	296	4595	343
VGG19(224×224)	1060	308	5538	357
EfficientNet -EdgeTpu-S *	5431	5.1	705	5.5
EfficientNet -EdgeTpu-M *	8469	8.7	1081	10.6
EfficientNet Net-EdgeTpu-L *	22 258	25.3	2717	30.5

其中，台式机 CPU 采用 64 位 Intel 至强金牌 6154 CPU @ 3.00GHz，嵌入式 CPU 采用四核 Cortex-A53 @ 1.5GHz。

可见，相对于 CPU，Edge TPU 在嵌入式设备上将 AI 推理的性能提升了 1～2 个数量级。以 MobileNet v2 为例，它可以以每秒 400 帧的性能处理视频流。

基于 Google Edge TPU，Corel 公司推出一系列嵌入式板卡[51]，这些板卡可用于原型环境、生产环境和传感器应用，如图 8-19 所示。

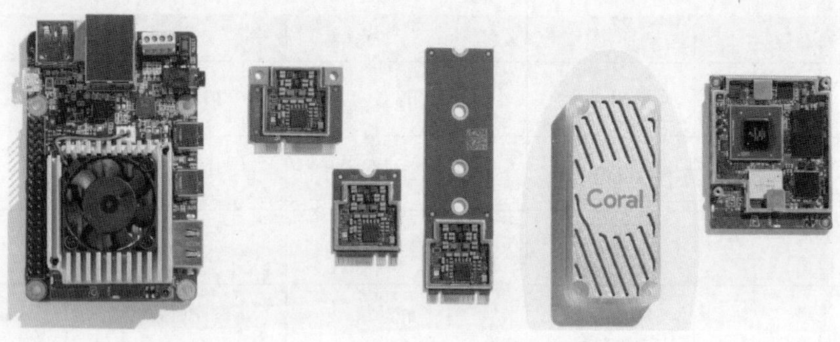

图 8-19 Google Edge TPU 嵌入式板卡

以其中最简单的加速器模块（见图 8-20）为例，它封装了一个 Edge TPU，三维尺寸仅为 15mm×10mm×1.5mm，质量仅有 0.67g，却能够使用 2W 功率每秒执行 4 万亿次操作。

图 8-20 Google Edge TPU 模块

在软件上，Edge TPU 无须从头开始构建模型，开发人员可将 TensorFlow 模型转换为与 Edge 兼容的 TensorFlow Lite 模型并部署在 Edge TPU 上。Google 已制作了一个基于 Web 的命令行工具来执行这种转换。与 NVIDIA 和 Intel 边缘平台不同，Google 的 Edge TPU 不能在边缘运行 TensorFlow 以外的模型。但采用 Google AutoML Vision Edge，可以简化在云中训练模型并将其部署在 Edge TPU 上所涉及的工作流程，并实现自动化。这是可用于构建云到边缘流水线的一种简单的工作流程。

8.4.2 Google Edge TPU 工作原理

Google TPU 是模仿神经元的工作原理而设计的。下面介绍 Google 的 Edge TPU 硬件是如何构建的[52]。

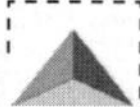

1. 加法器

神经元的 3 个主要组件——乘法器、加法器和激活函数必须包含在硬件中。

图 8-21 是一个 4 位加法器的硬件。A 和 B 是输入。如果输出溢出 C4，则设置进位。C0 是前一阶段的进位。

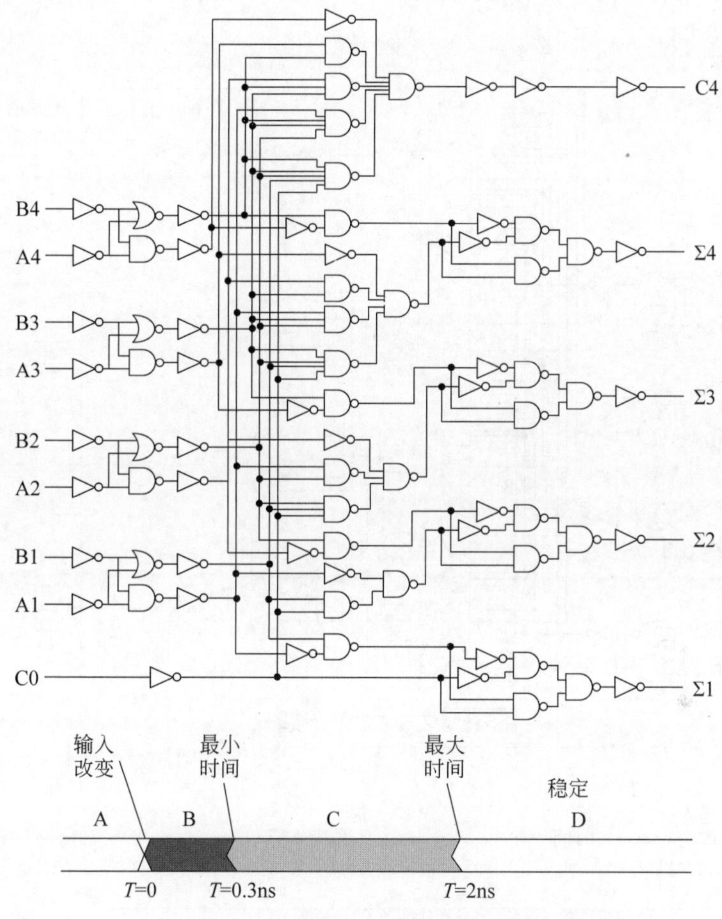

图 8-21　Google Edge TPU 加法器

每个基本的数字门(AND、OR、NOT)都有自己的符号。它们通常由两个或三个晶体管组成。信号 A 和 B 通过电路传播并生成结果 A + B 。更改其中之一几乎会立即改变输出。这发生得非常快，在几纳秒内。

上述传播时间取决于输出发生变化的数字端口的数量。有时两个门仅改变了它们的状态，而有时一个链中的六个门必须改变它们的输出。因此，传播时间不是固定的，而是介于两个极限(最小时间和最大时间)之间，参见图 8-21 底部的文字说明。其中提到的所有时间都是说明性的，与任何设备都没有关系。

2. 流水线

如果一个加法器的传播时间为 2ns，则最大时钟速率可以为 500MHz。如前所述，一个神经元可以有数百个输入，所有输入都必须累加。设计一个加法器的链不是技术问题。然而，传播时间会急剧增加。链中的最后一个加法器在其输出稳定之前必须等待所有中间结果。对于一个有 250 个输入的链，每个输入都有 2ns 的延迟，那么总时间为 500ns。这导致一个非常慢的 2 MHz 时钟。解决这个问题的方案是使用流水线结构。在每个加法器之后放置一个存储元件，使其结果对下一个加法器保持稳定。Google Edge TPU 流水线结构如图 8-22。

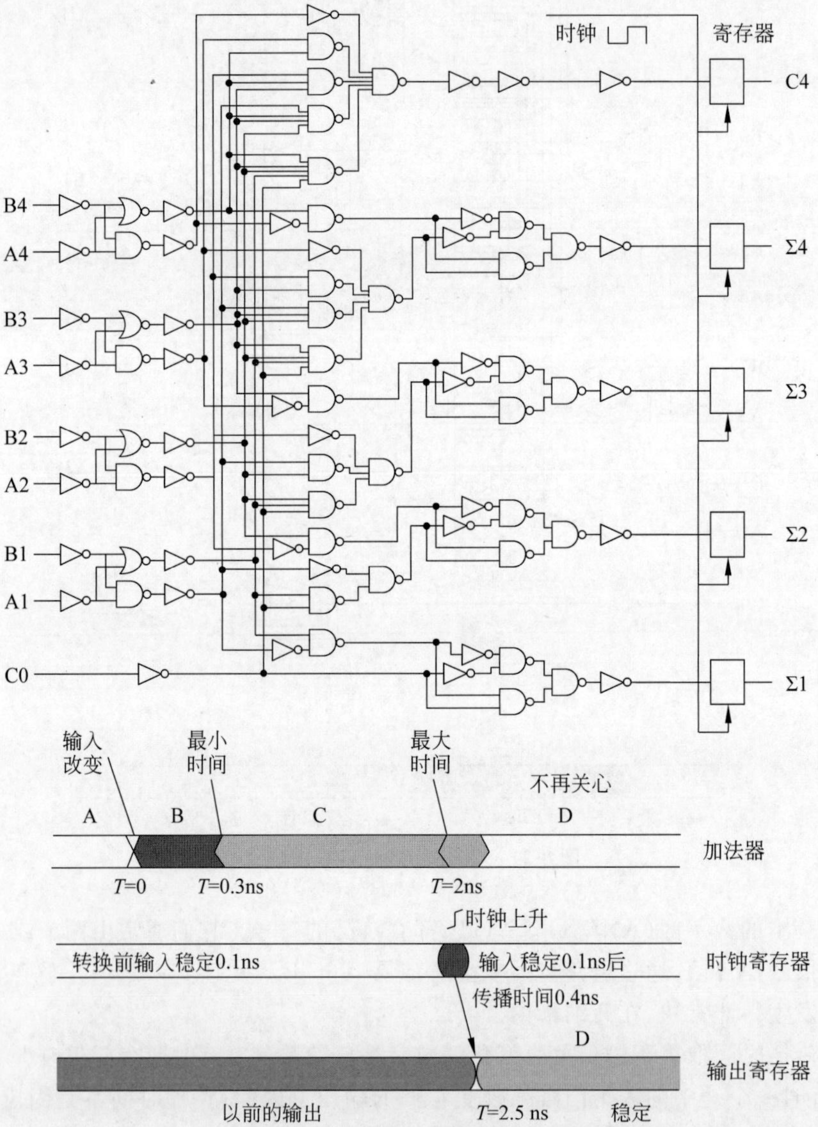

图 8-22　Google Edge TPU 流水线结构

寄存器的输出在时钟信号的上升沿更新，那是输出可以改变的唯一时间。当时钟信号为高、低或下降时，输入无法操纵输出，它保持稳定。在时钟上升之前，输入必须在最短

的时间内保持稳定，在上升之后也是如此。以 0.1ns 为例，该寄存器有自己的传播时间(0.4ns)。新的稳定信号的总传播时间现在为 2.5ns，这将使得最大时钟速度为 400MHz。在每个加法器之后放置加法器时，会出现如图 8-23 所示的情况。

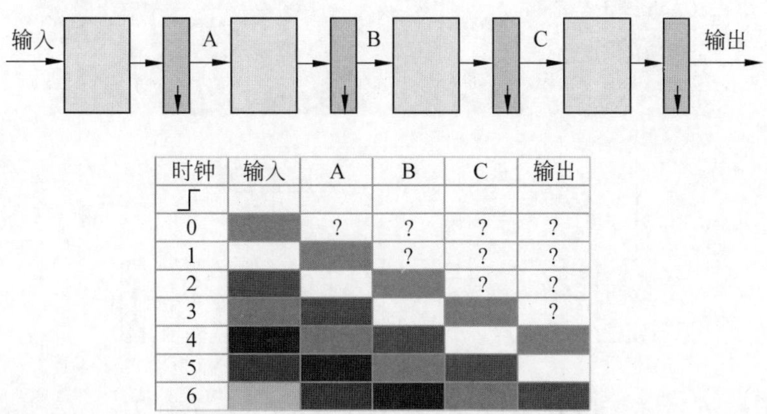

时钟	输入	A	B	C	输出
_|					
0		?	?	?	?
1			?	?	?
2				?	?
3					?
4					
5					
6					

图 8-23　Google Edge TPU 流水线传播时间

四个时钟周期后，输入端的值通过网络传播并出现在输出端。因为寄存器是同时更新的，所以每 2.5ns 接受一个新输入，然后重新开始传播。经过整个流水线所需的时间称为延迟时间，在图 8-23 中为 10ns(4×2.5ns)。这种流水线技术是现代计算机技术的支柱，随处可见。每个数字组件都建立在流水线上，从而保证所需的速度。

3. 乘加单元

神经元的每个输入信号对最终结果都有自己的影响。每个输入与一个权重值进行乘法。就像加法器一样，乘法可以用相同的基本数字门构建。可以想象，现在需要更多的门来执行乘法而不是求和。在神经元的公式中，每个输入乘以自己的权重值。因此，符号可以进一步简化。乘加单元(mul-add cell)如图 8-24 所示。

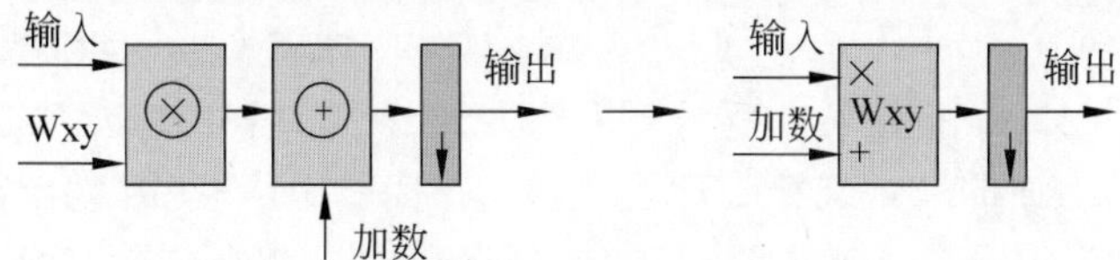

图 8-24　乘加单元

为简单起见，没有添加额外的传播时间稳定寄存器。

考虑到神经元的公式，设计具有多个乘加单元的神经元相对容易。图 8-25 是具有三个输入的神经元的实现结构。

需要提及的是输入 X1 和 X2 处的寄存器。它们创建一条延迟线并放置在这里，以同步乘加链中的必要延迟。当第二个乘加单元累加第一个单元的输出(信号 A)时，它会延迟一个时钟周期。因此，X1 与它的权重的乘法也需要被延迟一个周期，以便同时得到结果。图 8-25 中上方的配色方案使得一切一目了然。每种颜色都是输入向量［X0，X1，X2］的一个元素。查看水平线，输入 A 和 B 始终具有相同的颜色。这意味着它们同时出

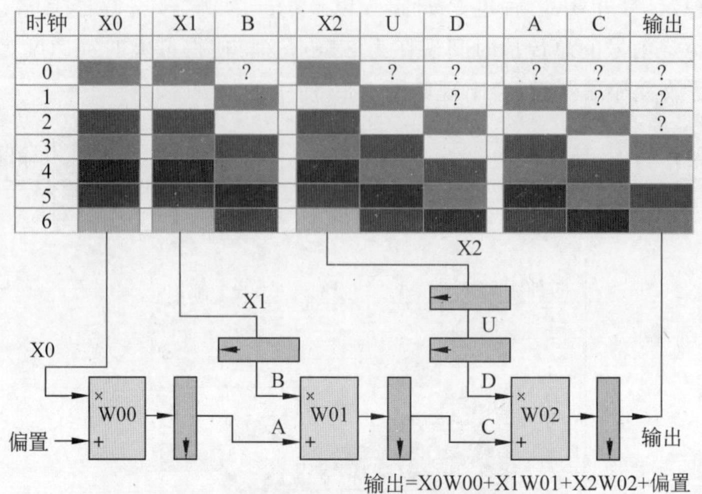

图 8-25　具有三个输入的神经元的实现结构

现，是同步的。这同样适用于输入 C 和 D。

4. 脉动阵列

一旦创建了一个神经元，很容易将这个方案扩展到同一层上的其他神经元。每个单独的输入都连接到下一层的所有神经元，如图 8-26 所示。

这种形式的设计称为脉动阵列。所有数值都是由上至下逐级泵送的，像心脏脉动一样，因此而得名。从时序来看，阵列可以在每个时钟周期接受一个完整的输入向量。因此，在上述示例中，传播时间仍然为 2.5ns。以相同的速度，阵列生成完整的输出向量。如果脉动阵列在深度或宽度上扩展，传播时间仍然保持不变，只是延迟时间会增加。这种强大的并行计算能力是脉动阵列广泛用于神经网络硬件的原因。

Edge TPU 中脉动阵列的大小取决于具体型号。谷歌在其数据中心使用的第一个 TPU 包含 256×256 个乘加单元。它以 700MHz 运行，理论上可以每秒执行 256×256×700 000 000≈46 万亿乘加运算。或者，以单个操作计算，每秒完成 92 万亿次操作(92TOPS)。然而，上面的数字纯粹是理论上的。在实践中，一些因素会导致性能降低。

脉动阵列由硬件组成。这意味着它具有固定的尺寸。因此，输入向量和输出向量也有固定的维度。然而，每层的神经元数量是由设计决定的，肯定不是恒定的。如果这个数量小于数组的大小，当然可以用前导零扩展输入向量，使维度等于数组大小。相同的技术可以应用于过大的输出向量。

如果输入向量包含的元素多于脉动数组的宽度，则整个算术计算必须在多次调用中执行。为此，输入向量被切割成一系列与阵列宽度相匹配的较小向量，然后一个接一个地处理它们。中间结果存储在缓冲区中，这些值在所有脉动调用完成后累加。

注意，不仅输入向量必须被拆分为更小的部分，而且乘法中使用的所有权重都必须根据公式中的处理部分进行更新。这可能需要大量内存传输。下面是只有四个输入的脉动阵列处理一个维度为 12 的向量的示例。

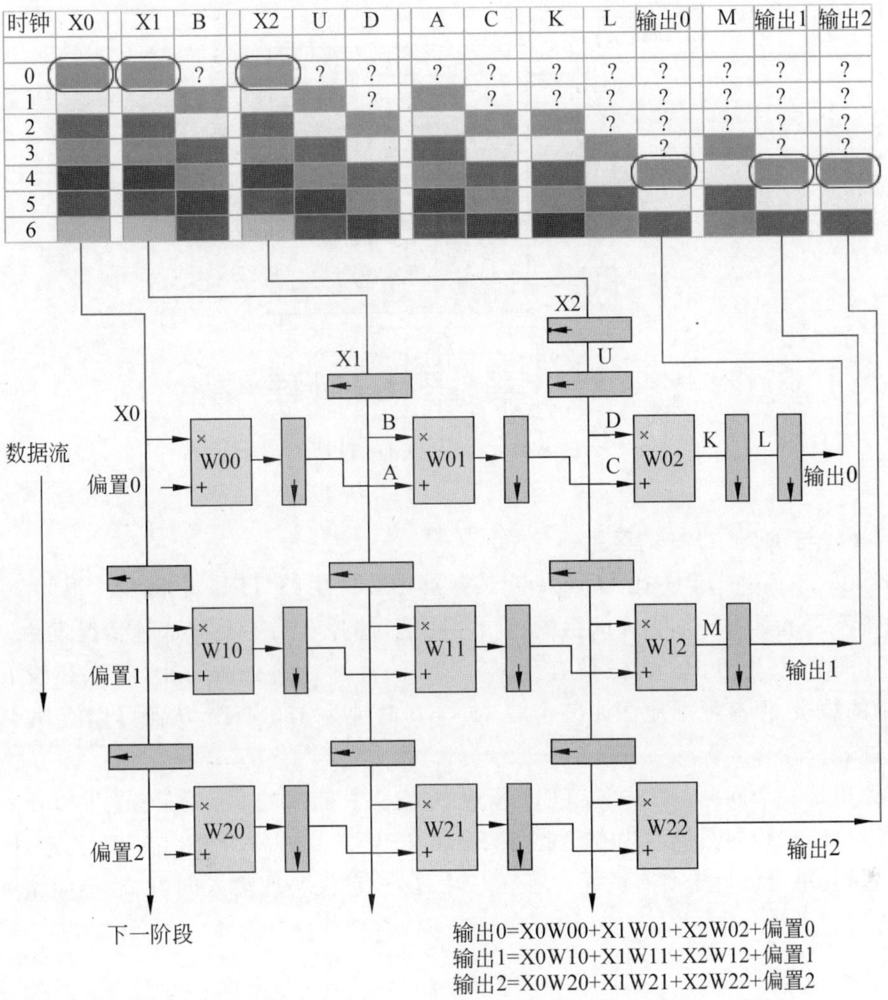

扫码看彩图

图 8-26　脉动阵列

$$\mathrm{Out}_A = X_0 \cdot W_0^0 + X_1 \cdot W_0^1 + X_2 \cdot W_0^2 + X_3 \cdot W_0^3 \rightarrow \mathrm{Out} = \mathrm{Out}_A + \mathrm{Out}$$

$$\mathrm{Out}_B = X_4 \cdot W_0^4 + X_5 \cdot W_0^5 + X_6 \cdot W_0^6 + X_7 \cdot W_0^7 \rightarrow \mathrm{Out} = \mathrm{Out}_B + \mathrm{Out}$$

$$\mathrm{Out}_C = X_8 \cdot W_0^8 + X_9 \cdot W_0^9 + X_{10} \cdot W_0^{10} + X_{11} \cdot W_0^{11} \rightarrow \mathrm{Out} = \mathrm{Out}_C + \mathrm{Out}$$

图 8-27 展示了 Google Edge TPU，这里输出缓冲区和累加器在图的底部。

图 8-27 中，输入向量侧也放置了缓冲区。它们充当先进先出缓冲，即 FIFO，保证了脉动阵列的连续输入。

5. 激活单元

一旦输出可用，它就会被发送到激活单元。Edge TPU 中的这个模块将激活函数应用于输出。它是硬连线的。换句话说，无法更改该功能。它的工作方式类似于 ROM。这个单元可能是一个 ReLU 函数，因为它是当今最常用的激活函数，并且很容易在硬件中实现。

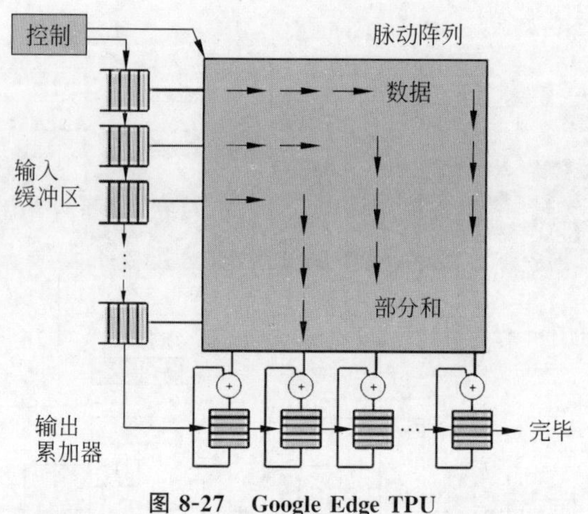

图 8-27　Google Edge TPU

6. TPU 与 Edge TPU 的区别

Google 的 Edge TPU 比 Google 在其数据中心使用的 TPU 小得多。很明显，如此小的设备不可能具有与其更大的祖先相同的功能，芯片布局不允许这种情况发生。脉冲阵列也不能像原始 TPU 那样具有 256×256 的尺寸。到目前为止，谷歌还没有透露 Edge 中的规格，但有根据地估计尺寸是 64×64，时钟为 480MHz，从而可以实现 4TOPS 的推理性能。

内存也是一个问题。在原始 TPU 芯片中，它占总布局的 29% 左右。在 Edge TPU 芯片上不可能有相同数量的内存。此外，Edge TPU 芯片非常节能，它不需要额外冷却。这意味着，几乎可以肯定所有的缓冲都在芯片之外，它仅实现输入向量、输出向量和权重等功能。

7. 实践

事实上，这就是 Google Edge TUP 的设计理念。尽快将所有张量计算转移到 TPU，获取结果，将它们填充到下一层，然后从这一层再次开始循环，一层一层地处理，直到完成。

为了加快这个过程，TensorFlow 使用了一个特殊的后端编译器——Edge TPU 编译器。这个 Edge TPU 编译器的主要任务是将 TensorFlow Lite 文件分割成更合适的 TPU 传输包。如果 TPU 无法处理 TensorFlow Lite 文件或其中的一部分，CPU 会处理它。但是，如果发生这种情况，应用程序就会运行得非常缓慢。

8. 8 位整数

另一种加速计算的方法是使用 8 位有符号整数而不是浮点数。浮点数在内存中占用 32 位，而整数只需要 8 位。因为神经网络对数字精度相当不敏感，所以采用 8 位整数，也可以很好地工作，仍然会保持准确率。这项技术不仅节省了大约 75% 的内存，而且显著减少了芯片上的晶体管数量。

从浮点数到 8 位有符号整数的转换算法非常简单。首先，它确定模型中变量将采用的最大值和最小值。然后取两者中较大的一个并将其缩放为 127。假设最小值为 −1205.8，最大值为 646.8。因为较大的值是最小值的绝对值 1205.8，所以这个数字变成了 −127。零仍然为零。而 646.8 的整数值为 127×(646.8/1205.8)=68。TensorFlow 模型中的每个数字都以这种方式转换。顺便说一下，这种方式不仅适用于 Edge TPU，所有用于嵌入式深度学习的 TensorFlow Lite 模型都是以这种方式处理的。

Edge TPU 的输出是一个浮点数，这是由于激活函数嵌入在 ROM 中，因此存储浮点数与存储整数一样容易。

为了适应 Edge TPU 8 位整数推理的特点，在 TensorFlow 中应使用量化感知训练。它模拟了 8 位有符号整数的效果，因此能生成更精确的模型。它也使模型更能容忍低精度变量。

总之，Google Edge TPU 是 Google 专门构建的 ASIC，设计用于在边缘运行 AI。它以较小的物理尺寸和能耗提供高性能，支持在嵌入式设备上部署高准确率人工智能。

8.5 XILINX DPU

XILINX 是全球领先的可编程逻辑完整解决方案的供应商，在 FPGA 市场上占有垄断地位。针对深度神经网络的推理，XILINX 推出从云端到边缘的 AI 加速芯片 DPU (Deep Learning Processing Unit，深度学习处理单元)[53]。

1. 功能

XILINX 深度学习处理单元是为卷积神经网络优化的可编程计算引擎。引擎中使用的并行度是一个设计参数，可以根据目标设备和应用程序进行选择。它包含一组高度优化的指令，并支持大多数卷积神经网络，如 VGG、ResNet、GoogLeNet、YOLO、SSD、MobileNet、FPN 等。

DPU 具有以下功能。

- 一个用于访问配置和状态寄存器的 AXI 从接口。
- 一个用于访问指令的 AXI 主接口。
- 支持具有 64 位或 128 位的可配置 AXI 主接口，用于根据目标设备访问数据。
- 支持单个每个通道的配置。
- 支持可选的中断请求生成。
- DPU 功能的一些亮点，包括：
    - 可配置的硬件架构核心，如 B512、B800、B1024、B1152、B1600、B2304、B3136 和 B4096。
    - 最多四个同构核心。
    - 卷积和解卷积。
    - 深度卷积。
    - 最大池化。
    - 平均池化。
    - ReLU、ReLU6 和 Leaky ReLU。

- ○ Concat。
- ○ 元素和。
- ○ 膨胀。
- ○ 重组。
- ○ 完全连接层。
- ○ Softmax。
- ○ 批量归一化。
- ○ 分割。

2. 架构

XILINX 深度学习处理单元由高性能调度程序模块、混合计算阵列模块、指令获取单元模块和全局内存池模块组成。DPU 使用专用指令集,可以高效地实现许多卷积神经网络。已经部署的卷积神经网络的一些示例包括 VGG、ResNet、GoogLeNet、YOLO、SSD、MobileNet 和 FPN 等。

DPU 作为 IP(知识产权核),可以在 Zynq-7000 SoC 或 ZynqUltraScale + MP SoC 器件的可编程逻辑(programmable logic,PL)中实现,并直接连接到处理系统(processing system,PS)。DPU 需要指令来实现神经网络,并访问用于输入图像、临时数据和输出数据的存储位置,还需要在应用程序处理单元(application processing unit,APU)上运行程序来处理中断并协调数据传输。

图 8-28 显示了 XILINX DPU 的顶层框图。

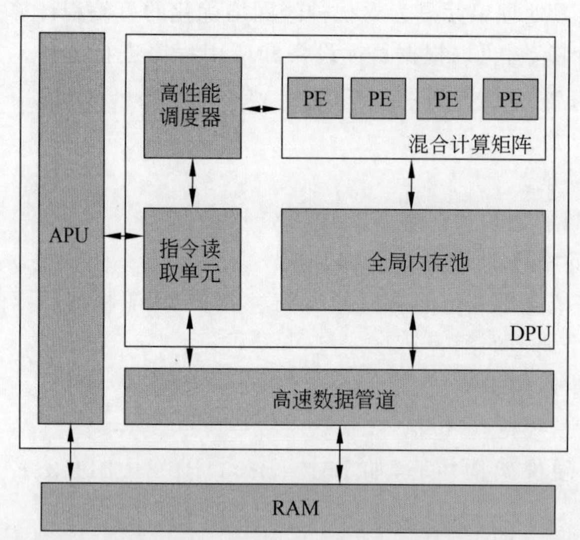

图 8-28　XILINX DPU 的顶层框图

其中,PE 是基本处理单元(processing engine)。

XILINX DPU 的详细硬件架构如图 8-29 所示。启动后,DPU 从片外存储器中获取指令以控制计算引擎的操作。指令由 Xilinx 公司的 Vitis AI 编译器生成,在其中进行了大幅优化。片上内存用于缓冲输入数据、中间数据以及输出数据,以实现高吞吐量和效率。数据被尽可能重用以减少内存带宽。深度流水线设计用于计算引擎。PE 充分利用了 XILINX 器件中的细粒度构建块，如乘法器、加法器和累加器。

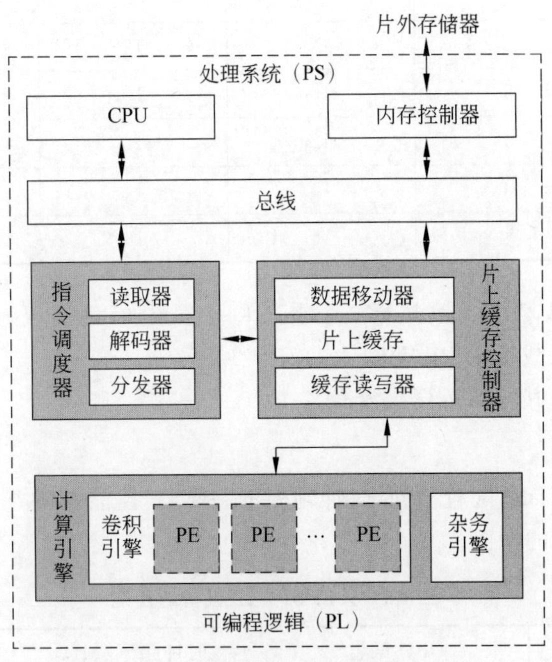

图 8-29　XILINX DPU 的详细硬件架构

作为可编程器件，DPU IP 提供了一些用户可配置的参数，以优化资源使用并自定义不同的功能。根据可用的可编程逻辑资源的数量，可以为 DSP Slice、LUT、blockRAM 和 UltraRAM 的使用选择不同的配置。还有其他功能选项，如通道扩展、平均池化、深度卷积和 Softmax。此外，还可以确定要在单个 DPU IP 中实例化的 DPU 内核数。

其中，DPU IP 可以配置各种卷积架构，这些架构与卷积单元的并行性有关。DPU IP 的架构包括 B512、B800、B1024、B1152、B1600、B2304、B3136 和 B4096。

DPU 卷积体系结构具有三个并行度：像素并行度（pixel parallelism，PP）、输入通道并行度（input channel parallelism，ICP）和输出通道并行度（output channel parallelism，OCP）。输入通道并行度始终等于输出通道并行度。不同的体系结构需要不同的可编程逻辑资源。较大的体系结构可以使用更多的资源实现更高的性能。表 8-5 列出了不同体系结构的并行性。

表 8-5　DPU 卷积体系结构配置表

卷积体系结构	像素并行度	输入通道并行度	输出通道并行度	峰值运算次数（运算/每时钟周期）
B512	4	8	8	512
B800	4	10	10	800
B1024	8	8	8	1024

续表

卷积体系结构	像素并行度	输入通道并行度	输出通道并行度	峰值运算次数（运算/每时钟周期）
B1152	8	12	12	1152
B1600	8	10	10	1600
B2304	8	12	12	2304
B3136	8	14	14	3136
B4096	8	16	16	4096

在每个时钟周期，卷积阵列执行一个乘法和一个累加，这被视为两次运算。因此，每个周期的峰值操作次数等于 PP×ICP×OCP×2。

卷积体系结构以其峰值运算次数命名。

3. 性能

不同设备的 DPU IP 配置不同，时钟频率不一样，其性能有所差异。表 8-6 列出了一些采用 DPU IP 设备的性能。

表 8-6　采用 DPU IP 设备的性能

设　备	DPU 配置	时钟频率/MHz	理论峰值性能/GOPS
Z7020	B1152×1	200	230
ZU2	B1152×1	370	426
ZU3	B2304×1	370	852
ZU5	B4096×1	350	1400
ZU7EV	B4096×2	330	2700
ZU9	B4096×3	333	4100

理论峰值性能 ＝ DPU 峰值运算次数 × 时钟频率。

其中 ZU9 配置有 3 个 B4096 DPU IP，峰值性能达到 4.1TOPS。

这样的性能足以实时运行一些常见的深度神经网络模型，下面提供几种模型的性能以供参考。表 8-7 中显示的结果是在具有三个 B4096 内核和 16 个线程在 287 MHz 下运行的 XILINX ZCU102 板上进行测量的。

表 8-7　XILINX ZCU102 上运行的常见网络模型的性能

网络模型	工作量（GOPS/图像）	输入图像分辨率	准确率/DPU	帧速率/FPS
Inception-v1	3.2	224 * 224	Top-1：0.6954	452.4
ResNet50	7.7	224 * 224	Top-1：0.7338	163.4
MobileNet_v2	0.6	299 * 299	Top-1：0.6352	587.2

续表

网络模型	工作量（GOPS/图像）	输入图像分辨率	准确率/DPU	帧速率/FPS
SSD_ADAS_VEHICLE	6.3	480 * 360	mAP：0.4190	306.2
SSD_ADAS_PEDESTRIAN	5.9	640 * 360	mAP：0.5850	279.2
SSD_MobileNet_v2	6.6	480 * 360	mAP：0.2940	124.7
YOLO-V3-VOC	65.4	416 * 416	mAP：0.8153	43.6
YOLO-V3-ADAS	5.5	512 * 256	mAP：0.5301	239.7

其中准确率是使用 8 位量化获得的值。

4. INT8 优化

具备 XILINX DPU IP 内核的 Zynq UltraScale 系列芯片广泛用于嵌入式视觉，也就是在嵌入式平台上实现用于现实场景的计算机视觉算法。虽然计算机视觉算法近年来有明显改进，但是要在降低功耗的条件下将这样复杂且高计算强度的算法移植到嵌入式平台上却是一大挑战。

用于深度学习的 INT8 运算的优化也适用于传统计算机视觉。这些算法一般工作在 8 位到 16 位整数表达式。OpenVX 是一种计算机视觉标准，规定了每个通道 INT8 表达式的用法。大多数计算机视觉应用需要某些程度的过滤，而过滤能够分解为一套点积运算。XILINX DSP48E2 Slice 上的 SIMD(single instruction multiple data，单指令流多数据流)运算模式为视觉算法涉及的运算提供了加速能力。

XILINX DSP48E2 Slice 是 Zynq UltraScale、UltraScale＋、UltraScale＋ MPSoC 等 FPGA 的组成部件，用于完成一次乘法和加法运算，最大可在一个时钟周期内高效地实现 18×27 位相乘和 48 位累加，如图 8-30 所示。除了采用回送或链接多个 DSP48E2 Slice，乘法累加 (MACC) 也能使用赛灵思器件高效完成。

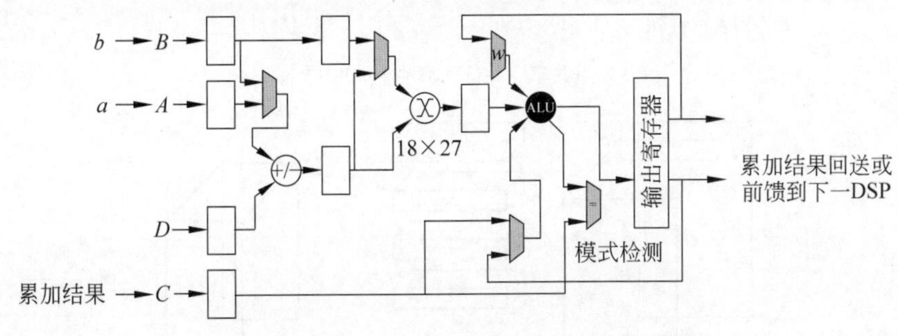

图 8-30　XILINX DSP48E2 Slice 中的乘加运算

INT8 计算本身就能发挥 27 位带宽的优势。在传统应用中，预加法器一般用于高效实现$(A+B)\times C$ 类型的运算，但该类型运算不常见于深度学习和计算机视觉应用中。将$(A+B)\times C$ 的结果分解为 $A\times C$ 和 $B\times C$，然后在独立的数据流中进行累加，使之适用于典型深度学习和计算机视觉计算的要求。对 INT8 MACC 运算来说，拥有 18×27 位乘法器很占优势。乘法器的输入中至少有一个必须为最小 24 位，同时进位累加器必须为 32 位宽，才能在一个 DSP48E2 Slice 上同时进行两个 INT8 MACC 运算。27 位输入可与 48 位累加器相结合，实现 1.75 倍的解决方案性能提升(DSP 乘法器与 INT8 MACC 之比为 1.75:1)。

在神经网络层中，计算 m 个神经元输出中的每 1 个输出的主要运算包括：将全部的 n 个输入样本乘以对应的内核权重并累加结果，然后运用激活函数。

如果和的精度限定为 INT8，则该乘积之和是 INT8 优化方法中介绍的并行 MACC 中的第一个。第二个乘积和使用相同输入，但内核权重不同。

使用 INT8 优化方法将权值向左移 18 位，每个 DSP48E2 Slice 就得出最终输出值的部分且独立的一部分。用于每个 DSP48E2 Slice 的累加器有 48 位宽并链接到下一个 Slice。为避免权重移位造成的饱和影响到计算，链接的模块数量被限制为 7 个，即对总共 n 个输入样本使用 $2n$ 个 MACC 和 n 个 DSP Slice。典型的深度神经网络每层有数百到数千个输入样本。但是，在完成 7 个项的累加后，48 位累加器的低位项可能饱和，因此每 7 个项之和就需要一个额外的 DSP48E2 Slice。这相当于每 7 个 DSP48E2 Slice 和 14 个 MACC，另加一个 DSP48E2 Slice 用于防止过饱和，从而带来 1.75 倍的吞吐量提升。在卷积神经网络(CNN)中，卷积层一般主要使用同一组权重，从而形成 $A \times W$ 和 $B \times W$ 类型的并行 MACC 运算。因此，除输入共享外，INT8 优化还可以用于权重共享。权重共享和输入共享中的乘加运算如图 8-31 所示。

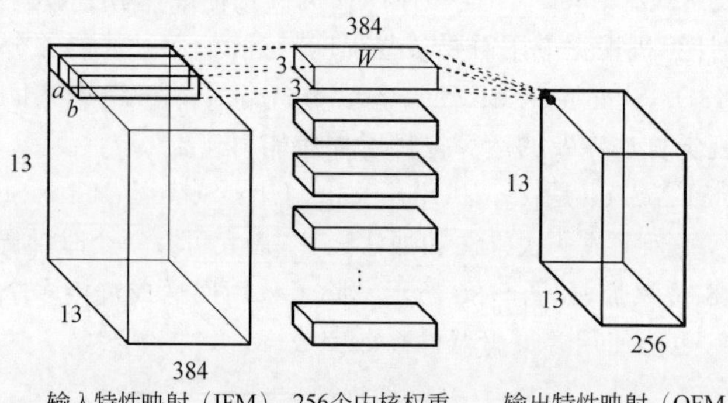

(a) 权重共享：并行计算两个OFM样本

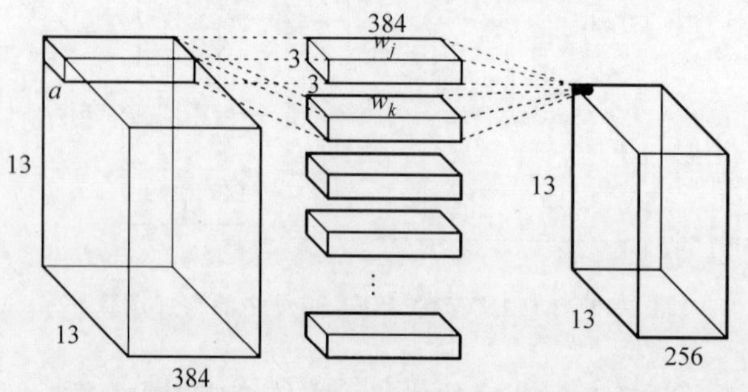

(b) 输入共享：并行计算两个OFM

图 8-31　权重共享和输入共享中的乘加运算

总之，XILINX DSP48E2 Slice 具有 24 位输入宽度，并可以在共享相同内核权重的同时处理两个并行的 INT8 MACC 运算，从而优化 INT8 深度学习和计算机视觉运算，实现了 1.75 倍的性能提升。其运用在 Zynq UltraScale+ MPSoC 等 FPGA 中，为嵌入式设备上的深度神经网络推理提供了加速性能。

8.6 ARM Ethos NPU

ARM 是全球领先的嵌入式 CPU 厂商，在手机 CPU 市场占有垄断地位。ARM AI 平台[54]是一套完整的异构计算平台，其中包括 ARM Cortex CPU、Mali GPU、Ethos NPU 和 microNPU，可提供先进的机器学习用例。加上与之配套的开发环境，ARM 已将其范围从智能手机 CPU 设计和应用扩展到各种边缘和物联网端点的 AI 应用。

Ethos 于 2019 年年底首次推出，是 ARM 设计的一系列可合成神经网络处理器 IP（synthesizable neural processor IP）。作为 Trillium 项目的一部分，Ethos 家族代表了一系列 NPU 。所有 Ethos NPU 的基础微体系结构都是 MLP（machine learning processor，机器学习处理器），MLP 可以根据 SRAM 的大小和计算引擎的数量的配置进行扩展。

8.6.1 ARM 机器学习处理器

机器学习处理器（MLP）[55]是 ARM 的神经处理器微体系结构。该架构本身是一种基础设计，旨在为神经网络工作负载提供比现有的 CPU（Cortex）和 GPU（Mali）更高的性能效率，重点是对 CNN 和 RNN 的优化。在功耗方面，MLP 面向从极低功耗的嵌入式 IoT 应用到复杂的移动和网络 SoC 的广阔范围。同样，在性能方面，MLP 使用可配置的扩展设计，根据具体的配置，可实现从 1TOPS 到 10TOPS 的计算能力。

MLP 由编译器完全静态调度，编译器采用给定的神经网络并将其映射到命令流。这个工具链还提前进行了许多其他优化，包括压缩（权重和特征图已加载到内存和 SRAM 库中）和切片。命令流包括必要的 DMA 操作，例如块获取操作以及伴随的计算操作。在更高的层次上，MLP 本身包含 DMA 引擎、网络控制单元（NCU）和可配置数量的计算引擎（compute engine，CE）。在运行期间，主处理器将命令流加载到控制单元上，该控制单元解析该流并通过控制各种功能块执行操作。DMA 引擎能够与外部存储器通信，同时了解各种支持的神经网络布局，使其能够处理跨距和其他可预测的神经网络存储器操作，从而提前获取数据进行计算。CE 是系统的主力组件，4 个 CE 可组成一个 Quad（四元组）。CE 执行矩阵运算和神经网络计算。这种体系结构设计依赖于与编译器的精心协同设计，在实现更具确定性的性能特征的同时，生成了更为简化的硬件。MLP 体系结构如图 8-32 所示。

1. 计算引擎

MLP 采用可伸缩的设计，不同的设计使用不同数量的计算引擎，这些引擎被分组成 Quad（四元组）。最简单的 MLP 只有一个四元组和一个计算引擎，复杂的 MLP 则有多至四个 Quad 以及十六个计算引擎。计算引擎是 MLP 的主要工作部件。计算引擎中的

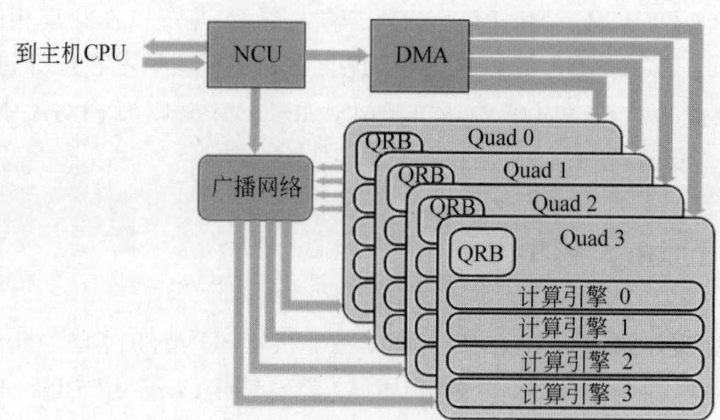

图 8-32 MLP 体系结构

三个主要组件是 SRAM 片、MAC 计算引擎(MAC compute engine, MCE)和可编程层引擎(programmable layer engine, PLE)。差分 MCE 是为高效的矩阵乘法运算而设计的,它对 8 位整数有效地执行乘法累加运算,而 PLE 则是为实现新颖的 AI 功能而设计的,它是一种更灵活的可编程处理器,支持矢量运算,并且可以实现更复杂或更不常见的运算。MLP 中计算引擎的组成结构如图 8-33 所示。

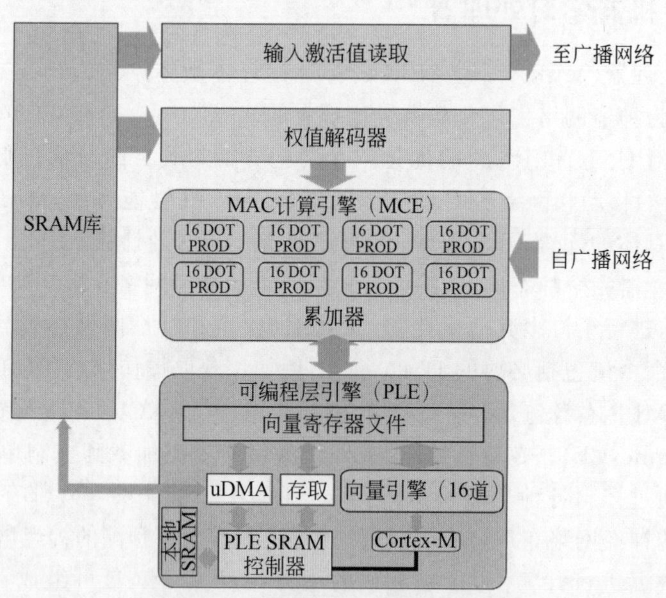

图 8-33 MLP 中计算引擎的组成结构

2. 卷积优化

每个计算引擎都带有一片 SRAM。MLP 中的所有计算引擎的大小都是相同的,并且大小可配置,从 64KB 到 256KB。由于整个执行是静态调度的,因此在编译时,编译器会将 SRAM 划分为多个部分,包括输入特征图(input feature map, IFM)、压缩形式的模型权重和输出特征图(output feature maps)。

在运行时，每个计算引擎都设计为可在不同的输出特征图上工作，并在计算引擎之间交错。输入特征图在所有 SRAM 库中交错。每个不同输出特征图的对应权重都位于处理它的计算引擎的 SRAM 中。在执行期间，每个计算引擎都从其本地 SRAM 读取输入特征图的 2D 切片(patch)，并将其发送到广播网络。广播网络单元获取这些 2D 切片，并组装一个 3D 输入激活块(张量)，然后将其广播到 MLP 中的所有 MCE。当广播继续进行时，来自本地 SRAM 的给定输出特征图的压缩权重将被解压缩并发送到 MAC 单元。这允许所有 MCE 中的所有 MAC 单元在相同的输入激活块上工作。输出特征图的计算结果收集在 32 位累加器中，然后将 32 位的值缩小到 8 位，并由 PLE 发送以进行其他的后期处理。

3. MAC 计算引擎

MAC 计算引擎(MCE)是为非常高效的矩阵乘法运算而设计的。每一组操作的权重来自权重解码器，而组合的激活张量来自广播网络。ARM 设计了一个 POP-IP 版本的 MCE，该版本针对 16nm 和 7nm 节点进行了优化，具有定制的物理布局设计。

每个 MCE 都包含 8 个 MAC 单元，每个 MAC 单元都能够执行 16 个 8 位点积运算。换言之，每个周期最多可将 128 个 INT8 值乘以另外 128 个 INT8 值，并累加到 32 位累加器。这使得每个 MCE 的理论峰值计算能力达到 256OPS /周期。由于每个 MLP 最多有 16 个计算引擎，因此 MLP 的峰值计算能力是 4096OPS/周期。由于目标频率约为 1GHz，这意味着 MLP 的计算能力最多可达到 4.1TOPS。实际性能取决于 MCE 的利用率，而 MCE 的利用率取决于其参数。MCE 有一些额外的逻辑来围绕稀疏性进行优化，从而允许数据路径选通为零。

注意，尽管 MCE 主要是为 8 位操作而设计的，但它们可以支持 16 位操作。当以 16 位工作时，它们以 1/4 的吞吐量运行。换句话说，每个 MCE 可执行 64 个 16 位 OPS /周期，所有 16 个计算单元则可以执行 1024 个 OPS/周期，频率为 1GHz 时，INT16 计算能力最多可以达到 1.024TOPS。

最后，将最终的 32 位值缩减为 8 位，然后再将其发送到 PLE 进行进一步的后处理。

4. 可编程层引擎

MCE 的 8 位结果被输入到可编程层引擎(PLE)矢量寄存器文件。PLE 设计用于执行后处理以及实现灵活的自定义功能。一旦值到达寄存器文件，CPU 启动并操作向量引擎对寄存器文件执行适当的操作。PLE 内置带 16 通道矢量引擎的 ARM Cortex-M CPU，该引擎支持矢量和神经网络扩展，从而使其能够更有效地执行非卷积运算。

经过处理后，最终结果通过 DMA 返回到主 SRAM 库。值得注意的是，数据不仅来自 MCE。对于各种操作，PLE 完全有可能直接从主 SRAM 库中获取数据以对某些数据进行操作。

8.6.2　Ethos-N 系列

Ethos-N 系列于 2019 年 10 月推出，它们是完全独立的 NPU，可以像 Cortex 系列一样集成到任何 SoC 中。这些 NPU 具有预先配置数量的计算引擎和 Quads(四元组，由 4 个计算引擎组成)，根据不同的配置，其性能可达到 1～4TOPS，对应的能耗为 250mW～1.5W。此外，SRAM bank(库)的大小也可以配置。IP 的多个实例可以使用 ARM 的 CCN-500 或 CMN-600 网络进行互联和组合，以扩展到更高的性能。例如，八个 Ethos-N77 可以集成到 CCN-500 上，从而达到 32.8TOPS 的处理能力，使用 CMN-600 可以达到更高的性能。

图 8-34 右侧是计算引擎的微架构框图，左侧是 Ethos-N77、Ethos-N57、Ethos-N37 芯片的配置图。

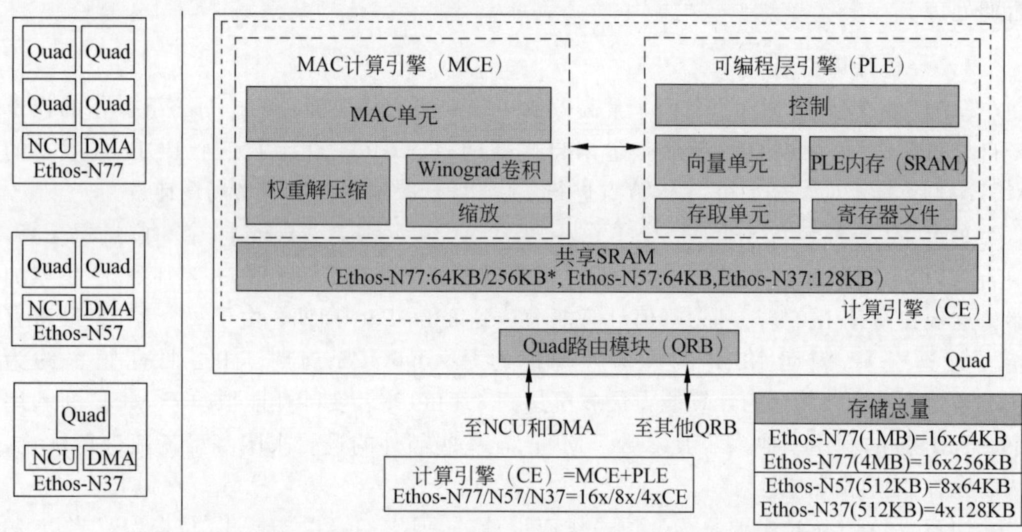

图 8-34 Ethos-N77、Ethos-N57 和 Ethos-N37 的计算引擎配置

在以上 NPU 系列的基础上，ARM 推出了 Ethos N78，它是一种多核架构，在一个簇(cluster)中有 8 个 NPU，整个网格(mesh)中有 64 个 NPU，从而使其性能和效率都有相当大的提升。新的设计比最大的 Ethos-N77 的配置要高得多，现在能够在高达 10TOPS 的原始计算吞吐量下提供 2 倍的峰值性能。ARM 对 NPU 的设计进行了改进，采用各种新的压缩技术，每条推理的外部内存带宽提高了 40%，从而提高了 Ethos-N78 的功耗效率。Ethos-N78 的强项是该 IP 在不同配置选项中的性能扩展能力。该 IP 有 4 个不同的性能点，或者说是 4 种不同的引擎配置，从最小的 1TOPS 配置，到 2TOPS、5TOPS，再到最大的 10TOPS 配置，分别对应 512、1024、2048 和 4096 个单元的 MAC 配置。

在架构上，Ethos-N78 最大的改进在于它在引擎中处理数据的方式，使得新的压缩方式不仅可以对 NPU 之外的数据进行全新压缩，提升 DRAM 带宽，还可以对 NPU 本身内部的数据进行移动，提高性能和功耗效率。得益于更高的性能密度和功率效率，代代性能提升平均为 25%，再加上双倍的峰值性能配置，意味着它有可能代表着 IoT 设备性能大幅提升。

表 8-8 列出了 Ethos-N 系列 NPU 的配置和性能。

表 8-8　Ethos N 系列 NPU 的配置和性能

	配　置		SRAM		计 算 能 力			
NPU	Quads	CEs	Bank/KB	总计/KB	MACs	OPS/每时钟周期	Int8 性能/GOPS	Int16 性能/GOPS
Ethos-N37	1	4	128	512	512	1024	1024	256
Ethos-N57	2	8	64	512	1024	2048	2048	512
Ethos-N77	4	16	64～256	1024～4096	2048	4096	4096	1024
Ethos-N78				384～4096	4096，2048，1024，512		10240，5120，2048，1024	

8.6.3　Ethos-U 系列

Ethos-U 系列于 2020 年年初推出。该系列主要针对深度嵌入的 AI 应用。该系列中的微 NPU(microNPU)不是像 Ethos-N 系列那样的完整 NPU。相反，它们具有更纤薄的设计。Ethos-U 系列旨在与诸如 Cortex-M55 的配套 Cortex-M 处理器紧密配合使用。从概念上讲，U 系列可以被视为单计算引擎设计，PLE 模块被删除，而是依靠使用配套的 Cortex-M 核心进行额外处理。由于功耗和面积的限制，仅有很小的内置 SRAM，专用 SRAM 库被删除，取而代之的是依靠共享 SoC 的存储保存权重和激活值。

Ethos-U 具有很低的功耗，与上一代 Cortex-M 相比，其机器学习工作负载下降了 90%。并占用很小的内存，通过压缩，模型大小最多可减少 70%，从而可以执行更大的网络并加快网络的执行速度。采用神经网络的脱机编译和优化技术，执行算子和网络层融合以及网络层的重新排序，进一步提高了性能，将系统内存需求减少多达 90%。

通过以上特性，Ethos-U 系列可提供更高的性能和更低的功耗，让繁重的神经网络运算直接在微型 NPU 上运行，例如卷积、LSTM、RNN、池化、激活函数和原始的逐元素函数(element-wise functions)等，从而支持各种流行的神经网络，包括 CNN 和 RNN，用于音频处理、语音识别、图像分类和对象检测等。在嵌入式设备中构建低成本、高效的 AI 解决方案。

Ethos-U 系列的配置及性能如表 8-9 所示。

表 8-9　Ethos-U 系列的配置和性能

	配　置		计 算 能 力	
NPU	内置 SRAM/KB	MACs	OPS/每时钟周期	INT8 性能/GOPS
Ethos-U55	18～50	32～256	64～512	25.6～204.8 (@ 100～400 MHz) 64-512 (@ 1 GHz)
Ethos-U	55～104	256～512	512～1024	51.2～409.6 (@ 100～400 MHz) 512～1024 (@ 1 GHz)

Ethos-U 系列提供可扩展的性能和内存接口，可以集成到低功耗的 Cortex-M SoC 以及高性能的 Cortex-A、Cortex-R 和 Neoverse 等 SoC 中。Ethos-U 系列芯片集成方式如图 8-35 所示。

ARM Cortex-M based system
TrustZone for Armv8-M
Cortex-M processor
Ethos-U microNPU
Configurable MAC engine
Elementwise engine
Local memory
Weight decode
Control unit
DMA
System FLASH
System SRAM
ARM Cortex-A/Neoverse based system
Application Domain
Cortex-A/ Neoverse (CPU)
Low Power Domain or Secure Enclave
Cortex-M
Ethos-U
Address Filter
Interconnect
System FLASH
System SRAM
DRAM

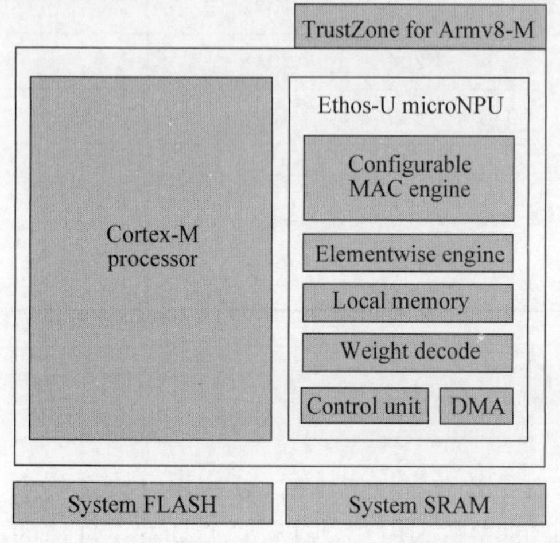

图 8-35　Ethos-U 系列芯片集成方式

Ethos 系列 NPU 均采用了 Winograd 卷积算法，MAC 利用率高达 90%。相对标准卷积，峰值性能可提升到 2.25 倍。

Ethos 系列 NPU 均使用 ARM Cortex 和 Ethos-U 处理器之间的通用工具链，使用 ARM Endpoint AI 解决方案开发、部署和调试 AI 应用程序。

ARM NPU 应用范围

根据应用对算力和数据吞吐量的需求不同，ARM Ethos NPU 与 ARM CPU 结合，可以提供多种组合以嵌入各种类型的设备，完成 AI 推理工作，如图 8-36 所示。

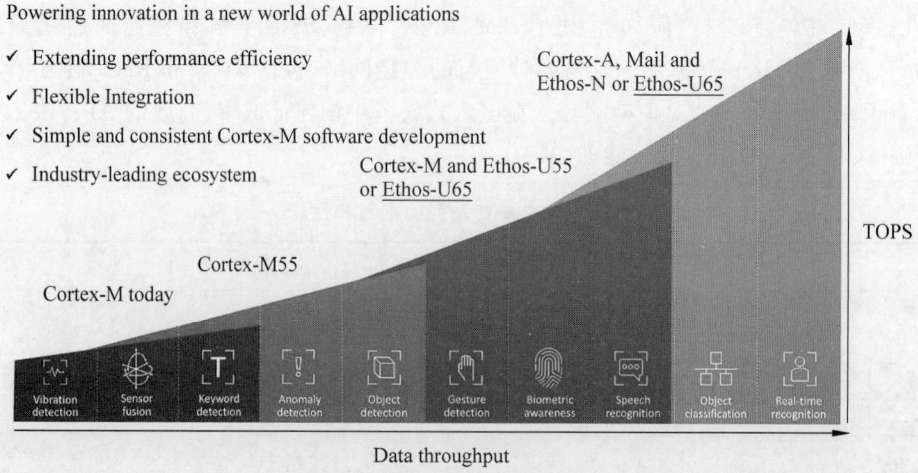

Powering innovation in a new world of AI applications
✓ Extending performance efficiency
✓ Flexible Integration
✓ Simple and consistent Cortex-M software development
✓ Industry-leading ecosystem
Cortex-A, Mail and Ethos-N or Ethos-U65
Cortex-M and Ethos-U55 or Ethos-U65
Cortex-M55
Cortex-M today
TOPS
Vibration detection
Sensor fusion
Keyword detection
Anomaly detection
Object detection
Gesture detection
Biometric awareness
Speech recognition
Object classification
Real-time recognition
Data throughput

图 8-36　ARM NPU 的应用范围

Ethos-U55 或 Ethos-U65 与 Cortex-M 联合，可以提供手势检测、指纹识别、语音识别等功能，而 Ethos-N 系列则可以完成目标分类和实时识别等需要更高算力的应用。

8.7 小结

表 8-10 从 AI 推理性能、功率、技术架构等方面对上述的主流嵌入式 AI 加速器进行了比较。

表 8-10　主流嵌入式 AI 加速器比较

厂　商	AI 加速器	技术架构	AI 推理性能	功率/W	每瓦推理性能
NVIDIA	Jetson Nano	GPU	472GFLOPS 1.88TOPS	5W/10W（整机）	N/A
NVIDIA	Jetson TX2	GPU	1.33TFLOPS	7.5W/15W（整机）	N/A
NVIDIA	Jetson XAVIER NX	GPU	6TFLOPS 14/21TOPS	10W/15W（整机）	N/A
NVIDIA	Jetson AGX XAVIER	GPU	32TOPS	10W/ 15W/ 30W（整机）	N/A
Intel	Myriad X	VPU（混合了 RISC、DSP 和 GPU 的 VLIW 架构）	1TOPS	1W	1TOPS/W
Google	Edge TPU	TPU（ASIC）	4TOPS	2W	2TOPS/W
XILINX	Z7020＋B1152x1	DPU（FPGA）	230GOPS	2W	0.115TOPS/W
XILINX	ZU9＋B4096x3	DPU（FPGA）	4.1TOPS	15W	0.273TOPS/W
ARM	Ethos-N77	NPU（ASIC）	4TOPS	0.8W	5TOPS/W

NVIDIA Jetson AGX XAVIER 具有最高的推理性能，而 ARM Ethos-N77 则具有最高的性能/功率比。嵌入式系统开发者可以根据推理性能及功率的要求选择合适的 AI 加速器。

值得注意的是，NVIDIA Jetson 系列是完整的 AI 计算机，除包含 GPU 外，还包含 CPU、内存和外围接口等，其耗电量是按照整机计算的（其中 GPU 耗电量最大），而其他 AI 加速器的耗电量是按照芯片计算的。另外，NVIDIA Jetson 系列具有浮点数推理能力，而其他 AI 加速器都是基于整数进行推理的。浮点数推理能力以 GFLOPS 为单位计量，而整数推理能力以 TOPS 为单位计量。

下面是其中一些 AI 加速器推理性能的实测数据。在这个测试中，采用 Raspberry Pi 开发板作为基准，比较它与安装了 Intel Movidius 计算棒或 Google Edge TPU 的 Coral USB 计算棒的 Raspberry Pi 开发板、NVIDIA Jetson Nano 开发板，以及安装了 Google Edge TPU 的 Coral 开发板之间的 AI 推理性能。Raspberry Pi 是一种常见的嵌入式开发板，选择它具有代表意义。在测试中采用了其 3.0 和 4.0 版本，3.0 版本的 USB 接口是版本 2 的，而 4.0 版本的 USB 接口是版本 3 的。

推理性能以 FPS（运行在 AI 加速器上的神经网络模型对视频流的处理速度（帧/秒））为单位计算。各种嵌入式 AI 加速器实测性能比较如表 8-11。

表 8-11　各种嵌入式 AI 加速器实测性能比较

模型	训练框架	Raspberry Pi（TF-Lite）	Raspberry Pi ＋Intel Neural Stick 2	Raspberry Pi ＋ Google Coral（Edge TPU）USB	Jetson Nano	Google Coral（Edge TPU）
EfficientNet-B0（224×224）	TensorFlow	14.6FPS(Pi3) 25.8FPS(Pi4)	95FPS(Pi3) 180FPS(Pi4)	105FPS(Pi3) 200FPS(Pi4)	216FPS	200FPS
ResNet-50（244×244）	TensorFlow	2.4FPS(Pi3) 4.3FPS(Pi4)	16FPS(Pi3) 60FPS(Pi4)	10FPS(Pi3) 18.8FPS(Pi4)	36FPS	18.8FPS
MobileNet-v2（300×300）	TensorFlow	8.5FPS(Pi3) 15.3FPS(Pi4)	30FPS(Pi3)	46FPS(Pi3)	64FPS	130FPS
SSD MobileNet-v2（300×300）	TensorFlow	7.3FPS(Pi3) 13FPS(Pi4)	11FPS(Pi3) 41FPS(Pi4)	17FPS(Pi3) 55FPS(Pi4)	39FPS	48FPS
Binary model（300×300）	XNOR	6.8FPS(Pi3) 12.5FPS(Pi4)	—	—	—	—
Inception v4（299×299）	PyTorch	—	—	3FPS(Pi3)	11FPS	9FPS
Tiny YOLO v3（416×416）	Darknet	0.5FPS(Pi3) 1FPS(Pi4)	—	—	25FPS	—
OpenPose（256×256）	Caffe	4.3FPS(Pi3) 10.3FPS(Pi4)	5FPS(Pi3)	—	14FPS	—
Super Resolution（481×321）	PyTorch	—	0.6FPS(Pi3)	—	15FPS	—
VGG-19（224×224）	MXNet	0.5FPS(Pi3) 1FPS(Pi4)	5FPS	—	10FPS	—
UNet（1×512×512）	Caffe	—	5FPS	—	18FPS	—
UNet（3×257×257）	TensorFlow	2.0FPS(Pi3) 3.6FPS(Pi4)				

（来源：https://qengineering.eu/deep-learning-with-raspberry-pi-and-alternatives.html#Compare_Jetson）

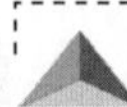

其中,Jetson Nano 是唯一一款支持浮点 GPU 加速的单板计算机。它支持大多数模型,因为所有框架(如 TensorFlow、Caffe、PyTorch、YOLO、MXNet 等)都使用 CUDA GPU 支持库。而对于其他 AI 加速器,并非所有模型都可以运行,大多数情况下是由于内存不足或硬件和/或软件不兼容。

针对不同的模型,不同的加速器表现出不同的推理能力,并不存在某一款加速器对所有模型的推理能力都最强。这是由于不同芯片由不同的指令集造成。例如,Intel Movidius 对 ResNet-50 的推理性能就很强,而 Google Edge TPU 对 MobileNet-v2 的推理能力非常强。总体来说,Jetson Nano 支持的模型最多,它对这些模型都具有较强的推理能力。

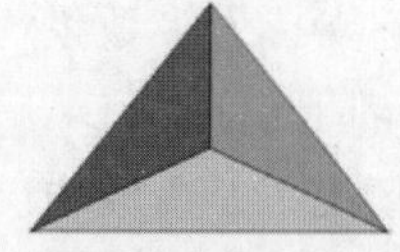

第 9 章 嵌入式神经网络软件框架

随着 AI 成为边缘技术的主要驱动力，硬件加速器和软件平台的结合对于运行推理模型变得越来越重要。一些硬件加速器推出了配套的软件开发框架，如 NVIDIA 的 TensorRT，也有一些厂商推出了通用的嵌入式神经网络软件框架，如 TensorFlow Lite。下面分别予以介绍。

9.1 TensorFlow Lite

TensorFlow Lite[56] 是 Google 基于 TensorFlow 推出的一种用于设备端推理的开源深度学习框架。

TensorFlow Lite 是一组工具，可帮助开发者在移动设备、嵌入式设备和 IoT 设备上运行 TensorFlow 模型。它支持设备端机器学习推断，时延较低，并且二进制文件很小。

9.1.1 TensorFlow Lite 简介

TensorFlow Lite 包括两个主要组件：

- **TensorFlow Lite 解释器**，它可在手机、嵌入式 Linux 设备和微控制器等很多不同类型的硬件上运行经过专门优化的模型。
- **TensorFlow Lite 转换器**，它可将 TensorFlow 模型转换为高效形式以供解释器使用，并可引入优化以减小二进制文件的大小，提高性能。

TensorFlow Lite 旨在让您轻松地在网络“边缘”的设备上执行机器学习，而无须在设备与服务器之间来回发送数据。对开发者来说，在设备端执行机器学习有助于：

- 缩短时延，数据无须往返服务器。
- 保护隐私，任何数据都不会离开设备。
- 减少连接，不需要互联网连接。
- 降低功耗，不连接网络（网络连接非常耗电）。

TensorFlow Lite 支持各种设备，从超小的微控制器到功能强大的手机，不一而足。例如，当使用所有 125 个受支持的运算符时，TensorFlow Lite 二进制文件的大小约为 1MB（针对 32 位 ARM 构建）；如果仅使用支持常见图像分类模型（Inception v3 和 MobileNet）所需的运算符，TensorFlow Lite 二进制文件的大小不到 300KB。

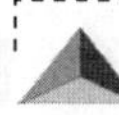

TensorFlow Lite 的主要特性有：

- 针对设备端机器学习进行了调整的解释器，支持一组针对设备端应用进行了优化的核心运算符，并且二进制文件较小。
- 支持多种平台(涵盖 Android 和 iOS 设备、嵌入式 Linux 和微控制器)，并利用平台 API 执行加速推断。
- 支持多种语言(包括 Java、Swift、Objective-C、C++ 和 Python)的 API。
- 高性能，可在支持的设备上执行硬件加速，并提供针对设备进行优化的内核以及预融合激活函数和偏差。
- 模型优化工具(包括量化)，可在不影响准确率的情况下减小模型的大小和提高其性能。
- 高效的模型格式，使用针对小尺寸设备和可移植性进行了优化的 FlatBuffer。
- 预训练模型，适用于可根据您的应用自定义的常见机器学习任务。

使用 TensorFlow Lite 的工作流程包括如下步骤(见图 9-1)。

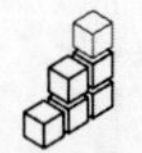
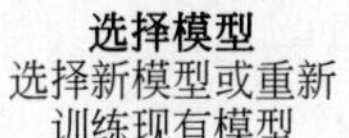

图 9-1　TensorFlow Lite 工作流程

- 选择模型

可以使用自己的 TensorFlow 模型，也可以在线查找模型，或者从预训练模型中选择一个模型直接使用或重新训练。

- 转换

如果您使用的是自定义模型，请使用 TensorFlow Lite 转换器将模型转换为 TensorFlow Lite 格式，只需几行 Python 代码就能完成。

- 部署

使用 TensorFlow Lite 解释器(具有支持多种语言的 API)在设备端运行您的模型。

- 优化

使用模型优化工具包缩减模型的大小并提高其效率，同时最大限度地降低对准确率的影响。

TensorFlow Lite 计划为任何 TensorFlow 模型提供高性能设备端推断。但是，TensorFlow Lite 解释器目前仅支持有限数量的 TensorFlow 运算符，这些运算符已针对设备端用例进行了优化。也就是说，部分模型需要执行额外的步骤，才能使用 TensorFlow Lite。

如果 TensorFlow Lite 解释器尚不支持您的模型使用的运算符，可以在 TensorFlow Lite build 中使用 TensorFlow Select 添加 TensorFlow 操作。不过，这会增加二进制文件的大小。

TensorFlow Lite 目前不支持设备端训练。

9.1.2 TensorFlow Lite 工作原理

TensorFlow Lite 将生成的模型(冻结图、SavedModel 或 HDF5 模型)作为输入进行打包、部署,然后在客户端应用程序中对其进行解释,并在此过程中实现资源的节约和优化。TensorFlow Lite 内部工作过程如图 9-2 所示。

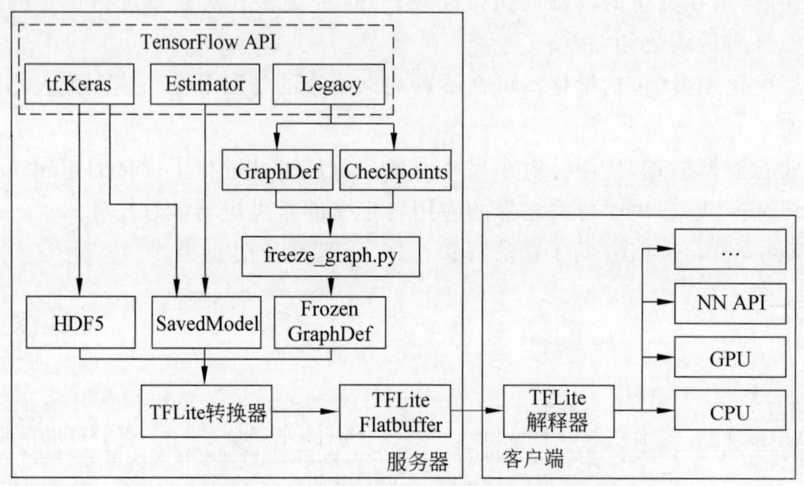

图 9-2 TensorFlow Lite 内部工作过程

TensorFlow Lite 的组件如图 9-3 所示。

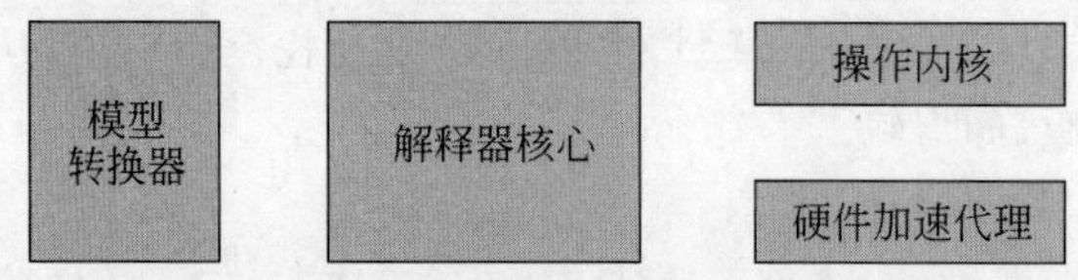

图 9-3 TensorFlow Lite 的组件

下面来看 TensorFlow Lite 组件的一些关键优化。

1. 模型转换器

TensorFlow Lite 转换器(TOCO)将经过训练的 TensorFlow 模型作为输入并输出 TFLite (.tflite) 文件,这是一个基于 FlatBuffer 的文件,其中包含原始模型的简化二进制表示。

FlatBuffer 可以高效地序列化模型数据并提供对该数据的快速访问,同时保持较小的二进制文件。这对于填充了大量数字权重数据的模型文件特别有用,这些数据由于其大小而可能在读取操作中产生大量延迟。

使用 FlatBuffer 协议作为模型转换的基础,TensorFlow Lite 避免了低效的文件解析和反解析,这些解析操作会导致执行速度变慢。

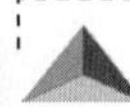

2. 解释器核心

解释器核心负责使用一组简化的 TensorFlow 运算符在客户端应用程序中执行 TensorFlow Lite 模型。通过限制运行 Lite 模型所需的默认运算符、库和工具，解释器的核心被精简到约 100KB，加上所有支持的内核也仅有约 300KB。

如果模型需要提供集合之外的运算符，TensorFlow Lite 允许实现自定义运算符。这种可选的处理方法是保持 TensorFlow 精简的关键。

3. 硬件加速

TensorFlow Lite 的优化一直延伸到硬件。在移动和嵌入式设备的严格限制下工作，意味着必须以超高效的标准来利用处理器。

Android NDK 包含一组神经网络 API(NNAPI)，它们可以访问 Android 设备上的硬件加速的推理操作。NNAPI 与 TensorFlow Lite 配合，在可用的情况下使用硬件加速器，从而寻找最佳的模型操作。随着机器学习硬件在边缘设备上变得越来越普及，NNAPI 框架的优势将变得更加明显。

此外，TensorFlow Lite 允许一部分模型和操作在嵌入式设备上选择性地使用 GPU。对那些并行工作过多的模型和受到量化精度损失的模型，使它们在速度和效率上得到提高。对于一些神经网络，效率提升高达 7 倍。

4. 量化

一般来说，量化是指在不损失初始集合的描述性的情况下，将一组连续的数减少为一组较小的连续数的过程。在神经网络的上下文中，这通常意味着将运算精度从 32 位浮点数降低到 8 位值。

TensorFlow Lite 鼓励训练后量化，并在转换步骤期间作为 TOCO 转换器的属性提供。

基准测试表明，压缩模型推理时延最多可以减少到原来的 1/3，同时推理准确度的下降可以忽略不计。TensorFlow Lite 量化前后推理速度比较如图 9-4 所示。

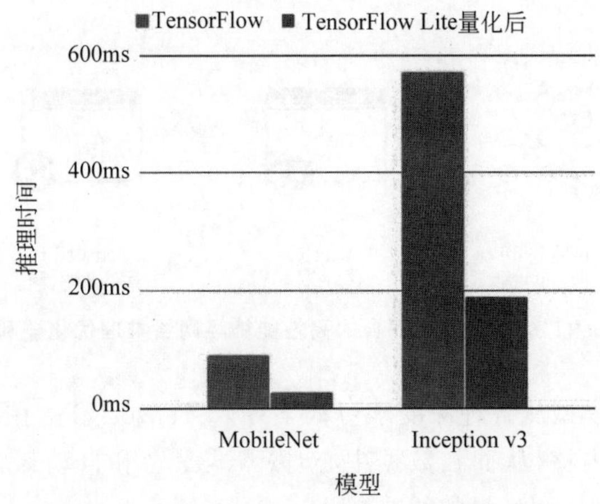

图 9-4　TensorFlow Lite 量化前后推理速度比较

总之，这些核心优化提供了一个可靠的框架，为在嵌入式设备上实现人工智能提供了有力的支持。

9.2 TensorRT

9.2.1 TensorRT 简介

NVIDIA TensorRT[57] 是用于高性能深度学习推理的 SDK。它包括深度学习推理优化器和运行时环境,其核心是一个 C++ 库,可以在 NVIDIA GPU 上提供低时延和高吞吐量的深度学习推理应用程序。

在推理过程中,基于 TensorRT 的应用程序的运行速度比仅基于 CPU 的平台快 40 倍。借助 TensorRT,可以优化在各种主流框架中训练的神经网络模型,准确地对低精度进行校准,最后部署到嵌入式硬件平台。

TensorRT 基于 NVIDIA 的并行编程模型 CUDA 构建,利用 CUDA-X 中的人工智能、自动机、高性能计算和图形库,为所有深度学习框架优化推理。

TensorRT 为深度学习推理应用程序的生产部署提供 8 位整数和 16 位浮点数优化,例如视频识别、语音识别、推荐系统和自然语言处理。降低精度的推理会显著减少应用程序时延,这是许多实时服务、自动驾驶汽车和嵌入式应用程序所必需的。

它可以与 TensorFlow、Caffe、PyTorch、MXNet 等训练框架以互补的方式工作。它专门致力于在 GPU 上快速有效地运行训练好的网络,以生成结果(这一过程根据场景被称为评分—检测—回归或推理)。

一些训练框架(如 TensorFlow)已经集成了 TensorRT,因此可以将其用于加速框架内的推理。另外,TensorRT 可用作用户应用程序中的库。它包括用于从 Caffe、ONNX 或 TensorFlow 导入现有模型的解析器,以及用于以编程方式构建模型的 C++ 和 Python API。TensorRT 是用于生产部署的高性能神经网络推理优化器和运行时引擎,如图 9-5 所示。

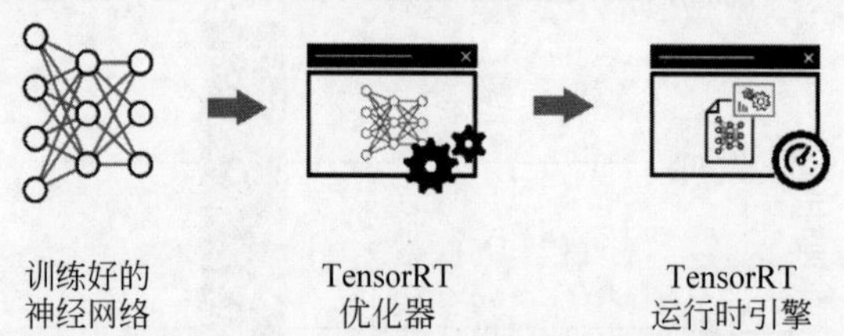

图 9-5 TensorRT 是用于生产部署的高性能神经网络推理优化器和运行时引擎

可以将训练好的模型从各种深度学习框架导入 TensorRT。在优化之后,TensorRT 根据平台选择特定的内核,从而在数据中心、嵌入式平台和自动驾驶平台上提升推理性能。TensorRT 的典型应用场景如图 9-6 所示。

具体来说,TensorRT 通过如下方式实现性能优化(见图 9-7)。

- 权重和激活值的精度校准

通过将模型量化为 8 位整数来提升吞吐量,同时保持准确率。

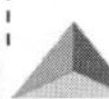

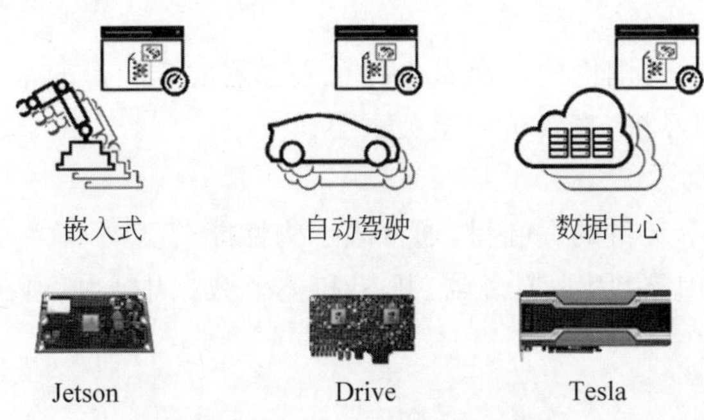

图 9-6　TensorRT 的典型应用场景

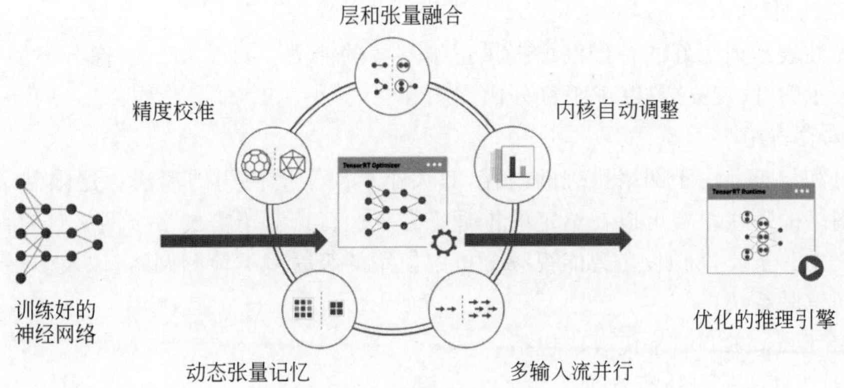

图 9-7　TensorRT 工作原理

- 层和张量融合

通过融合内核中的节点优化 GPU 内存和带宽的使用。

- 内核自动调整

根据目标 GPU 平台选择最佳数据层和算法。

- 动态张量记忆

最小化内存占用,并有效地重复利用张量的内存。

- 多输入流并行

具有扩展性设计,可以并行处理多个输入流。

总之,TensorRT 极大地提高了 NVIDIA GPU 上的深度学习推理性能,以高吞吐量和超低时延满足嵌入式环境的推理需求。

1. TensorRT 的好处

在神经网络训练好之后,TensorRT 可以作为运行时脱离框架对网络进行压缩、优化和部署。

TensorRT 根据指定的精度(FP32、FP16 或 INT8)合并各层、优化内核选择并执行标准化和转换,从而优化矩阵数学运算,以改善时延、吞吐量和效率。

对于深度学习推理,主要有以下五个衡量因素。

• 吞吐量

吞吐量为给定时间范围内的产出量。每台服务器的吞吐量通常以推理/秒或样本/秒衡量，对于数据中心的经济、高效扩展至关重要。

• 效率

效率为每单位功率交付的吞吐量，通常表示为性能/瓦特。效率是经济高效地扩展数据中心的另一个关键因素，因为服务器、机架和整个数据中心必须在一定的功率预算内运行。

• 时延

时延为执行推理的时间，通常以毫秒为单位。低时延对于提供快速增长的基于实时推理的服务至关重要。

• 准确性

准确性表示训练好的神经网络提供正确答案的能力。对于基于图像分类的用法，关键指标表示为 TOP-5 或 TOP-1 百分比。

• 内存占用

主机和设备上用于网络推理的内存，其大小取决于所使用的算法。这限制了哪些网络以及网络的哪些组合可以在给定的推理平台上运行。对于需要多个网络且内存资源有限的系统尤其重要，例如，在智能视频分析中使用的级联多类检测网络，以及多摄像头、多网络自动驾驶系统。

使用 TensorRT 的替代方法包括：

• 训练框架本身执行推理。

• 编写专门设计的自定义应用程序，使用低层库和数学运算执行网络。

使用训练框架执行推理很容易，但是与使用 TensorRT 这样的优化解决方案相比，在给定 GPU 上的性能往往低得多。训练框架更多地执行通用代码，这些代码强调通用性，并为高效率的训练进行优化。

编写专门用于执行神经网络的自定义应用程序可以获得更高的效率，但是，这可能非常费力，并且需要大量专业知识才能在 GPU 上达到较高的性能水平。此外，在一个 GPU 上运行的优化可能无法完全转换到其他 GPU，并且每一代 GPU 都可能引入只能通过编写新代码来利用的新功能。

TensorRT 将特定的硬件细节高度抽象为 API，并为高吞吐量、低时延和低内存占用推理进行了专门的开发和优化，从而解决了上述问题。

2. TensorRT 的主要功能

TensorRT 使开发人员能够导入、校准、生成和部署优化的网络。网络可以直接从 Caffe 导入，也可以通过 UFF 或 ONNX 格式从其他框架导入。还可以以编程方式创建，即实例化各个层并直接设置参数和权重。

用户还可以使用插件界面通过 TensorRT 运行自定义图层。GraphSurgeon 实用程序提供了将 TensorFlow 节点映射到 TensorRT 中的自定义层的功能，从而可以使用 TensorRT 对 TensorFlow 网络进行推理。

TensorRT 在所有支持的平台上提供 C++ 实现，并在 x86、aarch64 和 ppc64le 上提供

Python 实现。

TensorRT 核心库中的关键接口有网络定义接口、Builder 接口和 Engine 接口。

• 网络定义接口

网络定义接口为应用程序提供了定义网络的方法。它可以指定输入和输出张量，可以添加层，并且有一个用于配置各种类型层的界面。如卷积层和循环层等层类型，以及 Plugin 层类型都允许应用程序实现 TensorRT 本身不支持的功能。

• Builder 接口。

Builder 接口允许根据网络定义创建优化的引擎。它允许应用程序指定最大批处理和工作空间大小、最小可接受的精度水平、用于自动调整的定时迭代计数，以及用于将网络量化为 8 位精度运行的接口。

• Engine 接口

Engine 接口允许应用程序执行推理。它支持同步和异步执行、性能分析以及枚举和查询引擎的输入和输出。单引擎可以具有多个执行上下文，从而将一组训练好的参数执行多个批次。

TensorRT 提供了用于导入训练好的网络的解析器，以创建网络定义。

• Caffe 解析器

该解析器用于解析在 BVLC Caffe 或 NVCaffe 0.16 中创建的 Caffe 网络。它还提供了为自定义层注册插件的功能。

• UFF 解析器

该解析器用于解析 UFF 格式的网络。它还提供了为自定义层注册插件并传递字段属性的功能。

• ONNX 解析器

该解析器用于解析 ONNX 模型。ONNX 是一种表示深度学习模型的标准，是一种开放模型格式。PyTorch、MXNet、TensorFlow、Caffe2、Chainer、CNTK、PaddlePaddle 等众多框架都支持 ONNX 格式，因而可以用来在各种训练框架之间转换模型格式。

3. TensorRT 如何工作

为了优化推理模型，TensorRT 会采用网络定义执行(平台特定的)优化，并生成推理引擎。此过程称为构建阶段。构建阶段可能花费大量时间，尤其是在嵌入式平台上运行时。因此，典型的应用程序只构建一次引擎，然后将其序列化为方案文件供以后使用。

注意：生成的方案文件不能跨平台或 TensorRT 版本移植。方案文件特定于其所构建的确切 GPU 模型，如果想在其他 GPU 上运行，则必须重新构建。

构建阶段对图执行以下优化：

• 消除输出不被使用的图层。
• 消除等同于无操作的操作。
• 融合卷积、偏置和 ReLU 操作。
• 聚合具有足够相似的参数和相同的源张量的操作(例如，GoogLeNet v5 初始模块中的 1×1 卷积)。
• 合并串联图层，将图层输出定向到正确的最终目的地。

必要时,构建器还可以修改权重的精度。当生成8位整数精度的网络时,它使用称为校准的过程确定中间激活值的动态范围,从而确定合适的量化缩放因子。

此外,构建阶段还会在各层上运行虚拟数据,从而选择最快的层,并在适当的情况下预格式化权重或优化内存。

9.2.2 TensorRT 如何应用

通常,用于开发和部署深度学习模型的工作流程分3个阶段。

- 第一阶段,训练。
- 第二阶段,开发解决方案。
- 第三阶段,部署解决方案。

1. 训练

在训练阶段,数据科学家和开发人员首先提出他们要解决的问题,并确定输入、输出和损失函数。他们还将收集、整理、扩充并标记训练、测试和验证数据集。然后设计网络结构并训练模型。在训练期间,他们将监视学习过程并根据反馈修改损失函数、获取或增加训练数据。最后,验证模型性能并保存经过训练的模型。

在训练阶段通常不使用 TensorRT。

2. 开发解决方案

在开发解决方案阶段,数据科学家和开发人员从训练好的模型开始,创建和验证部署的解决方案。这一阶段,分解为若干步骤。

(1) 考虑神经网络在更大的系统中如何工作,从而设计并实现适当的解决方案。神经网络的应用范围千差万别,如:

○ 车辆中的自动驾驶系统。
○ 公共场所或公司园区中的视频安全系统。
○ 消费者设备的语音接口。
○ 工业生产线上的自动化质量保证系统。
○ 在线零售系统中的产品推荐子系统。
○ 消费者 Web 服务中分析用户上载图像的内容过滤系统。

考虑到系统的多样性,在设计和实现部署架构时可能需要考虑很多因素,包括以下事项。

○ 您有一个或多个网络?例如,您是否在开发基于单个网络的功能或系统(人脸检测),或者是由不同模型混合或级联组成的系统,甚至是由一系列模型组成的更复杂的系统?
○ 您将使用什么设备或计算单元运行网络?CPU、GPU 还是其他?如果模型要在 GPU 上运行,是单一类型的 GPU,还是多种 GPU?
○ 数据如何传递给模型?数据管道是什么?数据来自照相机、传感器、文件还是网络连接?
○ 将进行哪些预处理?数据将以什么格式输入?如果是图像,是否需要裁剪、旋转?

如果是文本，它是什么字符集？是否允许所有字符作为模型的输入？是否有特殊符号？

○ 您要求多大的时延和吞吐量？
○ 您可以将多个请求一起批处理吗？
○ 您是否需要一个网络的多个实例来实现系统所需的整体吞吐量和时延？
○ 您将如何处理网络的输出？
○ 需要哪些后处理步骤？

TensorRT 提供了一个快速、模块化、紧凑、健壮、可靠的推理引擎，可以支持部署架构的推理需求。

(2) 数据科学家和开发人员在定义了部署架构之后，便可使用 TensorRT 从保存的网络中构建推理引擎。有多种方法可以执行此操作，具体取决于所使用的训练框架和网络体系结构。通常使用已保存的神经网络，并运用 ONNX 解析器、Caffe 解析器或 TensorFlow/UFF 解析器将其从已保存的格式解析为 TensorRT 格式。

(3) 解析网络后，您需要考虑优化选项，如批处理大小、工作空间大小和混合精度。在 TensorRT 构建步骤中选择并指定这些选项。这个步骤实际上是根据网络构建优化的推理引擎。

(4) 使用 TensorRT 创建推理引擎后，您将需要验证它是否可以重现训练过程中达到的准确率。如果选择了 FP32 或 FP16，则它应与结果非常接近。如果选择了 INT8，则在训练过程中获得的准确度与推理准确度之间可能会有很小的差距。

(5) 以序列化格式保存推理引擎，称为方案文件。

3. 部署解决方案

将 TensorRT 库链接到要部署的应用程序，它将调用库来实现推理。应用程序首先将方案文件中的模型反序列化，从而初始化推理引擎。

TensorRT 通常异步使用，因此，当输入数据到达时，程序将调用入队函数读取缓冲区，TensorRT 也用这个缓冲区放入结果。

4. TensorRT 应用场景

TensorRT 用于将模型部署到生产环境中使用。部署可能位于数据中心、云服务器、嵌入式设备、机器人、车辆或工作站应用程序。

TensorRT 已在多种场景中成功使用，包括：

• 机器人

TensorRT 在机器人中运行计算机视觉模型，比如在动态环境为无人机实现自主导航。

• 自动驾驶汽车

TensorRT 用于加速 NVIDIA Drive 产品中的计算机视觉。

• 科学计算

TensorRT 以高吞吐量执行神经网络模型。

• 深度学习训练和部署框架

TensorRT 包含在几种流行的深度学习框架中，包括 TensorFlow 和 MXNet。

- 视频分析

TensorRT 结合 NVIDIA 的 DeepStream 产品实现复杂的视频流分析。例如，边缘设备中的 1～16 路视频流分析，或数据中心中的数百数千个并行的视频流分析。

- 自动语音识别

TensorRT 用于在小型台式设备上加速语音识别。设备上支持有限的词汇表，而云中提供具有更大的词汇表的语音识别系统。

至此，您已经了解了如何使用 TensorRT 优化深度学习应用程序以进行推理的基础知识。还存在许多其他的优化技术，例如，在计算的同时在 CPU 和 GPU 之间重叠传输数据，以及使用 8 位整数精度，都有助于获得更高的推理性能。总体来说，通过使用 TensorRT 将推理从 CPU 转移到 GPU，时延降低至原来的 1/100。

9.3 OpenVINO

9.3.1 OpenVINO 简介

智能视觉解决方案的需求增加。这要求开发工具将计算机视觉、深度学习和分析处理的能力集成到应用中，将数据转换为洞察，推动人工智能。Intel Distribution of Open VINO toolkit，简称 OpenVINO，是 Intel 公司推出的一套免费的开发套件，是一个快速开发高性能计算机视觉和将深度学习融入视觉应用中的工具箱。它能确保深度学习在硬件加速器上运作，OpenVINO™ 通过异构计算可以充分发挥 Intel 硬件平台（包括 CPU、GPU、Intel FPGA 以及 Intel Movidius VPU）的强大性能，可跨 Intel 平台分层执行。通过使用 OpenVINO 工具包，开发者可以在影像监控、零售、生产、智能城市、医疗保健、办公室自动化和交通等应用场景中实施深度学习推理，为深度学习工作负载带来大幅度的性能提升。

1. 加速深度学习推理的软件工具

Intel OpenVINO 工具箱是 Movidius 默认的软件开发套件，用于优化性能，集成深度学习推理并在 Intel® Movidius™ 视觉处理单元（VPU）上运行深度神经网络（DNN）。该工具包支持广泛的神经网络，不仅可以简化 NCS 2 硬件之间的部署，还可以简化整个 Intel 视觉加速器解决方案的部署。

2. 在一个平台上开发，跨多个平台部署

这是 OpenVINO 工具箱的 Intel 发行版的口号和简述。得益于中间表示（IR）格式，可以在一种类型的处理器（如 CPU）上开发和测试神经网络，并在一系列处理单元（如 CPU、GPU、VPU、FPGA）上部署相同的模型，甚至跨两个处理器进行异构部署（拆分模型）。IR 概念使用户可以运行使用多个框架构建的模型，如 TensorFlow、PyTorch 和 MXNet，以及其他交换格式（如 ONNX）。由于工具箱的模块化体系结构，因此可以灵活地支持多种框架、交换格式和硬件加速器。下面是 OpenVINO 工具箱软件组件的简化图

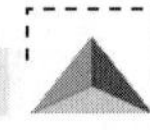

形表示,如图 9-8 所示。

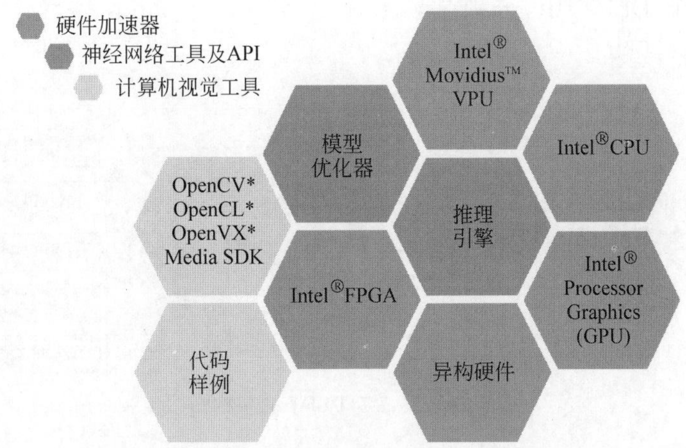

图 9-8　OpenVINO 工具箱软件组件的简化图形表示

3. 简化的开发工作流程

OpenVINO 工具箱具有简单的开发工作流程(见图 9-9),仅需三个步骤即可在任何受支持的处理器和加速器上开发和部署神经网络。

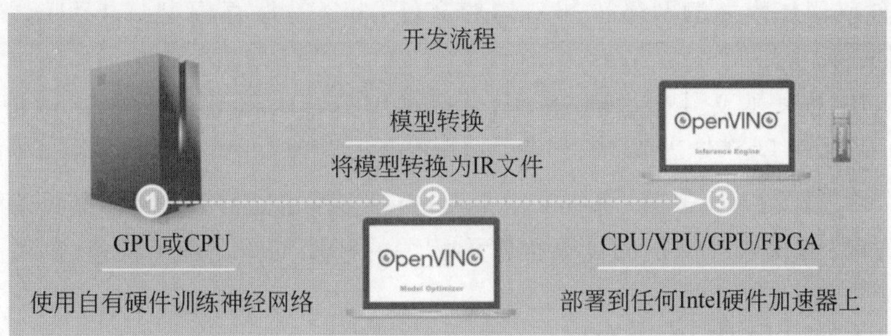

图 9-9　OpenVINO 工具箱的开发工作流程

(1) 使用支持的框架之一,在首选的训练硬件上训练模型。

(2) 使用工具箱的模型优化器将训练后的模型转换为 IR 文件。

(3) 将 IR 模型加载到受支持的硬件加速器以执行推理。

9.3.2　OpenVINO 的构成

OpenVINO 开发套件主要包含两大组件:英特尔深度学习部署工具包(Intel deep learning deployment toolkit,DLDT)和英特尔传统计算机视觉工具包组合,如 OpenCV、OpenVX 等。OpenVINO 借助 DLDT 部署深度学习推理模型,同时借助英特尔传统计算机视觉工具包中的英特尔多媒体软件开发工具包(Intel Media SDK)加速视频和图像的编码/解码,增强图像处理器的性能,对图像处理进行优化和加速。将英特尔传统计算机视觉工具包和 DLDT 结合,提供构建高性能、智能的视觉解决方案。

图 9-10 展示了英特尔 DLDT 的架构图，OpenVINO 开发套件用于深度学习的两大核心套件都位于 DLDT 中，分别是模型优化器（model optimizer，MO）和推理引擎（inference engine，IE）。

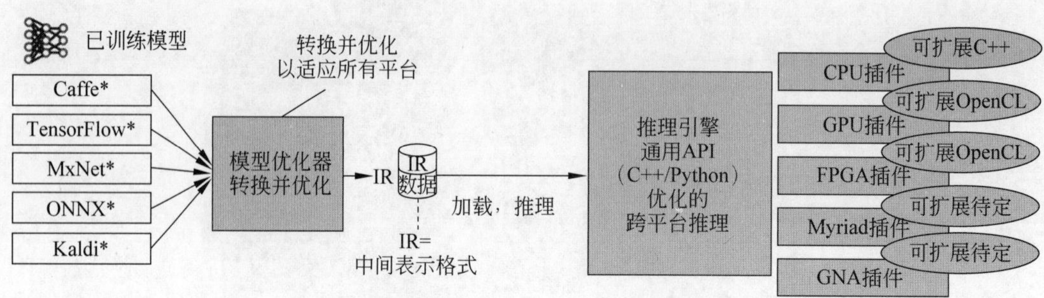

图 9-10　英特尔 DLDT 的架构图

MO 在准备阶段导入训练好的模型，它目前支持多种主流的深度学习框架的模型，如基于 Caffe、TensorFlow、MxNet、ONNX 和 Kaldi 等框架。然后对输入的训练好的机器学习模型进行转换和优化，将模型转换为硬件匹配的数据类型以实现接下来推理性能的加速，MO 对模型转换后的输出是中间表示（intermediate representation，IR）格式的一组文件。IR 格式的文件可以用于描述整个模型，其中包含两种类型的文件：.xml 和.bin 文件。.xml 是存放描述模型的网络拓扑结构的文件，.bin 是保存模型权重和偏差等重要参数的二进制文件。

接下来，IR 格式的文件会送到 IE 中，然后调用英特尔相关的硬件，实施推理。IE 有一套统一的 API 可供开发者调用，目前支持的硬件包括 CPU、GPU、Intel FPGA 以及 Intel Movidius VPU。IE 中的 OpenVX 和 OpenCV 库也能够让图像/视频处理、计算机视觉追踪以及特征提取等传统的计算机图形相关的开发工作变得更快速、高效。

9.3.3　OpenVINO 应用开发

通常，AI 应用程序的开发周期有四个阶段，整个开发流程为：数据的采集与清洗—创建机器学习模型—将数据输入模型训练实现参数调优—在训练好的模型上进行推理和部署。OpenVINO 是为第四阶段设计的，DLDT 提供了从边缘到云端部署的解决方案。

在传统的深度学习应用开发部署流程中，将训练好的模型和需要推理的视频、图片、语音等数据文件输入用户推理应用程序中，实施推理。而在引入 OpenVINO 后，需要在训练好的模型后增加一步模型优化的操作，使用 MO 将模型进行优化和转换。这个操作是一次性的。也就是说，只有训练好的模型发生变化，才需要再次执行 MO 以获得新的 IR 文件。最终，和传统的部署流程一样，将 IR 文件、训练好的模型和需要推理的视频、图片、语音等数据文件，输入用户推理应用程序中，实施推理。在用户推理应用程序中需要调用 IE 相关的 API 处理这些推理。

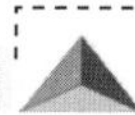

1. MO

MO 目前支持多种主流的深度学习框架，通过 MO 可以将这些不同框架下的模型进行优化，并转换为统一的 IR 形式的输出模型。MO 在对模型转换中进行了许多优化的操作：如节点合并、批处理数据规则化、横向融合和常量折叠等。

开发者不需要对 MO 执行任何的开发操作，它实际上是一个命令行工具，只需要执行一个命令行语句，就可以完成模型所有的转换工作了。OpenVINO MO 如图 9-11 所示。

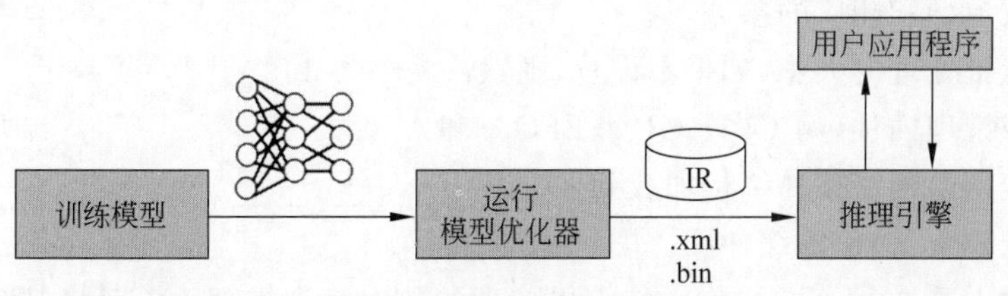

图 9-11　OpenVINO MO

2. IE

IE 提供了一套统一的跨英特尔硬件的 API。开发者调用这些 API 之后，IE 会自动分配相应的插件来实施推理。例如，若希望用户应用程序在 CPU 上执行，则 IE 会调用 Intel MKL-DNN 插件，而若希望用户程序在 GPU 上执行，则 IE 会调用 clDNN 插件来运算。这些插件在英特尔架构上经过性能的优化，会得到比较好的运算效果。OpenVINO IE 如图 9-12 所示。

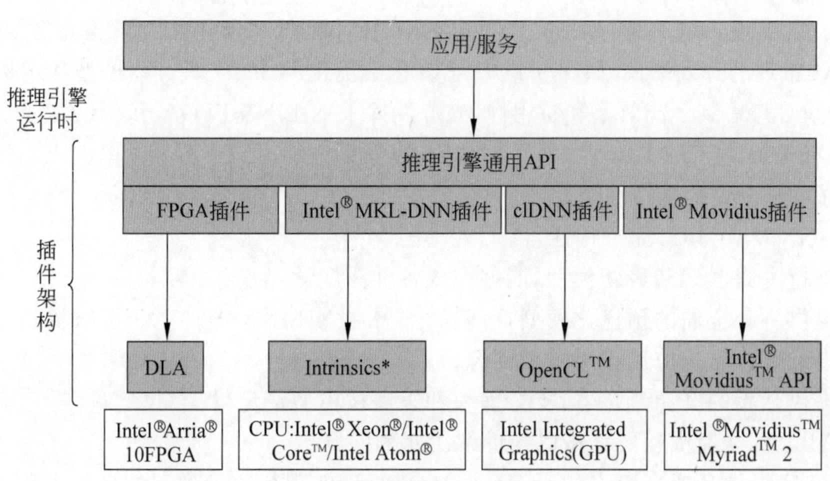

图 9-12　OpenVINO IE

IE 支持硬件的异构计算和异步计算。异构计算是指在不同的层上，选择不同的硬件运行。例如，异构计算的参数选择了 FPGA 和 CPU，如果在某一层上进行运算时，发现在 FPGA 上的运算性能不如在 CPU 上的运算性能，那么 IE 会回馈到 CPU 进行这一层的运算。通过这一机制，保证开发者的用户应用程序有更好的性能体现。异步计算是指在提出一个推理请求之后，无须等待到这个推理请求处理结束再执行接下来的工作，而是在等待这个请求执行结果的时候，将下一个批处理的数据放入模型进行处理，并提出这个批处理数据的推理请求。把顺序执行的任务并行执行，以达到提高性能的目的。

3. 基于推理引擎开发的工作流程

基于推理引擎开发应用程序的工作流程包括两部分，如图 9-13 所示。

第一部分是初始化的工作。初始化又可以细分为以下步骤。

（1）加载模型和相应的参数。

（2）设置批处理的大小（如果不设置，则默认大小为 1）。

（3）加载推理插件（如 CPU、GPU、FPGA 和 VPU）。

（4）把模型的网络拓扑结构加载到插件。

（5）分配输入、输出的缓冲区。

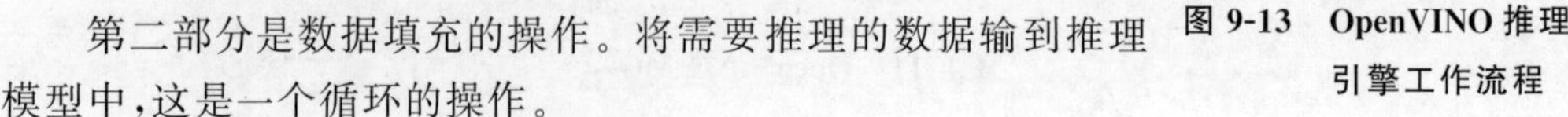

图 9-13　OpenVINO 推理引擎工作流程

第二部分是数据填充的操作。将需要推理的数据输到推理模型中，这是一个循环的操作。

（1）将推理数据填入输入缓冲区。

（2）调用 IE 的 API 实施推理。

（3）输出推理结果。

按照以上工作流程，可以快速开发出完整的 AI 应用，并部署到嵌入式设备中。

9.4　XILINX Vitis

Vitis AI 开发环境[58]是 XILINX 用于在 XILINX 硬件平台（包括边缘设备和 Alveo 卡）上进行 AI 推理的开发平台，如图 9-14 所示。它由优化的 IP、工具、库、模型和示例设计组成。它的设计考虑到了高效率和易用性，充分发挥了 XILINX FPGA 和 ACAP 上 AI 加速的潜力。在边缘，Vitis AI 加速提供了卓越的 AI 推断性能。它改善了帧率（FPS），降低了功耗，实现了 5～50 倍的网络性能优化。

XILINX Vitis 具有如下特性。

- 支持主流框架和最新模型，能够完成各种深度学习任务。
- 提供一套全面的预优化模型，可随时部署在 XILINX 器件上。可以找到最接近的模型并开始为应用程序重新训练。
- 提供强大的开源量化器，支持剪枝和未剪枝模型量化、校准和微调。
- AI 分析器提供逐层分析以帮助解决瓶颈问题。
- AI 库提供开源高级 C++ 和 Python API，以实现从边缘到云的最大可移植性。
- 可以定制高效且可扩展的 IP 核，以满足吞吐量、延迟、功耗和准确率等多个角度的不同的需求。

1. AI 优化器

借助模型压缩技术，Vitis 可以将模型复杂度降低到原来的$\frac{1}{50}$～$\frac{1}{5}$，同时将准确率的

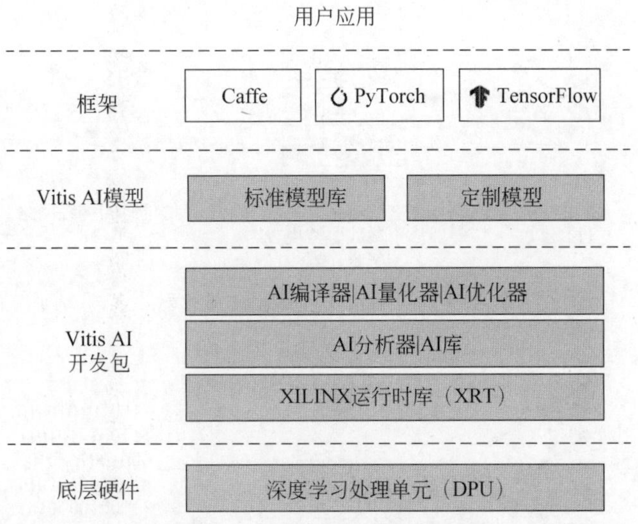

图 9-14　XILINX Vitis AI 开发环境

影响最小化。目前，Vitis AI 优化器只包含一种叫作 pruner（修剪器）的工具，如图 9-15 所示。Vitis 人工智能修剪器（VAI pruner）对神经网络中的冗余连接进行修剪，减少了整体所需的操作。由 AI 修剪器产生的修剪后的模型可以被 AI 量化器进一步量化，并部署到 FPGA。

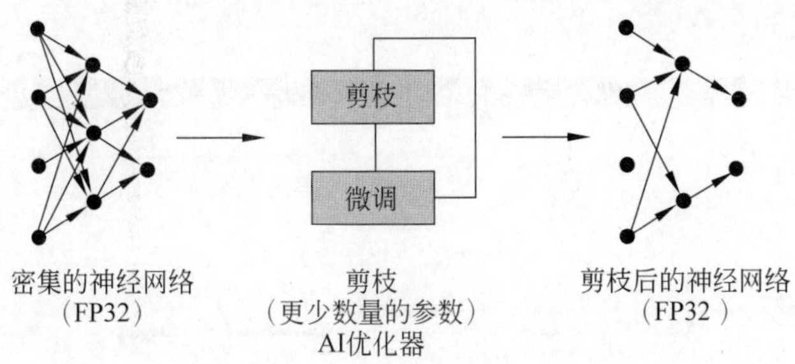

图 9-15　XILINX AI 优化器

2. AI 量化器

通过将 32 位浮点数权值和激活值转换为定点数（如 INT8），AI 量化器可以在不损失预测准确率的情况下降低计算复杂度。定点网络模型需要较少的内存带宽，因此比浮点模型提供更快的速度和更高的电源效率。XILINX Vitis AI 量化器如图 9-16 所示。

3. AI 编译器

将 AI 模型映射到高效的指令集和数据流，同时执行复杂的优化，如层融合、指令调度，并尽可能重用片上内存。XILINX Vitis AI 编译器图 9-17 所示。

4. AI 分析器

性能分析器对 AI 推理实现的效率和利用率进行深入分析。Vitis AI 分析器对 AI

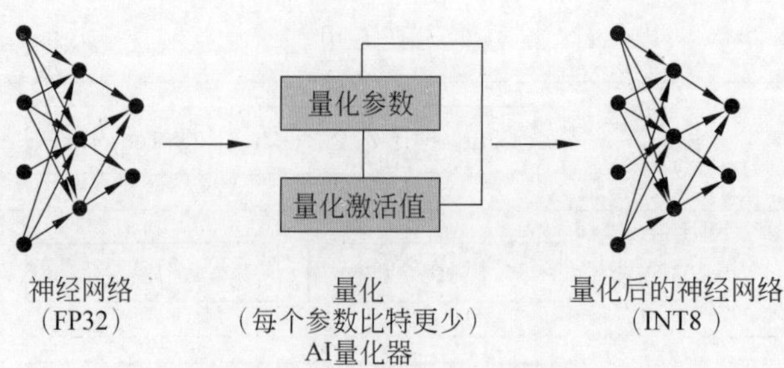

图 9-16　XILINX Vitis AI 量化器

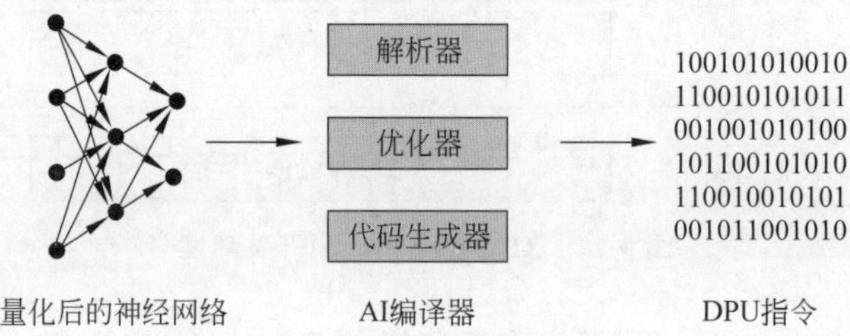

图 9-17　XILINX Vitis AI 编译器

应用程序进行分析和可视化，以查找瓶颈并在不同设备之间分配计算资源，如图 9-18 所示。它无须更改代码，就可以跟踪函数调用和运行时间，还可以收集硬件信息，包括 CPU、DPU 和内存利用率。

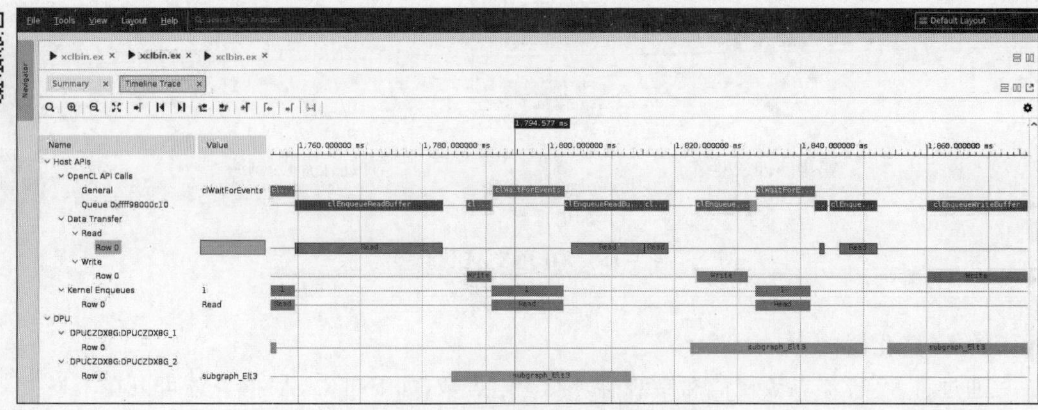

图 9-18　XILINX Vitis AI 分析器

5. AI 库

Vitis AI 库是一组高级库和 API，用于通过深度学习处理器单元（DPU）进行高效 AI 推理。它基于 Vitis AI Runtime 构建，具有统一的 API，并为 XILINX 平台上的 AI 模型部署提供易于使用的接口。

Vitis AI 库封装了许多高效、高质量的神经网络，提供易于使用且统一的界面，如图 9-19 所示。这简化了深度学习神经网络的使用，即使对于没有深度学习或 FPGA

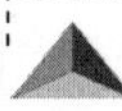

知识的用户也是如此。Vitis AI 库让用户可以更专注于开发应用程序，而不是底层硬件。

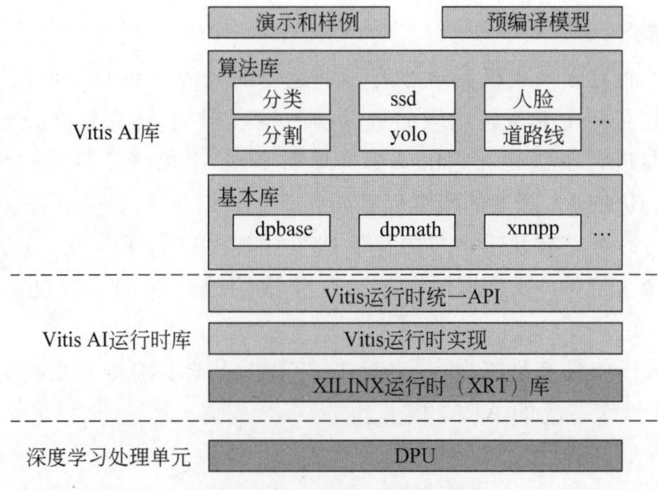

图 9-19　XILINX Vitis AI 库

6. DPU 支持

Vitis AI 为一系列不同的 DPU，如 XILINX Zynq®-7000、Zynq® UltraScale+™ MPSoC 等嵌入式设备以及 U50、U200、U250 和 U280 等 Alveo 卡提供支持，在吞吐量、延迟、可扩展性和功耗方面实现了独特的差异化和灵活性。XILINX Vitis 对 DPU 系列的支持如图 9-20 所示。

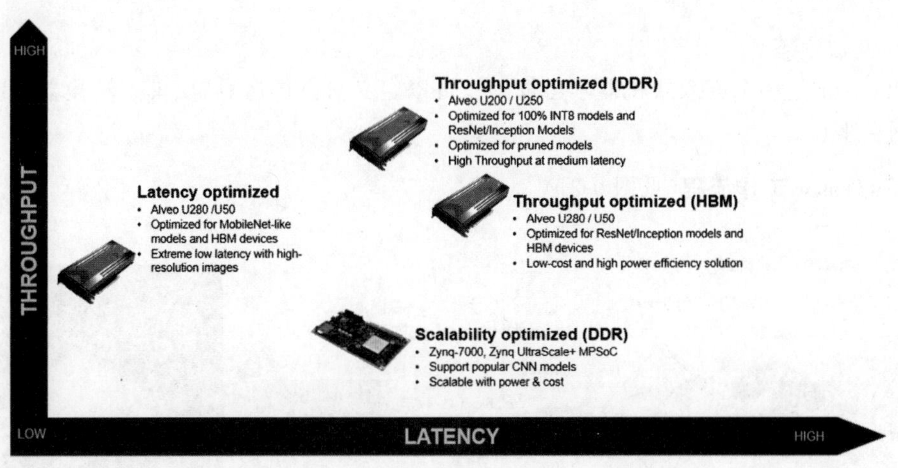

图 9-20　XILINX Vitis 对 DPU 系列的支持

总之，Vitis AI 为 XILINX 系列 AI 芯片提供了适应性强、实时性强的人工智能推理加速，通过剪枝、量化、编译等技术对嵌入式设备及云端的 AI 推理进行了优化。

9.5 uTensor

1. uTensor 简介

uTensor[59]是面向嵌入式机器学习的一个免费的开源软件框架，专为快速原型设计和部署而设计。它是一个非常轻量级的机器学习推理框架，建立在 TensorFlow 之上，并针对 ARM 处理器进行了优化。它由一个推理引擎、一个离线工具和一个数据收集框架组成，其中离线工具处理大部分的模型转换工作。

uTensor 代码针对只有几千字节内存的嵌入式硬件进行了优化，其核心运行时的大小约 2KB。以一个 3 层的 MLP 为例，uTensor 生成的模型仅 32KB，包含模型定义、算法实现和权重值等。

uTensor 支持任何具有足够内存(推荐 128KB 以上 RAM 和 512KB 以上闪存)的，以 Mbed 作为嵌入式操作系统的 ARM 板卡。

uTensor 具有如下特点。

• 运行实时

uTensor 由 C++ 实现神经网络模型，可以手工编码，也可以从训练好的模型自动生成。

• 部署简单

从 Jupyter 笔记本开始编写和调试代码，并部署到 MCU。

• 模型处理

嵌入式机器学习的创新也需要快速迭代。uTensor SDK 通过 Python 提供易于定制的模型转换器。

• 开放生态

uTensor 是一个嵌入式机器学习框架。可以定义自己的运算符、模型转换器，或将其移植到新平台。

2. uTensor 工作流程(见图 9-21)

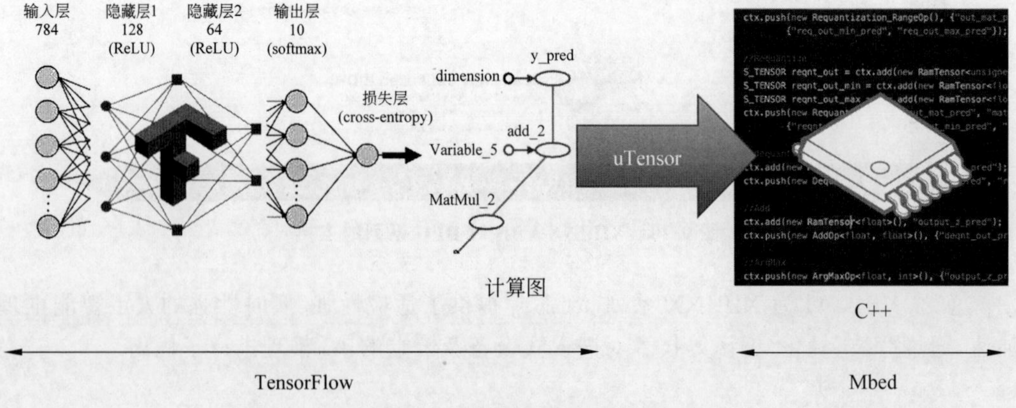

图 9-21 uTensor 工作流程

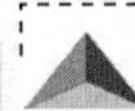

首先，在 TensorFlow 中构建和训练一个模型。其次，uTensor 使用该模型并产生一个.cpp 和.hpp 文件，这些文件包含推理所需的生成的 C++ 11 代码。最后，在嵌入式设备上使用该模型就像使用复制和粘贴功能一样容易。

```
#include "models/deep_mlp.hpp"
...
Context ctx; //creating a context
...
//preparing for the input tensor
...
get_deep_mlp_ctx(Context& ctx, Tensor* input_0); //perform inference
ctx.eval();
S_TENSOR prediction = ctx.get({"y_pred:0"}); //getting the result
```

uTensor 模型的.hpp 和.cpp 文件由模型文件生成，例如：

```
$utensor-cli deep_mlp.pb --output-nodes=y_pred
...
... Generate weight file: models/deep_mlp_weight.hpp
... Generate header file: models/deep_mlp.hpp
... Generate source file: models/deep_mlp.cpp
```

3. uTensor 运行时

uTensor 运行时由两个主要组件组成：①uTensor 核心，包含满足 uTensor 性能运行时所需的基本数据结构、接口和类型；②uTensor 库，一系列建立在 uTensor 核心之上的合理的默认实现。构建系统分别编译这两个组件，允许用户在 uTensor 核心之上轻松扩展和覆盖实现，例如自定义的内存管理器、张量、运算符和错误处理程序等。

4. uTensor 核心

uTensor 核心如同它的名字一样，它是核心、定义，并让运行时严格保证诸如内存安全、模型可更新性，以及一致的用户体验之类的事情。尽管看起来像一种高级语言，但 uTensor 核心编译后占用的空间非常小，在 1～2KB(另外，uTensor 库的大小约为 1KB)。

5. uTensor 库

uTensor 库是在 uTensor 核心之上构建的一系列合理的默认实现，具体包括：

- 错误处理程序；
- 配置器；
- 上下文；
- 运算符；
  - 遗留的运算符
  - 优化的运算符
  - 对称量化运算符
  - 参考运算符

- 张量。

目前，uTensor 支持以下运算符。

- ReLU；
- ReLU In place；
- ReLU6；
- ReLU6 In place；
- ArgMax；
- ArgMin；
- AddOperator；
- Conv2D；
- QuantizedConv2D；
- OptConv2D；
- MinPool；
- MaxPool；
- AvgPool；
- GenericPool；
- DepthwiseSepConv2D；
- QuantizedDepthwiseSepConv2D；
- OptDepthwiseSepConv2D；
- Min；
- Max；
- Squeeze；
- MatMul；
- QuantizedFullyConnected；
- Reshape。

uTensor 是一个快速发展的项目，非常轻量级，基于 C++ 实现，效率很高。另外，它非常灵活，允许用户进行自定义。如果你的嵌入式设备资源非常有限，uTensor 就是一个良好的选择。

9.6 Apache TVM

Apache TVM[60] 是一个用于 CPU、GPU 和专用的机器学习加速器的端到端开源机器学习编译器框架。它的目标是能够在任何硬件后端上高效地优化和运行计算。它尝试缩小以生产力为中心的深度学习框架与以性能或效率为导向的硬件后端之间的差距。

TVM 主要提供以下功能。

- 将 Keras、MXNet、PyTorch、TensorFlow、CoreML 和 DarkNet 中的深度学习模型编译为各种硬件后端上的最低可部署模块。
- 在后端以更好的性能自动生成和优化张量运算符的基础架构。

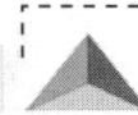

TVM 最初是华盛顿大学 Paul G. Allen 计算机科学与工程学院 SAMPL 研究小组的一个研究项目。该项目现在是由 Apache 软件基金会(ASF)进行孵化的工作,该项目由一个以 Apache 方式参与多个行业和学术机构的开源社区推动。

TVM 的出发点如下。

越来越需要将机器学习引入各种硬件设备。当前框架依赖于供应商特定的运算符库,并针对范围狭窄的服务器级 GPU 进行优化。将工作负载部署到新平台——例如手机、嵌入式设备和加速器(例如 FPGA、ASIC)——需要大量的手动工作。我们提出了 TVM,这是一种公开图形级和运算符级优化的编译器,可为跨不同硬件后端的深度学习工作负载提供性能可移植性。TVM 解决了特定于深度学习的优化挑战,例如高级算子融合、映射到任意硬件原语和内存延迟隐藏。它还通过采用一种新颖的、基于学习的成本建模方法快速探索代码优化,从而根据硬件特性自动优化低级程序。实验结果表明,TVM 提供跨硬件后端的性能,可与用于低功耗 CPU、移动 GPU 和服务器级 GPU 的最先进、手动调整的库相媲美。我们还展示了 TVM 面向新加速器后端的能力,例如基于 FPGA 的通用深度学习加速器。该系统是开源的,并在几家大公司内用于生产。

TVM 提供了两个级别的优化:①计算图优化,执行诸如高级运算符融合、模型转换和内存管理之类的任务;②张量算子优化和代码生成层优化。Apache TVM 框架如图 9-22 所示。

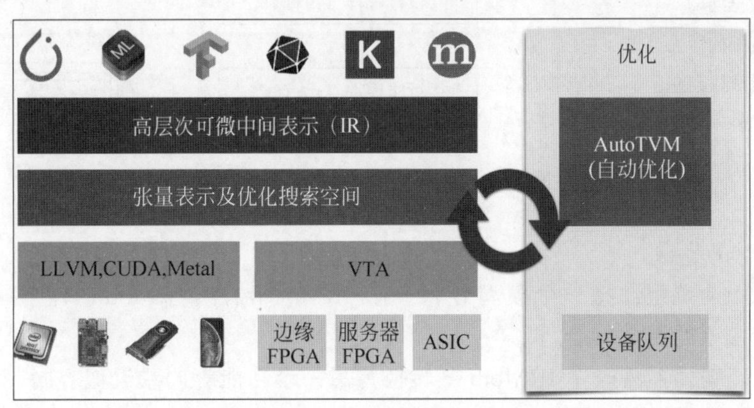

图 9-22 Apache TVM 框架

TVM 主要提供以下两个功能。

(1) 将深度学习模型编译成最小的可部署模块。

(2) 提供一个框架,在更多的后端自动生成和优化模型并具有更好的性能。

TVM 的关键特性和能力如下。

• 性能

优化的编译器和最小运行时,通常可以释放现有硬件上的机器学习工作负载。

• 随处运行

支持 CPU、GPU、浏览器、微控制器、FPGA 等,在更多的后端自动生成和优化张量运算符。

• 灵活性

支持块稀疏性、量化(1、2、4、8 位整数)、随机森林/经典机器学习、内存规划、MISRA-C兼容性、Python 原型设计或以上所有内容。

• 易用性

编译 Keras、MXNet、PyTorch、TensorFlow、CoreML、DarkNet 等的深度学习模型。第一天开始用 Python 使用 TVM,第二天就可以用 C++、Rust 或 Java 建立生产软件。

Apache TVM 的工作流程[61]如图 9-23 所示。

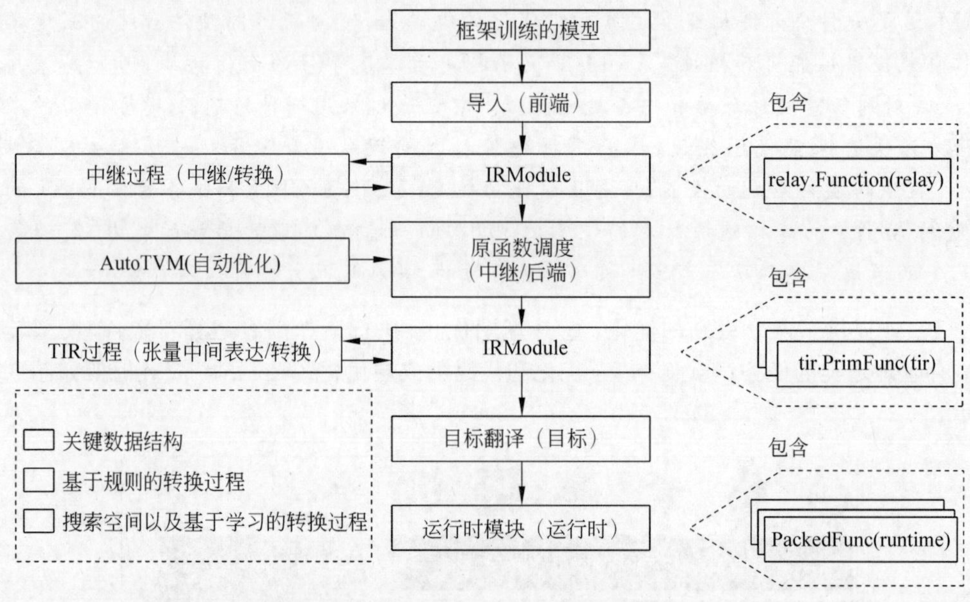

图 9-23　Apache TVM 的工作流程

它包含 4 个步骤。

• 导入。前端组件将一个模型导入一个 IRModule 中,IRModule 包含一个内部表示该模型的函数集合。
• 转化。编译器将一个 IRModule 转换为另一个功能等同或近似等同(例如,在量化的情况下)的 IRModule。许多转换是独立于目标(后端)的。我们也允许目标影响转换管道的配置。
• 目标翻译。编译器将 IRModule 翻译(codegen)为目标指定的可执行格式。目标翻译结果被封装为一个运行时模块,可以在目标运行时环境中导出、加载和执行。
• 运行时执行:用户加载回一个运行时模块,并在支持的运行时环境中运行编译后的函数。

9.7　小结

前面介绍了一些嵌入式神经网络芯片和软件框架,它们各有所长以及适用范围。一些软件框架是为特殊芯片定制的,而另外一些软件框架则致力于支持多种硬件芯片。

表 9-1 列出了它们之间的对应关系。

表 9-1　嵌入式 AI 软件框架与 AI 芯片的对应关系

嵌入式 AI 软件框架	支持的 AI 芯片	支持的神经网络训练框架
TensorFlow Lite	Apple、ARM、CPU、GPU	TensorFlow
TensorRT	NVIDIA GPU (Jetson, Drive, Tesla 等)	TensorFlow、Caffe、PyTorch、MXNet
OpenVino	Intel 系列的 CPU、GPU、FPGA、VPU	TensorFlow、PyTorch 和 MXNet
XILINX Vitis	XILINX DPU (Zynq, Alveo)	TensorFlow、Caffe、PyTorch
uTensor	ARM	TensorFlow
Apache TVM	CPU、GPU 和专用的机器学习加速器	Keras、MXNet、PyTorch、Tensorflow、CoreML、DarkNet

由表 9-1 可见，TensorFlow Lite 和 Apache TVM 都致力于支持各种类型的 AI 芯片，从 CPU、GPU 到专用的 AI 加速器，其中 TensorFlow Lite 还支持 iPhone 和 Android 手机。TensorRT、OpenVino 和 Vitis 则都是为自家芯片而定制的。

各种软件框架都致力于支持多种训练框架，其中 Apache TVM 支持最为全面。但 TensorFlow Lite 仅支持 TensorFlow 作为训练框架。

初看起来，TensorFlow Lite 和 Apache TVM 支持的芯片种类多，开放性强，可能有广泛的应用前景。但由于 AI 芯片是计算密集型的，嵌入式 AI 芯片的推理性能又极为关键，因此针对专门芯片而进行优化的软件框架在性能上更胜一筹。考虑到 NVIDIA 在 AI 芯片领域的统治地位，TensorRT 在实际应用中会发挥更大的作用。实现篇将以 TensorRT 为例，进行深入介绍。

第 三 篇

实　　现

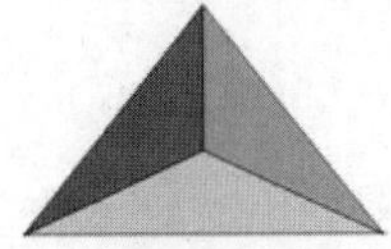

第 10 章 搭建嵌入式神经网络开发环境

10.1 嵌入式 AI 开发流程

在了解嵌入式人工智能的原理,并熟悉嵌入式人工智能的硬件和软件平台后,开发嵌入式 AI 应用似乎水到渠成了。然而,实际的应用开发仍然充满挑战,毕竟,嵌入式开发总是比在通用软硬件平台上开发更复杂,其环节更多,流程更为复杂,要解决更多工程上的问题。

一般来说,深度神经网络开发的基本工作流程是:

(1) 准备数据。

(2) 标注数据。

(3) 建立模型。

(4) 训练模型。

(5) 测试模型。

(6) 改进模型并重复该过程。

(7) 保存模型以供进一步训练或推理。

而针对嵌入式设备上的神经网络模型的开发,需要在上述基础上增加以下两个步骤。

(8) 模型优化(或称模型转换),包含训练时优化、模型转换和运行时优化等工作。

训练时优化采用剪枝、权重共享等方法减少模型参数数量,压缩模型的尺寸,从而进行优化。模型转换是指将模型从通用的格式编译为嵌入式 AI 加速器所支持的操作集和文件格式的过程,有些模型转换器还完成模型参数的量化工作。运行时优化则包括创建运行时引擎和模型序列化等,从而优化模型对内存、带宽等的使用。

(9) 模型部署,转换后的模型最后要下载到嵌入式设备上部署,连接传感器,获取实时数据并运行推理。

其中,步骤(3)～(7)在通用的 AI 硬件上完成,这个机器称为开发机,或称为宿主机。它可以是服务器、PC 或者云主机等,主要负责 AI 模型的训练。步骤(9)在嵌入式设备上完成,称为推理机,或称为目标机。它以嵌入式 AI 加速器为核心,主要负责 AI 模型的推理,一般也负责现场数据的采集,如传感器数据、图像、视频流等。步骤(8)中的训练时优化由开发机完成,运行时优化由推理机完成,模型转换通常由开发机完成。

10.2 NVIDIA Jetson 开发流程

一个完整的开发流程需要开发机和推理机协同完成，期间有不少交互工作，为了辅助这个工作流程，有一些专用的集成开发环境和工具，可以帮助嵌入式开发者简化工作、提高效率、聚焦在应用开发本身。细化的嵌入式 AI 开发流程如图 10-1。

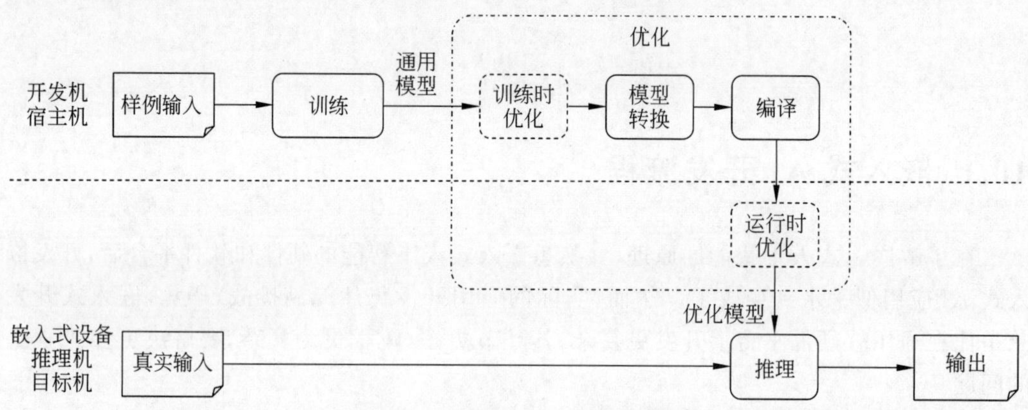

图 10-1　细化的嵌入式 AI 开发流程

以 NVIDIA Jetson 模块为例，NVIDIA DIGITS（deep learning GPU training system）[62] 软件用于开发完整的 AI 应用。

如图 10-2 所示，NVIDIA DIGITS 在云、服务器或 PC 上运行，称为**训练机**。它对标注后的数据集进行交互式的训练，以生成网络模型。而 TensorRT 和 Jetson 部署在嵌入式设备中，称为**推理机**，用于在现场运行时推理。

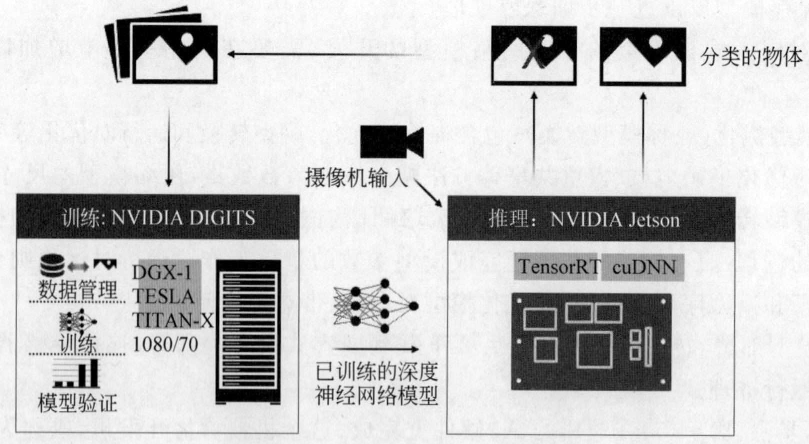

图 10-2　NVIDIA DIGITS 开发流程

DIGITS 和 TensorRT 共同构成了高效的工作流程，用于开发和部署能够实现高级 AI 和感知的深度神经网络。其中，DIGITS 简化了常见的深度学习任务，如管理数据，在

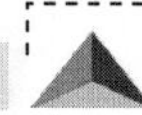

多 GPU 系统上设计和训练神经网络，用先进的可视化技术实时监控性能，并从结果浏览器中选择性能最好的模型进行部署。DIGITS 是完全互动的，因此数据科学家可以专注于设计和训练网络，而不是编程和调试。而 TensorRT 实现模型优化和量化推理，提供高性能的深度神经网络推理能力。

下面以 NVIDIA Jetson 模块为例，搭建一个完整的嵌入式神经网络开发环境。

首先，安装 JetPack(Jetson Development Pack)[63] 工具包，它是一个按需提供的一体化软件包，捆绑并安装了适用于 NVIDIA Jetson 嵌入式平台的所有开发用软件工具。

JetPack 包括以下组件。

- **深度学习**：TensorRT、cuDNN、NVIDIA DIGITS。
- **计算机视觉**：NVIDIA VisionWorks、OpenCV。
- **GPU 计算**：NVIDIA CUDA 及库函数。
- **多媒体**：ISP 支持、摄像头图像、视频 CODEC(编解码器)。

同时，它还包括 ROS 兼容性、OpenGL、高级开发者工具等。

NVIDIA JetPack SDK 提供了构建 AI 应用的全套解决方案。使用 JetPack 安装程序可以将最新的 OS 映像刷机到 Jetson 模块，安装用于宿主 PC 和开发人员套件的开发工具，并安装用于启动开发环境所需的库、API 等。

JetPack 安装需要借助宿主机，主要包含如下步骤。

(1) 将宿主机与 Jetson 通过 USB 电缆和以太网电缆连接起来。

(2) 将 JetPack 下载到宿主机，宿主机需使用 Ubuntu 操作系统。

(3) 启动 JetPack 安装程序。

(4) 选择并连接 Jetson 系列模块，如图 10-3 所示。

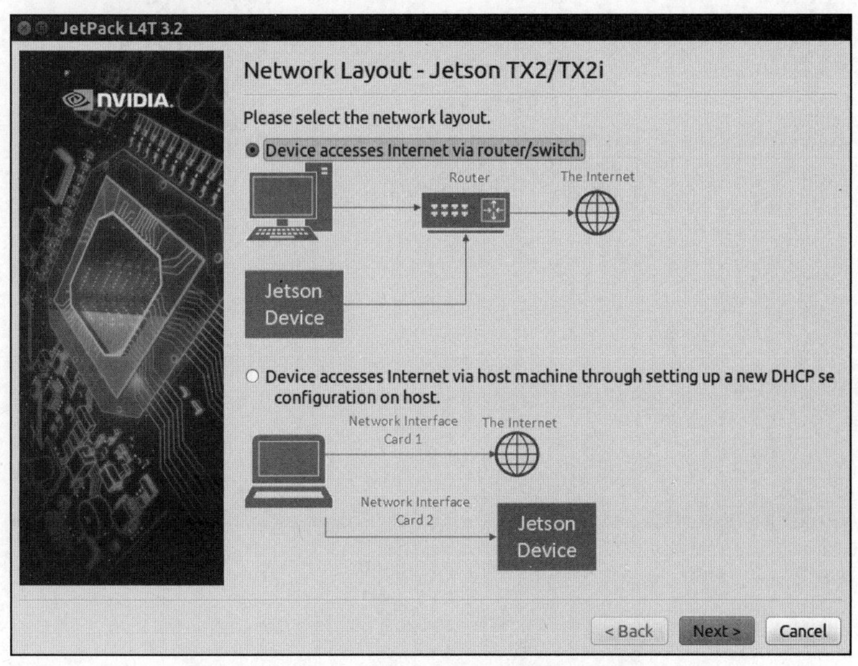

图 10-3　JetPack 安装时宿主机和模块的网络连接

(5) 选择要安装的组件,包括宿主机上运行的调试器、分析器、OpenCV、VisionWorks,以及Jetson 模块上的 OpenCV、VisionWorks、DeepStream 等。

(6) 在宿主机上安装软件。

(7) 将 OS 映像刷机到模块上。

(8) 在 Jetson 模块上安装软件。

NVIDIA 现在也以 Debian 软件包的形式提供 JetPack 组件,可以在刷好机的 Jetson 模块上直接安装 JetPack 软件包,而无须借助宿主机。当然,刷机步骤必须通过宿主机完成。

最后,TensorRT 安装在 Jetson 模块上,可以用于神经网络的推理加速。

DIGITS 的安装是可选的。安装它有助于简化在 Jetson 上开发 AI 应用的流程。

DIGITS 系统安装在 PC 或云主机上。由于 DIGITS 需要众多的依赖关系,安装过程复杂,初学者可以在宿主机上安装 NVIDIA GPU Cloud (NGC)或 nvidia-docker,这种方法将快速、自动安装好驱动程序和机器学习框架。高级使用者则可以下载 DIGITS 源码后安装。

DIGITS 是一个 Web 应用,安装完毕后,使用如下命令启动:

```
./digits-devserver
```

启动后,DIGITS 将在 TCP5000 号端口上运行,如图 10-4 所示。

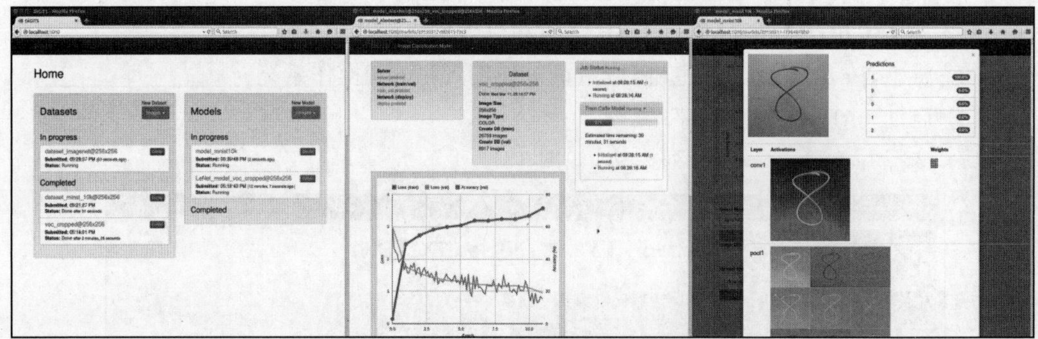

图 10-4　NVIDIA DIGITS 运行界面

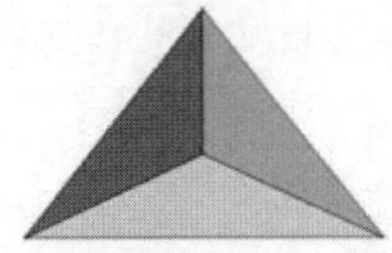

第 11 章 优化嵌入式神经网络模型

在开发机上训练好的神经网络通常拥有大量的参数,模型尺寸比较大,而推理机(嵌入式设备)的内存、外存及其嵌入式 AI 加速器上的显存等都有限。想把大型的神经网络装到有限的空间中,并顺利运行,就需要对模型进行优化,主要通过模型压缩技术(剪枝、聚类、量化等)减小模型的尺寸。

11.1 TensorFlow 模型优化

TensorFlow 模型优化工具包[64]是一套能够优化机器学习模型以便于部署和执行的工具。它是 TensorFlow Lite 项目的一部分。

该工具包用途很多,其中包括支持用于以下方面的技术。

- 降低云和边缘设备(例如移动设备和 IoT 设备)的延迟时间和推断成本。
- 将模型部署到边缘设备,这些设备在处理、内存、耗电量、网络连接和模型存储空间方面存在限制。
- 在现有硬件或新的专用加速器上执行模型并进行优化。

TensorFlow 模型优化工具包可以从现成模型或开发者自己训练好的模型开始进行优化。对开发者自己训练的模型,还可以在训练时进行优化。最后生成扩展名为 tflite 的压缩模型文件。

11.1.1 训练后优化

TensorFlow 模型的训练后优化包括减少 CPU 和硬件加速器的延迟、处理时间、功耗和模型大小,但几乎不降低模型准确率的通用技术。这些技术可以在已经训练好的浮点 TensorFlow 模型上执行,并在 TensorFlow Lite 转换期间应用。这些技术在 TensorFlow Lite 转换器中以选项方式启用,具体包含两种方式。

1. 量化权重

这种方式将权重转换为更低精度的类型,例如 16 位浮点数或 8 位整数。通常建议将 16 位浮点数用于 GPU 加速,而将 8 位整数用于 CPU 执行。

例如,下面给出了指定 8 位整数权重量化的示例程序。

```
import tensorflow as tf
```

```
converter = tf.lite.TFLiteConverter.from_saved_model(saved_model_dir)
converter.optimizations = [tf.lite.Optimize.OPTIMIZE_FOR_SIZE]
tflite_quant_model = converter.convert()
```

采用这种方式，在推理时，最关键的密集部分是用 8 位整数而不是浮点数计算的。相对于下面介绍的将权重和激活值都量化的方式，推理时的性能开销稍大。

2. 权重和激活值的全整数量化

这种方式将权重和激活值都进行整数量化，从而改进延迟、处理和能耗，并获得对纯整数硬件加速器的访问。实现这种方式需要一个小的代表性数据集。

下面给出了这种量化的示例程序。

```
import tensorflow as tf

def representative_dataset_gen():
  for _ in range(num_calibration_steps):
    #用您选择的方法，以 numpy 数组的格式获取样本输入数据
    yield [input]

converter = tf.lite.TFLiteConverter.from_saved_model(saved_model_dir)
converter.optimizations = [tf.lite.Optimize.DEFAULT]
converter.representative_dataset = representative_dataset_gen
tflite_quant_model = converter.convert()
```

为方便起见，生成的模型仍将采用浮点数作为输入和输出。

可以看到，TensorFlow 训练后量化工具实际上即完成了量化（模型优化工作），也完成了模型的转换（即从 TensorFlow 格式转换为 TFLite 格式）。

11.1.2 训练时优化

当训练后优化工具不能满足需求时，可进一步尝试训练时优化工具。

训练时工具搭载在模型的损失函数上对数据进行训练，以便模型可以"适应"优化技术带来的变化。

这些训练时工具包括权重剪枝、量化感知训练、权重聚类和协同优化。下面分别予以阐述。

1. 权重剪枝

在训练过程中，基于量级的权值剪枝逐渐将模型权值归零，以达到模型的稀疏性。稀疏模型更容易压缩，在推理过程中可以跳过零值，以改善延迟。

这种技术通过模型压缩带来 6 倍的改进，而且准确率损失很小。

以下是基于量级的权重修剪的端到端示例。它包括如下 5 部分。

(1) 从头开始为 MNIST 数据集训练一个 tf.keras 模型。

(2) 通过应用剪枝 API 对模型进行微调，并查看准确率。

(3) 通过剪枝创建尺寸缩小至 1/3 的 TF 和 TFLite 模型。

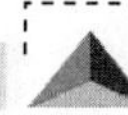

(4) 通过结合剪枝和训练后量化,创建一个尺寸缩小至 1/10 的 TFLite 模型。

(5) 查看从 TF 到 TFLite 的准确率是否保持。

首先安装 TensorFlow 优化工具包。

```
pip install -q tensorflow-model-optimization
```

然后为 MNIST 数据集训练一个模型。

```
import tempfile
import os

import tensorflow as tf
import numpy as np

from tensorflow import keras

%load_ext tensorboard

#加载 MNIST 数据集
mnist =keras.datasets.mnist
(train_images, train_labels), (test_images, test_labels) =mnist.load_data()

#将输入图像归一化,使每个像素值在 0 和 1 之间
train_images =train_images / 255.0
test_images =test_images / 255.0

#定义模型结构
model =keras.Sequential([
  keras.layers.InputLayer(input_shape=(28, 28)),
  keras.layers.Reshape(target_shape=(28, 28, 1)),
  keras.layers.Conv2D(filters=12, kernel_size=(3, 3), activation='relu'),
  keras.layers.MaxPooling2D(pool_size=(2, 2)),
  keras.layers.Flatten(),
  keras.layers.Dense(10)
])

#训练数字分类模型
model.compile(optimizer='adam',loss=tf.keras.losses.SparseCategorical
Crossentropy(from_logits=True),metrics=['accuracy'])

model.fit(
  train_images,
  train_labels,
  epochs=4,
  validation_split=0.1,
```

```
)
```

评估其准确率作为基线,并保存模型以备后用。

```
_, baseline_model_accuracy =model.evaluate( test_images, test_labels, verbose=0)

print('Baseline test accuracy:', baseline_model_accuracy)

_, keras_file =tempfile.mkstemp('.h5')
tf.keras.models.save_model(model, keras_file, include_optimizer=False)
print('Saved baseline model to:', keras_file)
```

准确率为 0.977 599 978 446 960 4。

接下来用剪枝法微调预训练的模型,对整个模型进行修剪,以 50%的稀疏度(即 50%的权重为零)开始,以 80%的稀疏度结束。

```
import tensorflow_model_optimization as tfmot

prune_low_magnitude =tfmot.sparsity.keras.prune_low_magnitude

#计算完成两个纪元的剪枝所需的步数
batch_size =128
epochs =2
validation_split =0.1 #10% of training set will be used for validation set.

num_images =train_images.shape[0] * (1 -validation_split)
end_step =np.ceil(num_images / batch_size).astype(np.int32) * epochs

#定义要剪枝的模型
pruning_params ={
    'pruning_schedule': tfmot.sparsity.keras.PolynomialDecay(initial_sparsity=
0.50,
        final_sparsity=0.80,
        begin_step=0,
        end_step=end_step)
}

model_for_pruning =prune_low_magnitude(model, * * pruning_params)

#为剪枝重新编译模型
model_for_pruning.compile(optimizer='adam', loss=tf.keras.losses.
SparseCategoricalCrossentropy(from_logits=True),metrics=['accuracy'])

model_for_pruning.summary()
```

运行上述程序，看到有50%左右的权重可剪枝。

```
Total params: 40,805
Trainable params: 20,410
Non-trainable params: 20,395
```

用剪枝法微调两个纪元(epoch)并评估结果。

```
logdir =tempfile.mkdtemp()

callbacks =[
  tfmot.sparsity.keras.UpdatePruningStep(),
  tfmot.sparsity.keras.PruningSummaries(log_dir=logdir),
]

model_for_pruning.fit(train_images, train_labels,
                  batch_size=batch_size, epochs=epochs, validation_split=
                 validation_split,
                  callbacks=callbacks)
_, model_for_pruning_accuracy =model_for_pruning.evaluate(
   test_images, test_labels, verbose=0)

print('Baseline test accuracy:', baseline_model_accuracy)
print('Pruned test accuracy:', model_for_pruning_accuracy)
```

可以看到，准确率基本得到保持，仅下降了0.005。

```
Baseline test accuracy: 0.9775999784469604
Pruned test accuracy: 0.972100019454956
```

下面通过修剪创建缩小3倍的模型。这里采用了两个技术：tfmot.sparsity.keras.strip_pruning和标准压缩算法（例如通过gzip）。strip_pruning删除了只在训练期间需要的tf.Variable，否则会在推理期间增加模型大小。标准压缩算法也是必要的，因为序列化的权重矩阵与修剪前的大小相同。然而，修剪使大部分权重为0，这些额外的冗余可以用算法进一步压缩。

代码如下。

```
#为TensorFlow创建可压缩的模型
model_for_export =tfmot.sparsity.keras.strip_pruning(model_for_pruning)

_, pruned_keras_file =tempfile.mkstemp('.h5')
tf.keras.models.save_model(model_for_export, pruned_keras_file, include_
optimizer=False)
print('Saved pruned Keras model to:', pruned_keras_file)

#为TensorFlow Lite创建可压缩的模型
```

```
converter =tf.lite.TFLiteConverter.from_keras_model(model_for_export)
pruned_tflite_model =converter.convert()

_, pruned_tflite_file =tempfile.mkstemp('.tflite')

with open(pruned_tflite_file, 'wb') as f:
f.write(pruned_tflite_model)

print('Saved pruned TFLite model to:', pruned_tflite_file)

#定义一个辅助函数,以通过 gzip 压缩模型并测量压缩后的大小
def get_gzipped_model_size(file):
  #Returns size of gzipped model, in bytes.
  import os
  import zipfile

  _, zipped_file =tempfile.mkstemp('.zip')
  with zipfile.ZipFile(zipped_file, 'w', compression= zipfile.ZIP_DEFLATED)
as f:
    f.write(file)

  return os.path.getsize(zipped_file)

#显示模型大小
print("Size of gzipped baseline Keras model: %.2f bytes" %(get_gzipped_model_
size(keras_file)))
print("Size of gzipped pruned Keras model: %.2f bytes" %(get_gzipped_model_size
(pruned_keras_file)))
print("Size of gzipped pruned TFlite model: %.2f bytes" %(get_gzipped_model_
size(pruned_tflite_file)))
```

比较一下输出结果,发现模型缩小至剪枝前的 1/3。

```
Size of gzipped baseline Keras model: 78211.00 bytes
Size of gzipped pruned Keras model: 25797.00 bytes
Size of gzipped pruned TFlite model: 24995.00 bytes
```

如果在剪枝后的模型上再加上训练后量化,模型压缩至原来的 1/10。

```
converter =tf.lite.TFLiteConverter.from_keras_model(model_for_export)
converter.optimizations =[tf.lite.Optimize.DEFAULT]
quantized_and_pruned_tflite_model =converter.convert()

_, quantized_and_pruned_tflite_file =tempfile.mkstemp('.tflite')

with open(quantized_and_pruned_tflite_file, 'wb') as f:
```

```
    f.write(quantized_and_pruned_tflite_model)

print('
Saved quantized and pruned TFLite model to: ', quantized_and_pruned_tflite_
file)

print("Size of gzipped baseline Keras model: %.2f bytes" %(get_gzipped_model_
size(keras_file)))
print("Size of gzipped pruned and quantized TFlite model: %.2f bytes" %(get_
gzipped_model_size(quantized_and_pruned_tflite_file)))
```

可以看到，模型从78KB压缩到8KB大小。

```
Size of gzipped baseline Keras model: 78211.00 bytes
Size of gzipped pruned and quantized TFlite model: 8031.00 bytes
```

最后，观察模型在压缩前后，其准确率是否保持。

```
#定义一个辅助函数来评估测试数据集上的 TF Lite 模型
import numpy as np

def evaluate_model(interpreter):
  input_index =interpreter.get_input_details()[0]["index"]
  output_index =interpreter.get_output_details()[0]["index"]

  #对测试数据集中的每个图像执行推理
  prediction_digits =[]
  for i, test_image in enumerate(test_images):
    if i %1000 ==0:
      print('Evaluated on {n} results so far.'.format(n=i))
    #预处理：添加批处理维度并转换为模型输入需要的 Float32 数据格式
    test_image =np.expand_dims(test_image, axis=0).astype(np.float32)
    interpreter.set_tensor(input_index, test_image)

    #执行推理
    interpreter.invoke()

    #后处理：移除批处理维度，并查找具有最高置信度的数字
    output =interpreter.tensor(output_index)
    digit =np.argmax(output()[0])
    prediction_digits.append(digit)

  print('\n')
  #Compare prediction results with ground truth labels to calculate accuracy
  prediction_digits =np.array(prediction_digits)
  accuracy =(prediction_digits ==test_labels).mean()
```

```
  return accuracy

#评估剪裁前后
interpreter =tf.lite.Interpreter(model_content=quantized_and_pruned_tflite_
model)
interpreter.allocate_tensors()

test_accuracy =evaluate_model(interpreter)

print('Pruned and quantized TFLite test_accuracy:', test_accuracy)
print('
Pruned TF test accuracy:', model_for_pruning_accuracy)
print('Baseline test accuracy:', baseline_model_accuracy)
```

最后发现,在运用剪枝和量化后,其准确率相比训练时剪枝的模型得到了保持(甚至略有增加),较剪枝前的原始模型仅有微小降低(约 0.4%)。

```
Pruned and quantized TFLite test_accuracy: 0.9722
Pruned TF test accuracy: 0.972100019454956
Baseline test accuracy: 0.9775999784469604
```

2. 量化感知训练

量化有两种形式:训练后量化和量化感知训练。训练后量化更易于使用,但量化感知训练通常能更好地保持模型的准确率。

量化感知训练模拟推理时的量化,创建一个模型,下游工具将使用该模型产生实际的量化模型。量化后的模型使用较低的精度(例如,8 位而不是 32 位浮点),从而在部署过程中带来好处。

量化通过模型压缩和延迟减少带来了改进。使用 API 默认值,模型大小可缩小至原来的 1/4,CPU 延迟可降低至原来的 2/3~1/4。最终在兼容的嵌入式 AI 加速器(例如 Google EdgeTPU)获得进一步的延迟改进。

量化感知训练有如下限制。

- 模型:模型仅使用已列入许可名单的图层,BatchNormalization(当它跟随在 Conv2D 和 DepthwiseConv2D 层之后时)在有限的情况下可使用 Concat。
- 硬件加速:默认与 EdgeTPU、Android NNAPI(神经网络 API) 和 TFLite 后端等兼容。
- 量化部署:目前仅支持卷积层的每轴量化,而不是每张量量化。

以下是量化感知训练的端到端示例。它具体包括如下部分。

(1) 从头开始为 MNIST 训练 tf.keras 模型。

(2) 通过应用量化感知训练 API 对模型进行微调,查看准确率并导出量化感知模型。

(3) 使用该模型为 TFLite 后端创建一个实际量化的模型。

(4) 观察准确率是否得到保持。

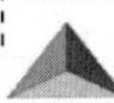

其中第一部分不再赘述。下面从使用量化感知训练已存在的模型开始，注意，这一步生成的模型具有量化感知但未完成量化(例如，权重是 FP32 而不是 INT8)。

首先创建量化感知训练模型。

```
import tensorflow_model_optimization as tfmot

quantize_model =tfmot.quantization.keras.quantize_model

q_aware_model =quantize_model(model) #model 是已存在的模型

#重新编译
q_aware_model.compile(optimizer='adam', loss=tf.keras.losses.SparseCategoricalCrossentropy(from_logits=True),metrics=['accuracy'])

q_aware_model.summary()
```

然后在训练数据的子集上用量化感知训练对模型进行微调，仅训练一个纪元并观察训练前后准确率的变化。

```
train_images_subset =train_images[0:1000] #out of 60000
train_labels_subset =train_labels[0:1000]

q_aware_model.fit(train_images_subset, train_labels_subset,
                  batch_size=500, epochs=1, validation_split=0.1)

_, baseline_model_accuracy =model.evaluate(
   test_images, test_labels, verbose=0)

_, q_aware_model_accuracy =q_aware_model.evaluate(
   test_images, test_labels, verbose=0)

print('Baseline test accuracy:', baseline_model_accuracy)
print('Quant test accuracy:', q_aware_model_accuracy)
```

观察到准确率得到了保持，甚至略有上升。

```
Baseline test accuracy: 0.9609000086784363
Quant test accuracy: 0.9628999829292297
```

现在转换为 TensorFlow Lite 格式的量化模型。

```
converter =tf.lite.TFLiteConverter.from_keras_model(q_aware_model)
converter.optimizations =[tf.lite.Optimize.DEFAULT]

quantized_tflite_model =converter.convert()
```

这样就获得了一个具有 INT8 权重和 UINT8 激活值的实际量化模型。

最后比较模型优化前后的准确率和尺寸的变化，具体代码不再赘述，以下为显示结果。

```
Quant TFLite test_accuracy: 0.963
Quant TF test accuracy: 0.9628999829292297
Baseline test accuracy: 0.9609000086784363

Float model in Mb: 0.08053970336914062
Quantized model in Mb: 0.02339935302734375
```

可见，模型的准确率得到了保持，而尺寸则缩小至原来的1/4。

3. 权重聚类

权重聚类，或称权重共享，减少了模型中唯一权重值的重复数量，从而为部署带来好处。它首先将每层的权重分成 N 个群组，然后所有属于该群组的权重共享该群组的质心值(centroid value)。

这种方法用于视觉和语音等任务，模型压缩率可提高5倍，而准确率的损失却很小。

下面给出权重聚类的端到端示例，具体包括如下部分。

(1) 从头开始为MNIST数据集训练一个tf.keras模型。

(2) 通过应用权重聚类API对模型进行微调，并查看准确率。

(3) 通过聚类创建一个缩小至原来的1/6的TF和TFLite模型。

(4) 通过结合权重聚类和训练后量化，创建一个8倍小的TFLite模型。

(5) 观察从TF到TFLite的准确率是否保持。

其中第1部分不再赘述。第2部分代码如下。

```
import tensorflow_model_optimization as tfmot


cluster_weights =tfmot.clustering.keras.cluster_weights
CentroidInitialization =tfmot.clustering.keras.CentroidInitialization

clustering_params = {'number_of_clusters': 16, 'cluster_centroids_init':
CentroidInitialization.LINEAR
}

#对整个模型进行聚类
clustered_model =cluster_weights(model, **clustering_params)

#使用更小的学习率微调聚类模型
opt =tf.keras.optimizers.Adam(learning_rate=1e-5)

clustered_model.compile(
  loss=tf.keras.losses.SparseCategoricalCrossentropy(from_logits=True),
  optimizer=opt,
```

```
  metrics=['accuracy'])

clustered_model.summary()

#微调模型,仅需运行一个纪元
clustered_model.fit(
  train_images,
  train_labels,
  batch_size=500,
  epochs=1,
  validation_split=0.1)

#保存模型
final_model =tfmot.clustering.keras.strip_clustering(clustered_model)

_, clustered_keras_file =tempfile.mkstemp('.h5')
print('Saving clustered model to: ', clustered_keras_file)
tf.keras.models.save_model(final_model, clustered_keras_file,
                           include_optimizer=False)

#压缩模型为 tflite 格式
clustered_tflite_file ='/tmp/clustered_mnist.tflite'
converter =tf.lite.TFLiteConverter.from_keras_model(final_model)
tflite_clustered_model =converter.convert()
with open(clustered_tflite_file, 'wb') as f:
  f.write(tflite_clustered_model)
print('Saved clustered TFLite model to:', clustered_tflite_file)

print("Size of gzipped baseline Keras model: %.2f bytes" %(get_gzipped_model_
size(keras_file)))
print("Size of gzipped clustered Keras model: %.2f bytes" %(get_gzipped_model_
size(clustered_keras_file)))
print("Size of gzipped clustered TFlite model: %.2f bytes" %(get_gzipped_model_
size(clustered_tflite_file)))
```

可以观察到,模型尺寸缩小至原来的 1/6。

```
Size of gzipped baseline Keras model: 78047.00 bytes
Size of gzipped clustered Keras model: 12524.00 bytes
Size of gzipped clustered TFlite model: 12141.00 bytes
```

与训练后量化结合:

```
converter =tf.lite.TFLiteConverter.from_keras_model(final_model)
converter.optimizations =[tf.lite.Optimize.DEFAULT]
tflite_quant_model =converter.convert()
```

```
_, quantized_and_clustered_tflite_file = tempfile.mkstemp('.tflite')

with open(quantized_and_clustered_tflite_file, 'wb') as f:
  f.write(tflite_quant_model)
```

模型尺寸可以进一步减小，而准确率仍然得到了保持：

```
Size of gzipped clustered and quantized TFlite model: 9240.00 bytes
Clustered and quantized TFLite test_accuracy: 0.9746
Clustered TF test accuracy: 0.9746000170707703
Baseline test accuracy: 0.9785000085830688
```

4. 协同优化

协同优化是一个涵盖各种技术的总体过程，它产生的模型在部署时实现了推理速度、模型大小和准确率等目标特性的最佳平衡。

不难想象，协同优化组合运用上面介绍的单个技术实现综合的优化效果。各种组合方式都是可能的。

但尝试将这些技术组合在一起时出现的问题是，应用一种技术通常会破坏前一种技术的结果，从而破坏了同时应用所有这些技术的整体优势。例如，聚类技术不会保留剪枝技术引入的稀疏性。为了解决这个问题，引入了以下的协同优化技术。

- 保稀疏聚类(sparsity preserving clustering)。
- 保稀疏量化感知训练(sparsity preserving quantization aware training，PQAT)。
- 保聚类量化感知训练(cluster preserving quantization aware training，CQAT)。
- 保稀疏性和聚类的量化感知训练(sparsity and cluster preserving quantization aware training，PCQAT)。

这里提供了多种部署路径，用于压缩机器学习模型并在推理时利用硬件加速。图 11-1 展示了协同优化主要的部署路径，可以选择某个路径获得具有所需部署特征的模型，其中叶子节点是可部署模型，这意味着它们被部分或完全量化并采用 TFLite 格式。浅色填充表示需要重新训练/微调的步骤，虚线边框突出显示协同优化步骤。在给定节点上所采用的技术在其标签中予以指示。其中，QAT 是 quantization aware training(量化感知训练)的缩写。

在上述部署树的第三层将达到完全优化的模型。然而，任何其他级别的优化都可以证明是令人满意的，并能够实现所需的推理延迟和准确率的平衡，在这种情况下就不需要进一步优化了。推荐的训练过程是迭代遍历适用于目标部署场景的所有节点，看模型是否满足推理延迟要求，如果不满足，则使用相应的协同优化技术进一步压缩模型，重复这个过程，直到模型完全优化(修剪、聚类和量化)。

图 11-2 显示了 TensorFlow Lite 协同优化流水线处理时样本权重的密度图变化。

其结果是一个量化的部署模型，根据训练时指定的目标稀疏度，具有减少的唯一值以及大量的稀疏权重。除显著的模型压缩优势外，特定的硬件支持可以利用这些稀疏、聚合

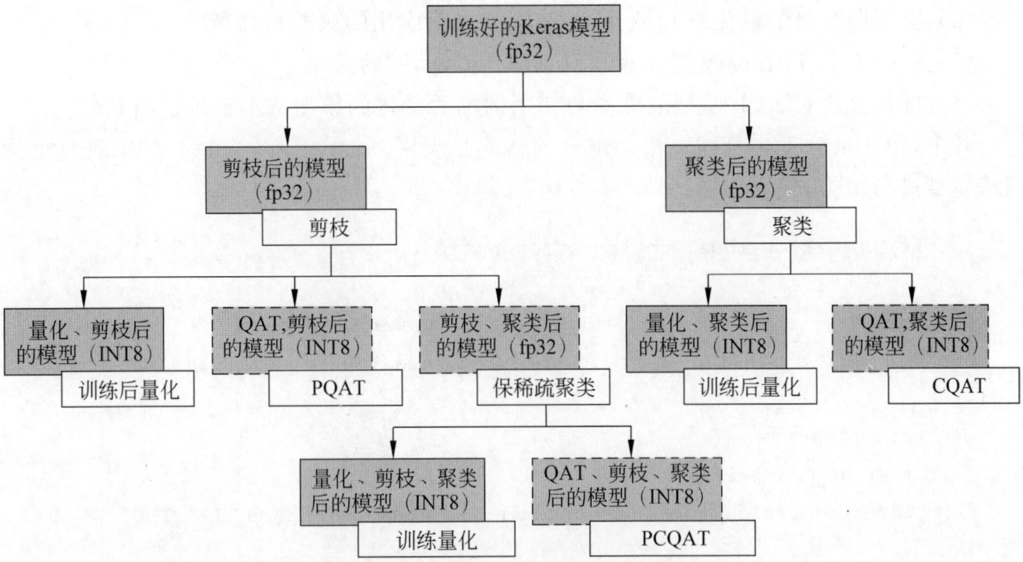

图 11-1　协同优化主要的部署路径

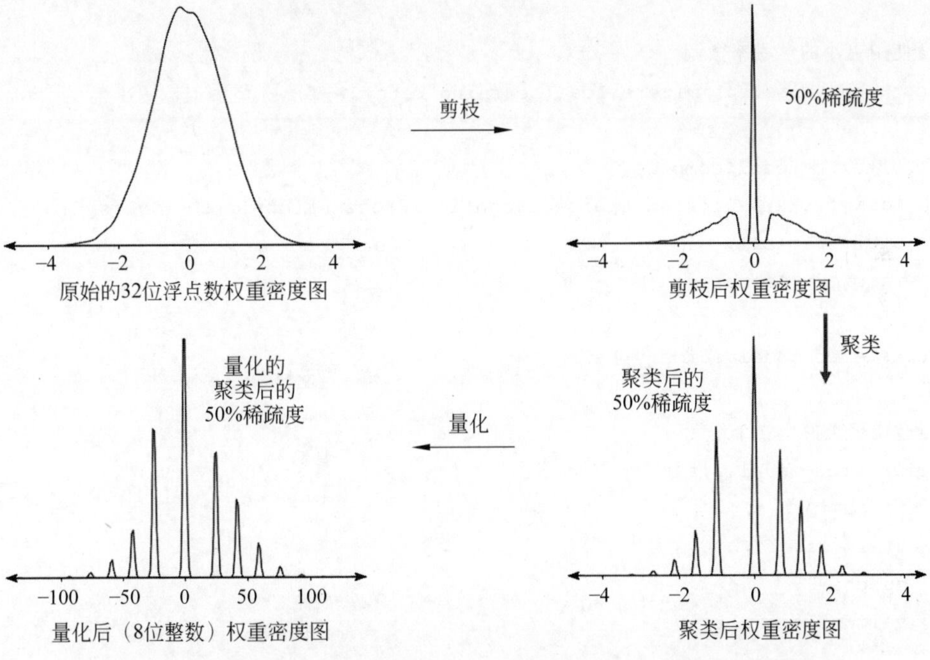

图 11-2　TensorFlow Lite 协同优化流水线处理时样本权重的密度图变化

的模型大幅减少推理延迟。

下面以 CQAT 为例，给出一个端到端示例程序，具体包括如下几部分。

(1) 从头开始为 MNIST 数据集训练一个 tf.keras 模型。

(2) 通过应用权重聚类 API 对模型进行微调，并查看准确率。

(3) 应用量化感知训练，并观察到聚类被丢失。

(4) 应用保距离的量化感知训练，并观察到先前应用的聚类被保留。

(5) 生成一个 TFLite 模型并观察对其应用 CQAT 的效果。

(6) 将获得的 CQAT 模型准确率与使用训练后量化的模型的准确率进行比较。

其中，第 1 部分不再赘述。第 2 部分的核心是应用 cluster_weights() API 对整个预训练模型进行聚类，代码如下。

```
import tensorflow_model_optimization as tfmot

cluster_weights =tfmot.clustering.keras.cluster_weights
CentroidInitialization =tfmot.clustering.keras.CentroidInitialization

clustering_params ={
  'number_of_clusters': 8,
  'cluster_centroids_init': CentroidInitialization.KMEANS_PLUS_PLUS
}

clustered_model =cluster_weights(model, * * clustering_params)

#使用更小的学习率微调
opt =tf.keras.optimizers.Adam(learning_rate=1e-5)

clustered_model.compile(
  loss=tf.keras.losses.SparseCategoricalCrossentropy(from_logits=True),
  optimizer=opt,
  metrics=['accuracy'])

clustered_model.summary()

#微调聚类模型 3 个纪元
clustered_model.fit(
  train_images,
  train_labels,
  epochs=3,
  validation_split=0.1)

#定义一个辅助函数来计算和打印模型每个内核中的聚类数
def print_model_weight_clusters(model):

    for layer in model.layers:
        if isinstance(layer, tf.keras.layers.Wrapper):
            weights =layer.trainable_weights
        else:
```

```
            weights = layer.weights
        for weight in weights:
            #ignore auxiliary quantization weights
            if "quantize_layer" in weight.name:
                continue
            if "kernel" in weight.name:
                unique_count = len(np.unique(weight))
                print(
                    f"{layer.name}/{weight.name}: {unique_count} clusters "
                )

#要检查模型内核是否被正确聚类了,需要先剥离聚类包装
stripped_clustered_model = tfmot.clustering.keras.strip_clustering(clustered
_model)

print_model_weight_clusters(stripped_clustered_model)


_, clustered_model_accuracy = clustered_model.evaluate(
  test_images, test_labels, verbose=0)

print('Baseline test accuracy:', baseline_model_accuracy)
print('Clustered test accuracy:', clustered_model_accuracy)
```

可以看到,模型内核聚类为 8 个集群,而准确率几乎没有损失。

```
conv2d/kernel:0: 8 clusters
dense/kernel:0: 8 clusters

Baseline test accuracy: 0.9814000129699707
Clustered test accuracy: 0.9800999760627747
```

接下来,在聚类模型上应用量化感知训练(QAT)和 CQAT,并观察到 CQAT 在聚类模型中保留了权重聚类。注意,在应用 CQAT API 之前,要使用 tfmot.clustering.keras.strip_clustering 从模型中剥离聚类包装。

```
#QAT,量化感知训练
qat_model = tfmot.quantization.keras.quantize_model(stripped_clustered_
model)

qat_model.compile(optimizer='adam',
loss=tf.keras.losses.SparseCategoricalCrossentropy(from_logits=True),
            metrics=['accuracy'])
print('Train qat model:')
qat_model.fit(train_images, train_labels, batch_size = 128, epochs = 1,
```

```
validation_split=0.1)

#CQAT,保聚类量化感知训练
quant_aware_annotate_model = tfmot.quantization.keras.quantize_annotate_
            model(stripped_clustered_model)
cqat_model =tfmot.quantization.keras.quantize_apply(
            quant_aware_annotate_model,
tfmot.experimental.combine.Default8BitClusterPreserveQuantizeScheme())

cqat_model.compile(optimizer='adam',loss=tf.keras.losses.SparseCategoricalCross-
entropy(from_logits=True),
          metrics=['accuracy'])
print('Train cqat model:')
cqat_model.fit(train_images, train_labels, batch_size = 128, epochs = 1,
validation_split=0.1)
```

观察两者的聚类效果：

```
print("QAT Model clusters:")
print_model_weight_clusters(qat_model)
print("CQAT Model clusters:")
print_model_weight_clusters(cqat_model)
```

可以看到,前者丢失了聚类效果,而后者保持了聚类效果。

```
QAT Model clusters:
quant_conv2d/conv2d/kernel:0: 108 clusters
quant_dense/dense/kernel:0: 19931 clusters
CQAT Model clusters:
quant_conv2d/conv2d/kernel:0: 8 clusters
quant_dense/dense/kernel:0: 8 clusters
```

接下来,将模型转换为 TFLite,并对 TFLite 模型进行评估,以确保准确率得到了保持。

```
#定义辅助函数,以获取压缩模型文件
def get_gzipped_model_size(file):
  #It returns the size of the gzipped model in kilobytes

  _, zipped_file =tempfile.mkstemp('.zip')
  with zipfile.ZipFile(zipped_file, 'w', compression=zipfile.ZIP_DEFLATED)
as f:
        f.write(file)

  return os.path.getsize(zipped_file)/1000
```

```
#转换 QAT 模型
converter =tf.lite.TFLiteConverter.from_keras_model(qat_model)
converter.optimizations =[tf.lite.Optimize.DEFAULT]
qat_tflite_model =converter.convert()
qat_model_file ='qat_model.tflite'
#保存模型
with open(qat_model_file, 'wb') as f:
    f.write(qat_tflite_model)

#转换 CQAT 模型
converter =tf.lite.TFLiteConverter.from_keras_model(cqat_model)
converter.optimizations =[tf.lite.Optimize.DEFAULT]
cqat_tflite_model =converter.convert()
cqat_model_file ='cqat_model.tflite'
#保存模型
with open(cqat_model_file, 'wb') as f:
    f.write(cqat_tflite_model)

print("QAT model size: ", get_gzipped_model_size(qat_model_file), ' KB')
print("CQAT model size: ", get_gzipped_model_size(cqat_model_file), ' KB')

#定义一个辅助函数,在测试数据集上评估 TFLite 模型
def eval_model(interpreter):
  input_index =interpreter.get_input_details()[0]["index"]
  output_index =interpreter.get_output_details()[0]["index"]

  #对测试数据集上的每张图片进行预测
  prediction_digits =[]
  for i, test_image in enumerate(test_images):
    if i %1000 ==0:
      print(f"Evaluated on {i} results so far.")
    #预处理:增加批次的维度,并将数据转换为 32 位浮点数,以匹配模型的输入数据格式
    test_image =np.expand_dims(test_image, axis=0).astype(np.float32)
    interpreter.set_tensor(input_index, test_image)

    #运行推理
    interpreter.invoke()

    #后处理:降低批次的维度,然后找到置信度最高的数字
    output =interpreter.tensor(output_index)
    digit =np.argmax(output()[0])
    prediction_digits.append(digit)
```

```
    print('\n')
    #比较预测结果和真实标注,计算准确率
    prediction_digits =np.array(prediction_digits)
    accuracy =(prediction_digits ==test_labels).mean()
    return accuracy

  #评估 CQAT 模型的准确率
  interpreter =tf.lite.Interpreter(cqat_model_file)
  interpreter.allocate_tensors()

  cqat_test_accuracy =eval_model(interpreter)

  print('Clustered and quantized TFLite test_accuracy:', cqat_test_accuracy)
  print('Clustered TF test accuracy:', clustered_model_accuracy)
```

可以看到,CQAT 模型的尺寸相比 QAT 模型进一步减小了,而准确率得到了保持。

```
QAT model size: 16.685 KB
CQAT model size: 10.121 KB

Clustered and quantized TFLite test_accuracy: 0.9795
Clustered TF test accuracy: 0.9800999760627747
```

最后对聚类模型直接使用训练后量化,并比较它和 CQAT 模型的准确率。

```
#为来自前 1000 个训练图像的校准数据集定义生成器
def mnist_representative_data_gen():
  for image in train_images[:1000]:
    image =np.expand_dims(image, axis=0).astype(np.float32)
yield [image]

#从原模型生成训练后量化模型
converter =tf.lite.TFLiteConverter.from_keras_model(stripped_clustered_model)
converter.optimizations =[tf.lite.Optimize.DEFAULT]
converter.representative_dataset =mnist_representative_data_gen
post_training_tflite_model =converter.convert()
post_training_model_file ='post_training_model.tflite'
#保存模型
with open(post_training_model_file, 'wb') as f:
   f.write(post_training_tflite_model)

#比较准确率
interpreter =tf.lite.Interpreter(post_training_model_file)
interpreter.allocate_tensors()

post_training_test_accuracy =eval_model(interpreter)
```

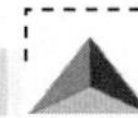

```
print('CQAT TFLite test_accuracy:', cqat_test_accuracy)
print('Post-training (no fine-tuning) TF test accuracy:', post_training_test_
accuracy)
```

可以看到,CQAT 的准确率略低,这是因为训练后量化模型经过了微调。

通过上面的样例可以看到,协同优化的好处是在应用某个优化的时候保持另一个优化的成果,让最后生成的模型尺寸更小,并在最大程度上保持模型的准确率。其他两种协同优化——保剪枝量化感知训练和保稀疏聚类与此类似,这里不再赘述。

总之,TensorFlow 的模型优化工具比较丰富,包含剪枝、聚类、量化等,量化又分为训练时量化和训练后量化,并可以将多种模型优化技术结合起来使用,形成协同优化效果。开发者可以根据自己的需要选用合适的优化技术,在模型尺寸和准确率之间寻找最佳平衡点。

11.2 TensorRT 模型优化

与 TensorFlow Lite 不同的是,TensorRT 是为 NVIDIA GPU 专门实现的模型优化工具,它不仅可以导入 TensorFlow 模型,也可以导入 PyTorch、MXNET 等训练框架生成的模型。当然,因为它是一个推理引擎,因此并不包含训练时优化工具,而是在训练后针对特定硬件完成模型转换、量化、编译优化和运行时优化等工作。

11.2.1 与主流深度学习框架集成

TensorRT 可以与如下主流的深度学习框架集成,优化推理性能。如果用户训练的模型采用 ONNX 格式或其他流行的框架(如 TensorFlow 和 MATLAB),则可以通过简单的方法将模型导入 TensorRT 进行推理。以下是列出的一些框架。

1) TensorFlow

TensorRT 和 TensorFlow 紧密集成在一起,既发挥了 TensorRT 的强大优化能力,又具有 TensorFlow 的灵活性。

2) MATLAB

MATLAB 通过 GPU Coder 与 TensorRT 集成,可以为 NVIDIA Jetson,DRIVE 和 Tesla 平台自动生成高性能的推理引擎。

3) ONNX

TensorRT 提供了 ONNX 解析器,因此可以轻松地从 PyTorch、MxNet、Caffe 2、Chainer、Microsoft Cognitive Toolkit 等框架中导入 ONNX 模型到 TensorRT 中。TensorRT 还可以与 ONNX Runtime 集成在一起,提供一种简便的方法来实现 ONNX 格式的机器学习模型的高性能推理。

1. 与 TensorFlow 集成

1) 概述

TensorRT 可以通过以下方式与 TensorFlow 一起使用[65]。

(1) UFF(Universal framework format)方式。

仅当整个图都可以转换为 UFF(通用框架格式)并且可以通过 TensorRT 加速时,此方法才有效。

(2) TF-TRT(TensorFlow-TensorRT)方式。

这种方法将 TensorRT 与 TensorFlow 集成在一起。使用 TensorRT 加速 TensorFlow 图,即使图中有 TensorRT 不支持的 TensorFlow 运算符。TensorRT 支持的子图将被加速,最后生成可以像往常一样执行的 TensorFlow 图。

在使用 TensorRT(TF-TRT)进行 TensorFlow 优化期间,TensorRT 对神经网络图执行了一些重要的转换和优化。首先,消除输出未被使用的图层,以避免不必要的计算。接下来,尽可能将卷积层、偏置层和 ReLU 层融合在一起以形成单层。另一种转换是水平层融合或层聚合,以及将聚合层划分为各自输出所需的步骤。水平层融合将具有相同源张量并以相似参数应用相同操作的层组合起来以提高性能。

TensorRT 提供了一个简单的 API,可以让 TensorFlow 使用 TensorRT 中的 16 位浮点数和 8 位整数优化。以 ResNet-50 为基准进行测试,TensorRT 将 TensorFlow 推理速度提高了 8 倍。

下面看一下工作流程,并通过一些示例帮助用户入门。

2) 优化 TensorFlow 子图

TensorFlow 与 TensorRT 的集成可优化并执行兼容的子图。在使用 TensorFlow 的广泛灵活的功能的同时,TensorRT 将解析模型并对可能的子图进行优化,而让 TensorFlow 执行其余图。TensorFlow 程序仅需要几行代码即可实现集成。将 TensorRT 优化应用于 TensorFlow 模型需要导出图,您可能需要手动导入某些不受支持的 TensorFlow 层。

让我们逐步完成工作流程。首先,冻结 TensorFlow 图并请求 TensorRT 优化 TensorFlow 的子图;其次,TensorRT 用优化的节点替换每个受支持的子图;最后生成一个可以在 TensorFlow 中进行推理的冻结图。TensorFlow 与 TensorRT 集成进行推理的工作流程如图 11-3 所示。

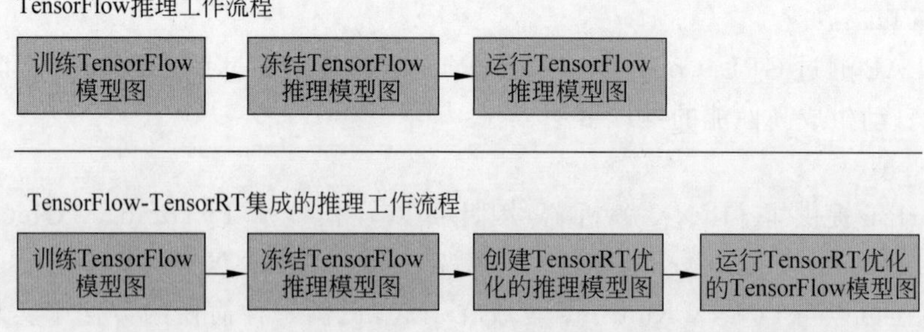

图 11-3 TensorFlow 与 TensorRT 集成进行推理的工作流程

TensorFlow 调用 TensorRT 执行优化的节点,自己执行图中其余的部分。例如,假设用户的图有 3 个段,即 A、B 和 C。段 B 由 TensorRT 优化并被单个节点替换。在推理期间,TensorFlow 首先执行 A,然后调用 TensorRT 执行 B,最后 TensorFlow 执行 C。

从用户的角度看，将继续使用 TensorFlow。下面来看一个应用此工作流程的示例。

3）应用示例

在现有的 TensorFlow 代码中调用 API，将 TensorRT 优化应用于 TensorFlow 图。它可以：①指定 TensorFlow 使用的 GPU 内存比例（TensorRT 可以使用剩余的内存）；②让 TensorRT 分析 TensorFlow 图，应用优化并用 TensorRT 节点替换子图。

使用 GPUOptions()函数的 per_process_gpu_memory_fraction 参数指定 TensorRT 可以消耗的 GPU 内存份额。应在 TensorFlow-TensorRT 进程首次启动时设置此参数。例如，设为 0.67，TensorFlow 将分配 67%的 GPU 内存，而剩余的 33%可用于 TensorRT 引擎。

```
gpu_options =tf.GPUOptions(per_process_gpu_memory_fraction =number_between_0
_and_1)
```

使用 create_inference_graph()函数将 TensorRT 优化应用于冻结的图。函数以冻结的 TensorFlow 图作为输入，返回带有 TensorRT 节点的优化图，请参见下面的示例代码。

```
trt_graph =trt.create_inference_graph(
                input_graph_def=frozen_graph_def,
                outputs=output_node_name,
                max_batch_size=batch_size,
                max_workspace_size_bytes=workspace_size,
                precision_mode=precision)
```

函数的参数如下。

- frozen_graph_def：冻结的 TensorFlow 图。
- output_node_name：输出节点名称字符串列表，例如“resnet_v1_50/predictions/Reshape_1”。
- max_batch_size：整数，输入批次的大小，例如 16。
- max_workspace_size_bytes：整数，TensorRT 可使用的最大 GPU 内存。
- precision_mode：字符串，精度，允许值为 FP32、FP16 或 INT8。

per_process_gpu_memory_fraction 和 max_workspace_size_bytes 参数应该一起使用，以获得最佳的整体性能。例如，对于 12GB 的 GPU，per_process_gpu_memory_fraction parameter 应设置为(12－4)/12＝0.67，max_workspace_size_bytes 参数应设置为 4 000 000 000，从而为 TensorRT 引擎分配约 4GB 的内存。

4）在 TensorBoard 中查看优化图

应用 TensorRT 优化后，可以在 TensorBoard 中直观地看到图的变化。对于 ResNet-50 网络，TensorRT 几乎优化了整个图，将其替换为单个节点。对于具有其他层和操作的模型，TensorRT 节点可能仅替换模型的某些部分。

注意：TensorRT 节点下方名为 conv1 的节点并不是卷积层，而是从 NHWC 到 NCHW 的转置操作。

5）调用硬件加速

与 32 位浮点数或 64 位浮点数相比，使用半精度（也称为 16 位浮点数）算法可以减少神经网络的内存使用。这允许部署更大的网络，并且花费在传输上的时间更少。NVIDIA Volta Tensor Core 提供了一个 4×4×4 矩阵处理阵列，该阵列执行运算 $D=A*B+C$，其中 A、B、C 和 D 为 4×4 矩阵，如图 11-4 所示。矩阵乘法的输入 A 和 B 是 16 位浮点数矩阵，而累加矩阵 C 和 D 可以是 16 位或 32 位矩阵。

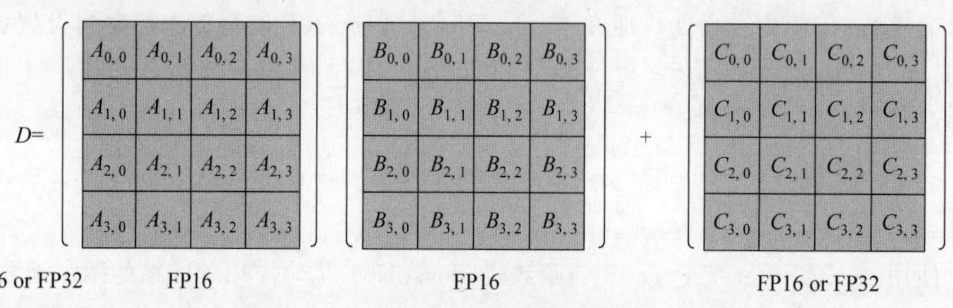

图 11-4　Tensor Core 上的矩阵处理操作

使用半精度算法时，TensorRT 会自动在 Volta GPU 中调用 Tensor Cores 进行推理。以 NVIDIA V100 为例，半精度的峰值性能比双精度（64 位浮点数）快约一个数量级（10 倍），比单精度（32 位浮点数）快约 4 倍。由于 NVIDIA Jetson Xavier 与 V100 一样采用了 Volta 架构的 GPU，因此在 Jetson Xavier 上也能得到同样的结果。

注意：*在 create_inference_graph()函数中，将 precision_mode 参数设置为 FP16 即可启用半精度。*

如图 11-5 所示，与 TensorFlow 相比，使用 NVIDIA Volta Tensor Core 的 TensorFlow-TensorRT 集成将 ResNet-50 网络的性能提高了 8 倍，而时延小于 7 ms。

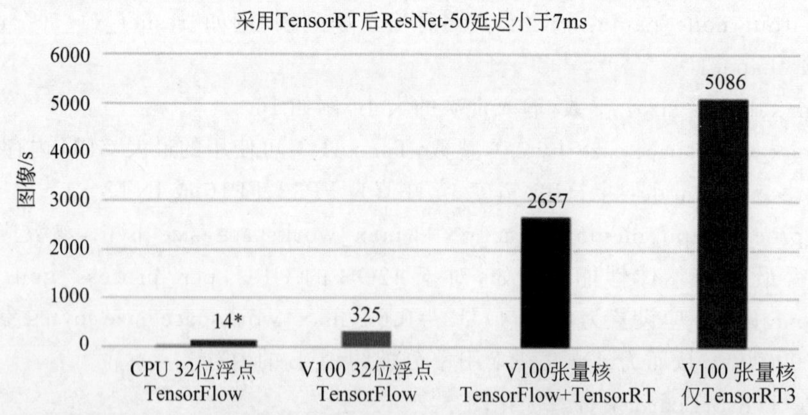

图 11-5　TensorRT 优化前后执行 ResNet-50 推理的性能对比

6）8 位整数量化

使用 8 位整数精度执行推理可以进一步提高计算速度，并降低对带宽的要求。但动态范围减小后，神经网络的权重和激活值的精度有所损失。表 11-1 说明了这种影响。

表 11-1　FP32、FP16 与 INT8 动态范围对比

	动态范围	最小正值
FP32	$-3.4\times10^{38}\sim+3.4\times10^{38}$	1.4×10^{-45}
FP16	$-65\,504\sim+65\,504$	$5.96\ \mathrm{x}\ 10^{-8}$
INT8	$-128\sim+127$	1

为了最大程度地降低精度损失，TensorRT 提供了以下功能：采用单精度(FP32)和半精度(FP16)训练模型，然后通过 INT8 量化将其转换为部署模型。

要将模型转换为 INT8 进行部署，需要在 TensorRT 的优化之前，校准经过训练的 FP32 模型，其余工作流程保持不变。图 11-6 显示了在 TensorRT 优化之前进行 INT8 校准的工作流程。

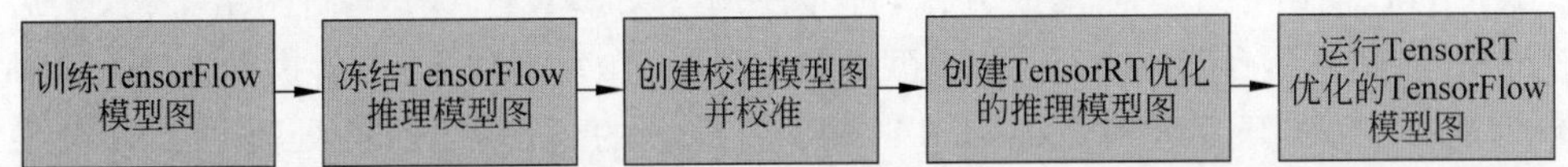

图 11-6　在 TensorRT 优化之前进行 INT8 校准的工作流程

量化需要一个校准数据集，量化时须完成以下工作。

- 在校准数据集上用原模型(FP32 精度)进行推理。
- 搜集所需的统计数据。
- 通过校准算法获得最优的尺度因子。
- 将 32 位浮点数的权重量化为 8 位整数。
- 创建"校准表"和 8 位整数执行引擎。

从程序实现上来说：

首先使用 create_inference_graph()函数的 precision_mode 参数设置 **INT8** 校准模式。函数输出冻结的 TensorFlow 图。

```
trt_graph = trt.create_inference_graph(getNetwork(network_file_name),
outputs, max_batch_size=batch_size, max_workspace_size_bytes=workspace_
size, precision_mode="INT8")
```

接下来，使用校准数据来校准图。TensorRT 使用节点数据的分布量化节点的权重。使用能够反映实际生产时数据集分布的校准数据是非常重要的。建议首次使用 INT8 校准的模型时，在推理期间检查累积误差。

在校准数据上执行图后，使用函数 calib_graph_to_infer_graph()将 TensorRT 优化应用于校准图。这个函数还将 TensorFlow 子图替换为针对 INT8 优化的 TensorRT 节点。函数输出冻结的 TensorFlow 图，用于推理。

```
trt_graph=trt.calib_graph_to_infer_graph(calibGraph)
```

这样，使用两个命令就实现了 TensorFlow 模型的 INT8 精度推理。

2. 与 PyTorch 集成

TensorRT 可以通过以下方式与 PyTorch 一起使用[66]，如图 11-7 所示：

图 11-7 PyTorch 与 TensorRT 集成

(1) 将训练好的 PyTorch 模型转换为 ONNX。

(2) 将 ONNX 模型导入 TensorRT。

(3) 应用优化并生成引擎。

(4) 在 GPU 上执行推理。

这种方法由专门的转换器将 PyTorch 模型转换为 ONNX 模型。目前这种转换器有一些限制，并不能保证所有的模型都能转换成功，尤其是复杂的模型。

这时可以使用另外一种集成方式，首先使用 TensorRT API 复制网络架构，然后从 PyTorch(或其他具有兼容 NumPy 类型的权重的框架)复制权重，最后执行推理。这种方法较为复杂，要求开发者对 TensorRT API 有充分的了解，当然好处是可以充分发挥 TensorRT 的能力，当原来模型有一些复杂操作时，开发者可以在 TensorRT API 中寻找替代的实现方式，从而完成模型转换。

11.2.2 部署到嵌入式系统

TensorRT 可以将训练好的网络部署到嵌入式系统(如 NVIDIA Drive 和 Jetson 平台)。部署意味着采用网络并在嵌入式设备的软件中使用它，例如目标检测或图像语义分割。部署过程包含以下步骤。

(1) 将经过训练的网络导出为 UFF 或 ONNX 之类的格式，然后将其导入 TensorRT。

(2) 编写一个使用 TensorRT API 的程序，将训练后的网络导入，优化并序列化为方案文件。为了便于讨论，我们将此程序称为 make_plan。

(3) (可选)执行 INT8 校准并导出校准缓存。

(4) 在部署到目标系统之前，在主机系统上构建并运行 make_plan 验证经过训练的模型。

(5) 将训练好的网络(以及 INT8 校准缓存)复制到目标系统。在目标系统上重新生成并重新运行 make_plan 程序，以生成方案文件。注意：make_plan 程序必须在目标系统上运行，从而正确地优化 TensorRT 引擎。但是，如果在主机上已经生成了 INT8 校准缓存，则在目标系统上可以重新使用该缓存，也就是说，无须在目标系统上进行 INT8 校准。

(6) 最后，嵌入式系统的应用程序使用 TensorRT API 从方案文件创建引擎并执行推理。

11.2.3　TensorRT API

从前面的介绍可见，要将 TensorFlow、PyTorch 等框架训练的模型部署到基于 NVIDIA GPU 的嵌入式环境中实现实时推理，必然要调用 TensorRT API。

TensorRT 提供了 C++ 和 Python 两种 API。本质上，C++ API 和 Python API 都能满足嵌入式系统的推理需求。

C++ API 应该用于那些性能和安全性至关重要的场景，例如，在汽车中。Python API 的主要优点是易于进行数据预处理和后处理，因为用户可以使用各种库，如 NumPy 和 SciPy。

TensorRT 在所有支持的平台上提供 C++ 实现，在 Linux 上提供 Python 实现。Windows 或 QNX 目前不支持 Python。

无论采用 C++ 还是 Python API，使用 TensorRT 都包括以下几个步骤：

① 根据模型创建 TensorRT 网络定义。有两种方式：从头创建网络定义或者使用解析器导入已训练的模型。

② 调用 TensorRT 构建器，从网络创建优化的运行时引擎。

③ 序列化和反序列化引擎，以便在运行时快速重新创建引擎。

④ 向引擎提供数据进行推理。

1. C++ API

本节阐述如何使用 C++ API 执行 TensorRT 任务。假设模型已经训练完毕，下面介绍使用 TensorRT 的具体步骤。

1）在 C++ 中实例化 TensorRT 对象

为了进行推理，需要使用 IExecutionContext 对象。为了创建一个 IExecutionContext 类型的对象，首先需要创建一个 ICudaEngine 类型的对象，即引擎。

可以通过以下两种方式之一创建引擎：

- 通过用户模型中的网络定义。在这种情况下，将引擎进行序列化并保存。
- 从磁盘读取序列化的引擎。在这种情况下，由于绕过了解析模型和创建中间对象的步骤，因此性能会更好。

将 ILogger 类型的对象创建为全局变量，作为 TensorRT API 中的多种方法的参数。

全局方法 createInferBuilder(gLogger)用于创建 iBuilder 类的对象。

iBuilder 类的 createNetwork 方法用于创建 INetworkDefinition 类的对象。

以下命令以 INetwork 对象作为输入，创建一个可用的解析器(ONNX、Caffe 或 UFF)。

```
ONNX: auto parser =nvonnxparser::createParser( * network, gLogger);
Caffe: auto parser =nvcaffeparser1::createCaffeParser();
UFF: auto parser =nvuffparser::createUffParser();
```

IParser 类的 parse()方法用于读取模型文件并填充 TensorRT 网络。

IBuilder 类的 buildCudaEngine()方法用于创建 ICudaEngine 类型的对象。

全局方法 createInferRuntime(gLogger)用于创建 IRuntime 类型的对象。

2) 在 C++ 中创建网络定义

使用 TensorRT 进行推理的第一步是根据模型创建一个 TensorRT 网络。

最简单的方法是使用 TensorRT 解析器库函数导入模型。

替代方法是直接使用 TensorRT API 定义模型。这要求进行少量的 API 调用,定义网络图中的每一层,并导入训练好的模型参数。

无论哪种方法,都需要明确告诉 TensorRT 哪些张量作为推理输出。没有标记为输出的张量被认为是瞬态值,会被构建器优化掉。输出张量的数量没有限制,但是,将张量标记为输出会禁止对该张量进行某些优化。

输入和输出张量也必须给定名称。在推理时,需要为引擎提供指向输入和输出缓冲区的指针数组。

TensorRT 网络定义还包含指向模型权重的指针。模型权重由构建器复制到优化引擎中。如果网络是通过解析器创建的,则解析器将拥有权重占用的内存,因此,在运行构建器之后,才应删除解析器对象。

除使用解析器外,还可以通过 API 直接定义 TensorRT 网络。这时假设在网络创建期间每层权重已加载到主机内存中,准备好传递给 TensorRT。

在下面的示例中,将创建一个具有输入、卷积、池化、完全连接、激活和 SoftMax 层的简单网络。

创建构建器和网络:

```
IBuilder* builder =createInferBuilder(gLogger);
INetworkDefinition* network =builder->createNetwork();
```

将定义了尺寸的输入层添加到网络。一个网络可以有多个输入,尽管在此示例中只有一个。

```
auto data =network->addInput(INPUT_BLOB_NAME, dt, Dims3{1, INPUT_H, INPUT_W});
```

添加具有隐藏层输入节点、步长、过滤器权重和偏置权重的卷积层:

```
auto conv1 =network->addConvolution(*data->getOutput(0), 20, DimsHW{5, 5},
weightMap["conv1filter"], weightMap["conv1bias"]);
conv1->setStride(DimsHW{1, 1});
```

添加池化层:

```
auto pool1 =network->addPooling(*conv1->getOutput(0), PoolingType::kMAX,
DimsHW{2, 2});
pool1->setStride(DimsHW{2, 2});
```

添加全连接和激活层:

```
auto ip1 =network->addFullyConnected(*pool1->getOutput(0), 500, weightMap["
ip1filter"], weightMap["ip1bias"]);
```

```
auto relu1 = network->addActivation(*ip1->getOutput(0), ActivationType::
kRELU);
```

添加 SoftMax 层以计算最终概率并将其设置为输出：

```
auto prob = network->addSoftMax(*relu1->getOutput(0));
prob->getOutput(0)->setName(OUTPUT_BLOB_NAME);
```

标记输出：

```
network->markOutput(*prob->getOutput(0));
```

在创建网络之前必须先创建构建器，它是网络的加工厂。不同的解析器具有不同的机制来标记网络输出。

C++ Parser API 执行以下步骤以导入模型。

(1) 创建 TensorRT 构建器和网络。

```
IBuilder* builder = createInferBuilder(gLogger);
nvinfer1::INetworkDefinition* network = builder->createNetwork();
```

(2) 为特定格式创建 TensorRT 解析器。

```
ONNX
auto parser = nvonnxparser::createParser(*network, gLogger);
UFF
auto parser = nvuffparser::createUffParser();
Caffe
auto parser = nvcaffeparser1::createCaffeParser();
```

(3) 使用解析器解析导入的模型并填充网络。

```
parser->parse(args);
```

具体的 args 取决于解析器的格式。

① 使用 C++ UFF Parser API 导入 TensorFlow 模型

以下步骤说明了如何使用 C++ Parser API 导入 TensorFlow 模型。

从 TensorFlow 框架导入，需要将 TensorFlow 模型转换为中间格式 UFF(通用框架格式)。

a. 创建构建器和网络。

```
IBuilder* builder = createInferBuilder(gLogger);
INetworkDefinition* network = builder->createNetwork();
```

b. 创建 UFF 解析器。

```
IUFFParser* parser = createUffParser();
```

c. 向 UFF 解析器声明网络输入和输出。

```
parser->registerInput("Input_0", DimsCHW(1, 28, 28), UffInputOrder::kNCHW);
```

```
parser->registerOutput("Binary_3");
```

d. 解析导入的模型以填充网络。

```
parser->parse(uffFile, *network, nvinfer1::DataType::kFLOAT);
```

② 使用 C++ Parser API 导入 ONNX 模型

以下步骤说明了如何使用 C++ Parser API 导入 ONNX 模型。

a. 创建构建器和网络。

```
IBuilder* builder =createInferBuilder(gLogger);
const auto explicitBatch =1U <<static_cast<uint32_t>(NetworkDefinitionCreationFlag::
kEXPLICIT_BATCH);
INetworkDefinition* network =builder->createNetworkV2(explicitBatch);
```

b. 创建 ONNX 解析器。

```
nvonnxparser::IParser* parser =
nvonnxparser::createParser(*network, gLogger);
```

c. 解析模型。

```
parser->parseFromFile(onnx_filename,
ILogger::Severity::kWARNING);
```

③ 使用 C++ Parser API 导入 Caffe 模型

以下步骤说明了如何使用 C++ Parser API 导入 Caffe 模型。

a. 创建构建器和网络。

```
IBuilder* builder =createInferBuilder(gLogger);
INetworkDefinition* network =builder->createNetwork();
```

b. 创建 Caffe 解析器。

```
ICaffeParser* parser =createCaffeParser();
```

c. 解析导入的模型。

```
const IBlobNameToTensor* blobNameToTensor =parser->parse("deploy_file","
modelFile", *network, DataType::kFLOAT);
```

这将从 Caffe 模型填充 TensorRT 网络。最后一个参数指示解析器生成权重为 32 位浮点数的网络。使用 DataType::kHALF 会生成一个具有 16 位权重的模型。

除填充网络定义外，解析器还返回一个字典，该字典将 Caffe Blob 名称映射到 TensorRT 张量。与 Caffe 不同，TensorRT 网络定义没有就地(in-place)操作的概念。当 Caffe 模型使用就地操作时，字典中返回的 TensorRT 张量对应于对该 Blob 的最后一次写入。例如，如果卷积写入 blob，对应一个就地 ReLU 操作，则该 blob 的名称将映射到 ReLU 的输出的 TensorRT 张量。

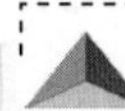

d. 指定网络的输出。

```
for (auto& s : outputs)
    network->markOutput( * blobNameToTensor->find(s.c_str()));
```

3）用 C++ 构建引擎

下一步调用 TensorRT 构建器，创建优化的运行时。构建器的功能之一是搜索最快的 CUDA 内核，因此，应使用与运行引擎的 GPU 相同的 GPU 进行构建。

构建器具有许多属性，可以设置这些属性来控制网络运行的精度，或者自动调整参数，例如探明 TensorRT 应该对每个内核计时多少次（更多的迭代导致更长的运行时间，但对噪声的敏感性较小）。或者可以查询构建器，找出硬件支持的混合精度类型。

两个特别重要的属性是最大批次大小和最大工作空间大小。

- 最大批次大小指定 TensorRT 将要优化的批次大小。在运行时，可以选择较小的批次大小。
- 最大工作空间大小限制网络中任何层可以使用的最大内存大小，因为层算法通常需要临时工作空间。如果提供的空间不足，TensorRT 就可能无法找到给定层的实现。

（1）使用构建器对象构建引擎。

```
builder->setMaxBatchSize(maxBatchSize);
IBuilderConfig * config =builder->createBuilderConfig();
config->setMaxWorkspaceSize(1 <<20);
ICudaEngine * engine =builder->buildEngineWithConfig( * network, * config);
```

构建引擎后，TensorRT 会复制权重。

（2）释放网络、构建器和解析器对象。

```
parser->destroy();
network->destroy();
config->destroy();
builder->destroy();
```

4）改装引擎

TensorRT 可以为引擎配上新的权重，而无须对其进行改造。引擎必须构建为“可改装的”。基于优化引擎的方式，若更改某些权重，可能还必须提供其他权重。

（1）在构建引擎之前，先设置为“可改装的”。

```
...
builder->setRefittable(true);
builder->buildCudaEngine(network);
```

（2）创建一个改装对象。

```
ICudaEngine * engine =...;
IRefitter * refitter =createInferRefitter( * engine,gLogger)
```

(3) 更新权重。例如,更新名为 MyLayer 的卷积层的内核权重。

```
Weights newWeights =...;
refitter->setWeights("MyLayer",WeightsRole::kKERNEL,
              newWeights);
```

新的权重应与用于构造引擎的原始权重具有相同的数量。

(4) 找出需要提供的其他权重。这通常需要两次调用 IRefitter :: getMissing,先获取必须提供的权重对象的数量,然后获取它们所在的层以及角色。

```
const int n =refitter->getMissing(0, nullptr, nullptr);
std::vector<const char * >layerNames(n);
std::vector<WeightsRole>weightsRoles(n);
refitter->getMissing (n, layerNames.data(),
                  weightsRoles.data());
```

(5) 提供缺少的权重。

```
for (int i =0; i <n; ++i)
   refitter->setWeights(layerNames[i], weightsRoles[i],
                  Weights{...});
```

仅提供缺少的权重将不会产生对更多权重的需求。提供任何其他权重可能触发对更多权重的需求。

(6) 使用提供的所有权重更新引擎。

```
bool success =refitter->refitCudaEngine();
assert(success);
```

(7) 销毁改装引擎。

```
refitter->destroy();
```

改装引擎的行为就像使用新权重构建的网络一样。

要查看引擎中所有可改装的权重,请使用 refitter→getAll(...)函数。

5) 在 C++ 中序列化模型

下一步,可以序列化引擎,也可以直接使用引擎进行推理。对模型进行序列化和反序列化是在将其用于推理之前的可选步骤。

序列化将引擎转换为另一种格式,并保存为文件以进行后续的推理。推理时只反序列化引擎即可。序列化和反序列化是可选的。由于根据网络定义创建引擎可能很耗时,通常只序列化一次,并在推理时执行反序列化,这样可以避免每次运行时都重新构建引擎。

注意:序列化的引擎不可跨平台或 TensorRT 版本移植,引擎依赖于它们所构建的特定 GPU 模型。

(1) 首先运行构建器,然后进行序列化。

```
IHostMemory * serializedModel =engine->serialize();
// store model to disk
```

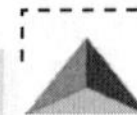

```
//<…>
serializedModel->destroy();
```

(2) 创建运行时对象,进行反序列化。

```
IRuntime* runtime =createInferRuntime(gLogger);
ICudaEngine* engine =runtime->deserializeCudaEngine(modelData, modelSize,
nullptr);
```

6) 在 C++ 中执行推理

有了引擎,下一步执行推理。

(1) 创建空间来存储中间激活值。由于引擎保留了网络定义和训练好的参数,因此需要额外的空间。引擎保存在执行上下文中。

```
IExecutionContext *context =engine->createExecutionContext();
```

引擎可以具有多个执行上下文,从而允许将一组权重用于多个并行的推理任务。例如,可以使用一个引擎和多个上下文处理并行 CUDA 流中的图像。

(2) 使用输入和输出 Blob 名称获取相应的输入和输出索引。

```
int inputIndex =engine->getBindingIndex(INPUT_BLOB_NAME);
int outputIndex =engine->getBindingIndex(OUTPUT_BLOB_NAME);
```

(3) 使用这些索引设置一个缓冲区数组,该数组指向 GPU 上的输入和输出缓冲区。

```
void* buffers[2];
buffers[inputIndex] =inputbuffer;
buffers[outputIndex] =outputBuffer;
```

(4) TensorRT 执行通常是异步的,因此将 CUDA 流在内核中排队。

```
context->enqueue(batchSize, buffers, stream, nullptr);
```

通常,在内核从 GPU 移动数据之前和之后,进行异步排队以防止数据不存在的情况。enqueueV2() 的最后一个参数是一个可选的 CUDA 事件,当输入缓冲区被消费时,会发出信号,并且可以安全地重用它们的内存。

要确定内核(以及可能的 memcpy())何时完成,请使用标准 CUDA 同步机制,例如事件或等待流处理完成。

至此,我们了解了如何将 C++ API 用于一个完整的推理流程。

2. Python API

本节阐述如何使用无需任何框架的 Python API 执行 TensorRT 任务。假设模型已经训练完毕,下面介绍使用 TensorRT 的具体步骤。

1) 将 TensorRT 导入 Python

(1) 导入 TensorRT。

```
import tensorrt as trt
```

(2) 实现日志记录接口,TensorRT 通过该接口报告错误、警告和参考消息。以下代码显示如何实现日志记录接口,这里取消了提示性消息,仅报告警告和错误。

```
TRT_LOGGER = trt.Logger(trt.Logger.WARNING)
```

2) 在 Python 中创建网络定义

使用 TensorRT 进行推理的第一步是根据模型创建一个 TensorRT 网络。

实现这一目标的最简单方法是使用 TensorRT 解析库导入模型,它支持以下格式的序列化模型。

- Caffe(BVLC 和 NVCaffe)。
- ONNX 1.0 和 ONNX 1.1。
- UFF(用于 TensorFlow)。

另一种选择是直接使用 TensorRT Network API 定义模型。这时将进行少量的 API 调用,以定义网络图中的每一层,并导入已训练的模型参数。

创建网络时,必须首先定义引擎并创建用于推理的构建器对象。Python API 用于从网络 API 创建网络和引擎。网络定义参考用于将各种层添加到网络。

以下代码说明了如何创建具有输入、卷积、池化、完全连接、激活和 SoftMax 层的简单网络。

```
#创建构建器和网络
with trt.Builder(TRT_LOGGER) as builder, builder.create_network() as network:
    #根据提供的权重配置网络的各层。在本示例中,权重是从 PyTorch 模型中导入的
    #增加一个输入层,名称是一个字符串,数据类型是 TensorRT 类型,形状以列表或元组的形
    #式提供
    input_tensor = network.add_input(name= INPUT_NAME, dtype= trt.float32,
    shape=INPUT_SHAPE)

    #添加卷积层
    conv1_w =weights['conv1.weight'].numpy()
    conv1_b =weights['conv1.bias'].numpy()
    conv1 =network.add_convolution(input= input_tensor, num_output_maps= 20,
    kernel_shape=(5, 5), kernel=conv1_w, bias=conv1_b)
    conv1.stride = (1, 1)

    pool1 = network.add_pooling(input= conv1.get_output(0), type= trt.
    PoolingType.MAX, window_size=(2, 2))
    pool1.stride = (2, 2)
    conv2_w =weights['conv2.weight'].numpy()
    conv2_b =weights['conv2.bias'].numpy()
    conv2 =network.add_convolution(pool1.get_output(0), 50, (5, 5), conv2_w,
    conv2_b)
```

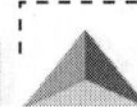

```
    conv2.stride = (1, 1)

    pool2 = network.add_pooling(conv2.get_output(0), trt.PoolingType.MAX, (2, 2))
    pool2.stride = (2, 2)

    fc1_w = weights['fc1.weight'].numpy()
    fc1_b = weights['fc1.bias'].numpy()
    fc1 = network.add_fully_connected(input=pool2.get_output(0), num_outputs=500,
    kernel=fc1_w, bias=fc1_b)

    relu1 = network.add_activation(fc1.get_output(0), trt.ActivationType.
    RELU)

    fc2_w = weights['fc2.weight'].numpy()
    fc2_b = weights['fc2.bias'].numpy()
    fc2 = network.add_fully_connected(relu1.get_output(0), OUTPUT_SIZE, fc2_w,
    fc2_b)

    fc2.get_output(0).name = OUTPUT_NAME
    network.mark_output(fc2.get_output(0))
```

3）在 Python 中使用解析器导入模型

要使用解析器导入模型，需要执行以下步骤。

（1）创建 TensorRT 构建器和网络。

（2）为特定格式创建 TensorRT 解析器。

（3）使用解析器解析导入的模型并填充网络。

在创建网络之前必须先创建构建器，它是网络的加工厂。不同的解析器具有不同的机制来标记网络输出。

① 使用 Python 从 TensorFlow 导入

以下步骤说明了如何使用 UffParser 直接导入 TensorFlow 模型。

a. 创建冻结的 TensorFlow 模型。

b. 使用 UFF 转换器转换冻结的 TensorFlow 模型。

```
convert-to-uff frozen_inference_graph.pb
```

或者，使用 UFF Parser API 转换 TensorFlow 的模型定义。这时，

c. 定义模型文件所在的路径。

```
model_file = '/data/mnist/mnist.uff'
```

d. 创建构建器、网络和解析器。

```
with builder = trt.Builder(TRT_LOGGER) as builder, builder.create_network() as
network, trt.UffParser() as parser:
```

```
    parser.register_input("Placeholder", (1, 28, 28))
    parser.register_output("fc2/Relu")
parser.parse(model_file, network)
```

② 使用 Python 从 ONNX 导入

以下程序说明了如何使用 OnnxParser 直接导入 ONNX 模型。

创建构建器、网络和解析器：

```
EXPLICIT_BATCH =1 << (int)(trt.NetworkDefinitionCreationFlag.EXPLICIT_BATCH)
with builder = trt. Builder (TRT _LOGGER) as builder, builder. create _network
(EXPLICIT_BATCH) as network, trt.OnnxParser(network, TRT_LOGGER) as parser:
with open(model_path, 'rb') as model:
parser.parse(model.read())
```

③ 使用 Python 从 Caffe 导入

下面说明了如何使用 CaffeParser 直接导入 Caffe 模型。

a. 定义数据类型和模型文件所在的路径。

```
datatype =trt.float32
deploy_file ='data/mnist/mnist.prototxt'
model_file ='data/mnist/mnist.caffemodel'
```

b. 创建构建器、网络和解析器。

```
with trt.Builder(TRT_LOGGER) as builder, builder.create_network() as network,
trt.CaffeParser() as parser:
model_tensors =parser.parse(deploy=deploy_file, model=model_file, network=
network, dtype=datatype)
```

解析器返回 model_tensors，它是一个表，包含从张量名称到 ITensor 对象的映射。

4）用 Python 构建引擎

下一步调用 TensorRT 构建器创建优化的运行时。构建器的功能之一是搜索最快的 CUDA 内核，因此，应使用与运行引擎的 GPU 相同的 GPU 进行构建。

构建器具有许多属性，可以设置这些属性来控制网络运行的精度，或者自动调整参数，例如探明 TensorRT 应该对每个内核计时多少次（更多的迭代导致更长的运行时间，但对噪声的敏感性较小）。或者可以查询构建器，找出硬件支持的混合精度类型。

两个特别重要的属性是最大批次大小和最大工作空间大小。

- 最大批次大小指定 TensorRT 将要优化的批次大小。在运行时，可以选择较小的批次大小。
- 最大工作空间大小限制网络中任何层可以使用的最大内存大小，因为层算法通常需要临时工作空间。如果提供的空间不足，TensorRT 就可能无法找到给定层的实现。

以下代码使用构建器对象构建引擎：

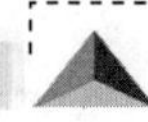

```
builder.max_batch_size =max_batch_size
builder.max _workspace _size = 1 < < 20 # This determines the amount of memory
available to the builder when building an optimized engine and should generally
be set as high as possible.
with trt.Builder(TRT_LOGGER) as builder, builder.create_builder_config() as
config, builder.build_cuda_engine(network, config) as engine:
#在此执行推理
```

构建引擎后，TensorRT 会复制权重。

5）在 Python 中序列化模型

下一步，可以序列化引擎，也可以直接使用引擎进行推理。对模型进行序列化和反序列化是在将其用于推理之前的可选步骤。

序列化将引擎转换为另一种格式，并保存为文件以进行后续的推理。推理时只反序列化引擎即可。序列化和反序列化是可选的。根据网络定义创建引擎可能很耗时，通常只序列化一次，并在推理时执行反序列化，这样可以避免每次运行时都重新构建引擎。

注意：序列化的引擎不可跨平台或 TensorRT 版本移植，引擎依赖于它们所构建的特定 GPU 模型。

(1) 将模型序列化为模型流。

```
serialized_engine =engine.serialize()
```

(2) 反序列化模型流以执行推理。反序列化需要创建运行时对象：

```
with trt.Runtime(TRT_LOGGER) as runtime:
engine =runtime.deserialize_cuda_engine(serialized_engine)
```

也可以将序列化引擎保存到文件中，然后从文件中读回。

(1) 序列化引擎并写入文件。

```
with open("sample.engine", "wb") as f:
      f.write(engine.serialize())
```

(2) 从文件中读取引擎并反序列化。

```
with open("sample.engine", "rb") as f, trt.Runtime(TRT_LOGGER) as runtime:
      engine =runtime.deserialize_cuda_engine(f.read())
```

6）在 Python 中执行推理

有了引擎，以下步骤说明如何在 Python 中执行推理。

(1) 在主机和设备中为输入和输出分配缓冲区。

```
#确定主机需要的输入/输出缓冲区大小并创建页面锁定的内存缓冲区(即不会交换到磁盘)
        h_input =cuda.pagelocked_empty(trt.volume(engine.get_binding_shape
        (0)), dtype=np.float32)
        h_output =cuda.pagelocked_empty(trt.volume(engine.get_binding_shape
        (1)), dtype=np.float32)
```

```
        #分配设备需要的输入和输出缓冲区
        d_input =cuda.mem_alloc(h_input.nbytes)
        d_output =cuda.mem_alloc(h_output.nbytes)
        #创建一个流,在其中复制输入/输出并运行推理
        stream =cuda.Stream()
```

(2) 创建空间来存储中间激活值。由于引擎保留了网络定义和训练好的参数,因此需要额外的空间。引擎保存在执行上下文中。

```
    with engine.create_execution_context() as context:
        #将输入数据传输到 GPU
        cuda.memcpy_htod_async(d_input, h_input, stream)
        #运行推理
        context.execute_async(bindings=[int(d_input), int(d_output)], stream_
        handle=stream.handle)
        #从 GPU 传回预测值
        cuda.memcpy_dtoh_async(h_output, d_output, stream)
        #同步流
        stream.synchronize()
        #向主机返回输出
    return h_output
```

引擎可以具有多个执行上下文,从而允许将一组权重用于多个并行的推理任务。例如,可以使用一个引擎和多个上下文处理并行 CUDA 流中的图像。

至此,我们了解了如何将 Python API 用于一个完整的推理流程。

11.2.4 TensorRT 应用示例

本节使用一个 C++ 示例[67] 介绍将 ONNX 模型导入 TensorRT,应用优化并生成高性能运行时引擎的过程。运行这个示例需要一台具有支持 CUDA 的 GPU 的计算机、云主机或嵌入式设备,并安装 TensorRT。

1. 简单示例

示例包括三个步骤:将经过预训练的图像分类模型导入 TensorRT;应用优化并生成引擎;在 GPU 上进行推理,如图 11-8 所示。

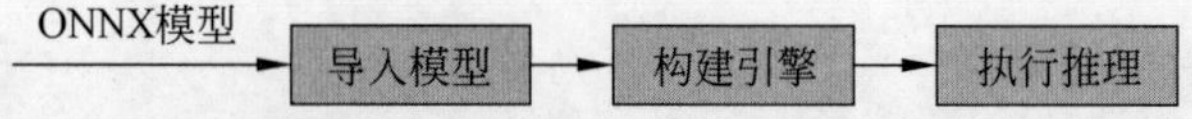

图 11-8 将训练好的模型导入 TensorRT 并执行推理的三个步骤

第一步是导入模型,从已保存的文件加载模型并将其转换为 TensorRT 模型。示例从 ONNX 格式加载模型(ONNX 是用于表示深度学习模型的标准,可以在框架之间转换。许多框架,例如 Caffe2、Chainer、CNTK、PaddlePaddle、PyTorch 和 MXNet,都支持 ONNX 格式)。第二步,基于输入模型在目标 GPU 平台上用指定的配置参数构建优化的 TensorRT 引擎。最后一步,向 TensorRT 引擎提供输入数据以执行推理。

示例使用 TensorRT 中的以下组件执行上述步骤。

- ONNX 解析器：以 ONNX 格式的模型作为输入，并在 TensorRT 中创建一个网络对象。
- 构建器：在 TensorRT 中使用网络并生成针对目标平台优化的引擎。
- 引擎：获取输入数据，执行推理并输出。
- 日志记录器：与构建器和引擎关联的对象，记录构建和推理阶段的错误、警告和其他信息。

具体地，示例将以 ONNX 格式导入预训练的 ResNet-50 模型并在 TensorRT 中执行推理。成功安装 TensorRT 后，请运行以下命令下载运行此示例所需的所有信息(如示例代码、测试输入数据、参考输出)，然后更新依赖项并编译应用程序。

```
>>git clone https://github.com/parallel-forall/code-samples.git
>>cd code-samples/posts/TensorRT-introduction
> > wget https://s3. amazonaws. com/onnx - model - zoo/resnet/resnet50v2/
resnet50v2.tar.gz // Get ONNX model and test data
>>tar xvf resnet50v2.tar.gz                #unpack model data into resnet50v2 folder
>>apt-get update
>>apt install libprotobuf-dev protobuf-compiler
                                           #安装 protobuf 来读取.pb 格式的数据
>>git clone --recursive https://github.com/onnx/onnx.git
                                           #从 github 下拉 onnx 存储库
>>cd onnx
>>cmake .                                  #编译和安装 onnx
>>make install -j12
>>cd ..
>>make                                     #编译 TensorRT C++样例代码
```

先从简化版本 simpleONNX_1.cpp 开始，逐步深化。后续版本称为 simpleONNX_2.cpp 和 simpleONNX.cpp。

simpleONNX_1.cpp 使用训练后的模型运行样本，并输入数据。数据以 ONNX protobuf 文件的形式提供。示例将 TensorRT 产生的输出与同一文件夹中的 onnx pb 文件提供的参考值进行比较，并打印汇总的结果。

```
>>./simpleOnnx_1 resnet50v2/resnet50v2.onnx resnet50v2/test_data_set_0/input_0.pb
...

INFO: Formats and tactics selection completed in 27.3666 seconds.
INFO: After reformat layers: 75 layers
INFO: Block size 3211264
INFO: Block size 3211264
INFO: Block size 3211264
INFO: Block size 1605632
```

```
INFO: Block size 0
INFO: Total Activation Memory: 11239424
INFO: Data initialization and engine generation completed in 0.148307 seconds.OK
```

应用程序已使用 TensorRT 优化并运行成功。

2. 代码简介

分析上面示例中使用的一些关键代码段,完整的代码包含在本节的末尾以供参考。

主函数首先声明一个 CUDA 引擎来保存网络定义和经过训练的参数。

```
//声明 CUDA 引擎
unique_ptr<ICudaEngine, Destroy<ICudaEngine>>engine{nullptr};
...
//创建 CUDA 引擎
engine.reset(createCudaEngine(onnxModelPath));
```

createCudaEngine 将 ONNX 模型的路径作为输入,解析 ONNX 模型并将其保存在网络对象中,然后转换成 TensorRT 引擎。下面的代码段演示了这一点。

```
ICudaEngine* createCudaEngine(string const& onnxModelPath)
{
   unique_ptr<IBuilder, Destroy<IBuilder>> builder{createInferBuilder
(gLogger)};
   unique_ptr<INetworkDefinition, Destroy<INetworkDefinition>> network
{builder->createNetwork()};
   unique_ptr<nvonnxparser::IParser, Destroy<nvonnxparser::IParser>>parser
{nvonnxparser::createParser(*network, gLogger)};
   if (!parser->parseFromFile(onnxModelPath.c_str(), static_cast<int>
(ILogger::Severity::kINFO)))
      {
         cout<<"ERROR: could not parse input engine."<<endl;
         return nullptr;
      }
   return builder->buildCudaEngine(*network);
}
```

创建引擎后,需要创建执行上下文来保存推理期间生成的中间激活值。

```
//声明执行上下文
unique_ptr<IExecutionContext, Destroy<IExecutionContext>>context{nullptr};
...
//创建执行上下文
context.reset(engine->createExecutionContext());
```

程序通过 launchInference()函数异步地将推理请求发送到 GPU。输入数据从主机

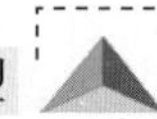

(CPU)复制到设备(GPU),进行推理,然后使用 enqueue()函数执行,结果异步返回。

程序使用 CUDA 流管理 GPU 上的异步工作。异步推理执行通常通过重叠计算提高性能,这样可以最大化 GPU 利用率。enqueue()函数以批处理大小、输入数据的指针、输出的指针以及 CUDA 流作为输入,向 CUDA 流发送推理请求。使用 cudaMemcpyAsync 在主机和设备之间进行异步数据传输。

```
void launchInference(IExecutionContext* context, cudaStream_t stream, vector
<float>const& inputTensor, vector<float>& outputTensor, void** bindings,
int batchSize)

{
    int inputId =getBindingInputIndex(context);
    cudaMemcpyAsync(bindings[inputId], inputTensor.data(), inputTensor.size
    () * sizeof(float), cudaMemcpyHostToDevice, stream);
    context->enqueue(batchSize, bindings, stream, nullptr);
    cudaMemcpyAsync(outputTensor.data(), bindings[1 - inputId], outputTensor.
    size() * sizeof(float), cudaMemcpyDeviceToHost, stream);
}
```

在 launchInference 之后调用 cudaStreamSynchronize()函数可确保在访问结果之前完成 GPU 计算。可以使用 ICudaEngine 类中的函数查询输入和输出的数量,以及每个输入和输出的值和维度。程序最终将参考输出与 TensorRT 生成的推理进行比较,并将差异打印出来。

完整的代码段如下,注释对个别代码进行了说明。

```
#include "cudaWrapper.h"
#include "ioHelper.h"
#include <NvInfer.h>
#include <NvOnnxParser.h>
#include <algorithm>
#include <cassert>
#include <iostream>
#include <memory>
#include <string>
#include <vector>

using namespace nvinfer1;
using namespace std;
using namespace cudawrapper;

static Logger gLogger;

// 输出张量与参考值之间的最大绝对公差
constexpr double ABS_EPSILON =0.005;
```

```
// 输出张量与参考值之间的最大相对公差
constexpr double REL_EPSILON = 0.05;

ICudaEngine* createCudaEngine(string const& onnxModelPath, int batchSize)
{
    unique_ptr<IBuilder, Destroy>builder{createInferBuilder(gLogger)};
    unique_ptr<INetworkDefinition, Destroy>network{builder->createNetwork()};
    unique_ptr<nvonnxparser::IParser, Destroy> parser{nvonnxparser::
    createParser(*network, gLogger)};

    if (!parser->parseFromFile(onnxModelPath.c_str(), static_cast(ILogger::
    Severity::kINFO)))
    {
        cout << "ERROR: could not parse input engine." << endl;
        return nullptr;
    }

return builder->buildCudaEngine(*network);
                    //若 bindingIsInput(0),则返回 0 (false), 否则返回 1 (true)
static int getBindingInputIndex(IExecutionContext* context)

{
    return !context->getEngine().bindingIsInput(0);
}

void launchInference(IExecutionContext* context, cudaStream_t stream, vector
const& inputTensor, vector& outputTensor, void** bindings, int batchSize)
{
    int inputId = getBindingInputIndex(context);

    cudaMemcpyAsync(bindings[inputId], inputTensor.data(), inputTensor.size
() * sizeof(float), cudaMemcpyHostToDevice, stream);
    context->enqueue(batchSize, bindings, stream, nullptr);
    cudaMemcpyAsync(outputTensor.data(), bindings[1 - inputId], outputTensor.
    size() * sizeof(float), cudaMemcpyDeviceToHost, stream);
}

void softmax(vector& tensor, int batchSize)
{
    size_t batchElements = tensor.size() / batchSize;

    for (int i = 0; i < batchSize; ++i)
    {
        float* batchVector = &tensor[i * batchElements];
```

```
        double maxValue = * max _ element (batchVector, batchVector +
        batchElements);
    double expSum = accumulate(batchVector, batchVector + batchElements, 0.
    0, [=](double acc, float value) { return acc + exp(value - maxValue); });

    transform (batchVector, batchVector + batchElements, batchVector, [=]
    (float input) { return static _ cast (std:: exp (input - maxValue) /
    expSum); });
  }
}

void verifyOutput(vector const& outputTensor, vector const& referenceTensor)
{
    for (size_t i = 0; i < referenceTensor.size(); ++i)
    {
        double reference = static_cast(referenceTensor[i]);
        // 检查绝对公差和相对公差
        if (abs (outputTensor[i] - reference) > max (abs (reference) * REL _
        EPSILON, ABS_EPSILON))
        {
            cout << "ERROR: mismatch at position " << i;
            cout << " expected " << reference << ", but was " << outputTensor[i]
            << endl;
            return;
        }
    }

    cout << "OK" << endl;
}

int main(int argc, char * argv[])
{
    // 声明 CUDA 引擎
    unique_ptr<ICudaEngine, Destroy> engine{nullptr};
    // 声明执行上下文
    unique_ptr<IExecutionContext, Destroy> context{nullptr};
    vector inputTensor;
    vector outputTensor;
    vector referenceTensor;
    void * bindings[2]{0};
    vector inputFiles;
    CudaStream stream;

    if (argc != 3)
```

```
{
    cout <<"usage: " <<argv[0] <<" " <<endl; return 1; }
    string onnxModelPath(argv[1]); inputFiles.push_back(string{argv[2]});
    int batchSize =inputFiles.size();                    // 创建 CUDA 引擎
    engine.reset(createCudaEngine(onnxModelPath, batchSize));
    if (!engine) return 1;          //假设网络正好采用 1 个输入张量并输出 1 个张量
    assert(engine->getNbBindings() ==2);
assert(engine->bindingIsInput(0) ^ engine->bindingIsInput(1));

for (int i =0; i <engine->getNbBindings(); ++i)
{
    Dims dims{engine->getBindingDimensions(i)};
     size_t size = accumulate (dims.d, dims.d + dims.nbDims, batchSize,
     multiplies());
    //为张量创建 CUDA 缓存
    cudaMalloc(&bindings[i], size * sizeof(float));

    //调整 CPU 缓冲区的大小以适合张量
    if (engine->bindingIsInput(i))
      inputTensor.resize(size);
    else
      outputTensor.resize(size);
}

//从 ONNX 文件读取输入张量
if (readTensor(inputFiles, inputTensor) !=inputTensor.size())
{
    cout <<"Couldn't read input Tensor" <<endl;
    return 1; }
    //创建执行上下文
    context.reset(engine->createExecutionContext());

launchInference(context.get(), stream, inputTensor, outputTensor, bindings,
batchSize);
//等到工作完成
cudaStreamSynchronize(stream);

vector referenceFiles;
for (string path : inputFiles)
    referenceFiles.push_back(path.replace(path.rfind("input"), 5, "
    output"));
//尝试读取和比较 protobuf 文件中的参考张量
referenceTensor.resize(outputTensor.size());
if (readTensor(referenceFiles, referenceTensor) !=referenceTensor.size())
```

```
    {
        cout <<"Couldn't read reference Tensor" <<endl;
        return 1;
    }

    // 在 CPU 上应用 softmax,以创建适用于测量概率相对误差的标准化分布
    softmax(outputTensor, batchSize);
    softmax(referenceTensor, batchSize);

    verifyOutput(outputTensor, referenceTensor);

    for (void* ptr : bindings)
        cudaFree(ptr);

    return 0;
}
```

3. 批量输入

上述程序针对单个输入进行推理。实际运用中,程序通常采用批量输入以实现更高的性能和效率。在神经网络的不同层上可以并行计算一批形状和大小相同的输入。较大的批次通常可以更有效地利用 GPU 资源。例如,在 NVIDIA V100 和 Tesla T4 GPU 上,使用 32 的倍数的批处理大小将会非常快速、高效,因为 TensorRT 可以将特殊内核用于矩阵乘法并利用 Tensor 核心的完全连接层。

程序 simpleOnnx_2 用于处理批量输入,以下代码在命令行中将图像传递给程序。在命令行中作为输入参数传递的图像(.pb 文件)的数量决定了此样本中的批处理大小。使用 test_data_set_* 从所有目录中获取 input_0.pb 文件。下面的命令不仅读取一个输入,还读取文件夹中所有可用的输入。由于下载的数据具有三个输入目录,因此批处理大小设为 3。运行结果打印如下。

```
>>./simpleOnnx_2 resnet50v2/resnet50v2.onnx
resnet50v2/test_data_set_*/input_0.pb #use all available test data sets

...

INFO: After reformat layers: 75 layers
INFO: Block size 9633792
INFO: Block size 9633792
INFO: Block size 9633792
INFO: Block size 4816896
INFO: Block size 0
INFO: Total Activation Memory: 33718272
INFO: Data initialization and engine generation completed in 0.120244 seconds.
```

```
Inference batch size 3 average over 10 runs is 14.5005ms
OK
```

由于要在一次推理中处理多个图像，因此我们对程序进行了几处更改。首先，循环收集所有图像(.pb 文件)作为程序中的输入。

```
<     input_files.push_back(string{argv[2]});
---
>     for (int i =2; i <argc; ++i)
>         input_files.push_back(string{argv[i]});
```

接下来，使用 setMaxBatchSize 函数指定 TensorRT 引擎期望的最大批处理大小。然后，构建器将生成一个针对该批处理量进行了调整的引擎，方法是选择算法以使其在目标平台上的性能最大化。虽然引擎不接受较大的批次大小，但允许在运行时使用较小的批次大小。maxBatchSize 值的选择取决于应用程序以及预期的推理流量(如图像数量)。一种常见的做法是构建针对不同批次大小优化的多个引擎(使用不同的 maxBatchSize 值)，然后在运行时选择最优化的引擎。如果未指定，则默认批处理大小为 1，这意味着引擎将不会处理大于 1 的批处理大小。下面的代码示例展示了如何设置此参数。

```
// 根据输入数据的批量大小构建优化的 TensorRT 引擎
builder->setMaxBatchSize(batchSize);
```

4. 衡量性能

以上是一个简单的示例，下面讨论如何衡量其性能。用于神经网络推理的最简单的性能度量是提交输入到返回输出之间的时间，即等待时间。对于很多嵌入式应用程序而言，时延对安全性至关重要，而消费者应用程序则需要服务质量。较低的时延使这些应用程序更好。我们的示例使用 GPU 上的时间戳衡量应用程序的平均时延。有多种方法可以在 CUDA 中对应用程序进行概要分析，本文介绍常用方法及其优点。

CUDA 提供了轻量级的事件 API，用于创建、销毁、记录事件并计算事件之间的时间。以下应用程序在 CUDA 流中记录事件，一个在启动推理之前记录，另一个在推理完成之后记录。函数 cudaEventElapsedTime()可以测量 CUDA 流中这两个事件之间的时间。

在某些情况下，可能需要计算在推理开始之前和推理完成之后用于 GPU 和 CPU 之间传输数据所花费的时间。将数据预取到 GPU，以及在数据传输同时进行重叠计算这两项技术可以显著降低数据传输开销。

为了分析应用程序，在 simpleONNX_2.cpp 中将启动推理的功能包装在 doInference 函数中。运行此示例并查看分析输出：

```
<        launchInference(context.get(), stream, inputTensor, outputTensor,
         bindings, batchSize);
<        // 等到工作完成
<        cudaStreamSynchronize(stream);
---
```

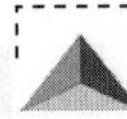

```
>        doInference(context.get(), stream, inputTensor, outputTensor, bindings,
         batchSize);
```

计算时延的 doInference 函数如下。

```
// 进行推理以计算平均时间的次数
constexpr int ITERATIONS = 10;
...
void doInference (IExecutionContext * context, cudaStream_t stream, vector
const& inputTensor, vector& outputTensor, void* * bindings, int batchSize)
{
    CudaEvent start;
    CudaEvent end;
    double totalTime = 0.0;

    for (int i = 0; i < ITERATIONS; ++i)
    {
        float elapsedTime;

        // 测量将输入复制到 GPU,运行推理并将输出移回 CPU 所需的时间
        cudaEventRecord(start, stream);
        launchInference(context, stream, inputTensor, outputTensor, bindings,
        batchSize);
        cudaEventRecord(end, stream);

        // 等到工作完成
        cudaStreamSynchronize(stream);
        cudaEventElapsedTime(&elapsedTime, start, end);

        totalTime += elapsedTime;
    }

    cout << "Inference batch size " << batchSize << " average over " << ITERATIONS
    << " runs is " << totalTime / ITERATIONS << "ms" << endl;
}
```

很多应用程序对大量输入数据进行离线推理。每秒可能的最大推理次数(称为吞吐量)是这些应用程序的重要指标。可以通过为更大的特定批次大小生成优化的引擎,运行推理并测量每秒可以处理的批次数量,从而测量吞吐量。

5. 优化应用

上面介绍了如何批量运行推理并分析应用程序,现在对其进行优化。TensorRT 的主要优势在于其灵活性,并且可以运用以下技术:混合精度、在所有 GPU 平台上的高效优化,以及能够在多种模型类型之间进行优化的能力。本节介绍一些增加吞吐量和减少应用程序时延的常用技术。

1）使用混合精度计算

TensorRT 使用 32 位浮点算法执行推理以获得尽可能高的推理精度。但是，在许多情况下使用 16 位浮点和 8 位整数精度进行推理，对结果的准确率影响很小。使用较低的精度表示模型可以在内存中容纳更大的模型，并降低数据传输要求，从而实现更高的性能。TensorRT 还可以以 32 位浮点和 16 位浮点精度混合运算，即混合精度，或者将 8 位整数量化精度用于权重、激活值和执行层。

对于支持快速 16 位浮点数计算的设备，setFp16Mode()函数启用 16 位浮点内核，仅需将参数设置为 true。

```
builder->setFp16Mode(builder->platformHasFastFp16());
```

setFp16Mode 参数告诉构建器可接受的较低精度，并且 TensorRT 将使用专为 16 位浮点数优化的内核(如果它们在选定的配置和目标平台上表现更好)。启用此模式后，可以设置权重为 16 位浮点数或 32 位浮点数格式，权重将自动转换为适当的精度进行计算。

2）设置最大工作区大小

TensorRT 允许用户使用 setMaxWorkspaceSize 参数在引擎构建阶段占用更多的 GPU 内存。增加限制可能会影响可以同时共享 GPU 的应用程序数量。将此限制设置得太低可能会滤除几种算法，从而造成次优引擎。即使 setMaxWorkspaceSize 设置得过大，TensorRT 也会仅分配所需的内存。因此，应用程序应允许 TensorRT 构建器提供尽可能多的工作空间。TensorRT 分配的资源不会超过此数量，通常情况下更少。

在以下示例中，我们使用 1GB 的 GPU 内存，这使 TensorRT 可以选择任何可用的算法。

```
// 允许 TensorRT 最多使用 1GB 的 GPU 内存
constexpr size_t MAX_WORKSPACE_SIZE =1 ULL <<30; // 1 GB
...
// 设置 Builder 标志
builder->setMaxWorkspaceSize(MAX_WORKSPACE_SIZE);
```

3）重用 TensorRT 引擎

构建引擎时，构建器对象会为所选平台和配置选择最优化的内核。从一个网络定义文件构建引擎很耗时，除非模型、平台或配置发生更改，否则不应该在每次需要执行推理时重复执行。可以在生成引擎后转换引擎的格式，并将其存储在磁盘上以备后用，这称为序列化引擎。将引擎从磁盘加载到内存中并继续用于推理时，就会执行反序列化。这些步骤如图 11-9 所示。

runtime 对象用于反序列化引擎。

simpleOnnx.cpp 采用 getCudaEngine 加载和使用引擎，而非每次都创建引擎。如果引擎不可用，它将创建引擎并将其保存在当前目录中，名称为 onnx_filename.engine。如果尝试在当前目录中使用此引擎，示例将选择该引擎，然后再尝试构建新引擎。要强制使用更新的配置和参数构建新引擎，请在重新运行样本之前使用 make clean_engines 命令删除磁盘上存储的所有现有序列化引擎。

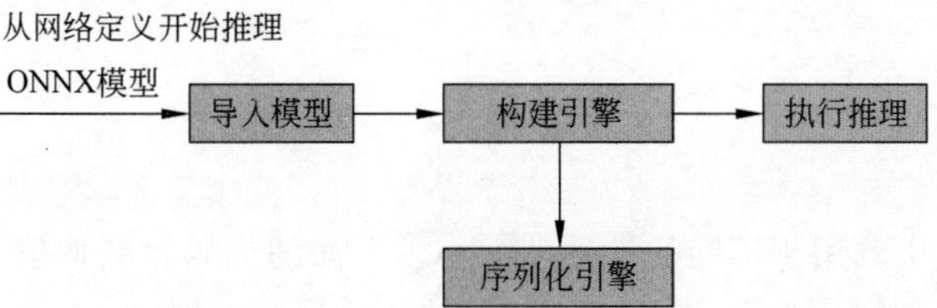

图 11-9　序列化和存储引擎使重建引擎的需求降至最低

```
<     engine.reset(createCudaEngine(onnxModelPath));
---
>     engine.reset(getCudaEngine(onnxModelPath));
```

以下是 getCudaEngine()函数。

```
ICudaEngine* getCudaEngine(string const& onnxModelPath, int batchSize)
{
    string enginePath{getBasename(onnxModelPath) + "_batch" + to_string
    (batchSize) +".engine"};
    ICudaEngine* engine{nullptr};

    string buffer =readBuffer(enginePath);
    if (buffer.size())
    {
        // 尝试反序列化引擎
        unique_ptr<IRuntime, Destroy>runtime{createInferRuntime(gLogger)};
        engine =runtime->deserializeCudaEngine(buffer.data(), buffer.size(),
        nullptr);
    }

    if (!engine)
    {
        // 后退,从头开始创建引擎
        engine =createCudaEngine(onnxModelPath, batchSize);

        if (engine)
        {
            unique_ptr<IHostMemory, Destroy>engine_plan{engine->serialize()};
            // 尝试保存引擎,供后续使用
              writeBuffer(engine_plan->data(), engine_plan->size(),
              enginePath);
```

```
        }
    }
    return engine;
}
```

现在将保存的引擎用于不同的批处理大小。下面的代码将获取输入数据，并将其重复执行与批量大小相同的次数，然后将附加的输入传递给示例。

```
>>for x in `seq 1 $BATCH_SIZE`; do echo resnet50v2/test_data_set_0/input_0.pb ;
done | xargs ./simpleOnnx resnet50v2/resnet50v2.onnx
...
INFO: Glob Size is 51388144 bytes.
INFO: Added linear block of size 102760448
INFO: Added linear block of size 102760448
INFO: Added linear block of size 102760448
INFO: Added linear block of size 102760448
INFO: Deserialize required 1270729 microseconds.
Inference batch size 4 average over 10 runs is 3.99671112512ms
OK
```

应用了以上优化后的完整源代码如下，详细说明见注释。

```
#include "cudaWrapper.h"
#include "ioHelper.h"
#include <NvInfer.h>
#include <NvOnnxParser.h>
#include <algorithm>
#include <cassert>
#include <iostream>
#include <memory>
#include <string>
#include <vector>

using namespace nvinfer1;
using namespace std;
using namespace cudawrapper;

static Logger gLogger;

// 进行推理以计算平均时间的次数
constexpr int ITERATIONS =10;
// 输出张量与参考值之间的最大绝对公差
constexpr double ABS_EPSILON =0.005;
// 输出张量与参考值之间的最大相对公差
constexpr double REL_EPSILON =0.05;
```

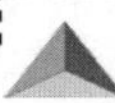

```
ICudaEngine * createCudaEngine(string const& onnxModelPath, int batchSize)
{
    unique_ptr< IBuilder, Destroy< IBuilder > > builder{createInferBuilder
    (gLogger)};
    unique_ptr< INetworkDefinition, Destroy< INetworkDefinition > > network
    {builder->createNetwork()};
    unique_ptr<nvonnxparser::IParser, Destroy<nvonnxparser::IParser>>parser
    {nvonnxparser::createParser(*network, gLogger)};

    if (!parser->parseFromFile(onnxModelPath.c_str(), static_cast<int>
    (ILogger::Severity::kINFO)))
    {
        cout <<"ERROR: could not parse input engine." <<endl;
        return nullptr;
    }

    //根据输入数据的批量大小构建优化的 TensorRT 引擎
    builder->setMaxBatchSize(batchSize);

    return builder->buildCudaEngine(*network);     //构建并返回 TensorRT 引擎
}

static int getBindingInputIndex(IExecutionContext* context)
{
    return !context->getEngine().bindingIsInput(0);
}

void launchInference(IExecutionContext* context, cudaStream_t stream, vector
<float> const& inputTensor, vector<float>& outputTensor, void** bindings,
int batchSize)
{
    int inputId =getBindingInputIndex(context);

    cudaMemcpyAsync(bindings[inputId], inputTensor.data(), inputTensor.size() *
    sizeof(float), cudaMemcpyHostToDevice, stream);
    context->enqueue(batchSize, bindings, stream, nullptr);
    cudaMemcpyAsync(outputTensor.data(), bindings[1 - inputId], outputTensor.
    size() * sizeof(float), cudaMemcpyDeviceToHost, stream);
}

void doInference(IExecutionContext* context, cudaStream_t stream, vector<
float>const& inputTensor, vector<float>& outputTensor, void** bindings, int
batchSize)
{
```

```
    CudaEvent start;
    CudaEvent end;
    double totalTime = 0.0;

    for (int i = 0; i < ITERATIONS; ++i)
    {
        float elapsedTime;

        // 测量将输入复制到 GPU,运行推理并将输出移回 CPU 所需的时间
        cudaEventRecord(start, stream);
        launchInference(context, stream, inputTensor, outputTensor, bindings,
        batchSize);
        cudaEventRecord(end, stream);

        // 等到工作完成
        cudaStreamSynchronize(stream);
        cudaEventElapsedTime(&elapsedTime, start, end);

        totalTime += elapsedTime;
    }

    cout << "Inference batch size " << batchSize << " average over " << ITERATIONS
    << " runs is " << totalTime / ITERATIONS << "ms" << endl;
}

void softmax(vector<float>& tensor, int batchSize)
{
    size_t batchElements = tensor.size() / batchSize;

    for (int i = 0; i < batchSize; ++i)
    {
        float* batchVector = &tensor[i * batchElements];
        double maxValue = *max_element(batchVector, batchVector + batchElements);
        double expSum = accumulate(batchVector, batchVector + batchElements, 0.0,
        [=](double acc, float value) { return acc + exp(value - maxValue); });

        transform(batchVector, batchVector + batchElements, batchVector, [=]
        (float input) { return static_cast<float>(std::exp(input - maxValue) /
        expSum); });
    }
}

void verifyOutput(vector<float> const& outputTensor, vector<float> const&
referenceTensor)
```

```
{
    for (size_t i =0; i <referenceTensor.size(); ++i)
    {
        double reference =static_cast<double>(referenceTensor[i]);
        // 检查绝对公差和相对公差
        if (abs(outputTensor[i] - reference) >max(abs(reference) * REL_
        EPSILON, ABS_EPSILON))
        {
            cout <<"ERROR: mismatch at position " <<i;
            cout <<" expected " <<reference <<", but was " <<outputTensor[i] <
            <endl;
            return;
        }
    }

    cout <<"OK" <<endl;
}

int main(int argc, char* argv[])
{
    // 申明 CUDA 引擎
    unique_ptr<ICudaEngine, Destroy<ICudaEngine>>engine{nullptr};
    // 声明执行上下文
    unique_ptr<IExecutionContext, Destroy<IExecutionContext>> context
    {nullptr};
    vector<float>inputTensor;
    vector<float>outputTensor;
    vector<float>referenceTensor;
    void* bindings[2]{0};
    vector<string>inputFiles;
    CudaStream stream;

    if (argc <3)
    {
        cout <<"usage: " <<argv[0] <<" <path_to_model.onnx>(1..<path_to_
        input.pb>)" <<endl;
        return 1;
    }

    string onnxModelPath(argv[1]);
    for (int i =2; i <argc; ++i)
        inputFiles.push_back(string{argv[i]});

    int batchSize =inputFiles.size();
```

```
// 创建 CUDA 引擎
engine.reset(createCudaEngine(onnxModelPath, batchSize));
if (!engine)
    return 1;

// 假设网络正好采用 1 个输入张量并输出 1 个张量
assert(engine->getNbBindings() ==2);
assert(engine->bindingIsInput(0) ^ engine->bindingIsInput(1));

for (int i =0; i <engine->getNbBindings(); ++i)
{
    Dims dims{engine->getBindingDimensions(i)};
    size_t size = accumulate (dims. d, dims. d + dims. nbDims, batchSize,
    multiplies<size_t>());
    // 为张量创建 CUDA 缓冲区
    cudaMalloc(&bindings[i], size * sizeof(float));

    // 调整 CPU 缓冲区的大小以适合张量
    if (engine->bindingIsInput(i))
       inputTensor.resize(size);
    else
       outputTensor.resize(size);
}

// 从 ONNX 文件读取输入张量
if (readTensor(inputFiles, inputTensor) !=inputTensor.size())
{
    cout <<"Couldn't read input Tensor" <<endl;
    return 1;
}

// 创建执行上下文
context.reset(engine->createExecutionContext());

doInference(context.get(), stream, inputTensor, outputTensor, bindings,
batchSize);


vector<string> referenceFiles;
for (string path : inputFiles)
    referenceFiles.push_back(path.replace(path.rfind("input"), 5,
    "output"));
// 尝试读取和比较 protobuf 文件中的参考张量
referenceTensor.resize(outputTensor.size());
if (readTensor(referenceFiles, referenceTensor) !=referenceTensor.size())
```

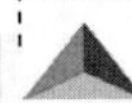

```
    {
        cout <<"Couldn't read reference Tensor" <<endl;
        return 1;
    }

    // 在 CPU 上应用 softmax,以创建适用于测量概率相对误差的标准化分布
    softmax(outputTensor, batchSize);
    softmax(referenceTensor, batchSize);

    verifyOutput(outputTensor, referenceTensor);

    for (void* ptr : bindings)
        cudaFree(ptr);

    return 0;
}
```

在将训练好的模型部署到嵌入式设备中用于推理前,需要先将其转换为专为嵌入式设备优化的模型格式,如 UFF、ONNX、TensorRT 等。

11.2.5 模型转换器

在运行 TensorRT 模型前,通常需要将模型转换为 UFF 或 ONNX 格式。11.2.3 节介绍了如何通过 API 导入已经训练的模型。但 TensorRT API 处于底层,使用它需要一定的开发能力,为了简化模型的转换工作,介绍以下的模型转换器,它们能够将主流的训练框架(如 TensorFlow 和 PyTorch)中训练好的模型直接转换为 TensorRT 需要的 UFF 或 ONNX 格式,从而简化嵌入式神经网络应用的开发。

1. TensorFlow 模型转换

1) 转换为 TRT 模型

TensorRT 自带的 convert-to-uff 命令行转换工具可以将冻结的 TensorFlow 模型转换为 TensorRT 的 UFF 格式的模型。

命令行格式如下。

```
convert-to-uff [-h ] [-l] [-t] [--write_preprocessed] [-q] [-d]
                [-o OUTPUT] [-O OUTPUT_NODE] [-I INPUT_NODE]
                [-p PREPROCESSOR]
                input_file
```

input_file 是必选参数,指定了待转换的 TensorFlow 模型。

可选参数包括:

```
-l, --list-nodes        显示模型中包含的节点列表
-t, --text              除二进制文件外,还输出模型的文本版本
```

```
--write_preprocessed 除二进制文件外,还输出预处理的 protobuf
-o OUTPUT, --output OUTPUT
            输出 uff 文件的名称
-O OUTPUT_NODE, --output-node OUTPUT_NODE
            模型的输出节点名称
-I INPUT_NODE, --input-node INPUT_NODE
            替换模型输入节点的新节点名称,格式必须是:
            "名称,新名称,数据类型,维度 1 的大小,维度 2 的大小,......"
-p PREPROCESSOR, --preprocessor PREPROCESSOR
            在处理图之前运行的预处理文件。该文件必须定义一个"预处理"函数,该函数接受
            GraphSurgeon 的 DynamicGraph 作为输入
```

在 UFF 安装目录下使用如下命令将冻结的模型转换为 UFF 模型。

```
python convert_to_uff.py frozen_graph.pb -t -O Identity -o frozen_graph.uff
```

2）转换为 ONNX

TensorFlow 模型也可以转换为 ONNX 格式,具体有如下两种转换方式。

(1) Keras 转换为 ONNX。

keras2onnx 模型转换器[68]是一个 Python 包,可以将 Keras 模型格式转换为 ONNX 模型格式,支持多种 Keras 模型和大多数常见的 Keras 图层。

首先,设置环境变量 TF_KERAS 为 1。

```
import os
os.environ['TF_KERAS'] = '1'
```

之后创建和训练模型,训练完成后进行转换。

```
import onnx
import keras2onnx

#convert to onnx model
onnx_model = keras2onnx.convert_keras(model, model.name, target_opset=7,
channel_first_inputs=model.input_names)
temp_model_file = 'model.onnx'
onnx.save_model(onnx_model, temp_model_file)
```

注意:根据需要将 target_opset(目标操作集)设为合适的值,嵌入式设备(如 Jetson)上仅支持较低的版本。另外,如果本机(例如 Windows)支持的图像格式是 nchw,而模型是为 nhwc 编写的,则需要增加 channel_first_inputs 参数,将其进行转换。

用 onnxruntime 验证转换后的模型是否在正确地工作:

```
from keras.preprocessing import image
from keras.applications.mobilenetv2 import preprocess_input

#创建测试图像
```

```
img_path =os.path.join(test_squirrel_dir, 'squirrel.1000.jpg')
img =image.load_img(img_path, target_size=(IMG_HEIGHT, IMG_WIDTH))
x =image.img_to_array(img)
x =np.expand_dims(x, axis=0)
x =preprocess_input(x)

#根据需要转换为 NCHW 格式
x =np.transpose(x, (0, 3, 1, 2))

#使用 onnxruntime 进行预测
import onnxruntime

sess =onnxruntime.InferenceSession(temp_model_file)
x =x if isinstance(x, list) else [x]
feed =dict([(input.name, x[n]) for n, input in enumerate(sess.get_inputs())])
pred_onnx =sess.run(None, feed)

predicted_class =np.argmax(pred_onnx[0][0], axis=-1)
predicted_class
```

(2) 模型文件转换为 ONNX。

tf2onnx 工具是一个命令行工具，可以将各种格式的 TensorFlow 模型文件转换为 ONNX 模型。它对全连接、卷积和动态 LSTM 网络的支持已经成熟。支持的 RNN 类和 API 包括 LSTMCell、BasicLSTMCell、GRUCell、GRUBlockCell、MultiRNNCell 和从 rnn_cell_impl.RNNCell 继承而来的用户自定义的 RNN 单元。

tf2onnx 工具可以从 https://github.com/onnx/tensorflow-onnx 下载和安装。

```
pip install onnxruntime
pip install -U tf2onnx
```

tf2onnx 支持 save_model、checkpoint 或 frozen graph 格式的 TensorFlow 模型。建议使用 save_model 格式。如果使用 checkpoint 或 frozen graph 格式，则用户需要将输入和输出名称传递给--inputs 和--outputs 参数。

转换命令如下：

```
python -m tf2onnx.convert
    [--input SOURCE_GRAPHDEF_PB]
    [--graphdef SOURCE_GRAPHDEF_PB]
    [--checkpoint SOURCE_CHECKPOINT]
    [--saved-model SOURCE_SAVED_MODEL]
    [--output TARGET_ONNX_MODEL]
    [--inputs GRAPH_INPUTS]
    [--outputs GRAPH_OUTPUS]
    [--inputs-as-nchw inputs_provided_as_nchw]
```

```
[--opset OPSET]
[--target TARGET]
[--custom-ops list-of-custom-ops]
[--fold_const]
[--continue_on_error]
[--verbose]
```

具有如下参数：

① --input 或--graphdef。

TensorFlow 模型为 graphdef 文件。如果尚未冻结，我们将尝试冻结模型。

② --checkpoint。

TensorFlow 模型为 checkpoint 格式，因此需要输入.meta 文件的路径，tf2onnx 将尝试冻结该图。

③ --saved-model。

TensorFlow 模型为 save-model 格式，因为需要输入 saved-model 文件的路径，tf2onnx 将尝试冻结该图。

④ --output。

目标 onnx 文件路径。

⑤ --inputs，--outputs。

TensorFlow 模型的输入/输出名称。这些名称通常以:0 结尾，例如：--inputs input0:0,input1:0。当使用 saved_model 格式时，不需要设置这两个参数。

⑥ --inputs-as-nchw。

默认情况下，我们保留 TensorFlow 模型中提供的输入图像的格式(nchw 或 nhwc)。如果本机(如 Windows)格式是 nchw，并且该模型是为 nhwc 编写的，则-tensorflow-onnx 将转置输入。

⑦ --opset。

操作集。默认情况下，我们使用 opset 7(第 7 版操作集)生成图形。通过指定--opset，用户可以覆盖默认值，生成使用指定操作集的图。例如，--opset 5 将创建一个仅使用 opset 5 中可用操作的 onnx 图。因为在大多数情况下，较旧的 opset 支持的操作较少，因此某些模型可能无法在较旧的 opset 上进行转换。

⑧ --target。

某些模型需要特殊处理才能在某些运行时库上运行。特别是，该模型可能使用不受支持的数据类型。解决方法是激活--target TARGET。如果模型将在 Windows 上运行，则应指定适当的目标值。

⑨ --custom-ops。

运行时可能支持 onnx 中未定义的自定义操作。该选项将它们列出来，并要求转换器映射到自定义操作。这里列出的 TensorFlow 操作将映射到与 TensorFlow 操作同名的 onnx 自定义操作。例如，--custom-ops Print 将插入 onnx 域 ai.onnx.converters.tensorflow 中的 Print 操作到图中。

⑩ --fold_const。

设置后，将在转换之前应用 TensorFlow 的 fold_constants 转换。这将有助于一些特性，包括转置优化(例如，将删除在 tf-graph 至 onnx-graph 转换期间引入的 Transpose 操作)和 RNN 单元转换(例如 LSTM)。旧版 TensorFlow 使用此选项时，对某些模型可能会出现问题。

使用示例如下，在 tensorflow-onnx 根目录中运行以下命令：

```
python -m tf2onnx.convert\
    --input frozen.pb\
    --inputs X:0\
    --outputs output:0\
--output model.onnx\
--opset 7\
    --verbose
```

某些模型指定了具有未知秩和维度的占位符，这些占位符无法映射到 onnx。在这种情况下可以在输入名称后面的[ ]中添加形状，如--inputs X:0[1,28,28,3]。

2. PyTorch 模型转换

1) 转换为 TRT 模型

torch2trt[69]是一个 Python 包，实现 PyTorch 到 TensorRT 模型的转换，它封装了 TensorRT Python API。转换器易于使用，它使用单个函数调用 torch2trt 转换模块，且易于扩展，可以在 Python 中编写自己的层转换器并使用@tensorrt_converter 进行注册。

下面的例子说明了 torch2rt 的使用。首先进行模型转换：

```
import torch
from torch2trt import torch2trt
from torchvision.models.alexnet import alexnet

#创建常规的 PyTorch 模型
model =alexnet(pretrained=True).eval().cuda()

#创建样例数据
x =torch.ones((1, 3, 224, 224)).cuda()

#转换为 TensorRT 以样本数据作为输入
model_trt =torch2trt(model, [x])
```

然后就可以调用 model_trt()函数执行它：

```
y_trt =model_trt(x)
```

这个模型可以保存并重新加载：

```
#保存
torch.save(model_trt.state_dict(), 'alexnet_trt.pth')
```

```
#加载保存的模型
from torch2trt import TRTModule

model_trt = TRTModule()

model_trt.load_state_dict(torch.load('alexnet_trt.pth'))
```

注意：保存的文件名后缀虽然还是.pth，但它实际已经转换为 TensorRT 格式。

对于 torch2trt 目前还不支持的图层，可以使用 TensorRT API 自定义一个层转换器来完成工作，示例如下。

```
import tensorrt as trt
from torch2trt import tensorrt_converter

@tensorrt_converter('torch.nn.ReLU.forward')
def convert_ReLU(ctx):
    input = ctx.method_args[1]
    output = ctx.method_return
    layer = ctx.network.add_activation(input = input._trt, type = trt.
    ActivationType.RELU)
output._trt = layer.get_output(0)
```

上述代码将 ReLU 转换为 TensorRT 实现。

2）转换为 ONNX 模型

PyTorch 官方支持将模型转换为 ONNX 格式，下面介绍如何使用这一功能。首先安装 ONNX 和 ONNX Runtime，然后使用下面的命令获取 ONNX 和 ONNX Runtime 的二进制版本。

```
pip install onnx onnxruntime

#引入一些标准模块
import io
import numpy as np

import onnx
import onnxruntime
from torch import nn
import torch.utils.model_zoo as model_zoo
import torch.onnx
```

下面使用一个小的超分辨率模型作为示例。超分辨率是提高图像、视频分辨率的一种方式，广泛用于图像处理或视频编辑中。

在 PyTorch 中创建一个超分辨率模型。该模型使用高效子像素卷积层，使得图像分辨率成比例地提高。该模型以图像的 YCbCr 中的 Y 分量作为输入，并以超分辨率输出放大的 Y 分量。

模型定义如下。

```
#在 PyTorch 中定义超分辨率模型
import torch.nn as nn
import torch.nn.init as init

class SuperResolutionNet(nn.Module):
    def __init__(self, upscale_factor, inplace=False):
        super(SuperResolutionNet, self).__init__()

        self.relu =nn.ReLU(inplace=inplace)
        self.conv1 =nn.Conv2d(1, 64, (5, 5), (1, 1), (2, 2))
        self.conv2 =nn.Conv2d(64, 64, (3, 3), (1, 1), (1, 1))
        self.conv3 =nn.Conv2d(64, 32, (3, 3), (1, 1), (1, 1))
        self.conv4 =nn.Conv2d(32, upscale_factor ** 2, (3, 3), (1, 1), (1, 1))
        self.pixel_shuffle =nn.PixelShuffle(upscale_factor)

        self._initialize_weights()

    def forward(self, x):
        x =self.relu(self.conv1(x))
        x =self.relu(self.conv2(x))
        x =self.relu(self.conv3(x))
        x =self.pixel_shuffle(self.conv4(x))
        return x

    def _initialize_weights(self):
        init.orthogonal_(self.conv1.weight, init.calculate_gain('relu'))
        init.orthogonal_(self.conv2.weight, init.calculate_gain('relu'))
        init.orthogonal_(self.conv3.weight, init.calculate_gain('relu'))
        init.orthogonal_(self.conv4.weight)

#通过使用上面的模型定义创建超分辨率模型
torch_model =SuperResolutionNet(upscale_factor=3)
```

正常情况下应当训练该模型。但在本示例中,我们直接下载预训练的权重。

在调用 torch_model.eval()或 torch_model.train(False)导出模型之前,必须将模型转换为推理模式,因为像 dropout 或 batchnorm 这样的运算符在推理和训练模式下的行为会有所不同。

```
#加载预训练的模型权重
model_url =
'https://s3.amazonaws.com/pytorch/test_data/export/superres_epoch100-44c6958e.pth'
batch_size =1                #只是一个随机数
```

```
#用预训练的权重初始化模型
map_location =lambda storage, loc: storage
if torch.cuda.is_available():
    map_location =None
torch_model.load_state_dict(model_zoo.load_url(model_url, map_location=map_
location))

#将模型设置为推理模式
torch_model.eval()
```

在 PyTorch 中导出模型要通过跟踪或编写脚本。下面例子以跟踪方式导出模型。要导出模型,需调用 torch.onnx.export()函数。它将执行模型,并跟踪记录哪些运算符用于计算输出。为了让 export 运行模型,需要提供一个输入张量 x。张量只要具有正确的类型和大小即可,其中的值可以是随机的。注意,除非被指定为动态轴,否则在导出的 ONNX 图中所有维度的输入尺寸将被固定。在本示例中,我们使用 batch_size 1 作为输入导出模型,但随后在 torch.onnx.export()中用 dynamic_axes 参数将第一个维度指定为动态的。因此,导出的模型将接受大小为[batch_size,1,224,224]的输入,其中 batch_size 是可变的。

```
#设置模型的输入
x =torch.randn(batch_size, 1, 224, 224, requires_grad=True)
torch_out =torch_model(x)

#导出模型
torch.onnx.export(torch_model,                 #将运行的模型
     x,                                        #模型的输入(可以是多个输入组成的元组)
     "super_resolution.onnx",                  #保存模型的位置(文件或类似文件的对象)
     export_params=True,                       #将训练好的权重参数存储在模型文件中
     opset_version=10,                         #导出模型的 ONNX 版本
     do_constant_folding=True,                 #是否执行常量折叠优化
     input_names =['input'],                   #模型的输入名称
     output_names =['output'],                 #模型的输出名称
     dynamic_axes ={'input' : {0 : 'batch_size'},        #可变长度轴
                  'output' : {0 : 'batch_size'}})
```

生成的 ONNX 模型文件是一个二进制 protobuf 文件,其中包含导出模型的网络结构和参数。关键字参数 verbose = True 使导出程序打印出人类可读的网络表示形式。

我们还计算 torch_out,也就是模型的输出,使用它验证导出的模型在 ONNX 运行时中是否计算出相同的值。

在使用 ONNX Runtime 验证模型的输出之前,先使用 ONNX 的 API 检查 ONNX 模型。首先,onnx.load("super_resolution.onnx")加载保存的模型并输出 onnx.ModelProto 结构。然后,onnx.checker.check_model(onnx_model)验证模型的结构是否有效。通过检查模型的版本、图形的结构,以及节点及其输入和输出,可以验证 ONNX 图

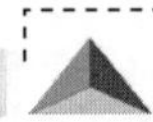

的有效性。

```
#加载 ONNX 模型
onnx_model =onnx.load("super_resolution.onnx")
#检查模型格式是否正确
onnx.checker.check_model(onnx_model)
#打印人类可读的模型图
print('Model :\n\n{}'.format(onnx.helper.printable_graph(onnx_model.graph)))
```

现在,让我们使用 ONNX Runtime 的 Python API 计算输出。这部分通常可以在单独的过程中或在另一台机器上完成,这里在同一个进程中执行,以便验证 ONNX Runtime 和 PyTorch 将会计算出相同的值。

为了使用 ONNX Runtime 运行模型,需要使用所选的配置参数为模型创建一个推理会话(此处使用默认配置)。创建会话后,将使用 run()函数评估模型。其输出是一个列表,其中包含由 ONNX Runtime 计算的模型的输出。

```
ort_session =onnxruntime.InferenceSession("super_resolution.onnx")

def to_numpy(tensor):
    return tensor.detach().cpu().numpy() if
    tensor.requires_grad else tensor.cpu().numpy()

#计算 ONNX 运行时输出的预测值
ort_inputs ={ort_session.get_inputs()[0].name: to_numpy(x)}
ort_outs =ort_session.run(None, ort_inputs)

#比较 ONNX Runtime 和 PyTorch 计算的结果
np.testing.assert_allclose(to_numpy(torch_out), ort_outs[0], rtol=1e-03, atol=
1e-05)

print("Exported model has been tested with ONNXRuntime, and the result looks
good!")
```

我们应该看到 PyTorch 和 ONNX Runtime 的输出数值在给定的精度上匹配(rtol = 1e-03,并且 atol = 1e-05)。如果它们不匹配,则说明 ONNX 导出器中存在问题。

程序运行后,打印出转换后的模型图。可以发现,它与模型定义是一致的。

```
Model :

graph torch-jit-export (
  %input[FLOAT, batch_sizex1x224x224]
) initializers (
  %conv1.bias[FLOAT, 64]
  %conv1.weight[FLOAT, 64x1x5x5]
  %conv2.bias[FLOAT, 64]
```

```
  %conv2.weight[FLOAT, 64x64x3x3]
  %conv3.bias[FLOAT, 32]
  %conv3.weight[FLOAT, 32x64x3x3]
  %conv4.bias[FLOAT, 9]
  %conv4.weight[FLOAT, 9x32x3x3]
) {
  %9 =Conv[dilations =[1, 1], group =1, kernel_shape =[5, 5], pads =[2, 2, 2, 2],
  strides =[1, 1]](%input, %conv1.weight, %conv1.bias)
  %10 =Relu(%9)
  %11 =Conv[dilations =[1, 1], group =1, kernel_shape =[3, 3], pads =[1, 1, 1, 1],
  strides =[1, 1]](%10, %conv2.weight, %conv2.bias)
  %12 =Relu(%11)
  %13 =Conv[dilations =[1, 1], group =1, kernel_shape =[3, 3], pads =[1, 1, 1, 1],
  strides =[1, 1]](%12, %conv3.weight, %conv3.bias)
  %14 =Relu(%13)
  %15 =Conv[dilations =[1, 1], group =1, kernel_shape =[3, 3], pads =[1, 1, 1, 1],
  strides =[1, 1]](%14, %conv4.weight, %conv4.bias)
  %16 =Constant[value =<Tensor>]()
  %17 =Reshape(%15, %16)
  %18 =Transpose[perm =[0, 1, 4, 2, 5, 3]](%17)
  %19 =Constant[value =<Tensor>]()
  %output =Reshape(%18, %19)
  return %output
}
```

3. 跟踪方式与脚本方式

ONNX 模型导出器有两种：基于跟踪的导出器和基于脚本的导出器。

基于跟踪的导出器通过执行一次模型，导出在此运行期间实际运行的运算符。这意味着，如果模型是动态的，例如会根据输入数据更改行为，则导出将不准确。同样，跟踪可能仅对特定的输入大小才有效。导出后，应当检查跟踪的模型并确保所跟踪的运算符是合理的。如果模型包含诸如 for 循环和 if 条件之类的控制流，则基于跟踪的导出器将展开循环和 if 条件，并导出与这次运行完全相同的静态图。因此，如果要导出具有动态控制流的模型，则需要使用基于脚本的导出方式。

基于脚本意味着导出的模型是一个 ScriptModule。ScriptModule 是 TorchScript 中的核心数据结构，而 TorchScript 是 Python 语言的子集，可从 PyTorch 代码创建可序列化和可优化的模型。

跟踪方式和脚本方式可以混合起来使用，参见如下的例子。

```
import torch

#仅基于跟踪

class LoopModel(torch.nn.Module):
```

```
    def forward(self, x, y):
        for i in range(y):
            x = x + i
        return x

model = LoopModel()
dummy_input = torch.ones(2, 3, dtype=torch.long)
loop_count = torch.tensor(5, dtype=torch.long)

torch.onnx.export(model, (dummy_input, loop_count), 'loop.onnx', verbose=
True)
```

使用基于跟踪的导出器,得到展开了 for 循环的 ONNX 图。

```
graph(%0 : Long(2, 3),
      %1 : Long()):
  %2 : Tensor = onnx::Constant[value={1}]()
  %3 : Tensor = onnx::Add(%0, %2)
  %4 : Tensor = onnx::Constant[value={2}]()
  %5 : Tensor = onnx::Add(%3, %4)
  %6 : Tensor = onnx::Constant[value={3}]()
  %7 : Tensor = onnx::Add(%5, %6)
  %8 : Tensor = onnx::Constant[value={4}]()
  %9 : Tensor = onnx::Add(%7, %8)
  return (%9)
```

为了利用基于脚本的导出器实现动态循环,可以在脚本中编写循环,然后用 nn.Module 调用它。

```
#混合使用跟踪和脚本方式

@torch.jit.script
def loop(x, y):
    for i in range(int(y)):
        x = x + i
    return x

class LoopModel2(torch.nn.Module):
    def forward(self, x, y):
        return loop(x, y)

model = LoopModel2()
dummy_input = torch.ones(2, 3, dtype=torch.long)
loop_count = torch.tensor(5, dtype=torch.long)
torch.onnx.export(model, (dummy_input, loop_count), 'loop.onnx', verbose=
True, input_names=['input_data', 'loop_range'])
```

现在,导出的 ONNX 图变为:

```
graph(%input_data : Long(2, 3),
    %loop_range : Long()):
  %2 : Long() =onnx::Constant[value={1}](), scope: LoopModel2/loop
  %3 : Tensor =onnx::Cast[to=9](%2)
  %4 : Long (2, 3) = onnx:: Loop (% loop _ range, % 3, % input _ data), scope:
LoopModel2/loop #custom_loop.py:240:5
    block0(%i.1 : Long(), %cond : bool, %x.6 : Long(2, 3)):
    %8 : Long(2, 3) =onnx::Add(%x.6, %i.1), scope: LoopModel2/loop
    #custom_loop.py:241:13
    %9 : Tensor =onnx::Cast[to=9](%2)
    ->(%9, %8)
  return (%4)
```

动态控制流已正确实现。下面针对不同的循环范围进行验证。

```
import caffe2.python.onnx.backend as backend
import numpy as np
import onnx
model =onnx.load('loop.onnx')

rep =backend.prepare(model)
outputs =rep.run((dummy_input.numpy(), np.array(9).astype(np.int64)))
print(outputs[0])
#[[37 37 37]
#[37 37 37]]

import onnxruntime as ort
ort_sess =ort.InferenceSession('loop.onnx')
outputs =ort_sess.run(None, {'input_data': dummy_input.numpy(),
                        'loop_range': np.array(9).astype(np.int64)})
print(outputs)
#[array([[37, 37, 37],
#      [37, 37, 37]], dtype=int64)]
```

4. 局限性

目前,ONNX 导出器具有如下限制。

(1) 不支持 Tensor 占位索引分配,例如 data[index] = new_data。解决此类问题的一种方法是使用 scatter 算子,显式地更新原始张量。

(2) 由于 ONNX 中没有张量列表的概念,因此很难导出消耗或产生张量列表的运算符,尤其是在导出时不知道张量列表长度的情况下。

(3) JIT 输入/输出仅支持元组、列表和变量,也接受字典和字符串,但不建议使用它们。如必须使用,需要仔细验证字典的输入,并记住动态查询不可用。

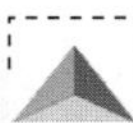

(4) PyTorch 和 ONNX 的运算符实现通常具有一些数字差异。根据模型结构的不同，这些差异有时可以忽略不计，但是它们可能导致行为上的重大差异(尤其是在未经训练的模型上)。我们允许 Caffe2 直接调用 Torch 运算符，从而在精度很重要时记录并消除这些差异。

简而言之，如果模型较为简单，就容易导出为 ONNX 模型。

总之，为了简化模型的转换，模型转换器有两种工作方式：一种是作为扩展包，嵌入训练框架中，通过编写简单的程序，将模型格式转换为 TRT 格式或者 ONNX 格式；另一种是作为命令行工具，将保存好的模型文件一步转换为目标格式。后者使用起来更为简便，但由于 TensorRT 的特殊性，有些操作无法直接实现转换，命令行工具在这个时候会失效，必须借助扩展包完成转换工作。从运行效率上考虑，推荐转换为 TRT 格式。

11.3　两种模型优化技术的对比

对于 NVIDIA Jetson 来说，TensorFlow Lite 和 TensorRT 都提供了模型优化能力，那么，它们有何区别？

首先，TensorFlow Lite 的优势是提供训练时优化工具，如剪枝、量化训练和聚类，但劣势是它是通用的，最后的执行代码没有为 NVIDIA GPU 优化(实际上，它不支持 CUDA 和 CuDNN)。而 TensorRT 的优劣势则正好相反，其优势是为硬件专门优化的，因此编译后的代码执行效率更高，但它不提供训练时优化的能力。

其次，从使用的方便性上，TensorFlow Lite 对底层实现做了封装，使用更简便，但也损失了一些灵活性。TensorRT 则恰恰相反，它提供了更精细的底层调用 API，开发者因此可以做更多的针对硬件的优化，但问题是需要对底层技术有更多的了解。

最后，在一些实际测试中，TensorRT 的性能要小幅优于 TensorFlow Lite。

还有一点值得注意，在 Jetson 上安装 TensorFlow Lite 需要一些技巧。

因此，对于运行环境要求苛刻的嵌入式 AI 应用，推荐使用 TensorRT，若对推理性能、能耗没有那么高的要求，则两者都是不错的选择。当然，对于智能手机等设备来说，TensorFlow Lite 是更好的选择。

那么，有没有可能将 TensorFlow Lite 的训练时优化与 TensorRT 的训练后优化结合呢？答案是肯定的。前者完成剪枝和聚类工作，并输出 TensorFlow 格式的模型(如冻结图)，而后者可以将前者输出的模型作为输入，进行量化、编译和模型转换等工作，最后生成精度为 INT8 并且为 NVIDIA GPU 硬件而优化的模型。

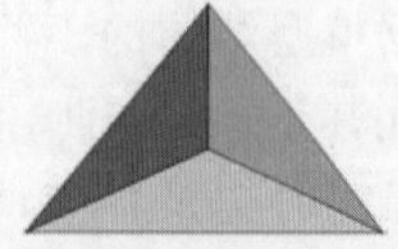

第 12 章 在嵌入式设备上执行推理

在本章中,我们将学习如何在嵌入式设备上运行神经网络进行推理。假设我们已经在训练机上开发了一个神经网络模型,我们将使用 NVIDIA TensorRT 将神经网络高效地部署到嵌入式 Jetson 平台上,并通过模型优化、内核融合和 FP16/INT8 精度提高性能和能效,最后执行推理,实现图像分类、目标检测和语义分割等任务。

示例代码称为 Hello AI World[70],它可以在 Jetson 上完全运行,包括使用 TensorRT 进行推理和使用 PyTorch 进行迁移学习。其中推理部分包括用 C++ 或 Python 编写图像分类、目标检测应用程序,加载预训练的模型(支持 UFF、ONNX、Caffe 等格式),接入摄像头图像和视频流,进行实时推理。

12.1 从源代码构建项目

下面在 Jetson TX2 上构建 Hello World 项目。

这个项目提供了一个 TensorRT 加速的深度学习网络库,用于图像识别,带有局部化的对象检测(即边界框)和语义分割。

项目包含的推理库(libjetson-inference)旨在在 Jetson 上构建和运行,并且包括对 C++ 和 Python 的支持。各种经过预先训练的 DNN 模型会自动下载,以使您快速启动并运行。它还设置为接受用户可能已经训练过的自定义模型,包括对 TensorFlow UFF、ONNX 和 Caffe 的支持。

代码可以在 Jetson Nano、Jetson TX1/TX2 和 Jetson AGX Xavier 上进行编译。

1. 获取源代码

首先确保已安装 git 和 cmake;然后克隆 jetson-inference 项目;

```
$git clone https://github.com/dusty-nv/jetson-inference
$cd jetson-inference
$git submodule update --init
```

最后确保在 Jetson 上安装了 Python 开发环境。

接下来,在项目内创建一个构建目录,然后运行 CMake 来配置构建。运行 CMake 时,将启动一个脚本(CMakePreBuild.sh),该脚本将安装所有必需的依赖项并为用户下载 DNN 模型。

```
$cd jetson-inference
$mkdir build
$cd build
$cmake ../
set(PYTHON_BINDING_VERSIONS 2.7 3.5 3.6 3.7)
```

2. 下载模型

该项目带有许多经过预训练的网络，可以选择通过模型下载器工具(download-models.sh)下载和安装。默认情况下，并非所有模型都最初选择下载以节省磁盘空间。可以选择所需的模型，或者稍后再次下载更多的模型。

预训练的网络保存为多种格式，包括 UFF、ONNX 和 Caffe 等。

最初配置项目时，CMake 会自动运行下载程序工具，如图 12-1 所示。

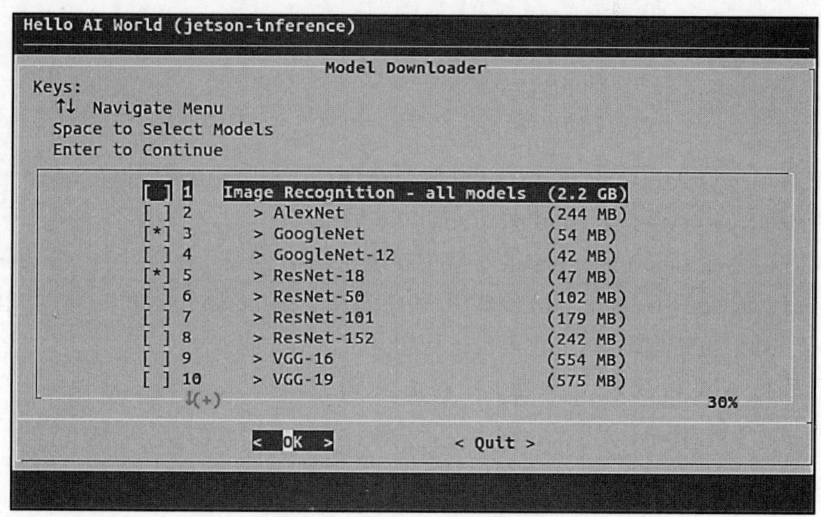

图 12-1　Jetson 模型下载工具

若稍后再运行 Model Downloader 工具，则可以使用以下命令。

```
$cd jetson-inference/tools
$./download-models.sh
```

3. 安装 PyTorch

如果使用的是 JetPack 4.2 或更高的版本，现在将运行另一个工具；如果想在本教程后面的内容中通过迁移学习重新训练网络，可以选择在用户的 Jetson 上安装 PyTorch。

此步骤是可选的，如果不想执行迁移学习步骤，则无须安装 PyTorch，可以跳过此步骤。

如果决定在其他时间安装 PyTorch，也可以稍后再次运行此工具。

```
$cd jetson-inference/build
$./install-pytorch.sh
```

4. 编译项目

确保您仍在创建的 jetson-inference/build 目录中,然后运行 make,最后执行 sudo make install 来安装库。Python 扩展和示例代码如下。

```
$cd jetson-inference/build
$make
$sudo make install
$sudo ldconfig
```

该项目将构建到 jetson-inference/build/aarch64,具有以下目录结构。

```
|-build
   \aarch64
      \bin              生成示例二进制文件的位置
         \networks      存储网络模型的位置
         \images        存储测试图像的位置
      \include          头文件的位置
      \lib              创建库的位置
```

在构建树中可以找到位于 build/aarch64/bin/中的二进制文件、位于 build/aarch64/include/中的头文件,以及位于 build/aarch64/lib/中的库。

这些文件也会在 sudo make install 步骤中安装在/usr/local/下。在/usr/lib/python */dist-packages/下的 sudo make install 步骤中,还将安装 jetson.inference 和 jetson.utils 模块的 Python 绑定。如果更新代码,请记住再次运行它。

提示:根据不同的软硬件配置,可能需要调整摄像头方向。修改 util/camera/gstCamera.cpp 文件,设置

```
flipMethod =0
```

5. 深入研究代码

有关 libjetson-inference 中可用的视觉原语的信息,请参阅 API 参考文档,包括用于图像识别的 imageNet、用于目标定位的 detectNet 和用于语义分段的 segNet。

根据用户喜欢使用哪种语言来熟悉这些对象的 C++ 或 Python 版本。

1) C++

以下是 imageNet C++ 类的部分代码,将在本教程的后续步骤中使用它们。

```
class imageNet : public tensorNet
{
public:
    /**
     * 枚举网络
     */
    enum NetworkType
    {
        CUSTOM, /**<用户自定义网络 */
```

```
    ALEXNET, /* * <为 ILSVRC12 中 1000 个类训练的 AlexNet */
    GOOGLENET, /* * <为 ILSVRC12 中 1000 个类训练的 GoogLeNet */
    GOOGLENET_12, /* * <为本教程中 ILSVRC12 中 12 个类的子集训练的 GoogLeNet */
    RESNET_18, /* * <为 ILSVRC15 中 1000 个类训练的 ResNet-18 */
    RESNET_50, /* * <为 ILSVRC15 中 1000 个类训练的 ResNet-50 */
    RESNET_101, /* * <为 ILSVRC15 中 1000 个类训练的 ResNet-101 */
    RESNET_152, /* * <为 ILSVRC15 中 1000 个类训练的 ResNet-152 */
    VGG_16, /* * <为 ILSVRC14 中 1000 个类训练的 VGG-16 */
    VGG_19, /* * <为 ILSVRC14 中 1000 个类训练的 VGG-19 */
    INCEPTION_V4, /* * <为 ILSVRC12 中 1000 个类训练的 Inception-v4 */
  };

  /* *
   * 加载新的网络实例
   */
  static imageNet * Create ( NetworkType networkType = GOOGLENET, uint32_t
maxBatchSize=DEFAULT_MAX_BATCH_SIZE,
                         precisionType precision=TYPE_FASTEST,
                         deviceType device= DEVICE_GPU, bool allowGPUFallback=
                        true );

  /* *
   * 加载新的网络实例
   * @参数 prototxt_path 可部署网络原型的文件路径
   * @参数 model_path caffe 模型文件路径
   * @参数 mean_binary 平均值二进制原型的文件路径(可以为 NULL)
   * @参数 class_labels 类名标签列表的文件路径
   * @参数 input 输入层 Blob 的名称
   * @参数 output 输出层 Blob 的名称
   * @参数 maxBatchSize 网络可以支持并进行优化的最大批处理大小 */
  static imageNet* Create( const char* prototxt_path, const char* model_path,
                        const char* mean_binary, const char* class_labels,
                        const char* input=IMAGENET_DEFAULT_INPUT,
                        const char* output=IMAGENET_DEFAULT_OUTPUT,
                        uint32_t maxBatchSize=DEFAULT_MAX_BATCH_SIZE,
                        precisionType precision=TYPE_FASTEST,
                        deviceType device= DEVICE_GPU, bool allowGPUFallback
                        =true );

/* *
 * 确定最大似然图像类
 * 此函数对图像执行预处理(应用均值减法和 nchw 格式), 参见 PreProcess()
 * @参数 rgba CUDA 设备存储器中的输入图像(4 字节浮点数格式)
 * @参数 width 输入图像的宽度(以像素为单位)
 * @参数 height 输入图像的高度(以像素为单位)
 * @参数 confidence 置信度(浮点数)指针,可选
```

```
    * @返回值 最大类的索引,错误时返回-1。
    */
    int Classify( float * rgba, uint32_t width, uint32_t height, float *
    confidence=NULL );

/**
  * 获取图像识别类别的数量(通常为 1000)
  */
    inline uint32_t GetNumClasses() const
    { return mOutputClasses; }

    /**
     * 获取特定类别的描述
     */
    inline const char* GetClassDesc( uint32_t index ) const
    { return mClassDesc[index].c_str(); }
};
```

本教程中,所有深度神经网络对象都继承自共享的 tensorNet 对象,该对象包含通用的 TensorRT 代码。

2) Python

以下是 jetson.inference 包中 Python imageNet 对象的简略描述。

```
jetson.inference.imageNet =class imageNet(tensorNet)
|  图像识别神经网络——对图像进行分类
|
|  __init__(...)
|      加载一个图像识别模型
|
|      参数:
|       network (string) --内置网络的名称,取值可以是: "alexnet", "googlenet",
|       "googlenet-12"," resnet-18"等,默认值为"googlenet"
|       argv (strings) --传递给 imageNet 的命令行参数,用于加载自定义模型或自定义
|       设置
|  Classify(...)
|      对 RGBA 图像进行分类,然后返回目标的类别和置信度。
|
|      参数:
|       image (capsule) --CUDA 存储胶囊
|       width (int) --图像的宽度(以像素为单位)
|       height (int) --图像的高度(以像素为单位)
|
|      返回值:
|       (int, float) --包含目标类别索引值和置信度的元组
|
|  GetClassDesc(...)
```

```
|       返回给定目标类别的描述
|       参数:
|        (int) --类别的索引值,介于[0,GetNumClasses()]
|
|       返回值:
|        (string) --类别的文本描述
|
|   GetNumClasses(...)
|       返回此网络模型能够分类的目标类别的数量。
|
|       参数:无
|
|       返回值:
|        (int) --模型支持的目标类别的数量
-------------------------------------------------------------
```

接下来使用 imageNet 对象在 Python 或 C++ 中执行图像识别。

12.2 使用 ImageNet 实现图像分类

有多种类型的深度学习网络可用,包括识别、检测/定位和语义分割。在本教程中重点介绍的第一个深度学习功能是使用经过分类识别场景和对象的分类网络进行图像识别。

imageNet 对象接受输入图像并输出每个类别的置信度。在构建步骤中自动下载了 GoogLeNet 和 ResNet-18 模型,它们已经对 ImageNet ILSVRC 数据集的 1000 个目标进行了训练。

作为使用 imageNet 的示例,我们提供了 C++ 和 Python 版本的命令行界面。

12.2.1 静态图像分类

首先,尝试使用 imagenet-console 程序针对一些示例图像测试 imageNet 的图像识别功能。它加载图像,使用 TensorRT 和 imageNet 类执行推理,然后输出分类结果并保存输出图像。

先进入 aarch64/bin 目录中:

```
$cd jetson-inference/build/aarch64/bin
```

接下来,使用 C++ 或 Python 变体通过 imagenet-console 程序对示例图像进行分类。

imagenet-console 接受 3 个命令行参数:

- 输入图像的路径(jpg、png、tga、bmp);
- 输出图像的可选路径(jpg、png、tga、bmp);
- 可选的--network,所使用的分类模型(默认网络为 GoogLeNet,格式为 Caffe)。

注意: 还有其他命令行参数可用于加载定制模型。使用--help 标志启动应用程序,以获取有关使用它们的更多信息,或参阅代码示例自述文件。以下是在 C++ 或 Python

中运行程序的几个示例。

1) C++

```
$./imagenet-console --network =googlenet object_1.jpg output_1.jpg
#--network 标志是可选的
```

2) Python

```
$./imagenet-console.py --network =googlenet object_1.jpg output_1.jpg
#--network 标志是可选的
```

注意：首次运行该程序时，TensorRT 可能需要花费几分钟来优化网络。首次运行后，优化后的网络文件将缓存到磁盘，因此以后的运行将加快。

运行后输出如下：

```
device GPU, networks/bvlc_googlenet.caffemodel initialized.
[TRT]  networks/bvlc_googlenet.caffemodel loaded
imageNet --loaded 1000 class info entries
networks/bvlc_googlenet.caffemodel initialized.
class 0207 -0.998112 (golden retriever)
image is recognized as 'golden retriever' (class #207) with 99.811172%confidence

[TRT]  ---------------------------------------------------
[TRT]  Timing Report networks/bvlc_googlenet.caffemodel
[TRT]  ---------------------------------------------------
[TRT]  Pre-Process  CPU  0.05229ms  CUDA  0.39501ms
[TRT]  Network      CPU  45.33336ms CUDA  44.23146ms
[TRT]  Post-Process CPU  0.34818ms  CUDA  0.34806ms
[TRT]  Total        CPU  45.73383ms CUDA  44.97453ms
[TRT]  -------------------------------------------------
```

共花费 44.974 53ms 对输入图像进行分类，输出类别为 golden retriever(金毛寻回

犬)，置信度为 99.8111 72%。运行 Jetson 静态图像分类程序的结果如图 12-2 所示。

图 12-2　运行 Jetson 静态图像分类程序的结果

1. Python 图像识别程序

在上一步中，我们运行了 Jetson-Inference 演示应用程序。现在，我们将逐步介绍如何在 Python 中从头开始创建一个名为 my-recognition.py 的新程序来进行图像识别。

该脚本将从磁盘加载任意图像，并使用 imageNet 对象对其进行分类。

1) 建立项目

首先，创建 Python 脚本并准备用来识别的图像。

```
$cd ~/
$mkdir my-recognition-python
$cd my-recognition-python
$touch my-recognition.py
$chmod +x my-recognition.py
$wget https://github.com/dusty-nv/jetson-inference/raw/master/data/images/
black_bear.jpg
$wget https://github.com/dusty-nv/jetson-inference/raw/master/data/images/
brown_bear.jpg
$wget https://github.com/dusty-nv/jetson-inference/raw/master/data/images/
polar_bear.jpg
```

打开 my-recognition.py(例如 gedit my-recognition.py)，在文件的顶部添加一个解释指令，以自动使用 Python 解释器。

```
#!/usr/bin/python
```

2) 导入模块

接下来，导入将在脚本中使用的 Python 模块。导入模块，添加 import 语句，以加载用于识别图像和图像加载的 jetson.inference 和 jetson.utils 模块。我们还将加载用于解析命令行的标准 argparse 软件包。

```
import jetson.inference
import jetson.utils

import argparse
```

3）解析命令行

添加一些样板代码以解析图像文件名和可选的--network 参数。

```
#解析命令行参数
parser =argparse.ArgumentParser()
parser.add_argument ( " filename", type= str, help=" filename of the image to process")
parser.add_argument("--network", type=str, default="googlenet", help="model to use, can be: googlenet, resnet-18, ect. (see --help for others)")
opt =parser.parse_args()
```

本示例加载并分类用户指定的图像，并可以选择指定--network 参数来更改使用的分类网络（默认为 GoogLeNet）。

```
$ ./my-recognition.py --network=resnet-18 my_image.jpg
```

4）加载图像

使用 loadImageRGBA()函数将图像从磁盘加载到 GPU 内存中，支持 jpg、png、tga 和 bmp 格式。添加此行以使用从命令行指定的文件名加载图像：

```
img, width, height =jetson.utils.loadImageRGBA(opt.filename)
```

加载的图像将存储在映射到 CPU 和 GPU 的共享内存中。由于 Jetson 的 CPU 和集成的 GPU 共享相同的物理内存，因此它们之间不需要复制内存（即 cudaMemcpy()）。注意：图像以 4 位浮点数 RGBA 格式加载，像素值介于 0.0～255.0。

5）加载图像识别网络

使用 imageNet 对象，以下代码将使用 TensorRT 加载所需的分类模型。除非使用--network 标志指定了其他网络，否则默认情况下它将加载 GoogLeNet，该网络在最初构建 jetson-inference 软件仓库时已下载（默认情况下还选择 ResNet-18 模型进行下载）。

所有可用的分类模型都在 ImageNet ILSVRC 数据集上进行了预训练，该数据集可以识别多达 1000 种不同类别的对象，例如不同种类的水果和蔬菜，不同种类的动物，以及日常人造对象（例如车辆）、办公家具、运动器材等。

```
#加载图像识别网络模型
net =jetson.inference.imageNet(opt.network)
```

6）图像分类

使用 imageNet.Classify()函数通过识别网络对图像进行分类。

```
#对图像分类
class_idx, confidence =net.Classify(img, width, height)
```

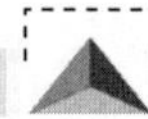

imageNet.Classify()接受图像及其尺寸，并使用 TensorRT 执行推理。它返回一个元组，其中包含图像分类的整数索引以及结果的置信度(浮点数)。

7) 解释结果

最后一步，检索类别描述并打印分类结果。

```
#检索图像类别的描述
class_desc =net.GetClassDesc(class_idx)

#打印结果
print("image is recognized as '{:s}' (class #{:d}) with {:f}% confidence".format
(class_desc, class_idx, confidence * 100))
```

imageNet.Classify()返回识别的分类索引(对于在 ILSVRC 上训练的这些模型，其索引在 0～999)。给定类索引，然后 imageNet.GetClassDesc()函数将返回包含该类的文本描述的字符串。这些描述是从 ilsvrc12_synset_words.txt 自动加载的。

8) 代码清单

完整起见，这是我们刚创建的 Python 脚本的完整源代码。

```
#!/usr/bin/python

import jetson.inference
import jetson.utils

import argparse

#解析命令行
parser =argparse.ArgumentParser()
parser.add_argument ("filename", type=str, help="filename of the image to
process")
parser.add_argument("--network", type=str, default="googlenet", help="model
to use, can be: googlenet, resnet-18, ect. (see --help for others)")
opt =parser.parse_args()

#加载图像到 CPU/GPU 共享内存
img, width, height =jetson.utils.loadImageRGBA(opt.filename)

#加载网络模型
net =jetson.inference.imageNet(opt.network)

#图像分类
class_idx, confidence =net.Classify(img, width, height)

#检索图像类别的描述
class_desc =net.GetClassDesc(class_idx)
```

```
#打印结果
print("image is recognized as '{:s}' (class #{:d}) with {:f}%confidence".format
(class_desc, class_idx, confidence * 100))
```

9）运行程序

至此 Python 程序已经完成，下面对在此页面开始下载的测试图像进行分类。

```
./my-recognition.py polar_bear.jpg
```

运行结果如下。

```
[TRT]  TensorRT version 3.0
[TRT]  detected model format -caffe (extension '.caffemodel')
[TRT]  desired precision specified for GPU: FASTEST
[TRT]  requested fasted precision for device GPU without providing valid
calibrator, disabling INT8
[TRT]  native precisions detected for GPU: FP32, FP16
[TRT]  selecting fastest native precision for GPU: FP16
[TRT]  attempting to open engine cache file networks/bvlc _ googlenet.
caffemodel.1.1.GPU.FP16.engine
[TRT]  loading network profile from engine cache... networks/bvlc_googlenet.
caffemodel.1.1.GPU.FP16.engine
[TRT]  device GPU, networks/bvlc_googlenet.caffemodel loaded
[TRT]  Added linear block of size 1605632
[TRT]  Added linear block of size 1204224
[TRT]  Added linear block of size 401408
[TRT]  Added linear block of size 401408
[TRT]  Added linear block of size 43904
[TRT]  device GPU, CUDA engine context initialized with 2 bindings
[TRT]  binding to input 0 data binding index: 0
[TRT]  binding to input 0 data dims (b=1 c=3 h=224 w=224) size=602112
[TRT]  binding to output 0 prob binding index: 1
[TRT]  binding to output 0 prob dims (b=1 c=1000 h=1 w=1) size=4000
device GPU, networks/bvlc_googlenet.caffemodel initialized.
[TRT]  networks/bvlc_googlenet.caffemodel loaded
imageNet --loaded 1000 class info entries
networks/bvlc_googlenet.caffemodel initialized.
class 0296 - 0. 999999 ( ice bear, polar bear, Ursus Maritimus, Thalarctos
maritimus)
image is recognized as ' ice bear, polar bear, Ursus Maritimus, Thalarctos
maritimus' (class #296) with 99.999881%confidence
PyTensorNet_Dealloc()
jetson.utils --freeing CUDA mapped memory
```

TensorRT 引擎加载预训练的模型，以速度最快的方式进行推理，为此以 16 位浮点

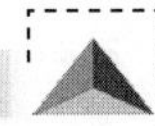

数的格式加载模型参数,将图像复制到 GPU 进行运算。分类结果为北极熊(ice bear, polar bear, Ursus Maritimus, Thalarctos maritimus(四个别名)),置信度为 99.999 881%。Jetson 图像分类示例图片如图 12-3 所示。

图 12-3 Jetson 图像分类示例图片

为了测试,可以使用其他的网络模型进行推理,如 resnet。

```
./my-recognition.py --network=resnet-18 polar_bear.jpg
```

结果如下。

```
image is recognized as 'ice bear, polar bear, Ursus Maritimus, Thalarctos
maritimus' (class #296) with 99.739385% confidence
```

2. C++ 图像识别程序

下面用 C++ 语言实现上一节的程序,功能完全相同。

1) 头文件

首先,须包括以下两个头文件。

```
// 包括 imageNet 头文件,用于图像识别
#include <jetson-inference/imageNet.h>

// 包括 loadImage 头文件,用于加载图像
#include <jetson-utils/loadImage.h>
```

2) 主函数

接下来,声明 main()方法,并验证程序是否以图像文件名作为命令行参数启动。

```
// 主入口点
int main( int argc, char** argv )
{
    // 需要包含图像文件名的命令行参数,所以确保至少有 2 个参数(第一个参数是程序)
```

```
if( argc <2 )
{
    printf("my-recognition: expected image filename as argument\n");
    printf("example usage: ./my-recognition my_image.jpg\n");
    return 0;
}

// 从命令行参数数组中获取图像文件名
const char * imgFilename =argv[1];
```

本示例加载并对用户指定的图像进行分类。预计将这样运行：

```
$./my-recognition my_image.jpg
```

3）加载图像

声明一些变量，这些变量将存储图像的尺寸和指向其内存的指针，然后使用loadImageRGBA()函数从磁盘加载图像。

```
// 以下变量将用于存储图像数据和尺寸
// 图像数据存储在共享的 CPU/GPU 内存中,因此使用指向 CPU 和 GPU 的指针(都指向相同
// 的物理内存)
float * imgCPU =NULL;
float * imgCUDA =NULL;
int     imgWidth =0;
int     imgHeight =0;

// 从磁盘加载图像,采用 4 位浮点数 RGBA 格式(每个通道 32 位,每个像素 128 位)
if( !loadImageRGBA(imgFilename, (float4 * * )&imgCPU, (float4 * * )&imgCUDA,
&imgWidth, &imgHeight) )
{
    printf("failed to load image '%s'\n", imgFilename);
    return 0;
}
```

加载的图像将存储在映射到 CPU 和 GPU 的共享内存中。在 CPU 和 GPU 地址空间中有两个指针可用于访问，但实际上在内存中只有图像的一个副本。CPU 和 GPU 指针解析为相同的物理内存，而无须执行内存副本（即 cudaMemcpy()）。

从 CPU 代码访问映像时，应使用 imgCPU 指针；从 GPU 上的 CUDA 内核中访问映像时，应使用 imgCUDA 指针。

4）加载图像识别网络

使用 imageNet :: Create() 函数，以下代码将使用 TensorRT 加载 GoogLeNet 模型。

```
// 使用 TensorRT 加载 GoogLeNet 图像识别网络
```

```
// 也可以使用 imageNet::RESNET_18 加载 ResNet-18 网络
imageNet * net =imageNet::Create(imageNet::GOOGLENET);

// 检查,以确保网络模型被正确加载
if( !net )
{
    printf("failed to load image recognition network\n");
    return 0;
}
```

如果需要,可以将传递给 imageNet :: Create()的参数更改为其他预训练模型,如 ResNet-18(imageNet :: RESNET_18),默认采用 GoogLeNet 模型。

5) 图像分类

接下来,使用 imageNet :: Classify()函数通过图像识别网络对图像进行分类。

```
// 以下变量用于存储分类置信度(数值范围为 0～1)
float confidence=0.0;
// 使用 TensorRT 在 GPU 上对图像进行分类,因此使用 CUDA 指针
// 这将返回图像分类的索引(或表示错误的-1)
const int classIndex = net - > Classify ( imgCUDA, imgWidth, imgHeight,
&confidence);
```

imageNet:: Classify()在 GPU 内存中接受图像指针,并使用 TensorRT 执行推理。它返回图像分类的索引以及结果的置信度。

6) 解释结果

除非对 imageNet :: Classify()的调用导致错误,否则将打印出已识别对象的分类信息。

```
// 检查,以确保网络模型被正确加载
if( classIndex >=0 )
{
    // 获取分类名称
    const char * classDescription =net->GetClassDesc(classIndex);

    // 打印分类结果
    printf("image is recognized as '%s' (class #%i) with %f%%confidence\n",
        classDescription, classIndex, confidence * 100.0f);
}
else
{
    // 若 Classify()函数的返回值小于 0,则提示错误
    printf("failed to classify image\n");
}
```

7）退出程序

在退出程序之前，删除神经网络对象以销毁 TensorRT 引擎，释放 CUDA 资源。

```
    delete net;

    return 0;
}
```

8）构建程序

接下来，使用 CMake 为我们的程序创建一个简单的 makefile。

在编辑器中打开文件～/my-recognition/CMakeLists.txt，并添加以下代码。

```
#需要 2.8 或更高版本的 CMake
cmake_minimum_required(VERSION 2.8)
#申明 my-recognition 工程
project(my-recognition)
#引入 jetson-inference 和 jetson-utils 软件包
#注意，如果在构建 jetson-inference 时没有使用"sudo make install"命令，将产生错误
find_package(jetson-utils)
find_package(jetson-inference)
#需要 CUDA 和 Qt4 软件包
find_package(CUDA)
find_package(Qt4)
#设置 Qt4
include(${QT_USE_FILE})
add_definitions(${QT_DEFINITIONS})
#确保启用了 C++11
#需要确保未通过模块系统构建的库和可执行文件使用 C++11
set(CMAKE_CXX_STANDARD 11)
set(CMAKE_CXX_STANDARD_REQUIRED True)
set(CMAKE_CXX_EXTENSIONS False)
```

```
#编译 my-recognition 程序
cuda_add_executable(my-recognition my-recognition.cpp)
#连接 my-recognition 程序和 jetson-inference 库
target_link_libraries(my-recognition jetson-inference)
```

其中,关键代码如下。

• 引入 jetson-utils 和 jetson-inference 项目:

```
find_package(jetson-utils)
find_package(jetson-inference)
```

• 连接到 jetson-inference 库:

```
target_link_libraries(my-recognition jetson-inference)
```

现在源文件已经完成,接着运行以下 shell 命令来编译 my-recognition 程序。

```
$cd ~/my-recognition
$cmake .
$make
```

9) 运行程序

程序已经编译好,接着对测试图像进行分类。

```
$./my-recognition polar_bear.jpg
```

运行结果如下。

```
image is recognized as 'ice bear, polar bear, Ursus Maritimus, Thalarctos
maritimus' (class #296) with 99.999878% confidence
```

12.2.2　摄像机实时视频分类

借助 Jetson TX2 上内置的摄像机,实现 C++ 和 Python 的实时图像识别程序。

程序采集摄像机的实时视频流,采用 OpenGL 进行渲染,接受 4 个可选的命令行参数。

(1) --network 设置分类模型(默认为 GoogLeNet)

(2) --camera 设置要使用的摄像头设备

① 通过指定传感器索引(0 或 1 等)使用 MIPI CSI 摄像机。

② V4L2 USB 摄像机通过指定其/dev/video 节点(/dev/video0,/dev/video1 等)使用。

③ 默认使用 MIPI CSI 传感器 0(--camera=0)。

(3) --width 和--height 标志用于设置相机分辨率(默认为 1280×720)。

① 分辨率应设置为相机支持的格式。

② 使用以下命令查询可用格式:

```
$sudo apt-get install v4l-utils
```

```
$v4l2-ctl --list-formats-ext
```

以下是程序源代码：

1）C++ 程序代码

C++ 代码如下，工作原理见其中的注释。

```
#include "gstCamera.h"
#include "glDisplay.h"
#include "cudaFont.h"

#include "imageNet.h"
#include "commandLine.h"

#include <signal.h>

bool signal_received = false;

void sig_handler(int signo)
{
    if( signo == SIGINT )
    {
        printf("received SIGINT\n");
        signal_received = true;
    }
}

int usage()
{
    printf("usage: imagenet-camera [-h] [--network NETWORK] [--camera CAMERA]
    \n");
    printf("          [--width WIDTH] [--height HEIGHT]\n\n");
    printf("Classify a live camera stream using an image recognition DNN.\n\n");
    printf("optional arguments:\n");
    printf(" --help      show this help message and exit\n");
    printf(" - - network NETWORK pre - trained model to load (see below for
    options)\n");
    printf(" --camera CAMERA  index of the MIPI CSI camera to use (e.g. CSI
    camera 0),\n");
    printf("          or for V4L2 cameras, the /dev/video device to use.\n");
    printf("          by default, MIPI CSI camera 0 will be used.\n");
    printf(" --width WIDTH  desired width of camera stream (default is 1280
    pixels)\n");
    printf(" --height HEIGHT  desired height of camera stream (default is 720
    pixels)\n\n");
    printf("%s\n", imageNet::Usage());
```

```
    return 0;
}

int main( int argc, char * * argv )
{
    /*
     * 解析命令行
     */
    commandLine cmdLine(argc, argv);

    if( cmdLine.GetFlag("help") )
        return usage();

    /*
     * 连接信号处理程序
     */
    if( signal(SIGINT, sig_handler) == SIG_ERR )
        printf("\ncan't catch SIGINT\n");

    /*
     * 创建摄像机设备
     */
    gstCamera * camera = gstCamera::Create(cmdLine.GetInt("width", gstCamera::
DefaultWidth),
                                cmdLine.GetInt("height", gstCamera::DefaultHeight),
                                cmdLine.GetString("camera"));

    if( !camera )
    {
        printf("\nimagenet-camera: failed to initialize camera device\n");
        return 0;
    }

    printf("\nimagenet-camera: successfully initialized camera device\n");
    printf("  width: %u\n", camera->GetWidth());
    printf("  height: %u\n", camera->GetHeight());
    printf("  depth: %u (bpp)\n\n", camera->GetPixelDepth());

    /*
     * 创建图像识别网络
     */
    imageNet * net = imageNet::Create(argc, argv);

    if( !net )
```

```
{
    printf("imagenet-console: failed to initialize imageNet\n");
    return 0;
}

/*
 * 创建显示窗口和叠加字体
 */
glDisplay* display =glDisplay::Create();
cudaFont* font =cudaFont::Create();

/*
 * 开启视频流
 */
if( !camera->Open() )
{
    printf("\nimagenet-camera: failed to open camera for streaming\n");
    return 0;
}

printf("\nimagenet-camera: camera open for streaming\n");


/*
 * 循环处理
 */
float confidence =0.0f;

while( !signal_received )
{
    float* imgRGBA =NULL;

    //获取最后一帧图像
    if( !camera->CaptureRGBA(&imgRGBA, 1000) )
        printf("\nimagenet-camera: failed to capture frame\n");

    //图像分类
    const int img_class = net->Classify(imgRGBA, camera->GetWidth(),
    camera->GetHeight(), &confidence);

    if( img_class >=0 )
    {
        printf("imagenet-camera: %2.5f%% class #%i (%s) \n", confidence *
        100.0f, img_class, net->GetClassDesc(img_class));
```

```
        if( font !=NULL )
        {
            char str[256];
             sprintf (str, "% 05. 2f%% % s", confidence * 100. 0f, net - >
             GetClassDesc(img_class));

          font->OverlayText((float4 * ) imgRGBA, camera->GetWidth(), camera
          ->GetHeight(), str, 5, 5, make_float4(255, 255, 255, 255), make_
          float4(0, 0, 0, 100));
        }
    }

    // 更新窗口显示
    if( display !=NULL )
    {
        display->RenderOnce((float * ) imgRGBA, camera->GetWidth(), camera
        ->GetHeight());

        // 更新状态条
        char str[256];
        sprintf(str, "TensorRT %i.%i.%i | %s | %s | Network %.0f FPS", NV_
        TENSORRT_MAJOR, NV_TENSORRT_MINOR, NV_TENSORRT_PATCH, net - >
       GetNetworkName(), precisionTypeToStr(net->GetPrecision()), net->
       GetNetworkFPS());
           display->SetTitle(str);

          // 检查用户是否退出
          if( display->IsClosed() )
              signal_received =true;
    }

    net->PrintProfilerTimes();
}

/*
 * 释放资源
 */
printf("imagenet-camera: shutting down...\n");

SAFE_DELETE(camera);
SAFE_DELETE(display);
SAFE_DELETE(net);
```

```
    printf("imagenet-camera: shutdown complete.\n");
    return 0;
}
```

2) Python 程序代码

Python 代码如下,与 C++ 程序类似,但代码更少。

```
import jetson.inference
import jetson.utils

import argparse
import sys

#解析命令行
parser = argparse.ArgumentParser(description="Classify a live camera stream
using an image recognition DNN.",
formatter_class = argparse.RawTextHelpFormatter, epilog = jetson.inference.
imageNet.Usage())

parser.add_argument("--network", type=str, default="googlenet", help="pre-
trained model to load (see below for options)")
parser.add_argument("--camera", type=str, default="0", help="index of the
MIPI CSI camera to use (e.g. CSI camera 0)\nor for V4L2 cameras, the /dev/video
device to use.\nby default, MIPI CSI camera 0 will be used.")
parser.add_argument("--width", type=int, default=1280, help="desired width
of camera stream (default is 1280 pixels)")
parser.add_argument("--height", type=int, default=720, help="desired height
of camera stream (default is 720 pixels)")

try:
    opt =parser.parse_known_args()[0]
except:
    print("")
    parser.print_help()
    sys.exit(0)

#加载图像识别网络
net =jetson.inference.imageNet(opt.network, sys.argv)

#创建摄像机并显示图像
font =jetson.utils.cudaFont()
camera =jetson.utils.gstCamera(opt.width, opt.height, opt.camera)
display =jetson.utils.glDisplay()

#处理每一帧直到用户退出
```

```
while display.IsOpen():
    #捕获图像
    img, width, height =camera.CaptureRGBA()

    #将图像分类
    class_idx, confidence =net.Classify(img, width, height)

    #发现目标的描述
    class_desc =net.GetClassDesc(class_idx)

    #将结果叠加在图像上
    font.OverlayText(img, width, height, "{:05.2f}%{:s}".format(confidence *
100, class_desc), 5, 5, font.White, font.Gray40)

    #渲染图像
    display.RenderOnce(img, width, height)

    #更新标题栏
    display.SetTitle("{:s} | Network {:.0f} FPS".format(net.GetNetworkName(),
net.GetNetworkFPS()))

    #打印性能信息
    net.PrintProfilerTimes()
```

在 X 窗口下运行上述程序，将在 OpenGL 窗口中显示摄像机实时视频流，并叠加目标分类名称、目标分类的置信度以及网络的帧率。如图 12-4 所示，图像识别为泰迪熊(teddy bear)，置信度为 93.99%。

图 12-4　Jetson 实时图像分类示例

运行程序，输出结果如下。

```
[TRT] ------------------------------------------------
```

```
[TRT]  Timing Report networks/bvlc_googlenet.caffemodel
[TRT]  ---------------------------------------------------
[TRT]  Pre-Process  CPU  0.05552ms   CUDA  0.18080ms
[TRT]  Network      CPU  14.57899ms  CUDA  9.83184ms
[TRT]  Post-Process CPU  0.47070ms   CUDA  0.13824ms
[TRT]  Total        CPU  15.10521ms  CUDA  10.15088ms
[TRT]  ---------------------------------------------------

class 0181 -0.046203 (Bedlington terrier)
class 0850 -0.939918 (teddy, teddy bear)
imagenet-camera: 93.99182%class #850 (teddy, teddy bear)
```

这个应用程序可以识别 ILSVRC ImageNet 数据集上的 1000 种不同类型的对象。

12.3 使用 DetectNet 实现目标检测

12.2 节的示例输出代表整个输入图像的分类和置信度。接下来，我们将专注于**目标检测**，并通过提取其边界框找到各种目标在帧中的位置。与图像分类不同，目标检测网络能够检测每一帧中多个不同的目标。

以 detectNet 对象接受的图像作为输入，输出多个目标的列表，每个列表项包含一个目标的分类、置信度及其包围框的坐标。detectNet 可从 Python 和 C++ 调用。使用的默认模型是在 MS COCO 数据集上训练的 91 个分类的 SSD-Mobilenet-v2 模型，格式为 UFF，该模型可通过 TensorRT 在 Jetson 上实现实时推理。

12.3.1 静态图像目标检测

1. 源代码

以下的 Python 代码调用 jetson.inference.detectNet 类的 Detect()方法实现目标检测。具体实现见代码中的注释。

```
import jetson.inference
import jetson.utils

import argparse
import sys

#解析命令行
parser =argparse.ArgumentParser(description="Locate objects in an image using
an object detection DNN.",
                    formatter_class= argparse.RawTextHelpFormatter, epilog=
                   jetson.inference.detectNet.Usage())

parser.add_argument("file_in", type=str, help="filename of the input image to
```

```
process")
parser.add_argument("file_out", type=str, default=None, nargs='?', help="
filename of the output image to save")
parser.add_argument("--network", type=str, default="ssd-mobilenet-v2", help
="pre-trained model to load (see below for options)")
parser.add_argument("--overlay", type=str, default="box,labels,conf", help
="detection overlay flags (e.g. --overlay=box,labels,conf)\nvalid
combinations are: 'box', 'labels', 'conf', 'none'")
parser.add_argument("--threshold", type=float, default=0.5, help="minimum
detection threshold to use")

try:
    opt =parser.parse_known_args()[0]
except:
    print("")
    parser.print_help()
    sys.exit(0)

#加载图像到 CPU 和 GPU 共享内存
img, width, height =jetson.utils.loadImageRGBA(opt.file_in)

#加载目标识别网络
net =jetson.inference.detectNet(opt.network, sys.argv, opt.threshold)

#检测图像中的目标
detections =net.Detect(img, width, height, opt.overlay)

#打印检测出的目标
print("detected {:d} objects in image".format(len(detections)))

for detection in detections:
    print(detection)

#打印时间信息
net.PrintProfilerTimes()

#输出叠加了目标边框的图像
if opt.file_out is not None:
    jetson.utils.saveImageRGBA(opt.file_out, img, width, height)
```

2. 运行

运行以上程序，指定输入/输出文件，通过在命令行上设置--network 标志指定要加载的模型。默认情况下，如果未指定可选的--network 标志，则加载 SSD-Mobilenet-v2 模型（UFF 格式）。

1）C++

```
$./detectnet-console --network=ssd-inception-v2 input.jpg output.jpg
```

2）Python

```
$./detectnet-console.py --network=ssd-inception-v2 input.jpg output.jpg
```

程序输出如下。

```
device GPU, networks/SSD-Mobilenet-v2/ssd_mobilenet_v2_coco.uff initialized.
W =7 H =100 C =1
detectNet --maximum bounding boxes: 100
detectNet --loaded 91 class info entries
detectNet --number of object classes: 91
[image] loaded 'images/bear_and_dog.jpg' (1600 x 800, 3 channels)
2 objects detected
detected obj 0 class #23 (bear) confidence=0.996489
bounding box 0 (788.872070, 206.510498) (1422.595337, 693.257874) w=633.723267
h=486.747375
detected obj 1 class #18 (dog) confidence=0.971939
bounding box 1 (343.757263, 267.937195) (702.039246, 751.845093) w=358.281982
h=483.907898

[TRT]  ------------------------------------------------
[TRT]  Timing Report networks/SSD-Mobilenet-v2/ssd_mobilenet_v2_coco.uff
[TRT]  ------------------------------------------------
[TRT]  Pre-Process     CPU    0.07085ms  CUDA    0.91104ms
[TRT]  Network         CPU  206.67754ms  CUDA  205.80182ms
[TRT]  Post-Process    CPU    0.79567ms  CUDA    0.00797ms
[TRT]  Visualize       CPU   41.43362ms  CUDA   42.62170ms
[TRT]  Total           CPU  248.97768ms  CUDA  249.34253ms
[TRT]  ------------------------------------------------

[TRT]  note --when processing a single image, run 'sudo jetson_clocks' before
          to disable DVFS for more accurate profiling/timing measurements
```

如图 12-5 所示，这个模型可以检测到狗、熊等 91 种目标，更换模型可以检测其他一些分类的目标。

12.3.2 摄像机实时视频目标检测

1. 源代码

可以用 C++ 或者 Python 实现视频目标检测。

1）用 C++ 实现

调用 detectNet 类的 Detect()方法实现目标检测，程序说明见代码中的注释。

图 12-5　Jetson 目标检测示例

```
#include "gstCamera.h"
#include "glDisplay.h"

#include "detectNet.h"
#include "commandLine.h"

#include <signal.h>

bool signal_received = false;

void sig_handler(int signo)
{
    if( signo == SIGINT )
    {
        printf("received SIGINT\n");
        signal_received = true;
    }
}

int usage()
{
    printf("usage: detectnet-camera [-h] [--network NETWORK] [--threshold
    THRESHOLD]\n");
    printf("                             [--camera CAMERA] [--width WIDTH] [--height
                                 HEIGHT]\n\n");
    printf("Locate objects in a live camera stream using an object detection
DNN.\n\n");
    printf("optional arguments:\n");
    printf("  --help            show this help message and exit\n");
    printf("  --network NETWORK pre-trained model to load (see below for
options)\n");
```

```
    printf(" --overlay OVERLAY detection overlay flags (e.g. --overlay=box,
labels,conf)\n");
    printf("                           valid combinations are: 'box', 'labels', '
conf', 'none'\n");
    printf(" --alpha ALPHA    overlay alpha blending value, range 0-255
(default: 120)\n");
    printf(" --camera CAMERA   index of the MIPI CSI camera to use (e.g. CSI
camera 0),\n");
    printf("                           or for V4L2 cameras the /dev/video device to
use.\n");
    printf("                           by default, MIPI CSI camera 0 will be used.\n");
    printf(" --width WIDTH   desired width of camera stream (default is 1280
pixels)\n");
    printf(" --height HEIGHT  desired height of camera stream (default is 720
pixels)\n");
    printf(" --threshold VALUE minimum threshold for detection (default is 0.5)
    \n\n");

    printf("%s\n", detectNet::Usage());

    return 0;
}

int main( int argc, char** argv )
{
    /*
     * 解析命令行
     */
    commandLine cmdLine(argc, argv);

    if( cmdLine.GetFlag("help") )
        return usage();


    /*
     * 连接信号处理程序
     */
    if( signal(SIGINT, sig_handler) ==SIG_ERR )
        printf("\ncan't catch SIGINT\n");

    /*
     * 创建摄像机设备
     */
    gstCamera* camera =gstCamera::Create(cmdLine.GetInt("width", gstCamera::
```

```
DefaultWidth), cmdLine. GetInt ( " height ", gstCamera:: DefaultHeight),
cmdLine.GetString("camera"));

if( !camera )
{
    printf("\ndetectnet-camera: failed to initialize camera device\n");
    return 0;
}

printf("\ndetectnet-camera: successfully initialized camera device\n");
printf("  width: %u\n", camera->GetWidth());
printf("  height: %u\n", camera->GetHeight());
printf("  depth: %u (bpp)\n\n", camera->GetPixelDepth());

/*
 * 创建目标检测网络
 */
detectNet* net =detectNet::Create(argc, argv);

if( !net )
{
    printf("detectnet-camera: failed to load detectNet model\n");
    return 0;
}

//解析叠加标志
 const uint32_t overlayFlags = detectNet:: OverlayFlagsFromStr ( cmdLine.
 GetString("overlay", "box,labels,conf"));

/*
 * 创建 openGL 窗口
 */
glDisplay* display =glDisplay::Create();

if( !display )
    printf("detectnet-camera: failed to create openGL display\n");

/*
 * 启动视频流
 */
if( !camera->Open() )
{
    printf("detectnet-camera: failed to open camera for streaming\n");
    return 0;
```

```
}

printf("detectnet-camera: camera open for streaming\n");

/*
 * 循环处理
 */
float confidence = 0.0f;

while( !signal_received )
{
    // 捕获 RGBA 图像
    float* imgRGBA = NULL;

    if( !camera->CaptureRGBA(&imgRGBA, 1000) )
        printf("detectnet-camera: failed to capture RGBA image from camera\n");

    // 在视频帧里检测目标
    detectNet::Detection* detections = NULL;

    const int numDetections = net->Detect(imgRGBA, camera->GetWidth(),
    camera->GetHeight(), &detections, overlayFlags);

    if( numDetections > 0 )
    {
        printf("%i objects detected\n", numDetections);

        for( int n=0; n < numDetections; n++ )
        {
            printf("detected obj %i class #%u (%s) confidence=%f\n", n,
            detections[n].ClassID, net->GetClassDesc(detections[n].
            ClassID), detections[n].Confidence);
            printf("bounding box %i (%f, %f) (%f, %f) w=%f h=%f\n", n,
            detections[n].Left, detections[n].Top, detections[n].Right,
            detections[n].Bottom, detections[n].Width(), detections[n].
            Height());
        }
    }

    // 更新屏幕显示
    if( display != NULL )
    {
        // 渲染图像
        display->RenderOnce(imgRGBA, camera->GetWidth(), camera->
```

```
            GetHeight());

        // 更新状态栏
        char str[256];
         sprintf(str, "TensorRT %i.%i.%i | %s | Network %.0f FPS", NV_
         TENSORRT _ MAJOR, NV _ TENSORRT _ MINOR, NV _ TENSORRT _ PATCH,
         precisionTypeToStr(net->GetPrecision()), net->GetNetworkFPS
         ());
        display->SetTitle(str);

        // 检查用户是否退出
        if( display->IsClosed() )
            signal_received =true;
    }

    // 打印耗时信息
    net->PrintProfilerTimes();
}

/*
 * 释放资源
 */
printf("detectnet-camera: shutting down...\n");

SAFE_DELETE(camera);
SAFE_DELETE(display);
SAFE_DELETE(net);

printf("detectnet-camera: shutdown complete.\n");
return 0;
}
```

2）用 Python 实现

调用 jetson.inference.detectNet 类的 Detect()方法实现目标检测。具体实现见代码中的注释。

```
import jetson.inference
import jetson.utils

import argparse
import sys

#解析命令行
parser =argparse.ArgumentParser(description="Locate objects in a live camera
stream using an object detection DNN.",
```

```
        formatter_class=argparse.RawTextHelpFormatter, epilog=jetson.
        inference.detectNet.Usage())

parser.add_argument("--network", type=str, default="ssd-mobilenet-v2", help
="pre-trained model to load (see below for options)")
parser.add_argument("--overlay", type=str, default="box,labels,conf", help
="detection overlay flags (e.g. --overlay=box,labels,conf)\nvalid
combinations are: 'box', 'labels', 'conf', 'none'")
parser.add_argument("--threshold", type=float, default=0.5, help="minimum
detection threshold to use")
parser.add_argument("--camera", type=str, default="0", help="index of the
MIPI CSI camera to use (e.g. CSI camera 0)\nor for V4L2 cameras, the /dev/video
device to use.\nby default, MIPI CSI camera 0 will be used.")
parser.add_argument("--width", type=int, default=1280, help="desired width
of camera stream (default is 1280 pixels)")
parser.add_argument("--height", type=int, default=720, help="desired height
of camera stream (default is 720 pixels)")

try:
    opt =parser.parse_known_args()[0]
except:
    print("")
    parser.print_help()
    sys.exit(0)

#加载目标识别网络
net =jetson.inference.detectNet(opt.network, sys.argv, opt.threshold)

#创建摄像机并显示
camera =jetson.utils.gstCamera(opt.width, opt.height, opt.camera)
display =jetson.utils.glDisplay()

#处理每一帧,直到用户退出
while display.IsOpen():
    #捕捉图像
    img, width, height =camera.CaptureRGBA()

    #检测图像中的目标
    detections =net.Detect(img, width, height, opt.overlay)

    #打印检测到的信息
    print("detected {:d} objects in image".format(len(detections)))

    for detection in detections:
```

```
        print(detection)

    #渲染图像
    display.RenderOnce(img, width, height)

    #更新标题栏
    display.SetTitle("{:s} | Network {:.0f} FPS".format(opt.network, net.
GetNetworkFPS()))

    #打印性能信息
    net.PrintProfilerTimes()
```

2. 运行

运行以上源代码，OpenGL 窗口中将显示实时摄像机流，并叠加了检测到的目标的边界框，使用了默认的 SSD 模型。

1) C++

```
$./detectnet-camera
```

2) Python

```
$./detectnet-camera.py
```

程序输出如下。

```
[TRT]  ------------------------------------------------
[TRT]  Timing Report networks/SSD-Mobilenet-v2/ssd_mobilenet_v2_coco.uff
[TRT]  ------------------------------------------------
[TRT]  Pre-Process     CPU  0.18688ms  CUDA  0.28365ms
[TRT]  Network         CPU  28.53454ms CUDA  20.98816ms
[TRT]  Post-Process    CPU  0.03552ms  CUDA  0.03536ms
[TRT]  Visualize       CPU  0.21126ms  CUDA  0.37613ms
[TRT]  Total           CPU  28.96820ms CUDA  21.68329ms
[TRT]  ------------------------------------------------

2 objects detected
detected obj 0 class #88 (teddy bear) confidence=0.915437
bounding box 0 (698.694458, 393.101685) (889.245911, 614.633606) w=190.551453
h=221.531921
detected obj 1 class #88 (teddy bear) confidence=0.922327
bounding box 1 (419.313599, 402.201233) (630.492493, 598.046448) w=211.178894
h=195.845215
```

如图 12-6 所示，检测到视频中的两只泰迪熊，置信度分别为 91.5%和 92.2%。

图 12-6 Jetson 实时视频目标检测示例

12.4 使用 SegNet 实现语义分割

下一个深度学习功能是语义分割。

语义分割基于图像识别,区别在于分类发生在像素级别,而不是整幅图像。这是通过对预训练图像识别骨干网络进行卷积完成的,骨干网络将模型转换为能够按像素标记的完全卷积网络(FCN)。

分割对于环境感知特别有用,可以对每个场景的多个潜在对象产生密集的每个像素分类,包括场景前景和背景。

segNet 接受二维图像作为输入,并输出由每个像素分类的蒙版覆盖后的图像。蒙版中的每个像素对应已分类的对象类别。

segNet 可用 Python 和 C++ 调用。

12.4.1 静态图像语义分割

1. 源代码

1) 用 C++ 实现

C++ 程序创建 segNet 类,调用 Process()方法实现图像语义分割。具体方法参见代码中的注释。

```
#include "segNet.h"

#include "loadImage.h"
#include "commandLine.h"
#include "cudaMappedMemory.h"

int usage()
{
```

```
    printf("usage: segnet-console [-h] [--network NETWORK]\n");
    printf("                         [--visualize VISUAL] [--alpha ALPHA]\n");
    printf("                         [--filter-mode MODE] [--ignore-class CLASS]\n");
    printf("                         file_in file_out\n\n");
    printf("Segment and classify an image using a semantic segmentation DNN.\n\n");
    printf("positional arguments:\n");
    printf(" file_in                 filename of the input image to process\n");
    printf(" file_out                filename of the output image to save\n\n");
    printf("optional arguments:\n");
    printf(" --help                  show this help message and exit\n");
    printf(" --network NETWORK    pre-trained model to load (see below for options)\n");
    printf(" --visualize VISUAL   visualization mode, options are: 'mask' or 'overlay'\n");
    printf(" --alpha ALPHA   overlay alpha blending, range 0-255 (default: 120)\n");
    printf(" --filter-mode MODE   filtering mode used during visualization,\n");
    printf("                      options are 'point' or 'linear' (default: 'linear')\n");
    printf(" --ignore-class CLASS optional name of class to ignore when classifying\n");
    printf("                         the visualization results (default: 'void')\n\n");
    printf("%s\n", segNet::Usage());

    return 0;
}

int main( int argc, char** argv )
{
    /*
     * 解析命令行参数
     */
    commandLine cmdLine(argc, argv);

    if( cmdLine.GetFlag("help") )
        return usage();

    /*
     * 解析文件名参数
     */
    const char* imgFilename = cmdLine.GetPosition(0);
    const char* outFilename = cmdLine.GetPosition(1);
```

```
if( !imgFilename || !outFilename )
{
    printf("segnet-console: input and output image filenames required\n");
    return usage();
}


/*
 * 创建图像分割网络
 */
segNet* net =segNet::Create(argc, argv);

if( !net )
{
    printf("segnet-console: failed to initialize segnet\n");
    return 0;
}

// 为没有显式拥有 alpha 值的分类设置 alpha 混合值
net->SetOverlayAlpha(cmdLine.GetFloat("alpha", 120.0f));

// 设置 alpha 混合的过滤模式
const segNet::FilterMode filterMode = segNet::FilterModeFromStr(cmdLine.
GetString("filter-mode", "linear"));

// 设置要忽略的目标类别(如果有)
const char* ignoreClass =cmdLine.GetString("ignore-class", "void");

// 设置可视化模式(蒙版或叠加)
const char* visualization =cmdLine.GetString("visualize", "overlay");


/*
 * 从磁盘加载图像
 */
float*  imgCPU    =NULL;
float*  imgCUDA   =NULL;
int     imgWidth  =0;
int     imgHeight =0;

if( !loadImageRGBA(imgFilename, (float4**)&imgCPU, (float4**)&imgCUDA,
&imgWidth, &imgHeight) )
{
    printf("failed to load image '%s'\n", imgFilename);
    return 0;
}
```

```
/*
 * 为输出图像分配内存
 */
float* outCPU = NULL;
float* outCUDA = NULL;

if( !cudaAllocMapped((void**)&outCPU, (void**)&outCUDA, imgWidth *
imgHeight * sizeof(float) * 4) )
{
    printf("segnet-console: failed to allocate CUDA memory for output image
    (%ix%i)\n", imgWidth, imgHeight);
    return 0;
}

/*
 * 分割处理
 */
if( !net->Process(imgCUDA, imgWidth, imgHeight, ignoreClass) )
{
    printf("segnet-console: failed to process segmentation\n");
    return 0;
}

// 生成叠加图像
if( strcasecmp(visualization, "mask") == 0 )
{
    if( !net->Mask(outCUDA, imgWidth, imgHeight, filterMode) )
    {
        printf("segnet-console: failed to generate overlay.\n");
        return 0;
    }
}
else
{
    if( !net->Overlay(outCUDA, imgWidth, imgHeight, filterMode) )
    {
        printf("segnet-console: failed to generate overlay.\n");
        return 0;
    }
}

// 等待 GPU 完成工作
CUDA(cudaDeviceSynchronize());
```

```
    //打印性能信息
    net->PrintProfilerTimes();

    /*
     * 保存输出图像
     */
    if( !saveImageRGBA(outFilename, (float4*)outCPU, imgWidth, imgHeight) )
        printf("segnet-console: failed to save output image to '%s'\n",
        outFilename);
    else
       printf("segnet-console: completed saving '%s'\n", outFilename);

    /*
     * 释放资源
     */
    printf("segnet-console: shutting down...\n");

    CUDA(cudaFreeHost(imgCPU));
    CUDA(cudaFreeHost(outCPU));

    SAFE_DELETE(net);

    printf("segnet-console: shutdown complete\n");
    return 0;
}
```

2）Python

Python 程序引入 jetson.inference.segNet 类，调用 Process()方法实现图像语义分割。具体方法见代码中的注释。

```
import jetson.inference
import jetson.utils

import argparse
import ctypes
import sys

#解析命令行
parser = argparse.ArgumentParser(description="Segment an image using an
semantic segmentation DNN.",
            formatter_class=argparse.RawTextHelpFormatter, epilog=jetson.
            inference.segNet.Usage())

parser.add_argument("file_in", type=str, help="filename of the input image to
process")
```

```
parser.add_argument("file_out", type=str, default=None, nargs='?', help=
"filename of the output image to save")
parser.add_argument("--network", type=str, default="fcn-resnet18-voc", help=
"pre-trained model to load, see below for options")
parser.add_argument("--visualize", type=str, default="overlay", choices=
["overlay", "mask"], help="visualization mode for the output image, options
are:\n 'overlay' or 'mask' (default: 'overlay')")
parser.add_argument("--filter-mode", type=str, default="linear", choices=
["point", "linear"], help="filtering mode used during visualization, options
are:\n 'point' or 'linear' (default: 'linear')")
parser.add_argument("--ignore-class", type=str, default="void", help=
"optional name of class to ignore in the visualization results (default: 'void')")
parser.add_argument("--alpha", type=float, default=120.0, help="alpha
blending value to use during overlay, between 0.0 and 255.0 (default: 120.0)")

try:
    opt =parser.parse_known_args()[0]
except:
    print("")
    parser.print_help()
    sys.exit(0)

#将图像加载到 CPU 和 GPU 共享的内存
img, width, height =jetson.utils.loadImageRGBA(opt.file_in)

#为输出图像分配内存以执行叠加或遮罩
img_output =jetson.utils.cudaAllocMapped(width * height * 4 * ctypes.sizeof
(ctypes.c_float))

#加载图像分割网络
net =jetson.inference.segNet(opt.network, sys.argv)

#执行图像分割网络
net.Process(img, width, height, opt.ignore_class)

#打印时间信息
net.PrintProfilerTimes()

#可视化处理
if opt.file_out is not None:
    if opt.visualize =='overlay':
        net.Overlay(img_output, width, height, opt.filter_mode)
    elif opt.visualize =='mask':
        net.Mask(img_output, width, height, opt.filter_mode)
```

```
jetson.utils.cudaDeviceSynchronize()
jetson.utils.saveImageRGBA(opt.file_out, img_output, width, height)
```

2. 运行

程序可用于分割静态图像。它接受以下命令行参数：

输入图像的路径(jpg,png,tga,bmp)；

输出图像的可选路径(jpg,png,tga,bmp)；

可选的--network 标志，更改正在使用的分割模型；

可选的--visualize 标志，选择蒙版或叠加模式(默认为叠加)；

可选的--alpha 标志，设置叠加层的 alpha 混合值(默认为 120)；

可选的--filter-mode 标志，选择可视化过程中使用的过滤模式(默认为线性)。

注意：还有其他命令行参数可用于加载定制模型。使用--help 标志可启动应用程序，以获取有关使用它们的更多信息。

尝试在不同的场景中运行以上程序。

1）街景

街景的图像分割是自动驾驶的基础，以下是一个使用 Cityscapes 模型(ONNX 格式)分割城市街道场景的示例。

要识别的图像如图 12-7 所示。

扫码看彩图

图 12-7 Jetson 街景图像分割示例——街景原图

图 12-7 中有车辆、行人、道路、交通标志、天空、树木等。使用如下命令行进行语义分割。

- C++

```
$ ./segnet-console --network=fcn-resnet18-cityscapes images/city_1.jpg output.jpg
```

- Python

```
$ ./segnet-console.py --network=fcn-resnet18-cityscapes images/city_1.jpg output.jpg
```

运行结果如下。

```
[image] loaded 'images/city_1.jpg' (1024 x 512, 3 channels)

[TRT] ------------------------------------------------
[TRT] Timing Report networks/FCN - ResNet18 - Cityscapes - 512x256/fcn _
resnet18.onnx
[TRT] ------------------------------------------------
[TRT] Pre-Process   CPU  0.07101ms  CUDA  0.34320ms
[TRT] Network       CPU 12.26544ms  CUDA 11.78432ms
[TRT] Post-Process  CPU  0.46185ms  CUDA  0.46176ms
[TRT] Visualize     CPU  0.04746ms  CUDA  5.85360ms
[TRT] Total         CPU 12.84575ms  CUDA 18.44288ms
[TRT] ------------------------------------------------
```

从图 12-8 可以看到，不同的对象用不同的颜色进行了标记，行人是红色、车辆是蓝色、道路是深紫色、人行道是浅紫色、交通标志是黄色、树木是绿色、天空是蓝色等。

扫码看彩图

图 12-8　Jetson 街景图像分割示例——标记的图像

尝试用不同的参数运行以上程序。

增加 alpha 值，让叠加层更明显，如图 12-9 所示。

```
$ ./segnet-console --network=fcn-resnet18-cityscapes images/city_1.jpg
output.jpg --alpha=200
```

选择点过滤模式(见图 12-10)：

```
$ ./segnet-console --network=fcn-resnet18-cityscapes images/city_1.jpg
output.jpg --filter-mode point
```

选择蒙版模式，原图被蒙版完全遮罩，如图 12-11 所示。

```
$ ./segnet-console --network=fcn-resnet18-cityscapes images/city_1.jpg
output.jpg --visualize=mask
```

还可以将点过滤和蒙版模式结合起来，显示各个分割的区域，如图 12-12 所示。

扫码看彩图

图 12-9　Jetson 街景图像分割示例——增强标记的图像

扫码看彩图

图 12-10　Jetson 街景图像分割示例——点过滤模式标记的图像

扫码看彩图

图 12-11　Jetson 街景图像分割示例——蒙版模式标记的图像

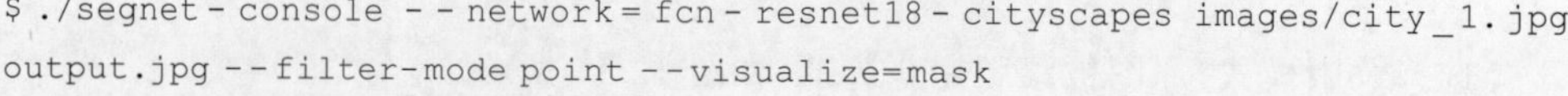

```
$ ./segnet-console --network=fcn-resnet18-cityscapes images/city_1.jpg
output.jpg --filter-mode point --visualize=mask
```

2）DeepScene

DeepScene 数据集由野外森林步道和植被组成，有助于户外机器人遵循路径。以下示例采用 FCN-Resnet18-deepscene 模型实现这种场景下的图像语义分割。

原图如图 12-13 所示，图中有道路、树木、草地、障碍物和天空等。

扫码看彩图

图 12-12　Jetson 点过滤和蒙版模式结合标记的图像

扫码看彩图

图 12-13　Jetson 自然场景图像分割示例——原图

首先运行程序,以叠加模式显示分割结果,如图 12-14 所示。

```
$ ./segnet-console --network=fcn-resnet18-deepscene images/trail_0.jpg
output_overlay.jpg
$./segnet-console.py --network=fcn-resnet18-deepscene images/trail_0.jpg
output_overlay.jpg
```

图例如下:步道是土黄色、草是浅绿色、植被是深绿色、障碍物是明黄色、天空是蓝色。

还可以以遮罩模式显示分割结果,如图 12-15 所示。

```
$ ./segnet-console --network=fcn-resnet18-deepscene images/trail_0.jpg
output_overlay.jpg --visualize=mask
$./segnet-console.py --network=fcn-resnet18-deepscene images/trail_0.jpg
output_overlay.jpg --visualize=mask
```

3) 多人解析

多人解析(MHP)网络提供了对身体部位的图像分割,例如手臂、腿、头和不同类型的衣服。

扫码看
彩图

图 12-14　Jetson 自然场景图像分割示例——叠加模式标记的图像

扫码看
彩图

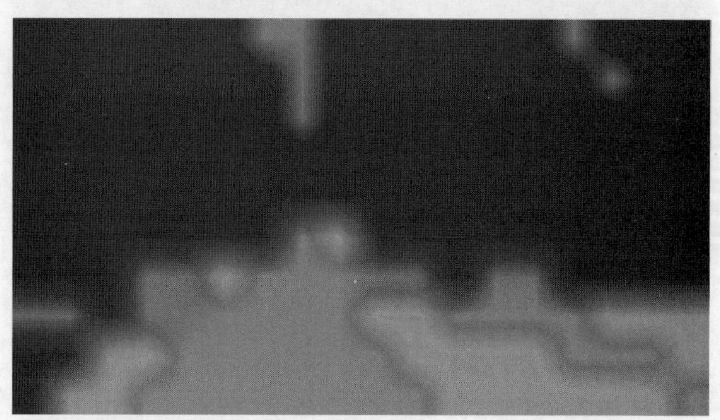

图 12-15　Jetson 自然场景图像分割示例——遮罩模式标记的图像

以下示例采用 FCN-Resnet18-MHP 模型实现对图像中多个人体不同身体部位的分割。

- C++

```
$./segnet-console --network=fcn-resnet18-mhp images/humans_0.jpg output.jpg
```

- Python

```
$ ./segnet-console.py --network=fcn-resnet18-mhp images/humans_0.jpg
output.jpg
```

原图(见图 12-16)和叠加了分类信息的渲染图(见图 12-17)对比如下。

图例如下：人脸是肉色、头发是棕褐色、手臂是黄色、手是橘黄色、T 恤衫是绿色、裤子是深蓝色、短裤是浅蓝色、鞋子是紫色。

12.4.2　视频语义分割

接下来针对摄像头视频运行实时语义分割。

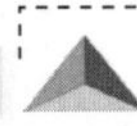

扫码看彩图

图 12-16　Jetson 多人图像分割示例——原图

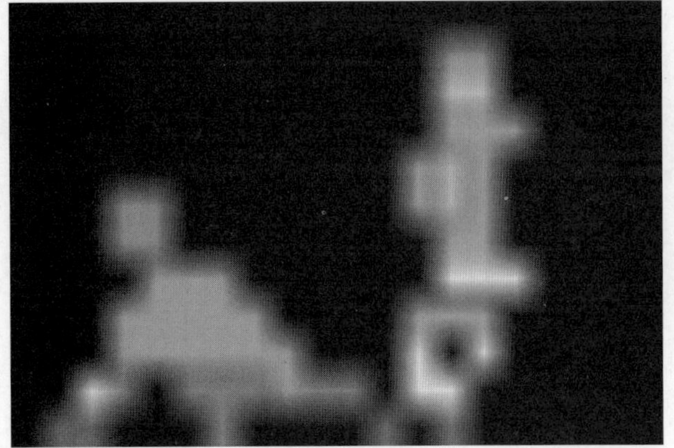

扫码看彩图

图 12-17　Jetson 多人图像分割示例——标记的图像

1. 源代码

分别用 C++ 和 Python 实现。

1) C++

程序从指定的摄像机以特定的尺寸(宽×高)实时捕获图像,然后调用 segNet 类进行语义分割。具体方法见程序中的注释。

```
#include "gstCamera.h"
#include "glDisplay.h"

#include "commandLine.h"
#include "cudaMappedMemory.h"

#include "segNet.h"

#include <signal.h>
```

```
bool signal_received = false;

void sig_handler(int signo)
{
    if( signo == SIGINT )
    {
        printf("received SIGINT\n");
        signal_received = true;
    }
}

int usage()
{
    printf("usage: segnet-camera [-h] [--network NETWORK] [--camera CAMERA]\n");
    printf("                    [--width WIDTH] [--height HEIGHT]\n");
    printf("                    [--alpha ALPHA] [--filter-mode MODE]\n");
    printf("                    [--ignore-class CLASS]\n\n");
    printf(" Segment and classify a live camera stream using a semantic
    segmentation DNN.\n\n");
    printf("optional arguments:\n");
    printf(" --help           show this help message and exit\n");
    printf(" --network NETWORK pre-trained model to load (see below for
    options)\n");
    printf(" --camera CAMERA   index of the MIPI CSI camera to use (e.g. CSI
    camera 0),\n");
    printf("                  or for V4L2 cameras the /dev/video device to use.\n");
    printf("                  by default, MIPI CSI camera 0 will be used.\n");
    printf(" --width WIDTH    desired width of camera stream (default: 1280
    pixels)\n");
    printf(" --height HEIGHT   desired height of camera stream (default: 720
    pixels)\n");
    printf(" --alpha ALPHA    overlay alpha blending value, range 0-255
    (default: 120)\n");
    printf(" --filter-mode MODE  filtering mode used during visualization,\n");
    printf("                  options are 'point' or 'linear' (default: 'linear')\n");
    printf(" --ignore-class CLASS optional name of class to ignore when
    classifying\n");
    printf("                  the visualization results (default: 'void')\n\n");
    printf("%s\n", segNet::Usage());

    return 0;
}

int main( int argc, char** argv )
```

```
{
    /*
     * 解析命令行
     */
    commandLine cmdLine(argc, argv);

    if( cmdLine.GetFlag("help") )
        return usage();

    /*
     * 设置信号处理程序
     */
    if( signal(SIGINT, sig_handler) == SIG_ERR )
        printf("\ncan't catch SIGINT\n");

    /*
     * 创建摄像机设备
     */
    gstCamera* camera = gstCamera::Create(cmdLine.GetInt("width", gstCamera::
DefaultWidth),
                                   cmdLine.GetInt("height", gstCamera::DefaultHeight),
                                   cmdLine.GetString("camera"));

    if( !camera )
    {
        printf("\nsegnet-camera: failed to initialize camera device\n");
        return 0;
    }


    const uint32_t width = camera->GetWidth();
    const uint32_t height = camera->GetHeight();

    printf("\nsegnet-camera: successfully initialized camera device\n");
    printf("  width: %u\n", width);
    printf("  height: %u\n", height);
    printf("  depth: %u (bpp)\n\n", camera->GetPixelDepth());

    /*
     * 创建图像分割网络
     */
    segNet* net = segNet::Create(argc, argv);

    if( !net )
```

```
{
    printf("segnet-camera: failed to initialize imageNet\n");
    return 0;
}

// 为没有显式拥有 alpha 值的分类设置 alpha 混合值
net->SetOverlayAlpha(cmdLine.GetFloat("alpha", 120.0f));

// 设置 alpha 混合的过滤模式
const segNet::FilterMode filterMode = segNet::FilterModeFromStr(cmdLine.
GetString("filter-mode", "linear"));

// 设置要忽略的目标分类(如果有)
const char* ignoreClass = cmdLine.GetString("ignore-class", "void");

/*
 * 分配分割后图像的叠加输出缓冲区
 */
float* imgOverlay  =NULL;
float* imgMask     =NULL;

if( !cudaAllocMapped((void**)&imgOverlay, width * height * sizeof
(float) * 4) )
{
    printf("segnet-camera: failed to allocate CUDA memory for overlay image
    (%ux%u)\n", width, height);
    return 0;
}

if( !cudaAllocMapped((void**)&imgMask, width/2 * height/2 * sizeof
(float) * 4) )
{
    printf("segnet-camera: failed to allocate CUDA memory for mask image\
    n");
    return 0;
}

/*
 * 创建 openGL 窗口
 */
glDisplay* display =glDisplay::Create();

if( !display )
    printf("segnet-camera: failed to create openGL display\n");
```

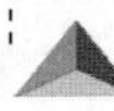

```
/*
 * 启动视频流
 */
if( !camera->Open() )
{
    printf("segnet-camera: failed to open camera for streaming\n");
    return 0;
}

printf("segnet-camera: camera open for streaming\n");

/*
 * 循环处理
 */
float confidence = 0.0f;

while( !signal_received )
{
    // 捕捉 RGBA 图像
    float* imgRGBA = NULL;

    if( !camera->CaptureRGBA(&imgRGBA, 1000, true) )
        printf("segnet-camera: failed to convert from NV12 to RGBA\n");

    // 调用图像分割网络
    if( !net->Process(imgRGBA, width, height, ignoreClass) )
    {
        printf("segnet-console: failed to process segmentation\n");
        continue;
    }

    // 生成叠加图像
    if( !net->Overlay(imgOverlay, width, height, filterMode) )
    {
        printf("segnet-console: failed to process segmentation overlay.\n");
        continue;
    }

    // 生成遮罩图像
    if( !net->Mask(imgMask, width/2, height/2, filterMode) )
    {
        printf("segnet-console: failed to process segmentation mask.\n");
        continue;
    }
```

```
        //更新屏幕显示
        if( display !=NULL )
        {
            //开始处理这一帧
            display->BeginRender();

            //在原图上渲染叠加层和遮罩层
            display->Render(imgOverlay, width, height);
            display->Render(imgMask, width/2, height/2, width);

            //更新状态栏
            char str[256];
         sprintf(str, "TensorRT %i.%i.%i | %s | %s | Network %.0f FPS", NV_
         TENSORRT_MAJOR, NV_TENSORRT_MINOR, NV_TENSORRT_PATCH, net->
        GetNetworkName(), precisionTypeToStr(net->GetPrecision()), net->
        GetNetworkFPS());
            display->SetTitle(str);

            //展示这一帧
            display->EndRender();

            //检查用户是否退出
            if( display->IsClosed() )
                signal_received =true;
        }

        //等待GPU处理结束
        CUDA(cudaDeviceSynchronize());

        //打印时间信息
        net->PrintProfilerTimes();
    }

    /*
     * 释放资源
     */
    printf("segnet-camera: shutting down...\n");

    SAFE_DELETE(camera);
    SAFE_DELETE(display);
    SAFE_DELETE(net);

    printf("segnet-camera: shutdown complete.\n");
    return 0;
```

```
}
```

2) Python

Python 程序引入 jetson.utils 包实现图像捕捉和屏幕显示，引入 jetson.inference.segNet 类，并调用其 Process()方法实现图像语义分割。具体方法见代码中的注释。

```
import jetson.inference


import jetson.utils


import argparse
import ctypes
import sys

#解析命令行
parser = argparse.ArgumentParser(description="Segment a live camera stream
using an semantic segmentation DNN.",
                    formatter_class=argparse.RawTextHelpFormatter, epilog=
                   jetson.inference.segNet.Usage())

parser.add_argument("--network", type=str, default="fcn-resnet18-voc", help=
"pre-trained model to load, see below for options")
parser.add_argument("--filter-mode", type=str, default="linear", choices=
["point", "linear"], help="filtering mode used during visualization, options
are:\n 'point' or 'linear' (default: 'linear')")
parser.add_argument("--ignore-class", type=str, default="void", help=
"optional name of class to ignore in the visualization results (default: 'void')")
parser.add_argument("--alpha", type=float, default=175.0, help="alpha
blending value to use during overlay, between 0.0 and 255.0 (default: 175.0)")
parser.add_argument("--camera", type=str, default="0", help="index of the
MIPI CSI camera to use (e.g. CSI camera 0)\nor for V4L2 cameras, the /dev/video
device to use.\nby default, MIPI CSI camera 0 will be used.")
parser.add_argument("--width", type=int, default=1280, help="desired width
of camera stream (default is 1280 pixels)")
parser.add_argument("--height", type=int, default=720, help="desired height
of camera stream (default is 720 pixels)")

try:
    opt =parser.parse_known_args()[0]
except:
    print("")
    parser.print_help()
    sys.exit(0)
```

```
#加载图像分割网络
net =jetson.inference.segNet(opt.network, sys.argv)

#设置 alpha 混合值
net.SetOverlayAlpha(opt.alpha)

#为叠加图像和遮罩图像分配内存
img_overlay = jetson.utils.cudaAllocMapped(opt.width * opt.height * 4 *
ctypes.sizeof(ctypes.c_float))
img_mask = jetson.utils.cudaAllocMapped(opt.width/2 * opt.height/2 * 4 *
ctypes.sizeof(ctypes.c_float))

#创建摄像机并显示
camera =jetson.utils.gstCamera(opt.width, opt.height, opt.camera)
display =jetson.utils.glDisplay()

#处理每一帧,直到用户退出
while display.IsOpen():
    #捕捉图像
    img, width, height =camera.CaptureRGBA()

    #调用图像分割网络
    net.Process(img, width, height, opt.ignore_class)

    #生成叠加图像和遮罩图像
    net.Overlay(img_overlay, width, height, opt.filter_mode)
    net.Mask(img_mask, width/2, height/2, opt.filter_mode)

    #渲染图像
    display.BeginRender()
    display.Render(img_overlay, width, height)
    display.Render(img_mask, width/2, height/2, width)
    display.EndRender()

    #更新状态栏
    display.SetTitle("{:s} | Network {:.0f} FPS".format(opt.network, net.
GetNetworkFPS()))
```

2. 运行

以上程序接受如下的命令行参数。

- --network 标志,更改所使用的图像分割模型。
- --alpha 标志,设置叠加层的 Alpha 混合值。
- --filter-mode 标志,设置点或线性过滤模式(默认为线性)。

- --camera 标记，设置要使用的摄像头设备。
  - 通过指定传感器索引(0 或 1 等)使用 MIPI CSI 摄像机。
  - V4L2 USB 摄像机通过指定其/dev/video 节点(/dev/video0、/dev/video1 等)使用。
  - 默认使用 MIPI CSI 传感器 0(--camera=0)。
- --width 和--height 标志，用于设置相机分辨率(默认为 1280×720)。
  - 分辨率应设置为相机支持的格式。
  - 使用以下命令查询可用格式。

```
$sudo apt-get install v4l-utils
$v4l2-ctl --list-formats-ext
```

可以根据需要组合使用这些标志，还有其他命令行参数可用于加载自定义模型。使用--help 标志可以启动应用程序，以获取更多的信息。

运行程序后，在 OpenGL 窗口中显示实时摄像头流，叠加图像分割的结果，清晰起见，右侧显示了实心的遮罩图像。

以多人解析网络为例，调用以上程序识别视频流中人物的各个身体部位，输出结果如图 12-18 所示。

图 12-18　Jetson 多人图像分割示例——实时视频分割结果

- C++

```
$./segnet-camera --network=fcn-resnet18-mhp
```

- Python

```
$./segnet-camera.py --network=fcn-resnet18-mhp
```

12.5 使用 PyTorch 实现迁移学习

迁移学习是一种用于在新数据集上重新训练深度神经网络模型的技术，它所花的时间少于从头开始训练网络的时间。通过迁移学习，可以对预训练模型的权重进行微调，从而对自定义数据集进行分类。在这些示例中，我们将使用 ResNet-18 网络(见图 12-19)，也可以尝试使用其他网络。

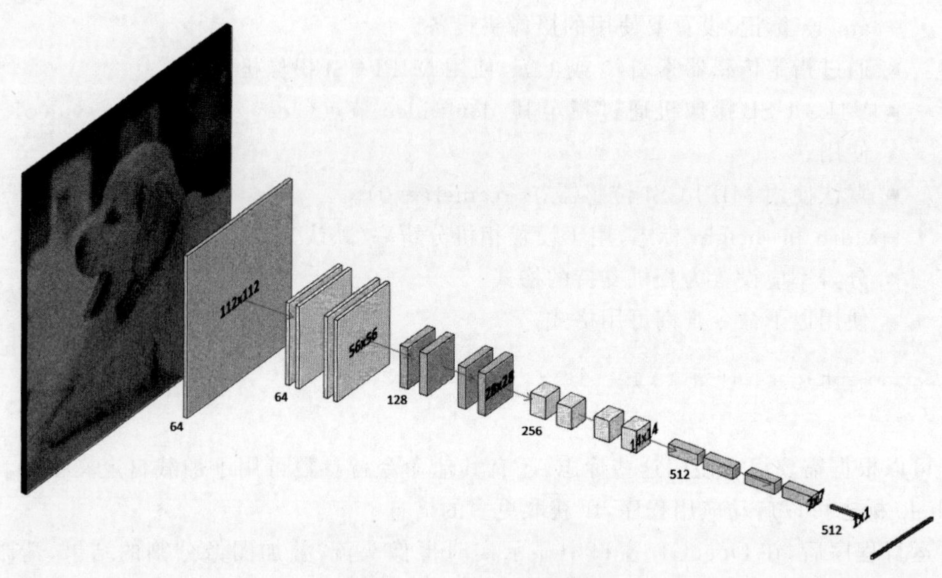

图 12-19　ResNet-18 网络

由于大型数据集需要高性能计算，因此神经网络通常在具有专有 GPU 的 PC、服务器或云主机上进行训练。但通过使用迁移学习，能够使用 Jetson 对各种深度神经网络进行重新训练，并进行部署。

PyTorch 是我们将要使用的机器学习框架，它提供了示例数据集、训练脚本，以及用于收集和标记自己的训练数据集的工具。

1. 训练数据集

先重新训练一个简单的模型，它可以识别猫或狗两个类别。

下面将提供一个 800MB 的数据集，其中包括 5000 幅训练图像、1000 幅验证图像和 200 幅测试图像，每幅图像在猫和狗类别之间平均分配。

训练图像集用于迁移学习，而验证集用于评估训练期间的分类准确率，训练完成后，我们将使用测试图像进行测试。永远不要直接在验证集和测试集上对网络进行训练，而应当仅使用训练集进行训练。

数据集中的图像由许多不同种类的狗和猫组成，包括大型猫科动物（如老虎和美洲狮），因为可用的猫图像数量比狗少。有些图像还描绘了人类，他们将被忽略为背景，从而仅专注于猫与狗。

首先，请确保在 Jetson 上安装了 PyTorch，然后下载下面的数据集并启动训练脚本。之后，针对静态图像和摄像机实时视频，使用在 TensorRT 上重新训练的模型进行测试。

1）下载数据

将数据下载到～/datasets 目录并解压。

```
$mkdir ~/datasets
$cd ~/datasets
$wget https://nvidia.box.com/shared/static/o577zd8yp3lmxf5zhm38svrbrv45am3y.gz -O
```

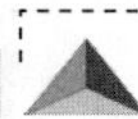

```
cat_dog.tar.gz
$tar xvzf cat_dog.tar.gz
```

2）源代码

train.py 程序用于训练 PyTorch 模型。具体实现方法见代码中的注释。

```
import argparse
import os
import random
import shutil
import time
import warnings

import torch
import torch.nn as nn
import torch.nn.parallel
import torch.backends.cudnn as cudnn
import torch.distributed as dist
import torch.optim
import torch.multiprocessing as mp
import torch.utils.data
import torch.utils.data.distributed
import torchvision.transforms as transforms
import torchvision.datasets as datasets
import torchvision.models as models

from reshape import reshape_model

model_names =sorted(name for name in models.__dict__
    if name.islower() and not name.startswith("__")
    and callable(models.__dict__[name]))

#
#解析命令行
#
parser =argparse.ArgumentParser(description='PyTorch ImageNet Training')

parser.add_argument('data', metavar='DIR',
                    help='path to dataset')
parser.add_argument('--model-dir', type=str, default='',
                    help='path to desired output directory for saving model '
                      'checkpoints (default: current directory)')
parser.add_argument('-a', '--arch', metavar='ARCH', default='resnet18',
                    choices=model_names,
                    help='model architecture: ' +
```

```
                ' | '.join(model_names) +
                ' (default: resnet18)')
parser.add_argument('--resolution', default=224, type=int, metavar='N',
            help='input NxN image resolution of model (default: 224x224) '
                'note than Inception models should use 299x299')
parser.add_argument('-j', '--workers', default=2, type=int, metavar='N',
            help='number of data loading workers (default: 2)')
parser.add_argument('--epochs', default=35, type=int, metavar='N',
            help='number of total epochs to run')
parser.add_argument('--start-epoch', default=0, type=int, metavar='N',
            help='manual epoch number (useful on restarts)')
parser.add_argument('-b', '--batch-size', default=8, type=int,
            metavar='N',
            help='mini-batch size (default: 8), this is the total '
                'batch size of all GPUs on the current node when '
                'using Data Parallel or Distributed Data Parallel')
parser.add_argument('--lr', '--learning-rate', default=0.1, type=float,
            metavar='LR', help='initial learning rate', dest='lr')
parser.add_argument('--momentum', default=0.9, type=float, metavar='M',
            help='momentum')
parser.add_argument('--wd', '--weight-decay', default=1e-4, type=float,
            metavar='W', help='weight decay (default: 1e-4)',
            dest='weight_decay')
parser.add_argument('-p', '--print-freq', default=10, type=int,
            metavar='N', help='print frequency (default: 10)')
parser.add_argument('--resume', default='', type=str, metavar='PATH',
            help='path to latest checkpoint (default: none)')
parser.add_argument('-e', '--evaluate', dest='evaluate', action='store_
            true',
            help='evaluate model on validation set')
parser.add_argument('--pretrained', dest='pretrained', action='store_true',
default=True,
            help='use pre-trained model')
parser.add_argument('--world-size', default=-1, type=int,
            help='number of nodes for distributed training')
parser.add_argument('--rank', default=-1, type=int,
            help='node rank for distributed training')
parser.add_argument('--dist-url', default='tcp://224.66.41.62:23456', type=
str,
            help='url used to set up distributed training')
parser.add_argument('--dist-backend', default='nccl', type=str,
            help='distributed backend')
parser.add_argument('--seed', default=None, type=int,
            help='seed for initializing training. ')
```

```
parser.add_argument('--gpu', default=0, type=int,
            help='GPU id to use.')
parser.add_argument('--multiprocessing-distributed', action='store_true',
            help='Use multi-processing distributed training to launch '
                'N processes per node, which has N GPUs. This is the '
                'fastest way to use PyTorch for either single node or '
                'multi node data parallel training')

best_acc1 = 0

#
#启动工作线程(如果使用分布式的多个 GPU)
#
def main():
    args = parser.parse_args()

    if args.seed is not None:
        random.seed(args.seed)
        torch.manual_seed(args.seed)
        cudnn.deterministic = True
        warnings.warn('You have chosen to seed training. '
                'This will turn on the CUDNN deterministic setting, '
                'which can slow down your training considerably! '
                'You may see unexpected behavior when restarting '
                'from checkpoints.')

    #if args.gpu is not None:
    #   warnings.warn('You have chosen a specific GPU. This will completely '
    #         'disable data parallelism.')

    if args.dist_url == "env://" and args.world_size == -1:
        args.world_size = int(os.environ["WORLD_SIZE"])

    args.distributed = args.world_size > 1 or args.multiprocessing_distributed

    ngpus_per_node = torch.cuda.device_count()

    if args.multiprocessing_distributed:
        #由于每个节点都有 ngpus_per_node 个进程,因此需要相应地调整 world_size 的
        #总数
        args.world_size = ngpus_per_node * args.world_size
        #使用 torch.multiprocessing.spawn 启动分布式进程: main_worker 进程函数
        mp.spawn(main_worker, nprocs=ngpus_per_node, args=(ngpus_per_node,
        args))
```

```
    else:
        #调用 main_worker 函数
        main_worker(args.gpu, ngpus_per_node, args)

#
#工作线程(每 GPU)
#
def main_worker(gpu, ngpus_per_node, args):
    global best_acc1
    args.gpu = gpu

    if args.gpu is not None:
        print("Use GPU: {} for training".format(args.gpu))

    if args.distributed:
        if args.dist_url == "env://" and args.rank == -1:
            args.rank = int(os.environ["RANK"])
        if args.multiprocessing_distributed:
            #对于多处理器分布式训练,rank 设置为所有进程中的全局 rank
            args.rank = args.rank * ngpus_per_node + gpu
        dist.init_process_group(backend=args.dist_backend, init_method=args.
        dist_url, world_size=args.world_size, rank=args.rank)

    #加载数据
    traindir = os.path.join(args.data, 'train')
    valdir = os.path.join(args.data, 'val')
    normalize = transforms.Normalize(mean=[0.485, 0.456, 0.406],
                                     std=[0.229, 0.224, 0.225])

    train_dataset = datasets.ImageFolder(
        traindir,
        transforms.Compose([
            #transforms.Resize(224),
            transforms.RandomResizedCrop(args.resolution),
            transforms.RandomHorizontalFlip(),
            transforms.ToTensor(),
            normalize,
        ]))

    num_classes = len(train_dataset.classes)
    print('=>dataset classes: ' + str(num_classes) + ' ' + str(train_dataset.
    classes))

    if args.distributed:
```

 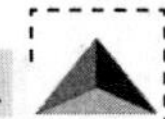

```
        train_sampler =torch.utils.data.distributed.DistributedSampler(train
        _dataset)
    else:
        train_sampler =None

    train_loader =torch.utils.data.DataLoader(
        train_dataset, batch_size=args.batch_size, shuffle=(train_sampler is
        None),
        num_workers=args.workers, pin_memory=True, sampler=train_sampler)

    val_loader =torch.utils.data.DataLoader(
        datasets.ImageFolder(valdir, transforms.Compose([
            transforms.Resize(256),
            transforms.CenterCrop(args.resolution),
            transforms.ToTensor(),
            normalize,
        ])),
        batch_size=args.batch_size, shuffle=False,
        num_workers=args.workers, pin_memory=True)

    #创建或加载模型,默认加载预训练模型
    if args.pretrained:
        print("=>using pre-trained model '{}'".format(args.arch))
        model =models.__dict__[args.arch](pretrained=True)
    else:
        print("=>creating model '{}'".format(args.arch))
        model =models.__dict__[args.arch]()

    #根据数据集中的分类数量重塑模型
    model =reshape_model(model, args.arch, num_classes)

    #将模型转移到要运行的 GPU 上
    if args.distributed:
        #对于分布式多处理,DistributedDataParallel 构造函数应始终设置为单个设备范围
        #否则 DistributedDataParallel 将使用所有可用设备
        if args.gpu is not None:
            torch.cuda.set_device(args.gpu)
            model.cuda(args.gpu)
            #当每个进程和每个 DistributedDataParallel 使用单个 GPU 时,
            #根据拥有的 GPU 总数划分批次的大小
            args.batch_size =int(args.batch_size / ngpus_per_node)
            args.workers =int(args.workers / ngpus_per_node)
            model =torch.nn.parallel.DistributedDataParallel(model, device_
            ids=[args.gpu])
```

```
        else:
            model.cuda()
            #如果未设置 device_id,则 DistributedDataParallel 将划分并分配
            #batch_size 给所有可用的 GPU
            model = torch.nn.parallel.DistributedDataParallel(model)
    elif args.gpu is not None:
        torch.cuda.set_device(args.gpu)
        model = model.cuda(args.gpu)
    else:
        #DataParallel 将划分并分配 batch_size 给所有可用的 GPU
        if args.arch.startswith('alexnet') or args.arch.startswith('vgg'):
            model.features = torch.nn.DataParallel(model.features)
            model.cuda()
        else:
            model = torch.nn.DataParallel(model).cuda()

    #定义损失函数(准则)和优化器
    criterion = nn.CrossEntropyLoss().cuda(args.gpu)

    optimizer = torch.optim.SGD(model.parameters(), args.lr,
                momentum=args.momentum,
                weight_decay=args.weight_decay)

    #(可选)从检查点恢复
    if args.resume:
        if os.path.isfile(args.resume):
            print("=>loading checkpoint '{}'".format(args.resume))
            checkpoint = torch.load(args.resume)
            args.start_epoch = checkpoint['epoch']
            best_acc1 = checkpoint['best_acc1']
            if args.gpu is not None:
                #best_acc1 可能来自其他 GPU 的检查点
                best_acc1 = best_acc1.to(args.gpu)
            model.load_state_dict(checkpoint['state_dict'])
            optimizer.load_state_dict(checkpoint['optimizer'])
            print("=>loaded checkpoint '{}' (epoch {})"
                .format(args.resume, checkpoint['epoch']))
        else:
            print("=>no checkpoint found at '{}'".format(args.resume))

    cudnn.benchmark = True

    #如果处于评估模式,则仅进行验证
    if args.evaluate:
```

```
        validate(val_loader, model, criterion, num_classes, args)
        return

    #训练指定的纪元数
    for epoch in range(args.start_epoch, args.epochs):
        if args.distributed:
            train_sampler.set_epoch(epoch)

        #降低学习率
        adjust_learning_rate(optimizer, epoch, args)

        #训练一个纪元
        train(train_loader, model, criterion, optimizer, epoch, num_classes,
        args)

        #在验证集上评估
        acc1 =validate(val_loader, model, criterion, num_classes, args)

        #记住最佳准确率并保存检查点
        is_best =acc1 >best_acc1
        best_acc1 =max(acc1, best_acc1)

         if not args.multiprocessing_distributed or (args.multiprocessing_
         distributed and args.rank %ngpus_per_node ==0):
             save_checkpoint({
          'epoch': epoch +1,
             'arch': args.arch,
             'resolution': args.resolution,
             'num_classes': num_classes,
             'state_dict': model.state_dict(),
             'best_acc1': best_acc1,
             'optimizer' : optimizer.state_dict(),
          }, is_best, args)

#
#训练一个纪元
#
def train (train_loader, model, criterion, optimizer, epoch, num_classes,
args):
    batch_time =AverageMeter('Time', ':6.3f')
    data_time =AverageMeter('Data', ':6.3f')
    losses =AverageMeter('Loss', ':.4e')
    top1 =AverageMeter('Acc@1', ':6.2f')
    top5 =AverageMeter('Acc@5', ':6.2f')
```

```
progress = ProgressMeter(
    len(train_loader),
    [batch_time, data_time, losses, top1, top5],
    prefix="Epoch: [{}]".format(epoch))

#切换到训练模式
model.train()

#获取启动时间
epoch_start = time.time()
end = epoch_start

#训练数据集中的每个图像批次
for i, (images, target) in enumerate(train_loader):
    #测量数据加载时间
    data_time.update(time.time() - end)

    if args.gpu is not None:
        images = images.cuda(args.gpu, non_blocking=True)
    target = target.cuda(args.gpu, non_blocking=True)

    #计算输出
    output = model(images)
    loss = criterion(output, target)

    #测量准确率并记录损失
    acc1, acc5 = accuracy(output, target, topk=(1, min(5, num_classes)))
    losses.update(loss.item(), images.size(0))
    top1.update(acc1[0], images.size(0))
    top5.update(acc5[0], images.size(0))

    #计算梯度并执行优化器
    optimizer.zero_grad()
    loss.backward()
    optimizer.step()

    #测量经过时间
    batch_time.update(time.time() - end)
    end = time.time()

    if i % args.print_freq == 0:
        progress.display(i)

print("Epoch: [{:d}] completed, elapsed time {:6.3f} seconds".format(epoch,
```

```
    time.time() -epoch_start))

#
#在整个验证集上评估模型性能
#
def validate(val_loader, model, criterion, num_classes, args):
    batch_time =AverageMeter('Time', ':6.3f')
    losses =AverageMeter('Loss', ':.4e')
    top1 =AverageMeter('Acc@1', ':6.2f')
    top5 =AverageMeter('Acc@5', ':6.2f')
    progress =ProgressMeter(
        len(val_loader),
        [batch_time, losses, top1, top5],
        prefix='Test: ')

    #切换到评估模式
    model.eval()

    with torch.no_grad():
        end =time.time()
        for i, (images, target) in enumerate(val_loader):
            if args.gpu is not None:
        images =images.cuda(args.gpu, non_blocking=True)
            target =target.cuda(args.gpu, non_blocking=True)

            #计算输出
            output =model(images)
            loss =criterion(output, target)

            #测量准确率并记录损失
            acc1, acc5 =accuracy(output, target, topk=(1, min(5, num_classes)))
            losses.update(loss.item(), images.size(0))
            top1.update(acc1[0], images.size(0))
            top5.update(acc5[0], images.size(0))

            #计算经过时间
            batch_time.update(time.time() -end)
            end =time.time()

            if i %args.print_freq ==0:
                progress.display(i)

        print(' * Acc@1 {top1.avg:.3f} Acc@5 {top5.avg:.3f}'
              .format(top1=top1, top5=top5))
```

```
    return top1.avg

#
#保存模型检查点
#
def save_checkpoint(state, is_best, args, filename='checkpoint.pth.tar', best
_filename='model_best.pth.tar'):
    """按需保存模型检查点文件以及最佳性能模型"""

    #如果设置了输出文件夹,就确保其存在
    if args.model_dir:
        model_path =os.path.expanduser(args.model_dir)

        if not os.path.exists(model_path):
            os.mkdir(model_path)

        filename =os.path.join(model_path, filename)
        best_filename =os.path.join(model_path, best_filename)

    #保存检查点
    torch.save(state, filename)

    #给最佳检查点打上记号
    if is_best:
        shutil.copyfile(filename, best_filename)
        print("saved best model to: " +best_filename)
    else:
        print("saved checkpoint to: " +filename)

#
#统计平均值
#
class AverageMeter(object):
    """计算并存储平均值和当前值"""
    def __init__(self, name, fmt=':f'):
        self.name =name
        self.fmt =fmt
        self.reset()

    def reset(self):
        self.val =0
        self.avg =0
        self.sum =0
        self.count =0
```

```
    def update(self, val, n=1):
        self.val =val
        self.sum +=val * n
        self.count +=n
        self.avg =self.sum / self.count

    def __str__(self):
        fmtstr ='{name} {val' +self.fmt +'} ({avg' +self.fmt +'})'
        return fmtstr.format(* * self.__dict__)

#
#进度表
#
class ProgressMeter(object):
    def __init__(self, num_batches, meters, prefix=""):
        self.batch_fmtstr =self._get_batch_fmtstr(num_batches)
        self.meters =meters
        self.prefix =prefix

    def display(self, batch):
        entries =[self.prefix +self.batch_fmtstr.format(batch)]
        entries +=[str(meter) for meter in self.meters]
        print('\t'.join(entries))

    def _get_batch_fmtstr(self, num_batches):
        num_digits =len(str(num_batches // 1))
        fmt ='{:' +str(num_digits) +'d}'
        return '[' +fmt +'/' +fmt.format(num_batches) +']'

#
#学习率衰减
#
def adjust_learning_rate(optimizer, epoch, args):
    """将学习率设置为初始学习率每 30 个纪元除以 10 """
    lr =args.lr * (0.1 * * (epoch // 30))
    for param_group in optimizer.param_groups:
        param_group['lr'] =lr

#
#计算给定结果的准确率
#
def accuracy(output, target, topk=(1,)):
    """针对 k 的指定值,计算前 k 个预测命中的准确率"""
    with torch.no_grad():
```

```
    maxk = max(topk)
    batch_size = target.size(0)

    _, pred = output.topk(maxk, 1, True, True)
    pred = pred.t()
    correct = pred.eq(target.view(1, -1).expand_as(pred))

    res = []
    for k in topk:
        correct_k = correct[:k].view(-1).float().sum(0, keepdim=True)
        res.append(correct_k.mul_(100.0 / batch_size))
    return res

if __name__ == '__main__':
    main()
```

3）重新训练 RestNet-18 模型

PyTorch 训练脚本在默认情况下训练 ResNet-18 模型，但是可以使用--arch 标志进行更改。运行 python train.py --help 以获得有关每个可用选项的更多信息。

要启动训练，请运行以下命令。

```
$cd jetson-inference/python/training/classification
$python train.py --model-dir=cat_dog ~/datasets/cat_dog
```

训练开始时，控制台上出现如下文本。

```
Use GPU: 0 for training
=>dataset classes: 2 ['cat', 'dog']
=>using pre-trained model 'resnet18'
Downloading: "https://download.pytorch.org/models/resnet18-5c106cde.pth" to
/home/nvidia/.cache/torch/checkpoints/resnet18-5c106cde.pth
100.0%
=>reshaped ResNet fully-connected layer with: Linear(in_features=512, out_
features=2, bias=True)
Epoch: [0][ 0/625]  Time  4.688 ( 4.688)  Data  0.454 ( 0.454)  Loss 5.4718e-01
(5.4718e-01)  Acc@1  87.50 ( 87.50)  Acc@5 100.00 (100.00)
Epoch: [0][ 10/625]  Time  0.288 ( 0.675)  Data  0.000 ( 0.042)  Loss 9.0589e+00
(6.6710e+00)  Acc@1  62.50 ( 57.95)  Acc@5 100.00 (100.00)
Epoch: [0][ 20/625]  Time  0.287 ( 0.491)  Data  0.000 ( 0.030)  Loss 1.5264e+01
(7.2636e+00)  Acc@1  50.00 ( 58.93)  Acc@5 100.00 (100.00)
...
...
Epoch: [26] completed, elapsed time 180.865 seconds
Test: [ 0/125] Time 0.713 ( 0.713) Loss 4.7973e-01 (4.7973e-01) Acc@1 62.50 ( 62.50)
Acc@5 100.00 (100.00)
```

```
Test: [ 10/125] Time 0.081 ( 0.139) Loss 5.8130e-01 (5.9475e-01) Acc@1 50.00 ( 57.95)
Acc@5 100.00 (100.00)
Test: [ 20/125] Time 0.080 ( 0.118) Loss 4.6314e-01 (5.7927e-01) Acc@1 75.00 ( 60.12)
Acc@5 100.00 (100.00)
Test: [ 30/125] Time 0.078 ( 0.106) Loss 4.9497e-01 (5.7330e-01) Acc@1 87.50 ( 60.08)
Acc@5 100.00 (100.00)
Test: [ 40/125] Time 0.081 ( 0.100) Loss 5.1556e-01 (5.5266e-01) Acc@1 75.00 ( 63.11)
Acc@5 100.00 (100.00)
Test: [ 50/125] Time 0.081 ( 0.100) Loss 3.4744e-01 (5.3751e-01) Acc@1 87.50 ( 64.95)
Acc@5 100.00 (100.00)
Test: [ 60/125] Time 0.079 ( 0.098) Loss 6.8947e-01 (5.3291e-01) Acc@1 62.50 ( 65.57)
Acc@5 100.00 (100.00)
Test: [ 70/125] Time 0.081 ( 0.096) Loss 4.1811e-01 (5.2152e-01) Acc@1 75.00 ( 67.43)
Acc@5 100.00 (100.00)
Test: [ 80/125] Time 0.079 ( 0.094) Loss 4.4602e-01 (5.1234e-01) Acc@1 87.50 ( 70.06)
Acc@5 100.00 (100.00)
Test: [ 90/125] Time 0.080 ( 0.092) Loss 4.3812e-01 (5.1040e-01) Acc@1 87.50 ( 71.15)
Acc@5 100.00 (100.00)
Test: [100/125] Time 0.081 ( 0.091) Loss 5.9709e-01 (5.0704e-01) Acc@1 62.50 ( 72.52)
Acc@5 100.00 (100.00)
Test: [110/125] Time 0.079 ( 0.090) Loss 4.4087e-01 (5.0748e-01) Acc@1 87.50 ( 73.54)
Acc@5 100.00 (100.00)
Test: [120/125] Time 0.081 (0.089) Loss 3.7481e-01 (5.0342e-01) Acc@1 100.00 ( 74.48)
Acc@5 100.00 (100.00)
 * Acc@1 74.400 Acc@5 100.000
saved best model to: cat_dog/model_best.pth.tar
```

每经过一个纪元(epoch)，将显示耗时信息，并使用验证集进行测试，如果其损失是最小的，将保存此模型。

随时按 Ctrl ＋ C 组合键可以停止训练，之后使用--resume 和--epoch-start 标志再次重新启动训练，这样无须等待训练完成就可以测试模型。

4) 训练指标

在训练过程中输出的统计信息对应以下信息。

• Epoch：纪元是对数据集的一次完整训练。

① Epoch：[N] 表示当前处于纪元 0、1、2 等。

② 默认值是运行 35 个纪元(可以使用--epochs＝N 标志更改此纪元)。

• [M/625] 是所在纪元的当前图像批次及总批次。

① 训练图像以小批量处理，以提高性能。

② 默认的批处理大小为 8 幅图像，可以使用--batch＝N 标记设置。

③ 用括号中的数字乘以批处理大小就是正在处理的图像(例如，batch- [100/625]> image [800/5000])。

• Time：当前图像批处理时间及平均值(以秒为单位)。

- Data：当前图像批处理的磁盘加载时间及平均值(以秒为单位)。
- Loss：模型产生的累积误差、当前值和平均值。
- Acc@1：批次中 Top-1 分类的准确率、当前值和平均值。Top-1 表示模型可以预测出正确类别的概率。
- Acc@5：批次中 Top-5 分类的准确率、当前值和平均值。Top-5 表示分类在模型预测的前 5 个分类中的概率。由于这个数据集仅具有 2 类(猫和狗),因此 Top-5 始终为 100%。

可以在训练过程中密切关注这些统计数据,以评估模型的训练程度,以及决定是否继续运行或停止并测试。如上所述,如果需要,可以稍后重新开始训练。

5）模型准确率

在这个包含 5000 幅图像的数据集上,训练到 35 个纪元,分类准确率可达到 80%。以下是用于分析训练进度与模型准确率的关系图(见图 12-20)。

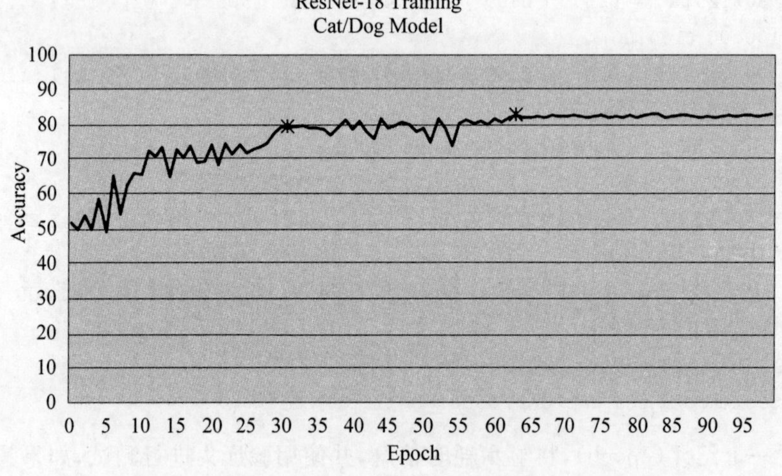

图 12-20 PyTorch 训练 ResNet-18 的进度-准确率关系图

在第 30 个纪元,ResNet-18 模型达到 80% 的准确率,在第 65 个纪元,其收敛于 82.5% 的准确率。通过增加训练时间、增加数据集的大小或尝试使用更复杂的模型,可以进一步提高准确率。

默认情况下,训练脚本设置为运行 35 个纪元,但是如果不想等待那么长时间来测试模型,则可以提早退出训练并继续进行下一步(可选地,稍后再重新开始训练)。

注意:模型保存在 jetson-inference/python/training/classification/cat_dog/ 目录下,其中包括来自最新纪元的检查点和分类准确率最高的性能最佳的模型。可以通过更改 --model-dir 标志更改模型保存的目录。

2. 将模型转换为 ONNX

要使用重新训练过的 ResNet-18 模型进行测试和实时推断,首先需要将 PyTorch 模型转换为 ONNX 格式,以便 TensorRT 可以加载它。

PyTorch 内置支持将 PyTorch 模型导出到 ONNX,如下程序可以将训练好的模型转

换为ONNX格式。

```
import os
import argparse

import torch
import torchvision.models as models

from reshape import reshape_model

model_names =sorted(name for name in models.__dict__
    if name.islower() and not name.startswith("__")
    and callable(models.__dict__[name]))

#解析命令行
parser =argparse.ArgumentParser()
parser.add_argument('--input', type=str, default='model_best.pth.tar', help=
"path to input PyTorch model (default: model_best.pth.tar)")
parser.add_argument('--output', type=str, default='', help="desired path of
converted ONNX model (default: <ARCH>.onnx)")
parser.add_argument('--model-dir', type=str, default='', help="directory to
look for the input PyTorch model in, and export the converted ONNX model to (if
--output doesn't specify a directory)")
parser.add_argument('--no-softmax', type=bool, default=False, help="disable
adding nn.Softmax layer to model (default is to add Softmax)")

opt =parser.parse_args()
print(opt)

#设置输入模型文件路径
if opt.model_dir:
    opt.model_dir =os.path.expanduser(opt.model_dir)
    opt.input =os.path.join(opt.model_dir, opt.input)

#设置设备
device =torch.device('cuda:0' if torch.cuda.is_available() else 'cpu')
print('running on device ' +str(device))

#加载模型检查点
print('loading checkpoint: ' +opt.input)
checkpoint =torch.load(opt.input)
arch =checkpoint['arch']

#创建模型框架
```

```
print('using model: ' +arch)
model =models.__dict__[arch](pretrained=True)

#重塑模型的输出
model =reshape_model(model, arch, checkpoint['num_classes'])

#加载模型的权重
model.load_state_dict(checkpoint['state_dict'])

#增加 softmax 层
if not opt.no_softmax:
    print('adding nn.Softmax layer to model...')
    model =torch.nn.Sequential(model, torch.nn.Softmax(1))

model.to(device)
model.eval()

print(model)

#创建示例图像数据
resolution =checkpoint['resolution']
input =torch.ones((1, 3, resolution, resolution)).cuda()
print('input size: {:d}x{:d}'.format(resolution, resolution))

#设置输出模型文件路径
if not opt.output:
    opt.output =arch +'.onnx'

if opt.model_dir and opt.output.find('/') ==-1 and opt.output.find('\\') ==-1:
    opt.output =os.path.join(opt.model_dir, opt.output)

#导出模型
input_names =[ "input_0" ]
output_names =[ "output_0" ]

print('exporting model to ONNX...')
torch.onnx.export(model, input, opt.output, verbose=True, input_names=input_
names, output_names=output_names)
print('model exported to: {:s}'.format(opt.output))
```

将文件保存为 onnx_export.py 并运行。

```
python onnx_export.py --model-dir cat_dog
```

在 jetson-inference/python/training/classification/cat_dog/目录下将会创建一个名

为 resnet18.onnx 的模型。运行时信息如下。

```
Namespace(input='model_best.pth.tar', model_dir='cat_dog', no_softmax=False,
output='')
running on device cuda:0
loading checkpoint: cat_dog/model_best.pth.tar
using model: resnet18
=>reshaped ResNet fully-connected layer with: Linear(in_features=512, out_
features=2, bias=True)
adding nn.Softmax layer to model...
Sequential(
  (0): ResNet(
    (conv1): Conv2d(3, 64, kernel_size=(7, 7), stride=(2, 2), padding=(3, 3),
    bias=False)
    (bn1): BatchNorm2d(64, eps=1e-05, momentum=0.1, affine=True, track_
    running_stats=True)
    (relu): ReLU(inplace)
    (maxpool): MaxPool2d(kernel_size=3, stride=2, padding=1, dilation=1, ceil
    _mode=False)
    (layer1): Sequential(
      (0): BasicBlock(
        (conv1): Conv2d(64, 64, kernel_size=(3, 3), stride=(1, 1), padding=(1,
        1), bias=False)
        (bn1): BatchNorm2d(64, eps=1e-05, momentum=0.1, affine=True, track_
        running_stats=True)
        (relu): ReLU(inplace)
        (conv2): Conv2d(64, 64, kernel_size=(3, 3), stride=(1, 1), padding=(1,
        1), bias=False)
        (bn2): BatchNorm2d(64, eps=1e-05, momentum=0.1, affine=True, track_
        running_stats=True)
      )
      (1): BasicBlock(
        (conv1): Conv2d(64, 64, kernel_size=(3, 3), stride=(1, 1), padding=(1,
        1), bias=False)
        (bn1): BatchNorm2d(64, eps=1e-05, momentum=0.1, affine=True, track_
        running_stats=True)
        (relu): ReLU(inplace)
        (conv2): Conv2d(64, 64, kernel_size=(3, 3), stride=(1, 1), padding=(1,
        1), bias=False)
        (bn2): BatchNorm2d(64, eps=1e-05, momentum=0.1, affine=True, track_
        running_stats=True)
      )
    )
    (layer2): Sequential(
```

```
    (0): BasicBlock(
      (conv1): Conv2d(64, 128, kernel_size=(3, 3), stride=(2, 2), padding=(1,
      1), bias=False)
      (bn1): BatchNorm2d(128, eps=1e-05, momentum=0.1, affine=True, track_
      running_stats=True)
      (relu): ReLU(inplace)
      (conv2): Conv2d(128, 128, kernel_size=(3, 3), stride=(1, 1), padding=
      (1, 1), bias=False)
      (bn2): BatchNorm2d(128, eps=1e-05, momentum=0.1, affine=True, track_
      running_stats=True)
      (downsample): Sequential(
        (0): Conv2d(64, 128, kernel_size=(1, 1), stride=(2, 2), bias=False)
        (1): BatchNorm2d(128, eps=1e-05, momentum=0.1, affine=True, track_
        running_stats=True)
      )
    )
    (1): BasicBlock(
      (conv1): Conv2d(128, 128, kernel_size=(3, 3), stride=(1, 1), padding=
      (1, 1), bias=False)
      (bn1): BatchNorm2d(128, eps=1e-05, momentum=0.1, affine=True, track_
      running_stats=True)
      (relu): ReLU(inplace)
      (conv2): Conv2d(128, 128, kernel_size=(3, 3), stride=(1, 1), padding=
      (1, 1), bias=False)
      (bn2): BatchNorm2d(128, eps=1e-05, momentum=0.1, affine=True, track_
      running_stats=True)
    )
  )
  (layer3): Sequential(
    (0): BasicBlock(
      (conv1): Conv2d(128, 256, kernel_size=(3, 3), stride=(2, 2), padding=
      (1, 1), bias=False)
      (bn1): BatchNorm2d(256, eps=1e-05, momentum=0.1, affine=True, track_
      running_stats=True)
      (relu): ReLU(inplace)
      (conv2): Conv2d(256, 256, kernel_size=(3, 3), stride=(1, 1), padding=
      (1, 1), bias=False)
      (bn2): BatchNorm2d(256, eps=1e-05, momentum=0.1, affine=True, track_
      running_stats=True)
      (downsample): Sequential(
        (0): Conv2d(128, 256, kernel_size=(1, 1), stride=(2, 2), bias=False)
        (1): BatchNorm2d(256, eps=1e-05, momentum=0.1, affine=True, track_
        running_stats=True)
      )
```

```
    )
    (1): BasicBlock(
      (conv1): Conv2d(256, 256, kernel_size=(3, 3), stride=(1, 1), padding=
     (1, 1), bias=False)
      (bn1): BatchNorm2d(256, eps=1e-05, momentum=0.1, affine=True, track_
      running_stats=True)
      (relu): ReLU(inplace)
      (conv2): Conv2d(256, 256, kernel_size=(3, 3), stride=(1, 1), padding=
     (1, 1), bias=False)
      (bn2): BatchNorm2d(256, eps=1e-05, momentum=0.1, affine=True, track_
      running_stats=True)
    )
  )
  (layer4): Sequential(
    (0): BasicBlock(
      (conv1): Conv2d(256, 512, kernel_size=(3, 3), stride=(2, 2), padding=
     (1, 1), bias=False)
      (bn1): BatchNorm2d(512, eps=1e-05, momentum=0.1, affine=True, track_
      running_stats=True)
      (relu): ReLU(inplace)
      (conv2): Conv2d(512, 512, kernel_size=(3, 3), stride=(1, 1), padding=
     (1, 1), bias=False)
      (bn2): BatchNorm2d(512, eps=1e-05, momentum=0.1, affine=True, track_
      running_stats=True)
      (downsample): Sequential(
        (0): Conv2d(256, 512, kernel_size=(1, 1), stride=(2, 2), bias=False)
        (1): BatchNorm2d(512, eps=1e-05, momentum=0.1, affine=True, track_
        running_stats=True)
      )
    )
    (1): BasicBlock(
      (conv1): Conv2d(512, 512, kernel_size=(3, 3), stride=(1, 1), padding=
     (1, 1), bias=False)
      (bn1): BatchNorm2d(512, eps=1e-05, momentum=0.1, affine=True, track_
      running_stats=True)
      (relu): ReLU(inplace)
      (conv2): Conv2d(512, 512, kernel_size=(3, 3), stride=(1, 1), padding=
     (1, 1), bias=False)
      (bn2): BatchNorm2d(512, eps=1e-05, momentum=0.1, affine=True, track_
      running_stats=True)
    )
  )
  (avgpool): AdaptiveAvgPool2d(output_size=(1, 1))
  (fc): Linear(in_features=512, out_features=2, bias=True)
```

```
    )
    (1): Softmax()
)
...
model exported to: cat_dog/resnet18.onnx
```

加载模型、打印出模型的网络结构并导出为 ONNX 格式。

3. 使用 TensorRT 处理图像

为了对一些静态测试图像进行分类，我们将使用 imagenet-console 的扩展命令行参数加载重新训练的自定义 ResNet-18 模型。要运行这些命令，终端的工作目录仍应位于 jetson-inference/python/training/classification/。

```
DATASET=~/datasets/cat_dog
```

- C++

```
imagenet-console --model=cat_dog/resnet18.onnx --input_blob=input_0
--output_blob=output_0 --labels=$DATASET/labels.txt tiger1.jpg cat.jpg
```

- Python

```
imagenet-console.py --model=cat_dog/resnet18.onnx --input_blob=input_0
--output_blob=output_0 --labels=$DATASET/labels.txt tiger1.jpg cat.jpg
```

数据集包含 200 幅测试图像，也可以下载自己的图像进行尝试。接下来我们尝试在实时摄影机视频流上运行经过重新训练的模型。

4. 运行实时摄像头程序

若您家里有宠物，则可以运行相机程序并查看其工作原理。与上一步一样，imagenet-camera 支持扩展的命令行参数以加载定制的模型。

```
DATASET=~/datasets/cat_dog
```

- C++

```
imagenet-camera --model=cat_dog/resnet18.onnx --input_blob=input_0 --output
_blob=output_0 --labels=$DATASET/labels.txt
```

- Python

```
imagenet-camera.py --model=cat_dog/resnet18.onnx --input_blob=input_0
--output_blob=output_0 --labels=$DATASET/labels.txt
```

运行微调的图像分类模型——实时摄像头如图 12-21 所示。

5. 用更多的数据训练模型(可选)

上面所用的数据集的图像是从更大 ILSCRV12 数据集中随机提取的，是为了减少训练时间。可以下载更多的图像来扩展数据集，以创建更可靠的模型。较大的数据集需要花费更多的时间进行训练。

图 12-21 运行微调的图像分类模型——实时摄像头

12.6 使用转换的模型

在 12.5 节的示例中，先使用 PyTorch 在 Jetson 上重新训练模型并导出为 ONNX 格式，最后进行实时视频流推理。实际上，可以在专门的训练机上训练模型，进行优化，并转换为 Jetson 支持的格式(如 UFF 或 ONNX)，然后下载到 Jetson 上运行推理。

下面假设我们在训练机上基于 MobileNet 训练了一个支持 3 个分类的模型，并保存为 UFF 和 ONNX 格式，然后下载到 Jetson 上。

使用 C++ 程序调用 UFF 格式的模型进行图像分类。

```
imagenet-console images/cat_0.jpg output_cat_1.jpg --model=mobilenet_
3classes.uff --labels=zoo.txt --input_blob=x --output_blob=Identity
```

或使用 Python 程序调用 ONNX 格式的模型进行图像分析。

```
python imagenet-console.py images/cat_0.jpg output_cat_1.jpg --model="/home/
nvidia/models/eai/mobilenet_3classes.onnx" --labels=zoo.txt --input_blob="
mobilenetv2_1.00_160_input" --output_blob=pred
```

两个程序的输出结果类似，以 Python 格式为例，结果如图 12-22 所示。

```
[TRT]  /home/nvidia/models/mobilenet_finetune/mobilenet_finetune mobilenet_
3classes.onnx loaded
imageNet --loaded 3 class info entries
/home/nvidia/models/mobilenet_finetune/mobilenet_3classes.onnx initialized.
class 0002 -0.999998 (squirrel)
image is recognized as 'squirrel' (class #2) with 99.999774%confidence

[TRT]  ------------------------------------------------
[TRT]  Timing Report /home/nvidia/models/mobilenet_finetune/mobilenet_
3classes.onnx
```

```
[TRT]    ---------------------------------------------------------
[TRT]    Pre-Process    CPU  0.05757ms    CUDA  0.26979ms
[TRT]    Network        CPU  103.28448ms  CUDA  103.11888ms
[TRT]    Post-Process   CPU  0.19341ms    CUDA  0.00906ms
[TRT]    Total          CPU  103.53545ms  CUDA  103.39773ms
[TRT]    ---------------------------------------------------------
```

图 12-22 Jetson 直接使用转换的模型进行推理的示例结果

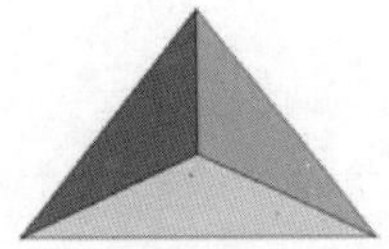

第 13 章 嵌入式神经网络应用示例

13.1 应用场景

在这个示例中，我们将尝试在无人机中实现人工智能应用。无人机是一个典型的嵌入式软硬件环境，它具有体积小、质量轻、能耗要求苛刻等特点。在无人机中实现嵌入式人工智能无疑具有很大的挑战。同时，人们对无人机的智能化程度又有很高的期待，毕竟，作为一个智能设备，它价格不低，搭载了较为强大的处理器和摄像机等设备，具备了实现人工智能的基础。人们希望它像一个飞行助手，可以帮助完成人们难以实现的任务。它可以运用到个人消费、工业、军事等领域，完成航拍、自拍、表演、电力巡检、应急救援、农药喷洒、航空测绘、国土资源勘察、管线巡查、海事监察、物流运输、交通管制、气象监测、反恐防暴、军事侦察、目标攻击等任务。

随着 5G、卫星互联网等通信技术的兴起，无人机的通信速度和带宽有了大幅度的提升，有人设想通过 5G 或卫星互联网的边缘计算能力为无人机赋能，让无人机实现云计算模式的嵌入式人工智能。这种方法的好处是可以节省无人机搭载 AI 模块所需的体积、质量和电力，然而考虑到无人机飞行速度快、活动范围广、响应速度要求高、全天候工作的特点，5G 或卫星互联网的时延、覆盖能力都难以满足其要求。以飞行中必须的避障能力来说，如果等待 5G 基站或卫星将避障指令下发给无人机，碰撞可能已经发生了。这就是必须在无人机上采用本地模式的嵌入式人工智能的原因。

当无人机具备 AI 计算能力后，就为其应用场景打开了一扇大门，可以实现除拍摄和运输这种基本能力之外的更多、更丰富的功能。下面假设我们将基于无人机实现一种太阳伞，这种伞可以实时跟踪人的运动，随时为人遮挡阳光的照射，从而解放人的双手。

当然，要实现这一点是不容易的，要求无人机能够实时跟踪人的运动，不能因为响应慢而让太阳晒到主人。实现无人机对人体的跟踪有很多方式，如借助手机或人体佩戴手环等方式，然而这些方式都有其缺陷，比如当拿起手机或挥舞手臂的时候，如果无人机也随之舞蹈，那么你就会时不时地暴露在阳光的暴晒之下。要实现精确地跟踪，最好无人机具备感知人体轮廓和运动姿态的能力，毕竟，遮阳的目的是不让阳光照射到头部和上半身。而追踪一个人体，没有比视觉更全面的方式了。

13.2 硬件选型

从上面的应用场景可知，无人机太阳伞具备一个摄像头，可以拍摄人体(尤其是上半身)，有一个嵌入式 AI 处理器，可以计算人体的轮廓、姿态并预测人体的运动方向。当然，它还具备无人机的基本模块，如飞控单元、电机、螺旋桨、电池等，最后，它附带了一个伞。这里，嵌入式 AI 处理器无疑是最核心的模块。

由于无人机的尺寸、质量、能耗限制，我们需要一款体积小、质量轻、能耗低同时性能高的嵌入式 AI 处理器。回顾第二篇中的测试结果，Jetson Nano 在运行各种模型时都能达到较高的处理速度(FPS)，而功耗只有 5W，基本满足了 AI 计算的性能需求。当然，选择 Jetson Nano 的另外一个重要原因是它是一个完整的嵌入式 AI 计算机，这个板卡上不仅有 GPU，也有 ARM CPU、内存以及摄像头接口，具备完成运行一个完整 AI 应用程序的基础。同时，集成度较高，总的尺寸和质量较小。而如果选择另外一些 AI 加速器，如 ARM Ethos-N77，虽然其具有 5TOPS/W 的高性能和仅 0.8W 的能耗，但由于还要搭配其他必要部件，总体的尺寸、质量和能耗也会增加。选择 Jetson Nano 的另外一个原因是它具有较好的软件生态，可以快速开发 AI 应用程序。

13.3 模型开发

接下来，我们要选择 AI 模型，在 Jetson Nano 上实现人体轮廓的识别和跟踪。为了简便起见，直接采用预训练的人体姿态识别模型。如需训练这个模型，是一种通用的技术，本书不予阐述。

1. 下载模型

可供下载的人体姿态识别预训练模型见表 13-1，它们是采用 PyTorch 训练的，模型文件包含了训练好的权重，而模型的定义则通过源代码提供。

表 13-1 人体姿态识别预训练模型

模　　型	Jetson Nano 上的性能(FPS)	权重文件大小/MB
resnet18_baseline_att_224×224_A	22	81
densenet121_baseline_att_256×256_B	12	84

我们选择 resnet18_baseline_att_224×224_A 这个权重文件，它的大小为 81MB，在 Jetson 上处理性能能够达到 22FPS，足以跟踪运动速度不是太快的人体。

2. 加载预训练模型

要运行这个模型，还要加载描述人体姿态的 JSON 文件，它描述了人体部位(keypoint)以及骨架(skeleton)。然后使用这个 JSON 文件创建人体拓扑张量，该张量是描述人体部位之间的连接的中间数据结构。

JSON 文件如下。

```
{
    "supercategory": "person",
    "id": 1,
    "name": "person",
    "keypoints": ["nose", "left_eye", "right_eye", "left_ear", "right_ear", "
left_shoulder", "right_shoulder", "left_elbow", "right_elbow", "left_wrist", "
right_wrist", "left_hip", "right_hip", "left_knee", "right_knee", "left_
ankle", "right_ankle", "neck"],
    "skeleton": [[16, 14], [14, 12], [17, 15], [15, 13], [12, 13], [6, 8], [7, 9], [8,
10], [9, 11], [2, 3], [1, 2], [1, 3], [2, 4], [3, 5], [4, 6], [5, 7], [18, 1], [18, 6],
[18, 7], [18, 12], [18, 13]]
}
```

共 18 个人体部位，21 种骨架连接。每个骨架连接是两个人体部位间的一个连接。比如[6，8]表示 left_shoulder(左肩)和 left_elbow(左肘)之间的一个连接，也就是俗称的左臂。

```
import json
import trt_pose.coco

with open('human_pose.json', 'r') as f:
    human_pose = json.load(f)

topology = trt_pose.coco.coco_category_to_topology(human_pose)
```

接下来加载模型。每个模型至少有两个参数，即 cmap_channels 和 paf_channels，分别对应 Confidence Maps 通道和 Part Affinity Fields 通道的数量。Part Affinity Fields 通道的数量是骨架连接数量的 2 倍，因为每个连接都是一个向量，都有 x 和 y 方向对应的通道。

```
import trt_pose.models

num_parts = len(human_pose['keypoints'])
num_links = len(human_pose['skeleton'])

model = trt_pose.models.resnet18_baseline_att(num_parts, 2 * num_links).
cuda().eval()
```

接下来加载下载的模型权重文件。

```
import torch

MODEL_WEIGHTS = 'resnet18_baseline_att_224x224_A.pth'

model.load_state_dict(torch.load(MODEL_WEIGHTS))
```

3. 转换为 TensorRT 格式

前面加载的模型是 PyTorch 格式的,要在 Jetson 上流畅地运行,就需要转换为优化的 TensorRT 格式。

为了使用 Python 库 torch2trt 进行 TensorRT 优化,还需要创建一些示例数据。此数据的尺寸应与训练网络的尺寸匹配。

```
WIDTH =224
HEIGHT =224

data =torch.zeros((1, 3, HEIGHT, WIDTH)).cuda()
```

接下来使用 torch2trt 优化模型。我们将启用半精度的 FP16 模式。这是 Jetson Nano GPU 的优势之一,其他嵌入式 AI 加速器只能运行在更低精度的 INT8 模式。

```
import torch2trt

model_trt =torch2trt.torch2trt(model, [data], fp16_mode=True, max_workspace_
size=1<<25)
```

可以保存优化后的模型,再次执行时只加载模型即可。注意: TensorRT 模型针对具体设备进行优化,只能在 Jetson 平台上使用这个优化模型。

```
OPTIMIZED_MODEL ='model.trt'

torch.save(model_trt.state_dict(), OPTIMIZED_MODEL)
```

现在加载保存的 TensorRT 模型。

```
from torch2trt import TRTModule

model_trt =TRTModule()
model_trt.load_state_dict(torch.load(OPTIMIZED_MODEL))
```

测试一下模型推理的性能(FPS)。

```
import time

t0 =time.time()
torch.cuda.current_stream().synchronize()
for i in range(50):
    y =model_trt(data)
torch.cuda.current_stream().synchronize()
t1 =time.time()

print(50.0 / (t1 -t0))
```

如果性能达到 20FPS,基本就满足处理视频中的人体需求了。

4. 推理

接下来，调用优化模型进行推理：以20FPS的帧率采集视频，进行预处理，执行推理，解析输出并在采集的图像上绘制人体轮廓。

```
import cv2
import torchvision.transforms as transforms
import PIL.Image

mean =torch.Tensor([0.485, 0.456, 0.406]).cuda()
std =torch.Tensor([0.229, 0.224, 0.225]).cuda()
device =torch.device('cuda')

#定义一个图像预处理函数,函数的输入为 BGR8/HWC 格式
def preprocess(image):
    global device
    device =torch.device('cuda')
    image =cv2.cvtColor(image, cv2.COLOR_BGR2RGB)
    image =PIL.Image.fromarray(image)
    image =transforms.functional.to_tensor(image).to(device)
    image.sub_(mean[:, None, None]).div_(std[:, None, None])
return image[None, ...]

from trt_pose.draw_objects import DrawObjects
from trt_pose.parse_objects import ParseObjects

#创建解析对象,用于解析神经网络的输出
parse_objects =ParseObjects(topology)
#创建绘图对象,用于绘制人体姿态识别结果
draw_objects =DrawObjects(topology)

#创建摄像机并实时捕获图像,帧率为 20FPS
#from jetcam.usb_camera import USBCamera
from jetcam.csi_camera import CSICamera
from jetcam.utils import bgr8_to_jpeg

#camera =USBCamera(width=WIDTH, height=HEIGHT, capture_fps=20)
camera =CSICamera(width=WIDTH, height=HEIGHT, capture_fps=20)

camera.running =True

#执行神经网络并绘制人体轮廓
image =camera.value
data =preprocess(image)
#模型输出 Part confidence maps 以及 Part affinity fields
```

```
cmap, paf =model_trt(data)
cmap, paf =cmap.detach().cpu(), paf.detach().cpu()
#解析生成人体部位(objects)及其置信度(peaks)
counts, objects, peaks =parse_objects(cmap, paf)
#根据人体部位(objects)以及人体拓扑(topology)绘制人体骨架图
draw_objects(image, counts, objects, peaks)

#显示叠加了人体轮廓的图像
import matplotlib.pyplot as plt
image =cv2.cvtColor(image, cv2.COLOR_BGR2RGB)
plt.imshow(image[:, ::-1, :])
```

输出结果如图 13-1 所示。

图 13-1　人体姿态识别样例

也可以打印出各个人体部位的位置。

```
height =image.shape[0]
width =image.shape[1]

K =topology.shape[0]
count =int(counts[0])
K =topology.shape[0]
for i in range(count):
    obj =objects[0][i]
    C =obj.shape[0]
    for j in range(C):
        k =int(obj[j])
        if k >=0:
            peak =peaks[0][j][k]
            x =round(float(peak[1]) * width)
            y =round(float(peak[0]) * height)
            print(human_pose['keypoints'][j], x, y)
```

输出示例如下。

```
nose 114 60
left_eye 116 57
right_eye 113 57
left_ear 119 59
right_ear 111 59
left_shoulder 124 73
right_shoulder 109 75
left_elbow 132 74
right_elbow 106 94
left_wrist 133 67
right_wrist 105 111
left_hip 121 113
right_hip 111 114
left_knee 122 144
right_knee 112 144
left_ankle 121 174
right_ankle 113 174
neck 117 74
```

根据这些部位之间的相互关系以及时间变化，不难分析人体产生的动作，如正常行走和转向等。这样，根据人体轮廓，让无人机太阳伞停留在距离人体头部一定距离的位置，然后实时检测人体关节轮廓的变化，就可以预测人将会向哪个方向前进、转向、上下坡甚至后退，从而让无人机太阳伞跟踪这种运动，随时调整无人机太阳伞的位置，实现对人体的跟随和遮阳效果。这个模型还可以同时捕获多个人的姿态，结合人脸识别，进而分析他们之间的互动关系，比如发现主人带了一个家人/朋友一起逛街，或者发现有好奇的陌生人准备抢夺无人机等，最终实现更多、更有趣的应用。

需要提示的是，以上示例目前还不能创造具有实用价值的无人机太阳伞，这主要是电池功耗的原因，无人机的电池续航时间让这种伞无法长时间工作。然而，由于嵌入式人工智能软硬件技术的飞速发展，这个示例不会停留为一种仅具有科幻色彩的设想，相信在不久的将来，这种无人机太阳伞可以成为现实。

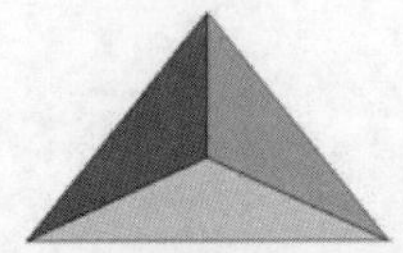

结 束 语

万 物 智 能

在本书的最后，让我们回顾嵌入式人工智能的由来和发展。在几十年的上下求索之后，人们终于找到了打开人工智能大门的一把钥匙，那就是深度学习。人们发现，通过模拟大脑的神经网络以及学习新知识的方法，是可以“复制”大脑的智能的。虽然我们还没有完全明白这在一个有很深层次及高度复杂的神经网络中到底是如何发生的，但我们可以确定的是：智能并不神奇，它原来是大脑神经元网络的产物或者外在表现，而大脑是可以由人工神经网络模拟的，当模拟得足够像时，奇迹就突然产生了，智能开始摆脱人脑的束缚，在计算机上实现了。

这给了我们更大的信心，既然智能是可以“移植”的，“他”可以移植到大型的、高高在上的通用计算机上，那么一定也可以移植到小型的、无处不在的嵌入式计算系统中，从而赋予各种设备智能，让它们更聪明地与外部世界打交道，不仅是采集数据和完成程序化的控制那么简单，而是可以自主分析、决策和行动。

为了实现这个梦想，人们开始试图将通用计算机上已有的人工智能缩小或剪裁，塞到嵌入式计算系统那个小小的脑袋中。这看起来不那么高级，也没有那么复杂，不就是把低端的、性能差一些的神经网络扔给嵌入式设备上的单片系统处理吗？实在不行，就让嵌入式设备仅充当眼睛和耳朵，其他的交给云计算中心即可。

然而，事实没有那么简单。当深入分析嵌入式人工智能要应用的领域时，却发现这里充满了挑战。我们需要用超高的能量效率执行超级精简的算法，并在超短的时间内完成，最后还要把它们放置在一个体积和重量都超小的设备内。一句话，我们将用最精简的方式实现人工智能。这个挑战一点不逊色于让通用计算机探索更复杂的人工智能。

为了克服这个挑战，人们在各个层面上开始着手解决问题。总结起来，要实现嵌入式人工智能，需要 5 方面的组件。

(1) 嵌入式 AI 芯片，它是具有更高能量效率的 AI 加速器。

(2) 轻量级 AI 算法，它具有更低的计算复杂度和更少的参数，但其准确率与大型 AI 算法相比毫不逊色。

(3) 模型压缩，它进一步裁剪轻量级 AI 算法中冗余的参数，用更精简的方式表达。

(4) 编译优化，它将模型翻译为更适合 AI 加速器指令的编码。

(5) 多层级联的应用程序框架，它在更合适的时机使用更合适的算法，从而降低整个系统的成本和能耗。

这 5 大组件组合运用起来，嵌入式人工智能就开始步入快速发展的轨道。从最初的

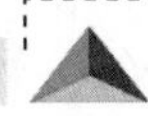

云计算模式，演化到本地计算模式，当然，可以用本地-云协同计算模式过渡。未来，还有可能进化到跨设备联合学习的模式。

在实现了小而强的目标之后，嵌入式人工智能还希望更进一步克服传统深度学习的一大缺陷——部署之后将失去学习的能力。人类智能之所以强大，不光是具备了从经验中归纳的能力，快速响应未知的情况并从中学习新知识的能力更为重要。嵌入式设备如果具备这种终生学习能力，无疑将登堂入室，面向更为广阔的未来。在赋予万物以终生学习的能力之后，它们将真正“活”起来，成为另外一种形态的生命——人工生命。

是的，人工智能将不再局促在虚拟世界中，仅依靠和处理人工加工和过滤过的信息，“他”将冲破各种藩篱，进入真实的物理世界中，直接处理海量的、高速的、多样的和全新的大数据洪流，从而真正认识现实世界，甚至改造现实世界。

一句话，嵌入式神经网络将赋予万物智能。

参考文献

[1] HAYKIN S. Neural Networks and Learning Machines [M]. 3rd ed. New Jersey: Pearson Prentice Hall, 2009.

[2] THE ASIMOV INSTITUTE. The neural network zoo[EB/OL]. 2016-09-14[2019-07-18].http://www.asimovinstitute.org/neural-network-zoo/.

[3] ROSENBLATT F. The perceptron: A probabilistic model for information storage and organization in the brain[J]. Psychological review, 1958, 65(6): 386.

[4] BROOMHEAD D S, LOWE D. Radial basis functions, multi-variable functional interpolation and adaptive networks [C]//No. Rsre-memo-4148. royal signals and radar establishment malvern (united kingdom), 1988.

[5] HAYES B. First links in the Markov chain[J]. American Scientist, 2013, 101(2): 252.

[6] HOPFIELD J J. Neural networks and physical systems with emergent collective computational abilities[J]. Proceedings of the national academy of sciences, 1982, 79(8): 2554-2558.

[7] Hinton G E, SEJNOWSKI T J. Learning and relearning in Boltzmann machines[C]//Parallel distributed processing: Explorations in the microstructure of cognition. Cambridge, Mass: MIT Press, 1986, 1: 282-317.

[8] SMOLENSKY P. Information processing in dynamical systems: Foundations of harmony theory [C]//No. CU-CS-321-86. Boulder, Colorado: Colorado univ. at boulder dept of computer science, 1986.

[9] BOURLARD H, KAMP Y. Auto-association by multilayer perceptrons and singular value decomposition[J]. Biological cybernetics, 1988, 59(4-5): 291-294.

[10] RANZATO M, POULTNEY C, CHOPRA S, et al. Efficient learning of sparse representations with an energy-based model[C]//Proceedings of NIPS 19. Cambridge, Mass: MIT Press, 2007.

[11] VINCENT P, LAROCHELLE H, BENGIO Y, et al. Extracting and composing robust features with denoising autoencoders[C]//Proceedings of the 25th international conference on Machine learning. New York: Association for Computing Machinery, 2008.

[12] KINGMA D P, WELLING M. Auto-encoding variational bayes[J/OL]. arXiv preprint arXiv: 1312.6114, 2013.

[13] BENGIO Y, LAMBLIN P, POPOVICI D, et al. Greedy layer-wise training of deep networks [C]//Advances in neural information processing systems. La Jolla: Neural Information Processing Systems Foundation, 2007, 19: 153.

[14] LECUN Y, BOTTOU L, BENGIO Y, et al. Gradient-based learning applied to document recognition[J]. Proceedings of the IEEE 86.11, 1998.

[15] ZEILER M, KRISHNAN D, TAYLOR G, et al. Deconvolutional networks[C]//Computer Vision and Pattern Recognition. New York: IEEE, 2010.

[16] KULKARNI T D, WHITNEY W, KOHLI P, et al. Deep convolutional inverse graphics network [C]//Advances in Neural Information Processing Systems 28. La Jolla: Neural Information Processing Systems Foundation, 2015.

[17] GOODFELLOW I, POUGET-ABADIE J, MIRZA M, et al. Generative adversarial nets[C]//

Advances in Neural Information Processing Systems. La Jolla: Neural Information Processing Systems Foundation, 2014.

[18] HE K M, ZHANG X Y, REN S Q, et al. Deep residual learning for image recognition[J/OL]. arXiv preprint arXiv: 1512.03385, 2015.

[19] Elman J L. Finding structure in time[J]. Cognitive Science, 1990, 14(2): 179-211.

[20] HOCHREITER S, SCHMIDHUBER J. Long short-term memory[J]. Neural Computation, 1997, 9(8): 1735-1780.

[21] CHUNG J Y, GULCEHRE C, CHO K H, et al. Empirical evaluation of gated recurrent neural networks on sequence modeling[J/OL]. arXiv preprint arXiv: 1412.3555, 2014.

[22] GRAVES A, WAYNE G, DANIHELKA I. Neural turing machines[J/OL]. arXiv preprint arXiv: 1410.5401, 2014.

[23] SCHUSTER M, PALIWAL K K. Bidirectional recurrent neural networks[J]. IEEE Transactions on Signal Processing, 1997, 45(11): 2673-2681.

[24] JAEGER H, HAAS H. Harnessing nonlinearity: Predicting chaotic systems and saving energy in wireless Communication[J]. Science, 2004, 304(5667): 78-80.

[25] HUANG G B, ZHU Q Y, SIEW C K. Extreme learning machine: Theory and applications[J]. Neurocomputing, 2006, 70(1-3): 489-501.

[26] MAASS W, NATSCHLÄGER T, MARKRAM H. Real-time computing without stable states: A new framework for neural computation based on perturbations[J]. Neural Computation, 2002, 14(11): 2531-2560.

[27] CORTES C, VAPNIK V. Support-vector networks[J]. Machine Learning, 1995, 20(3): 273-297.

[28] KOHONEN T. Self-organized formation of topologically correct feature maps[J]. Biological Cybernetics, 1982, 43(1): 59-69.

[29] GRAVES A, WAYNE G, REYNOLDS M, et al. Hybrid computing using a neural network with dynamic external memory[J]. Nature, 2016, 538: 471-476.

[30] SABOUR S, FROSST N, Hinton G E. Dynamic Routing Between Capsules[C]//Advances in neural information processing systems. La Jolla: Neural Information Processing Systems Foundation, 2017, 3856-3866.

[31] JADERBERG M, SIMONYAN K, ZISSERMAN A, et al. Spatial Transformer Networks[C]//Advances in neural information processing systems. La Jolla: Neural Information Processing Systems Foundation, 2015, 2017-2025.

[32] SZE V, CHEN Y H, YANG T J, et al. Efficient Processing of Deep Neural Networks[M]. San Rafael: Morgan & Claypool Publishers, 2020.

[33] HAN S, LIU X Y, MAO H Z, et al. EIE: Efficient Inference Engine on Compressed Deep Neural Network[J/OL]. arXiv preprint arXiv: 1602.01528, 2016

[34] IANDOLA F N, HAN S, MOSKEWICZ M W, et al. Squeezenet: Alexnet-Level Accuracy With50x Fewer Parameters and < 0.5 Mbmodel Size[J/OL]. arXiv preprint arXiv: 1602.07360, 2016.

[35] CHOLLET F. Xception: Deep Learning with Depthwise Separable Convolutions[J/OL]. arXiv preprint arXiv: 1610.02357, 2016.

[36] HOWARD A G, ZHU M L, CHEN B, et al. MobileNets: Efficient Convolutional Neural

Networks for Mobile VisionApplications[J/OL]. arXiv preprint arXiv：1704.04861，2017.

[37] SANDLER M，HOWARD A G，ZHU M L，et al. MobileNetV2：Inverted Residuals and Linear Bottlenecks[C]//The IEEE Conference on Computer Vision and Pattern Recognition. New York：IEEE，2018.

[38] TAN M X，CHEN B，PANG R M，et al. MnasNet：Platform-Aware Neural Architecture Search for Mobile[C]//The IEEE Conference on Computer Vision and Pattern Recognition. New York：IEEE，2019.

[39] HOWARD A G，SANDLER M，CHU G，et al. Searching for MobileNetV3[J/OL]. arXiv preprint arXiv：1905.02244，2019.

[40] HAN S，MAO H Z，DALLY W J. Deep Compression：Compressing Deep Neural Networks with Pruning，Trained Quantization and Huffman Coding[J/OL]. arXiv preprint arXiv：1510.00149，2015.

[41] LIU S S，REN B，SHEN X P，et al. CoCoPIE：Making Mobile AI Sweet as PIE --Compression-Compilation Co-Design Goes a Long Way[J/OL]. arXiv preprint arXiv：2003.06700，2020.

[42] MOONS B，BANKMAN D，VERHELST M. Embedded Deep Learning：Algorithms，Architectures and Circuits for Always-on Neural Network Processing[M]. New York：Springer，2018.

[43] Neurala Inc. How Lifelong-DNNTM Solves for Inherent Problems with Traditional DNNs[EB/OL]. 2019-01-15 [2019-07-18]. https://info. neurala. com/hubfs/Collateral/Neurala _ LifelongDNNWhitepaper.pdf.

[44] NVIDIA. Jetson Modules[EB/OL]. [2021-07-18]. https://developer. nvidia. com/embedded/jetson-modules.

[45] NVIDIA. Introducing Jetson Xavier NX，the World's Smallest AI Supercomputer[EB/OL].2019-11-06[2021-07-18]. https://developer. nvidia. com/blog/jetson-xavier-nx-the-worlds-smallest-ai-supercomputer/.

[46] NVIDIA. NVIDIA VOLTA ARCHITECTURE[EB/OL]. 2018-12-04[2021-07-18]. https://www.olcf.ornl.gov/wp-content/uploads/2018/12/summit_workshop_Volta-Architecture.

[47] NVDLA. NVDLA Primer[EB/OL]. 2019-09-10[2021-07-18].http：//nvdla.org/primer.html.

[48] Intel. Intel Movidius Vision Processing Units（VPUs）[EB/OL]. 2021-09-03[2021-12-08]. https://www.intel.com/content/www/us/en/products/details/processors/movidius-vpu.html.

[49] WikiChip. SHAVE v2.0 - Microarchitectures - Intel Movidius[EB/OL]. 2021-01-20[2021-07-18]. https://en.wikichip.org/wiki/movidius/microarchitectures/shave_v2.0.

[50] Google. Edge TPU[EB/OL].[2021-07-18]. https://cloud.google.com/edge-tpu.

[51] Coral. Products | Coral [EB/OL]. [2021-07-18]. https://coral. ai/products/# prototyping-products.

[52] Q-engineering. Google Coral Edge TPU explained in depth[EB/OL].2021-11-04[2021-12-08]. https://qengineering.eu/google-corals-tpu-explained.html.

[53] XILINX. AI 推断加速[EB/OL]. [2021-07-18].https://china. xilinx. com/applications/megatrends/machine-learning.html.

[54] ARM. AI Platform for Machine Learning[EB/OL]. [2021-07-18]. https://www. arm. com/products/silicon-ip-cpu/ai-platform.

[55] WikiChip. Machine Learning Processor（MLP）- Microarchitectures - ARM[EB/OL]. [2021-07-

18].https://en.wikichip.org/wiki/arm_holdings/microarchitectures/mlp.

[56] TensorFlow. TensorFlow Lite | ML for Mobile and Edge Devices[EB/OL]. [2021-07-18]. https://www.tensorflow.org/lite.

[57] NVIDIA. NVIDIA TensorRT[EB/OL]. 2016-04-05[2021-07-18]. https://developer. NVIDIA. com/tensorrt.

[58] XILINX. Vitis Platform[EB/OL]. [2021-07-18]. https://www. xilinx. com/products/design-tools/vitis/vitis-platform.html.

[59] uTensor. microTensor[EB/OL]. [2021-07-18].https://utensor.github.io/website/.

[60] Apache Software Foundation, Apache TVM[EB/OL]. [2021-07-18].https://tvm.apache.org/.

[61] CHEN T Q, MOREAU T, Jiang Z H, et al. TVM: An Automated End-to-End Optimizing Compiler for Deep Learning[J/OL]. arXiv preprint arXiv: 1802.04799, 2018.

[62] NVIDIA. GitHub - NVIDIA/DIGITS: Deep Learning GPU Training System[EB/OL]. [2021-07-18].https://github.com/NVIDIA/DIGITS.

[63] NVIDIA. NVIDIA JetPack Documentation[EB/OL]. [2021-07-18]. https://docs. nvidia. com/jetson/jetpack/index.html.

[64] Tensorflow. TensorFlow Model Optimization[EB/OL]. [2021-07-18].https://www. tensorflow. org/model_optimization.

[65] NVIDIA. TensorRT Integration Speeds Up TensorFlow Inference[EB/OL]. 2018-05-27[2021-07-18].https://devblogs.NVIDIA.com/tensorrt-integration-speeds-tensorflow-inference/.

[66] NVIDIA. Speeding Up Deep Learning Inference Using TensorRT[EB/OL]. 2020-04-21[2021-07-18]. https://developer.nvidia.com/blog/speeding-up-deep-learning-inference-using-tensorrt/.

[67] NVIDIA. How to Speed Up Deep Learning Inference Using TensorRT[EB/OL]. 2018-11-08 [2021-07-18].https://devblogs.NVIDIA.com/speed-up-inference-tensorrt/.

[68] ONNX. GitHub - onnx/keras-onnx: Convert tf.keras/Keras models to ONNX[EB/OL]. [2021-07-18].https://github.com/onnx/keras-onnx.

[69] NVIDIA. NVIDIA-AI-IOT/torch2trt: An easy to use PyTorch to TensorRT converter[EB/OL]. [2021-07-18].https://github.com/NVIDIA-AI-IOT/torch2trt.

[70] NVIDIA. GitHub - dusty-nv/jetson-inference: Hello AI World guide to deploying deep-learning inference networks and deep vision primitives with TensorRT and NVIDIA Jetson[EB/OL]. [2021-07-18]. https://github.com/dusty-nv/jetson-inference#hello-ai-world.